国防特色学术专著·仪器科学与技术

精密仪器的小样本非统计分析原理

王中宇　夏新涛　朱坚民
葛乐矣　祝连庆　编著

北京航空航天大学出版社
北京理工大学出版社　哈尔滨工业大学出版社
哈尔滨工程大学出版社　西北工业大学出版社

内容简介

主要研究精密仪器的分析与应用领域中被测量的特征信息不全，或者观测到的数据个数较少的小样本非统计分析、评估与处理问题，尤其是针对不宜采用统计方法分析的精密仪器中的一些关键技术进行探讨。小样本非统计分析方法的特点是，对研究对象的样本量或概率分布没有特殊要求，允许测量数据的个数很少或概率分布未知。

全书分为四篇，共8章内容。第一篇介绍精密仪器的发展趋势和小样本非统计分析的基础原理；第二篇阐述精密仪器系统的小样本非统计检验与分析；第三篇论述精密仪器精度的小样本非统计分析与评定；第四篇给出工程应用实例。

本书可作为高等院校仪器科学与技术以及相关学科的教学参考书，也可供相关科研工作者和工程技术人员参考。

图书在版编目(CIP)数据

精密仪器的小样本非统计分析原理/王中宇等编著.
—北京：北京航空航天大学出版社，2010.3
ISBN 978-7-5124-0040-5

Ⅰ.①精… Ⅱ.①王… Ⅲ.①仪器分析 Ⅳ.
①O657

中国版本图书馆CIP数据核字(2010)第041463号

精密仪器的小样本非统计分析原理

王中宇 夏新涛 朱坚民 葛乐矣 祝连庆 编著
责任编辑 张冀青

*

北京航空航天大学出版社出版发行
北京市海淀区学院路37号(100191) 发行部电话:(010)82317024 传真:(010)82328026
http://www.buaapress.com.cn E-mail:bhpress@263.net
北京时代华都印刷有限公司印装 各地书店经销

*

开本：787×1 092 1/16 印张：18.75 字数：480千字
2010年4月第1版 2010年4月第1次印刷 印数：3 000册
ISBN 978-7-5124-0040-5 定价：59.00元

序　言

精密仪器是信息获取的源头，如何对精密仪器的性能进行有效的分析，获取准确的测量数据，对其进行正确评价以指导合理的设计与制造，是一个重要的科学问题。精密仪器的性能研究和测量数据处理中经常遇到小样本、不确定系统的分析问题。现有的统计学以大数定律和中心极限定理为基础，要求总体服从典型的概率分布，如正态分布、均匀分布等，并且数据的个数要求多。随着科技的进步，新的设备与仪器不断涌现，在高新科学技术领域中这些传统的处理方法和条件并非都能够得到很好的满足，例如深空探测、载人飞船、新能源开发和新产品试制等。由于缺乏概率分布的先验知识和难以获得大量的数据，对于观测结果的合理分析成为经典统计学的一个难题。这本书提出了精密仪器小样本非统计分析的新方法，弥补了统计学中存在的不足，为国防建设和科技工业的发展提供了有效的评价方法。

作者在小样本非统计的分析方面，进行了长期深入的理论研究和大量的实验工作，提出了一些新的原理和方法，取得了具有创新性的研究成果；这本书总结和提炼了作者多年来的科研成果，系统阐述了小样本非统计分析的理论、方法及其实践，提出了误差的模糊诊断与灰色诊断的基本原理与方法，实现了精密测量系统的误差诊断的小样本非统计分析；提出了误差分离的新方法，实现了精密仪器测量误差的精确分离并进行了验证；提出了新的不确定度分析及其评定方法；科学地处理了具有不完整性、不确定性的系统。本书内容新颖，反映了当代先进的科学研究成果。

这本书的内容涉及精密仪器分析的若干主要内容，例如，精密仪器系统的稳定性、重复性、再现性、误差溯源、寿命、不确定度等。通过实例对所提出原理的具体应用方法进行探讨，特别是在工程应用中给出了多个不同特色的例子，充分体现了理论与实践并重的思想。因此，为难以获取大量测量数据的精密仪器评价提供了新的途径，是对传统评价体系的有益补充。

近年来，国内外很多学者进行了关于特定分布下小样本问题的研究，已经取得了一些具有积极意义的阶段性成果，但是，对于小样本且概率分布未知的研究著作尚不多见，在精密仪器分析中也还有许多科学与技术问题有待进一步研究与完善。非统计分析作为一种新的数据处理方法，可用于研究并有效地解决精密仪器中的少数据、乏信息分析问题。

我本人推荐这本专著之目的，是希望读者关注精密仪器分析中的一些问题以及对新出现的研究方法进行总结，并且通过大家的共同努力使之不断发展与完善。

李光祥 教授

2010年3月1日

清华大学 精密仪器与机械学系

前言

本书是根据“十一五”国防特色学科专业规划专著的大纲编写而成的，适用于仪器科学与技术一级学科，同时也可用于其他相关学科、专业。

在精密仪器的分析与应用领域，经常遇到被测量的特征信息不全或者观测到的数据较少，难以确定观测数据样本所服从的概率分布的小样本非统计分析、评估与处理等问题。例如，新型武器装备的破坏能力分析、火箭的发射与飞行实验及破坏性或毁灭性实验的结果评估等，由于实验的样品不能重复使用，导致可以采集到的观测数据很少；对于造价昂贵的材料或结构，如深空探测器、深海探测器或载人飞船等复杂系统，是很难进行大样本量或成批试验的；还有在机械制造中，由于受到测量的技术条件或制造成本的限制，不可能或没必要进行大样本测量，通常采用大批量生产而小批量抽检的手段进行质量控制。在这些情况下，一般很难获得大样本量，缺乏足够的观测数据，所以难以准确地判断与验证被测数据所服从的概率分布；对于观测数据的分析与处理也就很难使用基于大样本量和典型分布的经典统计学理论。这样一来就需要采用一些其他的理论或方法，以便尽可能多地了解并掌握观测系统的内在特性。

近年来，国内外关于特定分布下小样本问题的研究尽管已经取得了一些具有积极意义的阶段性成果，但是一般均要求观测数据的样本服从典型的概率分布，如正态分布等，因此尚不能够全面地解决精密仪器分析中的一些复杂问题。

本书的主要内容是以灰色系统理论、模糊集合理论、信息熵理论、贝叶斯理论和神经网络理论等为基础，研究精密仪器小样本非统计分析评估与数据处理中的具体问题，尤其是针对一般精密仪器中不宜采用统计方法分析的一些关键技术进行分析研究。其主要特点在于：一是以精密仪器为研究对象，采用小样本非统计分析的方法进行研究，并与经典统计学的研究结果进行比较；二是在精密仪器的分析研究中，允许观测数据的概率分布是非典型的或未知的，并且样本的个数可以很少；三是兼顾精密仪器的理论分析、实验研究与工程应用并重。本书在写作上力求基本原理的分析与生产实践相联系，注重实际测量工作中的分析与应用问题。

全书分为四篇，共8章内容。第一篇介绍基础原理，第二篇论述精密仪器系统的小样本非统计检验与分析，第三篇阐述精密仪器精度的小样本非统计分析与评定，第四篇给出工程应用实例。各章在内容上相对独立，但编排顺序上前后衔接。

本书由北京航空航天大学仪器科学与光电工程学院王中宇教授和葛乐矣博士、河南科技大学机电工程学院夏新涛教授、上海理工大学机械工程学院朱坚民教授、北京信息科技大学光电信息与通信工程学院祝连庆教授共同撰写；中国地震局地壳应力研究所付继华博士、中国空间技术研究院通信卫星事业部李萌博士、北京信息科技大学光电信息与通信工程学院孟浩博士分别承担了工程应用实例中部分内容的编写工作。

关于精密仪器动态测量系统的非统计分析与研究工作，作者先后得到国家自然科学基金项目“动态测量中非统计不确定度理论的研究(59805007)”、“动态测量中非统计不确定度的应用基础与关键技术研究(50375011)”和“动态测量系统的非统计分析方法及其应用基础研究(50675011)”的资助，该书是在上述研究工作的基础上经整理撰写而成的。

作者的研究工作得到了学术界前辈和同行专家、学者的长期支持与鼓励，同时还得益于从相关著作与诸多科技论文中所汲取的丰富素材，谨在此向这些专家、学者及相关参考文献的作者致以谢意！

审稿专家提出了许多宝贵意见，在此表示衷心的感谢！

尽管从初稿到定稿的过程中数易其稿，但由于该学科所涉及的范畴十分广泛，书中提到的内容难免挂一漏万；加之涉及多学科的前沿领域，而作者才疏学浅、知识水平有限，不足之处乃至缺点错误在所难免，敬请读者批评指正。

王中宇

2010年2月25日

目 录

第一篇 基础原理

第二篇 精密仪器系统的小样本非统计检验与分析

第一篇
基础原理

本篇由第 1 章和第 2 章组成，内容包括绪论和精密仪器小样本非统计分析的基本原理。

第 1 章论述精密仪器的发展趋势等基本问题，概述了小样本非统计分析的主要内容与研究意义。

第 2 章详细介绍了灰色分析原理、模糊分析原理、贝叶斯分析原理、信息熵分析原理、神经网络分析原理、蒙特卡洛分析原理和自助法分析原理等几种典型的分析方法。这些内容构成了后续章节的理论基础。

第1章 绪 论

本章给出了精密仪器的基本概念，概述了精密仪器的发展历程、趋势和基本特性，指出了精密仪器测量数据分析中的若干关键问题，简要介绍了非统计原理的基本概念和精密仪器小样本非统计分析的研究内容与意义。精密仪器的特性主要包括静态特性和动态特性，本章讨论了这些特性的评价指标。精密仪器测量数据分析的关键问题主要包括测量精度的分析、测量不确定度的评定以及测量误差的溯源；非统计分析原理的理论基础主要包括灰色系统理论、模糊集合理论、信息熵理论、贝叶斯理论、人工神经网络理论和蒙特卡洛理论等，非统计分析方法可以从一定程度上突破统计学理论在精密仪器分析与应用中的一些局限性。

1.1 精密仪器的基本概念

人类为了认识世界和改造世界，需要不断地对自然界的各种现象进行测量和分析。利用精密仪器进行测量是国防、工业、农业等领域中不可缺少的一项工作。

1.1.1 精密仪器概述

1. 精密仪器的概念

仪器仪表是获取外界信息的工具，是认知世界的手段，它是一个具体的系统或者装置，最基本的作用是延伸、扩展、补充或代替人的听觉、视觉、触觉等感官的功能。

精密仪器是一种特殊的仪器仪表，广泛用于精密地测量各种几何量和物理量，包括长度、角度、力学、热工、电磁、光学、无线电、时间频率和电离辐射等。

现代精密仪器是随着微电子技术、近代光学技术和计算机技术飞速发展和其他新兴学科知识的渗透而出现的仪器，近年来还出现了对被测过程或参数进行识别、计算、判断和控制等多功能的智能化仪器。

2. 精密仪器的分类

按照测量对象的不同，精密仪器可以划分为以下几类：

① 几何量精密仪器　主要包括检测各种几何量的精密仪器，如立式测角仪（见图 1-1）、激光干涉比长仪、经纬仪、三坐标测量机、圆度仪、轮廓仪和扫描隧道显微镜等测量仪器。

② 热工量精密仪器　主要包括温度、湿度、压力、流量检测精密仪器，如各种气压计、真空计、多波长测温仪表、流量计和高度表等。

③ 机械量精密仪器　主要包括各种测力仪器、应变仪、加速度与速度测量仪、转矩测量仪（见图 1-2）、振动测量仪、万能材料实验机（见图 1-3）和布氏硬度计（见图 1-4）等。

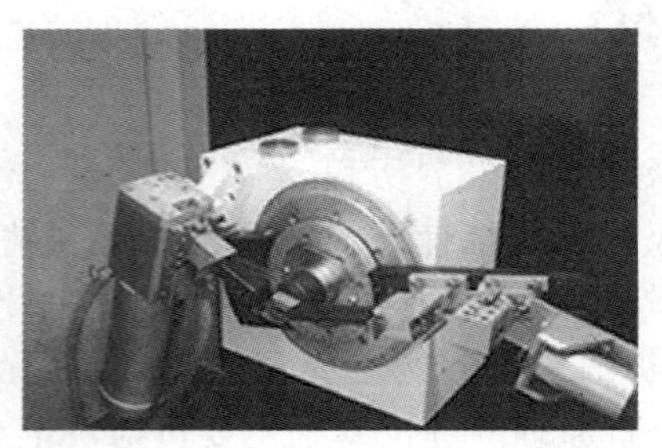
图 1－1 立式测角仪

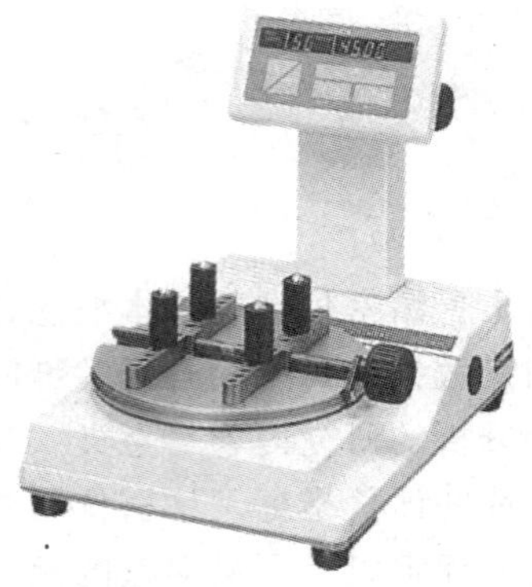
图 1－2 转矩测量仪

图 1－3 万能材料实验机

图 1－4 布氏硬度计

④ 时间频率精密仪器　主要包括各种计时仪器与仪表、原子钟(见图 1－5)、时间频率测量仪等。

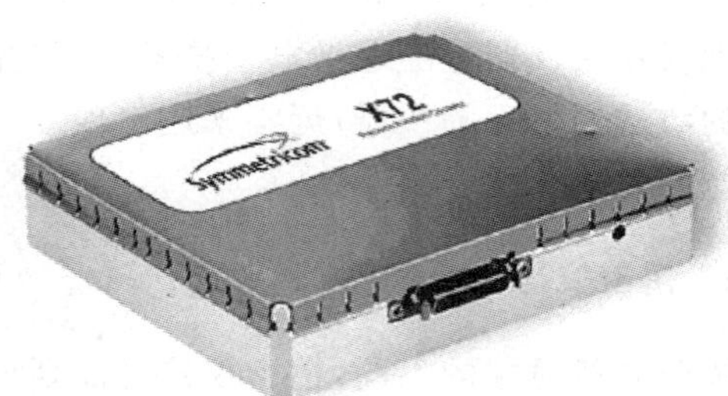

图 1－5 原子钟

⑤ 电磁精密仪器　主要用于测量各种电量和磁量，如电流表、电压表、功率表、电阻测量仪、电容测量仪、静电仪(见图 1－6)和磁参数测量仪等。

⑥ 无线电精密仪器　主要包括示波器、信号发生器、相位测量仪、频谱分析仪(见图 1－7)和动态信号分析仪等。

⑦ 光学与声学精密仪器　主要包括光谱仪(见图 1－8)、光度计(见图 1－9)、色度计、激光参数测量仪、光学传递函数测量仪、噪声测量仪和声呐测量仪等。

⑧ 电离辐射精密仪器　主要包括各种放射性、核素计量、X 和 γ 等射线计量仪器等。

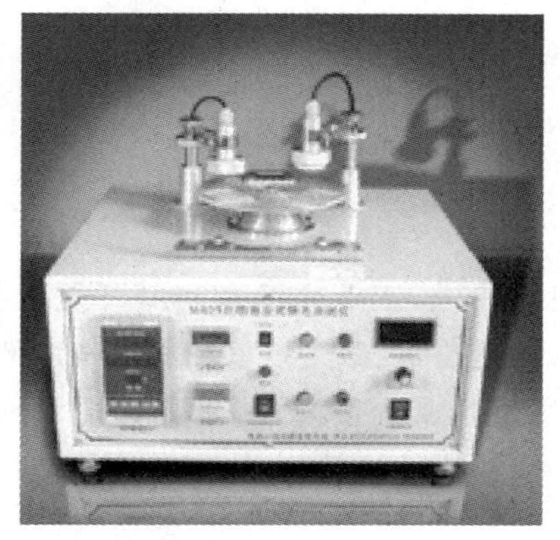

图 1-6　静电仪

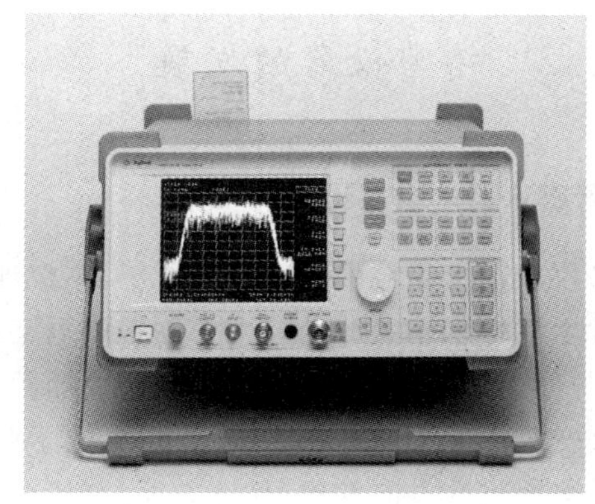

图 1-7　频谱分析仪

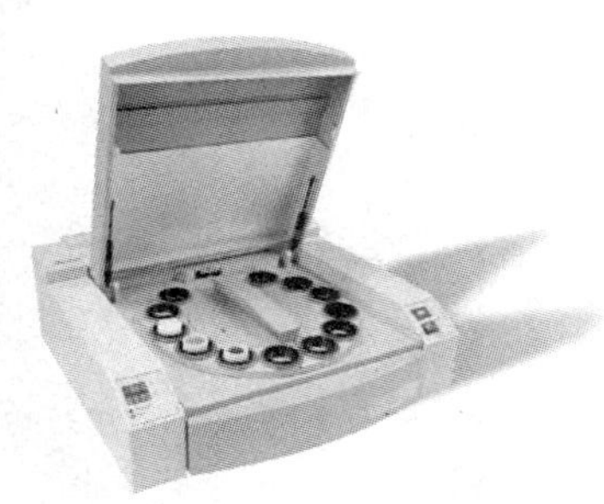

图 1-8　光谱仪

图 1-9　光度计

尽管上述精密仪器的测量对象不同，但是它们的静态特性、动态特性以及数据处理的方法却具有相同或相近之处。

现代精密仪器技术是一种与精密机械、传感技术、信息技术、光电技术、激光、红外技术、自动控制、材料科学和计算机科学等多学科紧密结合并相互渗透的技术，常见的精密仪器有精密计量仪器、精密天文观测仪器、精密遥感仪器、精密测控仪器和精密医疗仪器等。目前，精密仪器正向自动化、数字化、智能化、网络化、多维和动态测量方向发展，在科研、生产、司法、商业和社会等各个领域发挥着积极的作用。

3. 精密仪器技术的组成

精密仪器技术通常包含以下 5 个方面：

① 精密机械技术　主要指精密机床、钟表、机械式仪表、微型机械和微动装置等的设计、制造与应用。

② 精密测量技术　主要指各种物理量、机械量的计量检测技术以及这类精密仪器的设计与制造。

③ 电子技术　主要指各种精密放大器、精密测量电路的设计与应用。

④ 计算机及自动化技术　主要指各种自动化仪器仪表的设计、制造与应用。

⑤ 光学技术　主要指各种光学仪器、光电技术、激光技术等的设计与应用。

1.1.2 精密仪器的发展

1. 精密仪器的发展历程

精密仪器技术领域的内容十分广泛，不仅涉及科学研究、工业生产和产品开发，而且与人们的日常生活密切相关。随着半导体集成电路技术、机电技术、激光技术和纳米技术的迅速发展，网络与通信等高新技术的应用，精密仪器的复杂性及精密程度与日俱增，其技术发展也产生了重大变革。一方面，由于光学、机械、电子等技术领域的日趋成熟，从而导致精密仪器朝着光机电系统集成的方向发展；另一方面，市场对于产品轻、薄、短、小的需求，使得精密仪器朝着微型化的方向发展。

精密仪器作为一门学科经历了一个漫长的发展历程。它发展的最初阶段是以精密机械结构为基础的。中国汉代科学家张衡发明的地动仪就是一种古老的精密仪器，如图 1-10所示。据《后汉书》记载，地动仪以精铜铸造而成，形似酒樽，直径 8 尺，内藏机关。地动仪的圆周按东、西、南、北、东北、东南、西南和西北八个方位各设置一条龙，每条龙嘴里含有一个小铜球，地上各蹲着一个昂头张口的铜蛤蟆对准龙嘴。当任何一个方位发生地震时，传来的地震波会使樽内的机关响应，从而触动龙头的杠杆，使处在该方位的龙嘴张开，小铜球落入蛤蟆嘴里，这样观测人员就知道发生地震的时间和方位。这种著名的地动仪是由单纯的机械结构精心设计而成的。

图 1-10 张衡发明的地动仪

精密仪器发展的最初阶段，其典型特征是单一的精密机械应用。

随着人们对光学知识的了解和掌握，精密仪器进入了以精密机械和传统光学相结合的发展阶段。例如，古典的光学显微镜就是一种精密仪器，是一组光学元件和精密机械元件的组合，并以人眼作为接收器来观察放大的被测物体。再如，在欧洲中世纪，伽利略自行研制了望远镜等精密仪器，开始了采用实验技术来揭示天体运动规律的历程，得到了一系列伟大的发现。这一时期的精密仪器技术是以精密机械和传统光学理论为基础的。

20 世纪以来，激光、光纤、全息、光存储、光记录和光显示等新技术的出现，给精密仪器带来了巨大的发展动力。光学、机械和电子原本是相互独立的学科，随着市场需求和科技发展，多学科技术交叉融合成为发展的必然。特别是 20 世纪 70 年代以来，计算机、微电子、航空航天等技术迅猛发展，为适应现代化工农业生产和国防科技的需求，精密仪器进入了光、机、电和网络相融合的新阶段。因此，如果没有 20 世纪科学技术的进步，就没有今天先进的精密仪器技术。例如，光纤陀螺是由光学、机械、电子和计算机相结合的高精度精密仪器；再如，太阳紫外线自动监测仪（见图 1-11）、星敏感探测器（见图 1-12）、磁悬浮力矩陀螺等航空航天精密仪器都是这一发展阶段的技术成果。

图1-11 太阳紫外线自动监测仪

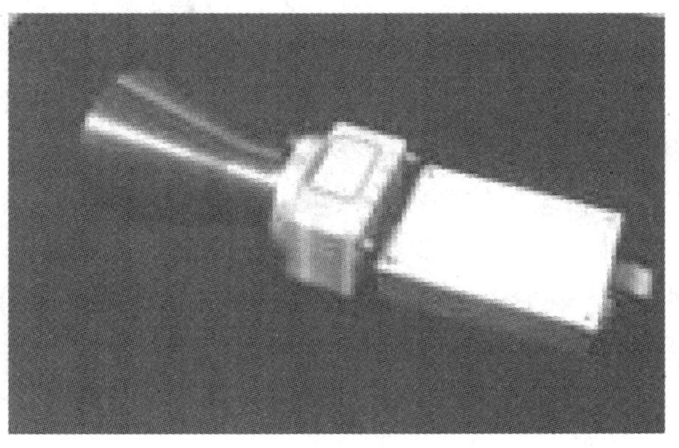

图1-12 星敏感探测器

2. 精密仪器的发展趋势

20世纪80年代以来，微电子技术、计算机技术、精密机械技术、特种加工技术、集成技术、薄膜技术、网络技术、纳米技术、激光技术、超导技术和生物技术等高新技术获得了迅猛发展，对精密仪器提出了更高、更新、更多的要求，如要求速度更快，灵敏度更高，稳定性更好，样本量更少，微损甚至无损检测，遥感遥测与遥控，使用更方便，成本更低廉，无污染等，同时也为精密仪器的发展提供了强大的推动力。

精密仪器的发展趋势可以概括为以下几个方面：

(1) 精密仪器的结构向光机电整合方向发展

光机电整合本质上是一个高度跨领域整合的工程技术，包括机电整合、光电技术、光机整合乃至微机电或微光机电系统等几大领域，光电、机电或光机组件(或系统)皆是现代精密仪器的基本构成要素。

(2) 精密仪器的尺寸向微型化方向发展

纳米级的精密机械研究成果、基因层次的生物学研究成果、新型微型传感器研究成果，以及特种功能材料研究成果不断涌现，为精密仪器向微型化方向发展提供了技术支持。

(3) 精密仪器的通信向网络化方向发展

以Internet为代表的网络技术的出现以及与其他高新科技的互相融合，不仅已开始将智能互联网产品带入现代生活，而且也为精密仪器技术带来了前所未有的发展空间和机遇，具备网络功能的新型精密仪器应运而生。

(4) 精密仪器的功能向虚拟化方向发展

美国的National Instrument公司最先提出了“软件就是仪器”的设计思想，虚拟精密仪器技术突破了传统精密仪器的概念框架，得到了很快的发展。相比而言，虚拟精密仪器对被测量的处理和计算可以更复杂，速度更快，测试结果的表达方式更加丰富多样，能更方便地存储和交换测试数据，价格低并且技术更新越来越快。

精密仪器的智能化和高科技化，必将成为未来精密仪器科技与产业发展的主流。

1.2 精密仪器的基本特性

精密测量系统实质上是一个信息通道，理想的测量系统应该保证测量信号不失真地传递，因此必须对精密仪器的基本特性进行了解与分析。

精密仪器的基本特性可由其输入、输出的关系来表征，这种关系是测量系统所呈现出的外部特性，并由其内部参数(即系统本身的固有属性)所决定。在选用精密仪器时，要综合考虑多种因素，最主要的是测量系统的基本特性是否能在精度要求范围内真实地反映输入的被测量。还要考虑的一个重要因素就是精密测量系统对被测量变化的响应特性。

按照被测量在测量过程中的状态可分为静态测量和动态测量两种，相应地，精密测量系统的基本特性可分为以下两类：

① 被测量是静止不变或变化极缓慢的情况，此时工作在静止状态下的精密测量系统，其输入量与输出量间的函数关系称为精密测量系统的静态特性。对于精密仪器静态测量系统来说，要求系统的传递特性是线性的。

② 被测量不断变化的情况，此时工作在动态下的精密测量系统，其输入量与输出量间的函数关系称为精密测量系统的动态特性。对于精密仪器动态测量系统来说，不仅要求系统的传递特性尽可能为线性，而且要求动态性能良好。

当精密测量系统特性已知时，通过对输出信号的观察与分析就能够推断出相应的输入信号，即被测量；同理，当输入信号已知时，通过对输出信号的观察分析，就能够推断出精密测量系统的特性。

1.2.1 精密仪器的静态特性

1. 静态特性的基本参数

(1) 测量范围或量程

测量范围(measuring range)指测量系统所能测量到的最小被测量 $x_{\min}$ 与最大被测量 $x_{\max}$ 之间的范围，即 $[x_{\min}, x_{\max}]$。

量程(span)指测量系统测量范围的上限值与下限值之差，即

$$\text{量程} = x_{\max} - x_{\min} \tag{1-1}$$

(2) 灵敏度

灵敏度(sensitivity)是描述精密测量系统对输入量变化反应的能力指标，通常由精密测量系统的输出变化量 Δy 与引起该输出量变化的输入变化量 Δx 之比值 S 来表征，即

$$S = \lim_{\Delta x \to 0}\left(\frac{\Delta y}{\Delta x}\right) = \frac{\mathrm{d}y}{\mathrm{d}x} \tag{1-2}$$

如图 1-13 所示，精密测量系统某一测点所处的静态灵敏度是其静态特性曲线的斜率。灵敏度是刻度特性的导数，是一个有量纲的量。例如，对精密电压表，其电压灵敏度为每伏输入引起的指针偏转量；如果精密仪器的输入量与输出量的量纲相同，则灵敏度无量纲，常用“放

大倍数”一词代替绝对灵敏度。

(3) 分辨力

分辨力(resolution)又称灵敏度阈值(sensitivity threshold),它表征精密测量系统有效辨别输入量最小变化量的能力。

分辨力反映了测试系统检测输入微小变化的能力,对正反行程都是适用的。造成精密测量系统具有有限的分辨力因素很多,例如,机械运动部件的干摩擦和卡塞、电路系统中的储能元件不理想、A/D 转换器的位数有限等。对模拟式精密测量系统,其分辨力一般为最小分度值的 0.2～0.5 倍。在图 1-14 中,对于第 i 个测量点,当有 $\Delta x_{i,\min}$ 变化时,输出就有可观测到的变化,那么 $\Delta x_{i,\min}$ 就是该测点处的分辨力。

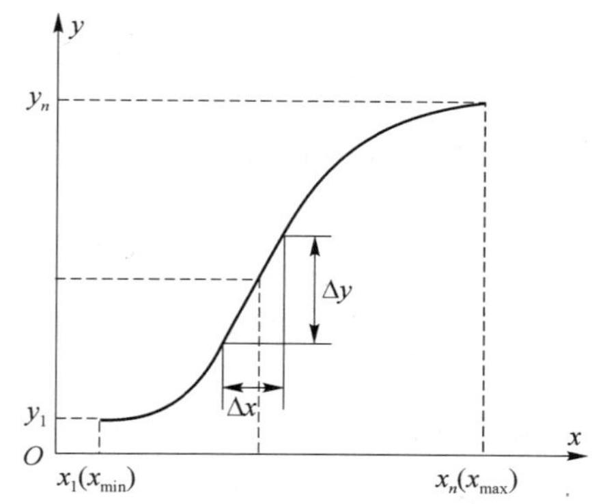

图 1-13　精密测量系统的静态灵敏度

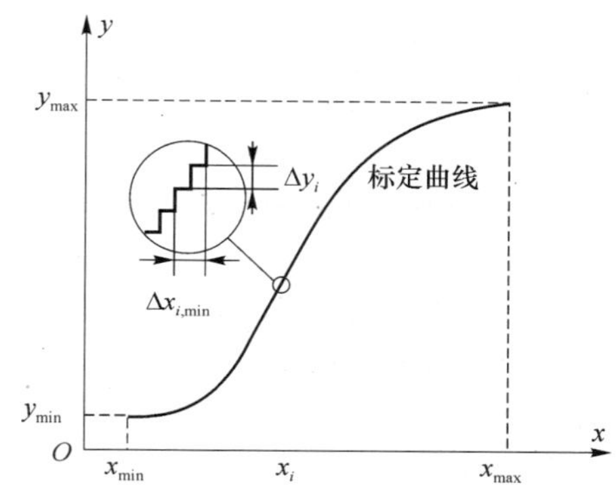

图 1-14　精密测量系统的分辨力

(4) 漂　移

当输入信号不变时,精密仪器随时间或内部温度变化而引起输出信号变化,称为漂移(drift),漂移主要由时漂和温漂引起。

当精密仪器的输入和环境温度不变时,输出量随时间变化的现象称为时漂。它是由精密仪器内部各个环节性能不稳定或由于内部温度变化引起的,反映了精密仪器的稳定性。

由外界环境温度变化引起的输出量变化的现象称为温漂。温漂可以从两个方面来考察。一方面是零点漂移,即精密仪器在零点处的温漂,反映了温度变化引起的精密仪器特性平移而斜率不变的漂移;另一方面是灵敏度漂移,即引起精密仪器特性斜率变化的漂移。

零点漂移可由下式计算:

$$D_0=\frac{y_0(t_2)-y_0(t_1)}{(t_2-t_1)y_{FS}(t_1)}\times 100\% \tag{1-3}$$

式中,$y_0(t_2)$为在规定的温度(高温或低温)t_2 保温一小时后,精密仪器零点输出的平均值;$y_0(t_1)$为在室温 t_1 时,精密仪器零点输出的平均值;$y_{FS}(t_1)$为在室温 t_1 时,精密仪器满量程输出的平均值。

灵敏度漂移可由下式计算:

$$\beta=\frac{y_{FS}(t_2)-y_{FS}(t_1)}{(t_2-t_1)y_{FS}(t_1)}\times 100\% \tag{1-4}$$

式中,$y_{FS}(t_2)$为在规定的温度 t_2 保温一小时后,精密仪器满量程输出的平均值。

2. 静态特性的评价指标

通常用下列指标来评价精密仪器的静态特性。

(1) 线性度

精密测量系统的输出与输入之间的关系一般为直线特性，在整个测量范围内具有相同的灵敏度，仪表刻度也是均匀的。但由于种种原因，实际上许多精密仪器测量仪表的输出与输入特性，总是具有不同程度的非线性。

线性度(linearity)又称非线性误差，说明测量系统实际的静态特性的校准特性与某一参考直线不吻合程度的最大值，如图 1-15 所示。

线性度用引用误差的形式表示为

$$\delta_L = \frac{|(\Delta y_L)_{max}|}{y_{FS}} \times 100\% = \frac{\max|\Delta y_{i,L}|}{y_{FS}} \times 100\% \qquad (i=1,2,\cdots,n) \tag{1-5}$$

式中，$\Delta y_{i,L}$ 为第 i 个测量点平均输出值与所选定的参考直线的偏差，称为非线性偏差；$(\Delta y_L)_{max}$ 为全部 n 个测量点中的最大偏差。

(2) 迟　滞

在输入量从正行程到反行程的变化期间，输出特性的往返曲线不重合，这一现象称为迟滞(hysteresis)，亦称滞环、回差或变差。

这种现象主要是由仪器敏感材料的物理性质和机械零部件的缺陷所造成的。例如，弹性敏感元件的弹性滞后、运动部件的摩擦、传动机构的间隙、紧固件松动及磁性材料的磁滞等。

在图 1-16 中，对于第 i 个测量点，其正、反行程输出的平均校准点分别为(x_i, y_{ui})和(x_i, y_{di})，其中

$$y_{ui} = \frac{1}{m}\sum_{j=1}^{m} y_{uij} \qquad y_{di} = \frac{1}{m}\sum_{j=1}^{m} y_{dij} \tag{1-6}$$

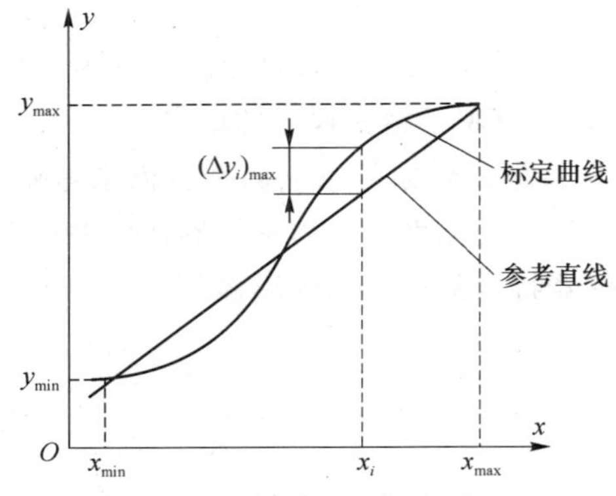

图 1-15　精密测量系统的线性度

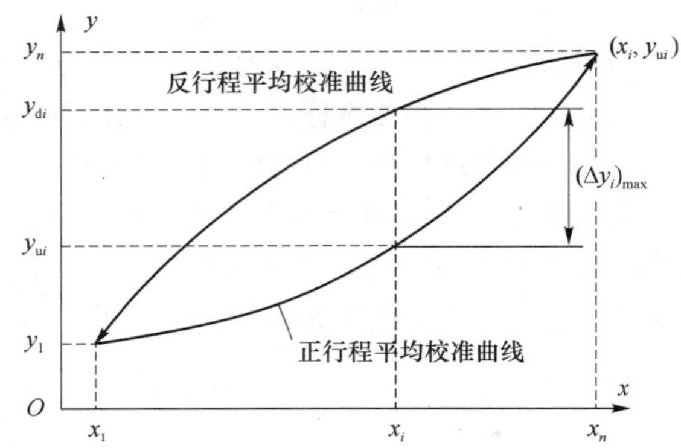

图 1-16　精密测量系统的迟滞

迟滞误差可以表示为

$$\delta_H = \frac{\max|y_{ui} - y_{di}|}{y_{FS}} = \frac{\max\left|\frac{1}{m}\sum_{j=1}^{m} y_{uij} - \frac{1}{m}\sum_{j=1}^{m} y_{dij}\right|}{y_{FS}} \times 100\% \qquad (i=1,2,\cdots,n) \tag{1-7}$$

式中，y_{FS}为精密仪器满量程输出。

(3) 重复性

使用精密仪器在同一个测点、按同一方向做全量程的多次重复测量时，每一次的输出值都有不同程度的分散，评价这一分散程度的指标称为重复性(repeatability)。

精密仪器的重复性如图 1-17 所示。

精密仪器的重复性指标为

$$\delta_R = \frac{\Delta R}{y_{FS}} \times 100\% \qquad (1-8)$$

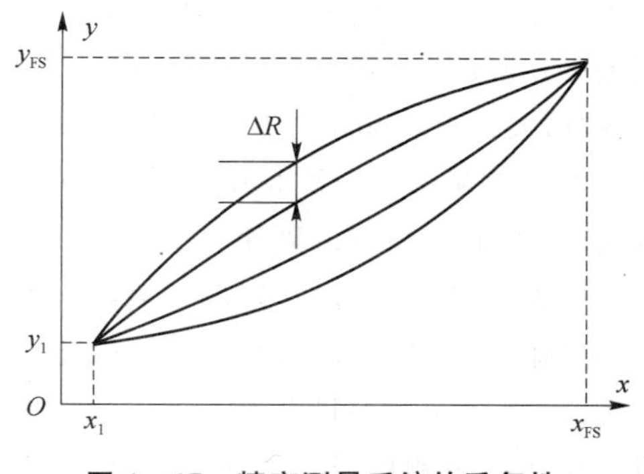

图 1-17　精密测量系统的重复性

式中，ΔR 为同一输入量对应多次循环的同向行程输出量的绝对误差。

(4) 再现性

精密仪器的再现性(reproducibility)是指在测量条件改变的情况下，对同一被测量的测量结果之间的一致性。再现性又称为复现性、重现性。

在给出再现性时，应详细说明测量条件改变的情况，包括测量仪器、测量原理、测量方法、标准量、测量人员、测量地点、测量时间等。这些条件可以改变其中一项、多项或全部。

和测量的重复性一样，这里的“一致性”也是定量的，可以用再现性条件下对同一量进行重复测量所得结果的分散性来表示，例如用再现性标准差来表示。再现性标准差有时也称为组间标准差。

测量结果的重复性和再现性的区别是显而易见的。虽然都是指同一被测量的测量结果之间的一致性，但其前提不同。重复性是在测量条件保持不变的情况下，连续多次测量结果之间的一致程度；而再现性则是指在测量条件改变了的情况下，测量结果之间的一致程度。

(5) 稳定性

精密仪器的稳定性(stability)是指精密仪器保持其计量特性随时间恒定的能力，即在规定工作条件的范围之内，在规定时间内精密仪器的性能保持不变的能力。

对于精密仪器，稳定性是重要的计量性能之一。导致精密仪器不稳定的因素很多，主要是电子器件的老化、机械零部件的磨损，以及使用、储存、维护工作不仔细等所致。对精密仪器进行检定或校准，就是对其稳定性的一种考核。稳定性也是科学合理地确定精密仪器检定周期的重要依据之一。

(6) 测量误差

精密仪器的每个测得值都有一定的近似性，它们与真值之间总会有或多或少的差异，这种差异在数值上的表示称为精密仪器的测量误差(error of measurement)，简称误差。

测量误差的定义式为

$$误差 = 测得值 - 真实值 \qquad (1-9)$$

精密仪器的测量误差按其性质不同，可分为系统误差、随机误差和粗大误差三类。

① 系统误差　在相同的测量条件下，对某被测量进行一系列的重复测量，如果误差出现的符号和大小均相同，或按一定的规律变化，这种误差称为系统误差(systematic error)。

② 随机误差　在相同的测量条件下，对某被测量进行一系列的重复测量，如果误差的符

号和大小不一致，表面上没有规律性，但就误差的总体而言，却具有统计规律，这种误差称为随机误差(random error)。

③ 粗大误差　超出在规定条件下预期的误差称为粗大误差(gross error)，也称为粗差或寄生误差。在精密仪器测量中，若一组等精度测得值中的某值与其他值相差很大，在进行数据处理时，原则上应当予以剔除。

需要指出的是，目前在对测量系统进行分析研究时，主要还是以相对比较成熟的静态测量理论为基础。严格地讲，测量过程本身就是一种动态过程，静态测量仅是动态测量中某种理想化的假设，因此动态测量误差与静态测量误差之间存在着不同。但是，动态测量误差的评定指标可以作为静态测量误差的拓展，把静态测量误差作为动态测量误差的特殊情况进行处理。因此，在静态测量中提出的一些概念与方法，对于动态测量的研究同样具有参考意义。

1.2.2 精密仪器的动态特性

1. 精密测量系统动态特性的描述

在测量实践中，大量被测信号是随时间变化的动态信号，因此首先研究测量系统的动态特性。

精密测量系统动态特性主要是研究精密测量系统的输入信号为一随时间迅速变化的信号时，输出与输入之间的关系。

精密测量系统的动态特性用数学模型来描述，主要有三种形式：时域中的微分方程、复频域中的传递函数和频域中的频率特性。

(1) 微分方程

精密测量系统时域特性指输出 $y(t)$ 与输入 $x(t)$ 之间的时域关系，用微分方程表示为

$$a_n\frac{\mathrm{d}^n y(t)}{\mathrm{d}t^n}+a_{n-1}\frac{\mathrm{d}^{n-1} y(t)}{\mathrm{d}t^{n-1}}+\cdots+a_1\frac{\mathrm{d}y(t)}{\mathrm{d}t}+a_0 y(t)=$$

$$b_m\frac{\mathrm{d}^m x(t)}{\mathrm{d}t^m}+b_{m-1}\frac{\mathrm{d}^{m-1} x(t)}{\mathrm{d}t^{m-1}}+\cdots+b_1\frac{\mathrm{d}x(t)}{\mathrm{d}t}+b_0 x(t) \tag{1-10}$$

式中，$a_0,a_1,a_2,\cdots,a_n$ 为与系统输入结构参数有关的常数；$b_0,b_1,b_2,\cdots,b_m$ 为与系统输出结构参数有关的常数；n 为微分方程的输入阶数；m 为微分方程的输出阶数。

(2) 传递函数

精密测量系统复频域动态特性可用传递函数 $H(s)$ 描述，传递函数为输入量和输出量的拉氏变换之比。

对式(1-10)取拉氏变换，并假设输入 $x(t)$ 与输出 $y(t)$ 及其各阶导数在 $t=0$ 时的初始值为零，其拉氏变换为

$$Y(s)(a_n s^n+a_{n-1}s^{n-1}+\cdots+a_1 s+a_0)=X(s)(b_m s^m+b_{m-1}s^{m-1}+\cdots+b_1 s+b_0) \tag{1-11}$$

式中，$Y(s)$ 为系统输出量的拉氏变换；$X(s)$ 为系统输入量的拉氏变换。

于是精密测量系统的传递函数为

$$H(s)=\frac{Y(s)}{X(s)}=\frac{b_m s^m+b_{m-1}s^{m-1}+\cdots+b_1 s+b_0}{a_n s^n+a_{n-1}s^{n-1}+\cdots+a_1 s+a_0} \tag{1-12}$$

当 $n=1$ 或 $n=2$ 时，式(1-12)分别称为一阶系统或二阶系统的传递函数。

一般而言，式(1-12)中分母的幂次 n 总是高于分子的幂次 m。

在 $Y(s)$、$X(s)$和 $H(s)$三者中，一旦知道其中任意两个，第三个便很容易求得。

当精密测量系统的输入为单位脉冲 $\delta(t)$时，因为单位脉冲 $\delta(t)$的拉氏变换为 1，所以输出 $y(t)$的拉氏变换为 $H(s)$，即 $y(t)=\mathscr{L}^{-1}[H(s)]$，并可记为 $h(t)$，常称它为脉冲响应函数。

(3) 频率响应函数

精密测量系统频域动态特性可用频率响应函数 $H(\mathrm{j}\omega)$描述，频率响应函数为输出量的傅里叶变换和输入量的傅里叶变换之比。

对于稳定的常系数线性系统，频率响应函数为

$$H(\mathrm{j}\omega)=\frac{Y(\mathrm{j}\omega)}{X(\mathrm{j}\omega)}=\frac{b_m(\mathrm{j}\omega)^m+b_{m-1}(\mathrm{j}\omega)^{m-1}+\cdots+b_1(\mathrm{j}\omega)+b_0}{a_n(\mathrm{j}\omega)^n+a_{n-1}(\mathrm{j}\omega)^{n-1}+\cdots+a_1(\mathrm{j}\omega)+a_0} \tag{1-13}$$

式中，$Y(\mathrm{j}\omega)$为系统输出量的傅里叶变换；$X(\mathrm{j}\omega)$为系统输入量的傅里叶变换；$H(\mathrm{j}\omega)$为线性系统的频率响应或频率特性。

频率响应函数可以较容易地通过实验的方法获得，因而成为应用最广泛的动态特性分析工具。

2. 常见精密测量系统的动态特性

常见精密测量系统都是一阶或二阶的系统。任何高阶系统都可以看作若干个一阶和二阶环节的串联或并联。

(1) 一阶系统

图 1-18 所示的 RC 电路为典型的一阶系统。

在图 1-18 中，u_o 为电容上的端电压，u_i 为电源电压，R 为电阻，C 为电容。

下面是一阶系统的动态特性用数学模型来描述。

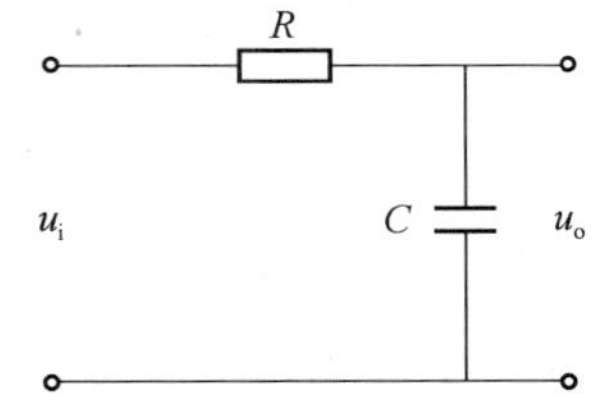

图 1-18　典型一阶系统——RC 电路

① 微分方程。令 $\tau=RC$，$u_i=x(t)$，$u_o=y(t)$，则描述此一阶系统的输入 u_i 与输出 u_o 之间的关系的一阶微分方程为

$$\tau\frac{\mathrm{d}y(t)}{\mathrm{d}t}+y(t)=x(t) \tag{1-14}$$

② 传递函数为

$$H(s)=\frac{Y(s)}{X(s)}=\frac{1}{\tau s+1} \tag{1-15}$$

③ 频率响应函数为

$$H(\mathrm{j}\omega)=\frac{1}{\tau(\mathrm{j}\omega)+1} \tag{1-16}$$

(2) 二阶系统

下面是二阶系统的动态特性用数学模型来描述。

① 微分方程。二阶系统均可用下述标准形式的二阶微分方程来表示

$$\frac{1}{\omega_n^2}\frac{\mathrm{d}^2y(t)}{\mathrm{d}t^2}+\frac{2\zeta}{\omega_n}\frac{\mathrm{d}y(t)}{\mathrm{d}t}+y(t)=Kx(t) \tag{1-17}$$

式中，ω_n 为系统固有角频率；ζ 为阻尼比；K 为静态灵敏度。

② 传递函数为

$$H(s)=\frac{Y(s)}{X(s)}=\frac{K}{\frac{1}{\omega_n^2}s^2+\frac{2\zeta}{\omega_n}s+1} \tag{1-18}$$

③ 频率响应函数为

$$H(\omega)=\frac{Y(\omega)}{X(\omega)}=\frac{K}{\left[1-\left(\frac{\omega}{\omega_n}\right)^2\right]+\mathrm{j}2\zeta\frac{\omega}{\omega_n}} \tag{1-19}$$

3. 动态特性的评价指标

由于系统的动态特性取决于系统本身以及输入信号的形式，因此，工程上常用正弦函数或单位阶跃函数作为标准输入信号，对系统的动态特性进行分析，从而确立精密测量系统动态特性的评价指标。

动态特性的评价指标包括时域指标和频域指标两类。

(1) 评价精密测量系统动态特性的时域指标

① 时间常数 T。一阶系统可用单位阶跃响应由零上升到稳态值的 63.2%所需要的时间为时间常数 T。T 越小，响应速度越快，系统的动态特性越好。

② 上升时间 t_r。上升时间是指输出指示值从最终稳定值的 5%或 10%变到最终稳定值的 95%或 90%所需要的时间。

③ 响应时间 t_s。响应时间是指从输入量开始起作用到输出指示值进入稳定值的 95%或 98%所需要的时间。

④ 超调量 δ。超调量是指输出第一次达到稳态值后又超出稳态值而出现的最大偏差值，常用最终稳定值的百分比表示。

上述 4 个时域指标的物理意义如图 1-19 所示。

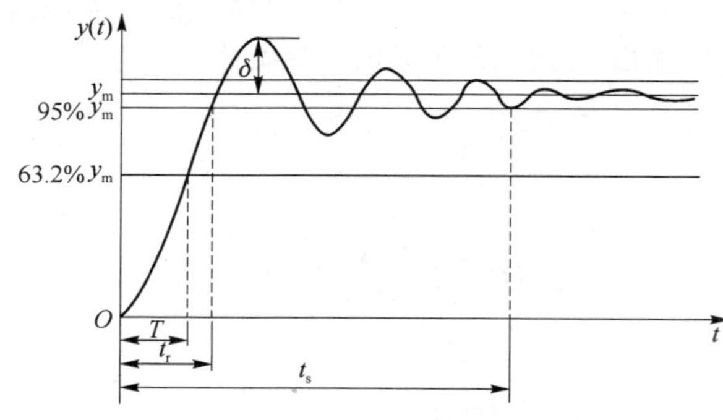

图 1-19 二阶系统动态特性的时域指标

(2) 评价精密测量系统动态特性的频域指标

评价系统频域动态特性时，常用幅频特性和相频特性。

频率响应函数 $H(\mathrm{j}\omega)$是复变函数，可表达为

$$H(\mathrm{j}\omega)=R_e(\omega)+\mathrm{j}I_m(\omega)=|H(\mathrm{j}\omega)|\mathrm{e}^{\mathrm{j}\angle H(\mathrm{j}\omega)} \tag{1-20}$$

式中，ω 为被测信号的频率；$R_e(\omega)$为被测信号的实部；$I_m(\omega)$为被测信号的虚部。

在式(1-20)中,$|H(j\omega)|$和$\angle H(j\omega)$可以分别用$A(\omega)$和$\varphi(\omega)$来表达。在正弦或余弦信号输入下,其模$A(\omega)$反映的是装置稳态输出、输入的幅值比$\frac{Y}{X}$与被测信号频率ω的对应关系,称为装置的幅频特性;幅角$\varphi(\omega)$反映的是装置稳态输出、输入的相位差角$(\theta_y-\theta_x)$与被测信号频率ω的对应关系,称为装置的相频特性。

幅频与相频特性统称为装置的频率特性。

1.3 精密仪器测量数据的处理与分析

1.3.1 精密仪器测量数据的处理

主要介绍精密仪器在静态测量和动态测量两种方式下的数据处理方法。

1. 静态测量结果的常用处理方法

在精密仪器的测量过程中,测量值中的测量数据是一个以概率取值的随机变量。

在大量重复实验中得到的测量值具有统计规律,测量值的概率分布服从正态分布,其期望值为

$$E(x)=\mu \tag{1-21}$$

方差为

$$D(x)=\sigma^2 \tag{1-22}$$

当μ和σ^2已知,概率分布就完全确定了。一旦给定任意x值,就可以确定该x值出现的概率,即全部测量值的概率分布可以用μ和σ^2两个基本参数来表征。μ确定了概率分布中心在x轴上的位置,表征测量值的集中趋势;σ^2表示测量值沿x轴的分散程度,表征测量值的离散特性。

正态分布是经过大量观测得到测量值的一种理论分布。在实际应用中,当测量值数目大于30时,通常可以用正态分布近似描述测量值和测量误差的分布特性。

在有限测量中,不可能获得总体的平均值μ和方差σ^2,但可以得到样本的平均值$\bar{x}$和样本的方差s^2。如果样本的平均值$\bar{x}$和样本的方差s^2能够充分近似地代表总体平均值μ和总体方差σ^2,那么就可以用样本的平均值$\bar{x}$和样本的方差s^2来表征全部测量值的分布特性。

在等精度测量中,样本的平均值$\bar{x}$是一组测量值中出现概率最大的值,是总体平均值μ的无偏估计值和具有最小方差的最优估计值;样本的方差s^2是总体方差σ^2的无偏估计值,可以用样本的$\bar{x}$和s^2分别来估计总体的μ和σ^2。

在不等精度测量中,样本加权平均值是一组测量值中出现概率最大的值,是总体平均值的无偏估计值和具有最小方差的最优估计值,样本加权平均值方差是总体方差的无偏估计值。样本的平均值和样本的方差能够充分地近似代表总体平均值和总体方差,因此,在精密仪器测量过程中,常用样本的平均值和样本的标准差来报告分析测量结果。

按照数理统计理论,各个测量值出现的概率服从正态分布,测量值落在2倍标准差以外的

概率为5%;落在3倍标准差以外的概率为0.27%。由2倍标准差或3倍标准差所构建的区间,就是分析测量中所允许的合理误差范围。这个误差范围为工程技术人员判断和取舍测量数据、评价数据的可靠性与误差溯源提供了理论依据。

2. 动态测量数据的常用处理方法

动态测量是在动态条件下使用精密测量器具进行的测量,相比于静态测量而言,动态测量要复杂得多,目前仍然有许多问题迫切需要解决。如精密仪器动态测量概念认识的统一、精密仪器动态测量系统精度特性的描述、精密仪器动态测量误差的处理及评定等。

美国标准局建立了动态测量工作组,并在1974年末举行了首次全会,在1976年伦敦第七届和1980年莫斯科第八届的大会上,以及后来的国际计量技术联合会(IMEKO)召开的大会上都把动态测量列入会议议程。在1975年、1978年、1981年和1984年,前苏联在列宁格勒举行的全苏联动态测量讨论会,大大促进了动态测量数据处理方法和理论的发展。

精密仪器动态测量数据处理的重要内容及关键问题是动态测量不确定度评定原理、动态测量误差的分析与修正等问题。常用动态测量数据的处理方法是时间序列分析法。时间序列分析是一种动态数据处理的统计方法,该方法基于随机过程理论和数理统计学,研究动态测量随机数据序列所服从的统计规律,用于解决自相关分析和谱分析、统计模型的建立与推断、关于时间序列的最优预测、控制与滤波等问题。

经典的统计分析一般假定数据序列是相互独立的,而时间序列分析则侧重研究数据序列之间的互相依赖关系,时间序列分析实际上是对离散指标的随机过程的统计分析。

1.3.2 精密仪器分析的基本问题

1. 精密仪器的误差溯源

精密仪器的误差溯源就是把仪器输出的总误差首先进行分解,然后溯源到仪器测量链的各组成单元,并且综合考虑外界干扰因素,最后建立相应的数学模型。

精密测量系统的传统建模方法,无论是频域法还是时域法,均将测量系统看作是固定不变的,且具有确定的传输关系,在系统的输入端给一个激励信号,根据系统的输出响应,构造传递函数逼近整个系统的传输关系,把测量系统看作一个"黑箱"。这种处理方法未能充分考虑测量系统内部各组成单元的动态特性以及各单元之间的具体传输关系,也未考虑它们随时间的变化特征及其大小,从而使精密仪器的测量精度难以提高。

在充分考虑精密测量系统内部具体结构参数所确定的系统单元及总体传输关系的基础上,还要综合考虑测量系统内部组成误差和系统内外各干扰因素对测量结果的影响,建立单元误差传递函数,给出精密测量系统的总体误差模型。

2. 精密仪器的精度分析

精密仪器的精度反映测量结果偏离真值或近似真值的程度。精密仪器的精度高低是用误差来衡量的,误差大则精度低,误差小则精度高。精密仪器精度是客观存在的,它与误差的大小相对应。

精度分为准确度、精密度和精确度。

精密度(precision)——表示测量结果中随机误差分散的程度,即在一定的条件下进行多次测量时,测量结果的离散程度,反映了随机误差的影响程度。

准确度(correctness)——指测量值与理想测量值的符合程度,表示系统误差的影响程度。

精确度(accuracy)——精密仪器测量结果中系统误差与随机误差的综合,表示测量结果与被测量的真值之间的接近程度。

图 1-20 是打靶时子弹着点的三种分布实例,从中可以反映出这三个概念的含义。

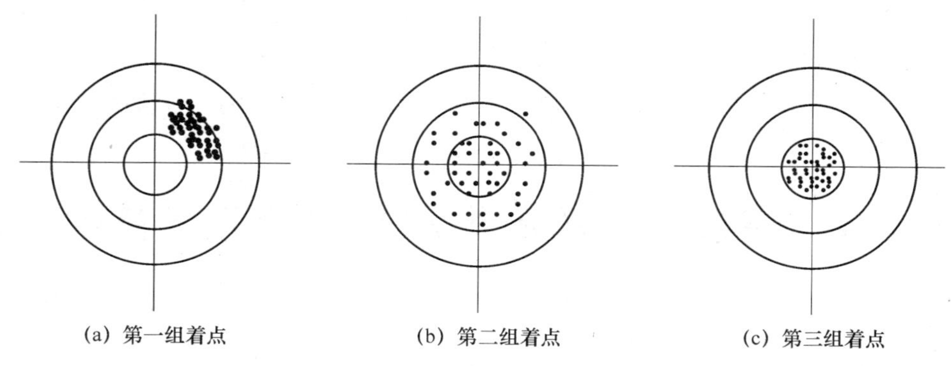

(a) 第一组着点 (b) 第二组着点 (c) 第三组着点

图 1-20 子弹着点分布图

从图 1-20 可知,第一组子弹着点的分散程度比较小,但距离环心比较远,因此精密度高但准确度低;第二组子弹着点离环心比较近,但分散的程度比较大,因此准确度高但精密度低;第三组子弹着点不仅分散的程度最小,而且距离环心最近,既精密又准确,因此精确度高。

精密仪器精度分析的主要内容是:

① 对影响精密仪器精度的因素予以溯源,找出影响精密仪器精度的各个因素,分析它们对精密仪器精度的影响程度,特别是找出对精度影响最大的因素,实现对误差的诊断与分离。

② 对精密仪器的总精度进行分析和估计,并对测量不确定度进行评定。

3. 测量不确定度的评定

测量不确定度是精密测量系统最基本也是最重要的性能指标,是测量质量的重要标志。当精密测量系统的特性随时间发生变化时,测量不确定度将伴随着工作时间的延续而发生变化与漂移。

对于一个完整的测量过程,引起测量不确定度的因素很多,包括被测量的定义不完善,被测量的样本不能完全反映被测量,对环境条件的影响认识不充分或环境条件不理想,操作者的读数偏差,精密仪器分辨力的限制,测量标准和标准物的标称值不准确等。

在不同的精密测量系统中,因系统的组成要素不同,上述因素的影响程度也有所差异,但对精密测量系统的综合影响却具有共性。例如,系统的分辨力、漂移、稳定性、重复性、再现性和线性度等指标通常反映了精密测量系统不确定性的基本特征,实际上也就是引起精密测量系统不确定度的主要来源。将测量不确定度评定原理引入到精密测量系统分析中,研究精密测量系统全寿命过程中的动态变化规律，将为科学地评价精密测量系统，确定精密测量系统的检定周期，合理进行精密测量系统的预防性维护和纠正性维护，提高精密测量系统的有效性等提供重要分析依据。

按照国际不确定度评定的基本原则，选择适合各指标特征的不确定度评定方法，分别标定精密测量系统的不确定度分量，再按不确定度合成的方法获得测量系统的合成不确定度。这种依据《测量不确定度表示指南》(*Guide to the Expression of Uncertainty in Measurement*，简称 GUM)评定精密仪器测量的标准不确定度，最基本的工作是根据贝塞尔公式计算测量数据样本的标准差，用标准差作为测量结果的标准不确定度，用样本平均值作为测量结果的估计。

采用这种方法评定测量不确定度的前提是，测量数据序列中包含粗大误差的数据已被剔除、系统误差已被修正、测量数据的样本足够多、测量条件相同、各次测量之间独立及测量数据满足已知的概率分布等。但严格地讲，实际测量过程很难同时满足这些条件。为此，本书提出了精密仪器的小样本非统计分析方法，在测量数据较少的情况下也可获得可靠的评定结果。

1.4 精密仪器的小样本非统计分析基础

不同于统计学的数据分析方法，非统计分析原理以多学科理论为基础，克服了统计分析的局限性，系统深入地研究了精密仪器测量中的关键技术问题。在测量数据概率分布未知的情况下，提出了测量数据小样本非统计分析的方法，建立了相应的数学模型。

1.4.1 统计学的问题及其局限性

1. 统计学的发展历程

统计学的发展历程大致可分为古典、近代、现代三个时期。

(1) 古典统计学发展阶段

19 世纪以前，统计学开始形成并逐步发展，主要为描述性的统计学。该时期是数理统计的萌芽时期。在这一时期里，瑞士数学家伯努利(Bernoulli)较早地系统论证了大数定律。

据资料记载，1763 年，英国数学家贝叶斯(Bayes)提出了一种归纳推理的理论，后被发展为一种统计推断方法，即贝叶斯方法，开创了贝叶斯统计的先河。

1733 年，法国数学家棣莫弗(de Moivre)首次发现了正态分布的密度函数，并计算出在各种不同区间内的概率，为整个大样本理论奠定了基础。

1809 年，德国数学家高斯(Gauss)和法国数学家勒让德(Legendre)各自独立地发现了最小二乘法，并应用于观测数据的误差分析，在数理统计的理论与应用方面都作出了重要贡献。

数理统计不仅被应用到生物学，而且还被应用到教育学和心理学的研究。

(2) 近代统计学发展阶段

19 世纪末到 1945 年是统计学的近代发展阶段。在这一阶段，数据处理理论作为数理统计的主要分支开始建立，数理统计开始形成。

在 20 世纪初，由于概率论的发展从理论上接近完备，加之工农业生产的迫切需要，推动了这门学科的发展。

据资料记载，1876年德国大地测量学家F. R. Helmert在研究正态总体的样本方差时发现了一个十分重要的分布；1900年英国数学家Karl Pearson以F. R. Helmert发现的分布为基础，首次提出了涉及小样本分布的检验方法。

1908年，英国的统计学家W. S. Gosset创立了小样本检验代替大样本检验的理论和方法，即t分布和t检验法，这为数理统计的另一分支——多元分析奠定了理论基础。

1912年，英国统计学家R. A. Fisher推广了t检验法，同时发展了显著性检验及估计、方差分析等数理统计新分支。

至此，数理统计的一些重要分支如假设检验、回归分析、方差分析、正交设计等都有了决定其基本面貌的内容和理论框架，数理统计成为应用广泛、方法独特的一门数学学科。

(3) 现代统计学发展阶段

1945年以后，统计学进入现代发展阶段。

数理统计学家瓦尔德(A. Wald)致力于用数学方法使统计学更加精确化、严密化，取得了很多重要成果。他发展了决策理论，提出了一般的判别问题，创立了序贯分析理论，提出了著名的序贯概率比检验法。A. Wald的两本著作《序贯分析》和《统计决策函数论》被认为是数理统计发展史上的经典之作。统计决策理论从人与大自然进行博弈的观点出发，把形形色色的统计问题纳入一个统一的模式之下，对第二次世界大战后数理统计的许多分支特别是参数估计这个分支的发展，产生了很大的影响。

随着概率论的发展，随机过程的统计分析逐步形成了内容丰富的重要分支。其中，线性滤波理论占据了显著地位，它是20世纪40年代维纳-柯尔莫哥洛夫(Wiener-Kolmogorov)滤波理论和60年代卡尔曼(Kalman)滤波理论向非线性领域的扩展。前苏联学者R. S. Liptser和A. N. Shiryaev的专著《随机过程的统计》系统论述了这方面的理论。

数理统计的应用范围越来越广泛，已渗透到许多学科领域，应用到国民经济各个部门，成为科学研究不可缺少的工具。

2. 统计学的局限性

统计学发展在趋于成熟并得到大量应用后，一些弱点开始显露并逐渐引起重视。

① 传统的统计学方法不能充分利用过去经验积累起来的知识，在小样本数据分析问题中表现出难以克服的局限性，这一局限性在可靠性统计中显得特别突出。

② 当待处理数据较多，但难以寻求所服从的概率分布时，应用传统的统计学方法不易取得很好的分析结果。特别是在进行测量不确定度的合成时，若各不确定度源的概率分布未知，无法定量描述各不确定度源与最终结果的函数关系，就很难使用传统的统计学方法进行合成。

统计分析方法是以大样本量和典型的概率分布为前提的，但是在工程实际中总是进行有限次的测量，普遍存在着小样本测量的问题。例如新型武器装备的破坏能力分析、火箭的发射与飞行实验、破坏性或毁灭性实验的结果评估等，由于实验的样品不能重复使用，导致可以采集到的观测数据很少；对于造价昂贵的材料或结构，如深空探测器、深海探测器或载人飞船等高造价的复杂系统，是很难进行大样本量或成批实验的；还有在机械制造中由于受到测量的技术条件等限制，不可能进行大样本测量，通常采用大批量生产而小批量抽检的手段进行质量控制。在这些情况下，一般很难获得(或缺乏)大样本量的观测数据，所以也就难以准确地判断或验证被测量所服从的概率分布。对于观测数据的分析与处理也就很难使用基于大样本量和典型分布的经典统计学理论，这就需要采用一些其他的理论或方法，以便尽可能多地了解与掌握系统的内在特性。

国内外近年来关于特定分布下小样本问题的研究，尽管已经取得了一些具有积极意义的阶段性成果，但是一般均要求观测数据的样本服从典型的概率分布(如正态分布)，因此尚不能够全面解决精密仪器分析中的一些复杂问题。

1.4.2 小样本非统计分析的基本方法

在自然科学、社会科学和工程技术的很多领域中，都不同程度地涉及对不确定因素和对不完备信息的处理。从实际系统中采集到的数据常常包含着噪声，不够精确甚至不完整。采用统计学的假设来处理这种具有不确定性的系统，效果往往不理想；反之，如果正视它，对这些信息进行合适的处理，常常有助于问题的解决。多年来，研究人员一直在努力寻找科学地处理具有不完整性或不确定性系统的有效途径，这是非统计原理的产生背景。

非统计的概念最早出现于测量不确定度评定方法的分类中。按照《测量不确定度表示指南》，测量不确定度常采用统计学的方法进行评定，但是在一些实际工程领域中，传统评定方法难以达到精确的评定效果。有学者尝试采用新的理论和方法克服传统评定方法的局限性，基于非统计原理的不确定度评定方法逐渐形成。

基于统计学的不确定度评定，主要是通过一定的实验，对测量数据序列进行统计分析，以标准差的形式表征其量值，其可靠性不仅与重复测量的次数有关，而且还与测量数据概率分布的类型有关。一般而言，可靠评定的前提是大样本量和测量数据服从典型的概率分布，如正态分布。但在实际测量工作中，并非所有的不确定度都能够用统计分析的方法进行评定。因为，一方面，大量测量数据的获得并非易事，如破坏性实验等；另一方面，即使测量数据较多，有时也很难寻求其概率分布。在这种情况下，如果仍然采用统计方法进行处理，则不可能获得较高的评定精度。

基于非统计原理的不确定度评定主要是通过对测量过程中各种有关信息的分析，以先验概率分布为基础，根据经验参照统计不确定度的方法，以等价标准差的形式进行估计。

在非统计方面开展的相关研究工作中，提出了一些原理与方法，并在实践中进行了应用与验证。目前，该类问题的研究已经超出了计量学的范畴，延伸到自然科学与社会科学的众多领域，逐步形成了非统计原理。

非统计原理不同于经典的统计学方法，其理论基础不再是大数定律和中心极限定理，在处理实际问题时，对数据样本的分布、样本量的大小没有特殊的要求，并且在大样本量的条件下，处理结果与经典统计方法相吻合。

1. 小样本非统计原理的基础

在精密仪器测量过程中，常常遇到小样本非统计问题。

小样本非统计原理综合了多学科理论体系，常常被应用于这类小样本测量数据处理问题。

小样本非统计原理主要以灰色系统理论、模糊集合理论、贝叶斯理论、信息熵理论、人工神经网络理论、蒙特卡洛理论、自助法和灰自助法等为理论基础，可研究精密仪器测量的各种技术问题，并可以对一些难以采用统计方法的问题进行处理。

下面简单介绍小样本非统计原理的基础。

(1) 灰色系统理论

1996年，我国学者邓聚龙教授指出，灰色系统以研究“少数据不确定”(即由于数据信息少而导致不确定)为己任。它不同于研究“大样本不确定”的概率论与数理统计，也不同于研究“认知不确定”的模糊集理论。

1982年，邓聚龙教授在北荷兰出版公司的 *System & Control Letters*(《系统与控制通信》)发表第一篇灰色系统论文 *Control Problems of Grey System*，标志着灰色系统理论的诞生。目前，灰色系统理论不仅成功地应用于工程控制、社会经济和生态系统等领域，而且在一些复杂多变的系统如气象、水利等方面也取得了显著的成绩。该理论最大的特点是对样本量及其分布没有严格的要求，并且运算简捷方便。

灰色系统理论由三个基本部分构成：

① 灰信息论 包括灰信息的数学描述、信息认识模式、信息元素表现形式、灰信息的测度及灰信息覆盖等。

② 灰集合论 包括灰朦胧集的定义、灰朦胧集的演化形态及灰朦胧集代数等。

③ 灰方法论 包括灰关联分析方法、灰预测、灰评估、灰统计、灰聚类、灰决策及灰控制等。

灰色系统理论主要通过对“部分”已知信息的生成、开发，提取出有价值的信息，可用于精密仪器小样本测量数据的分析与处理。

(2) 模糊理论

世界上许多事物包括人的思维、判断能力等都具有这种难以定量描述的模糊性，因此模糊性是客观世界普遍存在的自然现象。

模糊理论是近年来迅速发展并得到日益广泛应用的一门横跨多学科的综合性方法论科学，它是在美国加州大学伯克利分校电气工程系的 L. A. Zadeh 教授于1965年创立的模糊集合理论的数学基础上发展起来的。模糊理论的提出，为充满模糊性的现实世界提供了一种有效的科学研究新方法。

模糊理论是用隶属函数研究具有模糊性的事物从真到假或从假到真两个极端的中间过渡的规律性。

模糊理论实际上是模糊集合、模糊关系、模糊逻辑、模糊控制等的泛称。它所研究的对象是各个学科领域内普遍存在的模糊性现象。所谓模糊性，指的是客观事物的不稳定性、不精确性、不清晰性。

在精密仪器测量过程中，被测量的真值总是客观、唯一存在的，因此可以定义一个集合。该集合仅含有真值一个元素，可以使用模糊理论的隶属函数描述测量值是如何符合该集合的。

应用模糊理论可以研究精密测量系统的扩展不确定度、参数假设检验和性能分析等问题。

灰色系统理论、概率统计和模糊理论三者的区别见表1-1。

表 1-1 灰色系统理论、概率统计和模糊理论的区别

项　目	灰色系统理论	概率统计	模糊理论
内　涵	小样本不确定	大样本不确定	认知不确定
基　础	灰朦胧集	康托集	模糊集
依　据	信息覆盖	概率分布	隶属函数
手　段	生　成	统　计	边界取值
特　点	少数据	多数据	经验数据
要　求	允许任意分布	要求典型分布	内涵明确
目　标	现实规律	历史统计规律	认知表达
思维方式	多角度	重复再现	外延量化
信息准则	最少信息	无限信息	经验信息

(3) 贝叶斯理论

1763 年贝叶斯在《论有关机遇问题的求解》中提出一种归纳推理的理论，后被一些统计学者发展为一种系统的统计推断方法，称为贝叶斯理论。

认为贝叶斯理论是唯一合理的统计推断方法的统计学者，组成数理统计学中的贝叶斯学派，其形成可追溯到 20 世纪 30 年代。到 20 世纪 60 年代，已发展成为一个有影响的学派，时至今日，其影响日益扩大。

贝叶斯统计中的两个基本概念是先验分布和后验分布。

① 先验分布　总体分布参数的一个概率分布。贝叶斯学派的根本观点是，认为在关于总体分布参数的任何统计推断问题中，除了使用样本所提供的信息外，还必须规定一个先验分布，它是在进行统计推断时不可缺少的一个要素。他们认为先验分布不必有客观的依据，可以部分或完全地基于主观信念。

② 后验分布　根据样本分布和未知参数的先验分布，用概率论中求条件概率分布的方法，求出在样本已知情况下，未知参数的条件分布。因为这个分布是在抽样以后才得到的，故称为后验分布。贝叶斯推断方法的关键是任何推断都必须且只需根据后验分布。

贝叶斯推理的结果很大程度上依赖于先验分布，另外，不是完全接受或拒绝假设，只是在观察到较多的数据后增大或减小了假设的可能性。

(4) 信息熵理论

香农于 1948 年创立信息论时，找到了一个量，来度量信源的不确定性。这个量与热力学和统计力学中熵的数学形式和物理意义都相近，所以也称为熵。信息论中的熵有时也称为“信息熵”或“香农熵”。

香农认为，信息是人们对事物了解的不确定性的消除或减少。信息传输的实质是信息脱离源事物而附着于一个物理载体并通过载体的运动将信息在空间中从一点传送到另一点。

为了便于研究信息传输的一般规律，人们将各种信息传输系统中具有共同特性的部分抽取出来，概括成一个统一的理论模型，如图 1-21 所示，通常称为信息传输的基本模型。

用概率统计的数学方法来度量未确定性被消除的信息量的大小：信息熵表示信源整体的平均不确定性，而信息是从信宿角度代表收到信息后消除不确定性的程度，也就是获得新知识的量，所以它只在信源发出的信息熵被信宿收到后才有意义。在理想情况下，信源发出的信号与信宿接收的信号一一对应。

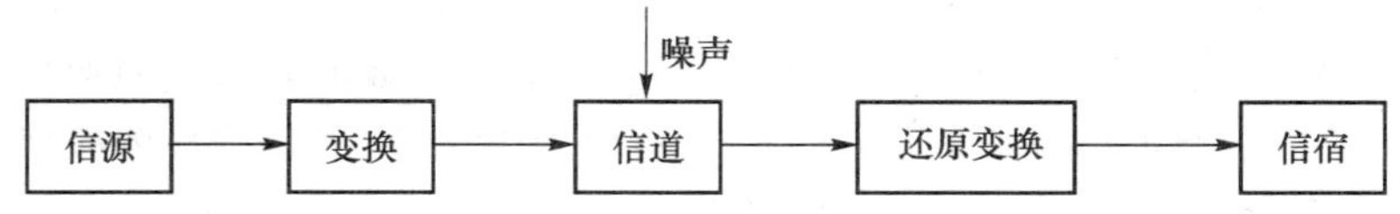

图 1－21 信息传输的基本模型

从信息论的角度看，无信息意味着不确定性最大，最大熵方法适用于无信息和有部分信息的情况，它可以解决数据不完全的求解问题。

信息熵理论可被应用于小样本精密仪器系统分析和测量数据的处理。

(5) 人工神经网络理论

人类的思维能力来自人脑，人脑是一个非常复杂而又高度灵活的神经网络。它大约由 10^{11} 个神经元构成，每个神经元上有突触，又与大约 103 个其他神经元相连，形成复杂的生物神经网络。人们通过研究探索人脑神经网络的结构、功能以及它工作的机制，来研究人脑思维和智能活动的规律。

人工神经网络(Artificial Neural Networks，ANN)是一种应用类似于大脑神经突触连接的结构进行信息处理的数学模型。在这一模型中，大量的节点(或称神经元、单元)之间相互连接构成网络，即“神经网络”，以达到处理信息的目的。

神经网络研究专家 Hecht-Nielsen 给人工神经网络下的定义是：“人工神经网络是由人工建立的、以有向图为拓扑结构的动态系统，它通过对连续或断续的输入作状态响应而进行信息处理。”

人工神经网络的研究，可以追溯到 1957 年 Rosenblatt 提出的感知器模型。20 世纪 80 年代，以冯·诺依曼体系为依托的传统算法在知识处理方面日益显露出其力不从心后，人们对人工神经网络产生了浓厚兴趣，导致神经网络的复兴。目前，在神经网络研究方法上已形成多个流派，最富有成果的研究工作包括多层网络 BP 算法、Hopfield 网络模型、自适应共振理论和自组织特征映射理论等。

(6) 蒙特卡洛理论

蒙特卡洛理论亦称统计模拟(statistical simulation)理论，它是以概率统计理论为基础的利用随机数进行数值模拟的一种方法。

1930 年，Enrico Fermi 利用蒙特卡洛方法研究中子的扩散，并设计了一个蒙特卡洛方法机械装置，Fermiac 将这种方法用于计算核反应堆的临界状态。

冯·诺依曼是蒙特卡洛方法的正式奠基者，他与 Stanislaw Ulam 合作建立了概率密度函数、反累积分布函数的数学基础，以及伪随机数产生器。

蒙特卡洛理论的主要手段是随机变量的抽样，即利用电子计算机数字模拟技术，解决一些很难直接用数学运算求解或用其他方法不能解决的复杂问题的一种近似计算法。

蒙特卡洛理论的基本思想是：首先建立一个概率模型，使所求问题的解正好是该模型的参数或其他有关的特征量，然后通过多次模拟一个统计实验，统计出某事件发生的百分比。只要实验次数很大，该百分比便近似于事件发生的概率，利用建立的概率模型，求出要估计的参数，再次对模拟结果进行分析总结，预言或者验证该系统的某些特性。

蒙特卡洛理论属于试验数学的一个分支，由于蒙特卡洛理论能够比较逼真地描述事物的特点及物理过程，所以能解决一些通常数学方法难以解决的问题。如金融产品（期权、期货）的定价及交易风险估算，农业产品产量变化的预测等，需要考虑的问题的维数（即变量的个数）可能高达数十甚至数百种。对这类问题，随着维数的增加，传统数值方法即便使用最快的计算机也难以解决，而蒙特卡洛模拟方法的计算复杂性不依赖于维数，能很好地解决维数灾难。

蒙特卡洛理论可被应用于精密仪器小样本非统计分析中，这将在本书中进行阐述。

(7) 自助法

自助法是 Standford 大学统计系的 Bradley Efron 于 1979 年提出的。他构建了从真实世界（自然模型）到自助世界的采样过程，这里的自助世界是基于经验分布函数从给定样本集重新采样获得的。自助法的目的是用现有的数据或资料去模仿未知的分布。如果独立同分布样本采自某自然模型，同时满足方差有限或者三阶矩有限这个条件，并且样本个数无限，通过自助法采样构造出的自助世界可以估计出真实世界的有效信息，并且估计的速度也优于传统的统计方法。

自助法定义：样本集$\{X_1,\cdots,X_n\}$来自一个未知概率模型 F，关注统计量 $T(X_1,\cdots,X_n;F)$，定义 $\hat{F}_n$ 为

$$\hat{F}_n(x)=\frac{1}{n}\sum_{i=1}^{n}I(X_i\leqslant x)$$

其中，$I(\cdot)$为示性函数。$\hat{F}_n(x)$是样本集$\{X_1,\cdots,X_n\}$上的经验分布函数（empirical distribution function），其中每个样本的概率均为 $1/n$。

从 $\hat{F}_n$ 上 m 次随机采样得到自助样本集为$\{X_1^*,\cdots,X_m^*\}$，目的是用自助样本集上的统计量 $T(X_1^*,\cdots,X_m^*;\hat{F}_n)$的分布去逼近原样本集上统计量 $T(X_1,\cdots,X_n;F)$的分布。

从理论上讲，自助法允许数据的个数为有限个，而且对数据的概率分布无任何要求。

对系统进行统计推断时，自助法是一种重要的非参数估计方法，已经在点估计、区间估计、参数预报和假设检验等方面得到了广泛应用。

(8) 灰自助法

精密测量系统有时是一个乏信息系统，即信息缺乏、可供分析的数据少的测量系统。灰微分方程更关心瞬时预报值的大小，尽管灰微分方程的预报机制很完善，但难以有效预报与检验置信区间；自助法虽然为预报及检验提供了独特的再抽样方法，可以估计置信区间，但因自助法有限的再抽样产生了附加的不确定性，且缺乏有效的预报机制而使置信区间变小，预报的准确性降低，误差增大。

事实上，在信息预报方面，灰色建模和自助法的优缺点是可以互补的。有学者综合灰色系统理论和自助法的理论知识，将二者的互补性结合起来，研究精密测量系统的动态区间估计与预报问题，提出了灰自助动态预报模型。

灰自助法是一种刻画不完整性和不确定性的数学工具，能有效地分析不精确、不一致、不完整等各种不完备的信息，还可以对精密测量数据进行分析和推理，从中发现隐含的知识，揭示潜在的规律。

2. 小样本非统计原理的特征

小样本非统计原理的特征是：

① 不考虑系统的概率分布,而是通过一定的数据处理方法寻求系统中内在的某种规律;

② 允许系统的概率分布是非典型的或未知的;

③ 对样本量的大小没有特殊要求。

在生产实践中,经常会遇到信息不全或数据样本很少的情况,为了了解和掌握所研究系统的特征,均可以采用小样本非统计原理来进行分析与处理。

对总体的分布而言,小样本非统计原理不要求典型的分布如正态分布、均匀分布、三角分布、瑞利分布和指数分布等,甚至可以比典型的分布更加复杂(如混合分布),并且分布可以是未知的。在经典的统计学中,总体分布信息是很重要的,为了获得此信息常常耗资巨大。如美国军界为了获得某新型电子元件的寿命分布,就购买了成千上万个这种元件,进行了大量的寿命实验,获得大量数据后才确认其寿命分布。我国为了确认国产轴承疲劳寿命是否服从两参数威布尔分布,前后也花费了5年左右的时间。对于某些特殊系统的研究,例如,现代化的大规模军事活动或空间探索等,很难获得大量的数据,因而也就难以获得该系统的统计分布规律。

对总体样本而言,小样本非统计原理允许样本数据的个数可以很少。在经典的统计学中,总体的样本是最"新鲜"的信息,越多越好,据此才可以对总体的某些特征进行比较精确的统计推断和检验。若总体的分布是非正态分布或者未知分布,就会给经典的统计学理论带来比较大的难度。

如果研究一个分布未知,同时样本数据的个数很少的总体,经典的统计学理论将受到很大限制。

小样本非统计原理在研究问题时非常重视已经出现的数据,允许数据的个数很少,例如灰色系统理论中灰预报GM(1,1)所需的数据量至少是4个。通过对该数据进行一定的处理,寻求出总体的某些规律性并掌握其特征信息,进而对总体做出推断与评估。

1.5 精密仪器小样本非统计分析的内容与意义

1.5.1 精密仪器小样本非统计分析的内容

精密仪器小样本非统计分析主要包含三个内容,即精密仪器系统的小样本非统计检验与分析、精密仪器精度的小样本非统计分析与评定、精密仪器的小样本非统计分析方法在典型精密测量系统中的应用。

1. 精密仪器系统的小样本非统计检验与分析

(1) 精密仪器系统的非统计假设检验

对于具体的精密测量系统,常常出现测量数据概率分布未知、数据样本总体的概率分布比典型分布更复杂(例如,混合分布和测量数据样本少)等情况,此时采用统计假设检验存在一定的局限性。

本书将非统计原理应用到精密测量系统的假设检验中,提出模糊假设检验和灰假设检验两种方法。

模糊假设检验包括假设检验平均值、假设检验标准差、两个分布总体的假设检验和配对检验等，建立了包含点分析法、非包含点分析法、综合检验以及中心偏移与分散范围的比值分析法等检验模型。

灰假设检验包括非排序假设检验方法和排序假设检验方法。

这两种假设检验均在一定程度上克服了统计假设检验的应用局限性。

(2) 精密仪器系统的小样本非统计分析

在国防建设过程中，常常遇到这类问题。例如，在验证某新型武器的可靠性时，随机抽出数件进行实验，得到数个两次故障间隔时间值，对系统两次故障间隔时间的区间进行估计。

针对这类小样本的数据处理，本书应用非统计原理研究稳定性、再现性和寿命三个问题。

稳定性主要关注精密测量系统的概率分布特征参数与时间的关系，不涉及其他外部条件和因素的变化。

在精密仪器稳定性分析方面，以模糊集合理论为基本依据，给出了清晰度、贴近度、平均隶属度以及综合分析等多种系统稳定性判据。

测量系统的再现性主要关注测量条件的改变(包含测量时间的改变)。

一个精密测量系统的再现性虽然也取决于测量系统的内在机制，但主要是测量条件的影响。每次测量结果都不一样，通常指测量结果的概率分布或特征参数不一样，通过评估特征参数的变化来分析测量结果之间的一致程度。在再现性分析方面，提出了变异分析方法和假设检验方法。

寿命是精密仪器的基本特性之一，依据模糊分析原理研究精密仪器的寿命问题，取得了较好的分析结果。

2. 精密仪器精度的小样本非统计分析与评定

随着测量系统的使用，系统内部机械零部件的磨损、电气元器件的老化等导致其内部各主要结构单元的几何形状、物理特性发生变化，从而使得信号经测量系统传递后失真，测量系统对信号的传递性能随着使用时间的增加而逐渐降低。系统内各结构单元的变化引起输出误差的不断增大，测量系统的精度不断降低。

精度分析是精密仪器测量数据分析的一项重要内容。

(1) 精密仪器测量误差的小样本非统计分析

在设计和使用精密测量系统时，误差溯源、误差分离和误差诊断都是受到广泛关注的技术问题。

在本书中详细探讨小样本测量数据的非统计误差分析问题。

精密测量系统的误差溯源的小样本非统计分析就是应用非统计原理，依据系统不同测量阶段输出总误差是内部各结构单元误差综合作用的结果，根据各结构单元误差特性以及测量系统输出总误差特性，将精密测量系统各测量阶段的输出总误差分解并溯源到内部各结构单元，从而得到精密测量系统及其内部各结构单元的误差变化规律，即掌握测量系统及其内部各单元的精度损失规律，同时得出各结构单元的精度损失对测量系统总精度损失的影响程度。

对于某具体的精密测量，常常需要依据有限的小样本数据来诊断该测量系统是否存在系统误差和粗大误差等。此时不满足统计学方法对数据样本大小要求的前提，所以无法采用一些传统的误差诊断方法。

本书提出了误差的模糊诊断与灰色诊断的基本原理与方法，实现了精密测量系统的误差诊断的小样本非统计分析。

在误差溯源和误差诊断的基础上，依据非统计原理，提出一些误差分离的方法，同样实现了精密仪器测量误差精确分离，并可在具体的精密测量系统中进行验证。

(2) 精密仪器测量不确定度的小样本非统计评定

测量不确定度作为精密仪器的基本属性，是精密测量质量好坏的最重要的评价指标。本书应用非统计原理，分析了精密测量时获得的小样本、概率分布未知的离散测量数据，解决了标准不确定度和扩展不确定度的评定、标准不确定度的合成等问题，提出了一些测量不确定度评定方法。

3. 精密仪器的小样本非统计分析方法的应用

针对工程领域中具体的精密测量系统，如精密仪器轴承的摩擦力矩测量数据的分析问题、谐波与圆度精密测量的误差分析问题、微小尺寸测量仪的性能分析问题、多传感器精密测量系统的动态性能分析问题、高精度布氏硬度计的性能分析问题、虚拟仪器精密测量系统分析问题和表面形貌误差评定基准的建立问题等，采用非统计分析的方法，较传统的分析方法取得了更好的分析结果。

1.5.2 精密仪器小样本非统计分析的意义

科学技术是第一生产力，精密仪器是科学技术发展的重要工具。

光学专家王大珩指出："机器是改造世界的工具，仪器是认识世界的工具。"

研究精密仪器以及相应的测量数据非统计分析方法对科技创新、国民经济发展、国防建设和小康社会建设都具有重要的推动作用。

人类在科学技术上的重大成就和科学研究新领域的开辟，往往是以实验精密仪器和技术方法的突破为先导。

从宇宙世界到基本粒子、从生命起源到人类自我认识等研究的重大突破，越来越依赖先进的科学仪器。

精密仪器是保障经济发展、国家安全不可或缺的重要基础条件。首先精密仪器是信息工业的重要组成部分，钱学森指出："新技术革命的关键技术是信息技术。信息技术由测量技术、计算机技术、通信技术三部分组成。测量技术则是关键和基础。"精密仪器是信息获取的源头，它在信息时代极其重要。信息化是我国加快实现工业化和现代化的必然选择，因此精密仪器是有效推进工业化道路的基础性支撑；其次精密仪器在国民经济发展中起到"四两拨千斤"的作用。美国商务部国家标准与技术研究院在20世纪90年代中发布的调查数据表明，美国仪器仪表产业的产值仅占社会总产值的4%，而它拉动的相关产值却达到社会总产值的66%。

建设小康社会的宏伟目标，要求加强全民健身和医疗卫生体系建设，实现可持续发展能力不断增强，生态环境得到改善，资源利用效率显著提高，促进人与自然的和谐。而目前资源枯竭、环境污染等问题成为社会健康发展的瓶颈，食品安全问题、公共突发事件、疾病、易燃易爆化学危险品等给人民的生活带来了严重影响，这些重大问题的解决都离不开先进的精密检测技术和仪器。

精密仪器也是我国载人航天工程、探月工程的重要组成部分，作为我国自主创新标志成果的"神六"和"神七"的连续成功发射及顺利返回，它们由测控与通信、环境控制与生命保障和仪表三个部分组成，实际上都是由若干精密仪器组成的。

正是因为精密仪器在科学技术、国民经济发展以及国防建设中的重要性，如何更有效地对精密仪器进行分析，更准确地处理精密仪器的测量数据，进而指导我国精密仪器的设计与制造，提高我国精密测试的总体水平，正成为测试计量领域的前沿研究课题。

1.6 本章小结

本章给出了精密仪器的基本概念、分类和技术组成，论述了精密仪器的发展历程和发展趋势；介绍了精密仪器的静态特性、动态特性以及相关问题；给出了统计学与非统计原理的起源与发展历程；指出了经典统计学在精密仪器小样本分析中的局限性；简要介绍了非统计原理的理论基础；论述了精密仪器小样本非统计分析的内容与意义。

第2章　精密仪器小样本非统计分析的基本原理

对精密仪器进行统计分析的前提条件是大样本量及其满足已知的概率分布，实际工况很难满足这些条件。针对该问题，本章给出了小样本非统计分析的常用方法，如灰色分析方法用于计算测量数据样本标准差；模糊分析方法用于估计测量结果及样本分散范围；贝叶斯分析方法用于估计被测量的后验概率密度函数；信息熵分析方法用于估计测量数据样本的分散范围；神经网络分析方法用于构建间接测量的参数模型及计算不确定度传播的灵敏系数；蒙特卡洛分析方法用于对测量及评定模型的验证；自助法和灰自助法用于获取小样本量下仪器系统的总体信息等。这些方法是后续章节中相关问题的理论基础。

2.1　灰色分析原理

2.1.1　灰色系统理论基础

在测量过程中，由于测量误差的存在，使测量结果在一定程度上是不确定的。从灰色系统理论的观点来看，测量过程可认为是用一定完善程度或精度等级的器具作为标准量，对相对不完善的被测量进行比较的过程。由于作为标准量的测量仪器本身具有一定的误差，加之测量环境的不完善等因素，致使测量系统的特性不能全部得到，测量结果在一定程度上是不确定的。因此测量系统可以看作是一个灰色系统，具有不确定性的测量结果被看作灰色量。

灰色系统理论认为，尽管客观系统表象复杂，数据离乱，但从本质上看总是有规律的。因此它必然隐藏着某种内在联系。通过对原始数据的适当处理，就能发现数据的内在规律性。累加生成(Accumulated Generating Operation，AGO)就是灰色系统理论中最重要的一种数据处理方法，通过累加生成后，任意的非负数列、摆动数列转化为非减的递增数列，从而削弱原始数据的随机性，突出其趋势项，有利于探求数据中的内在规律。

设非负数据列 $X^{(0)}$ 为建模序列：

$$X^{(0)}=\{x^{(0)}(1),x^{(0)}(2),\cdots,x^{(0)}(n)\} \tag{2-1}$$

式中，$x^{(0)}(k)\geqslant 0,k=1,2,\cdots,n$。

设数据序列 $X^{(1)}$ 为 $X^{(0)}$ 的一次累加生成(1-AGO)序列：

$$X^{(1)}=\{x^{(1)}(1),x^{(1)}(2),\cdots,x^{(1)}(n)\} \tag{2-2}$$

式中，

$$x^{(1)}(k)=\sum_{i=1}^{k}x^{0}(i) \tag{2-3}$$

显然有

$$x^{(1)}(1)=x^{(0)}(1) \tag{2-4}$$

累减生成(Inverse Accumulated Generating Operation，IAGO)是累加生成的一种逆运算，对累加生成起到还原的作用。

如果再对式(2-3)做一次累减生成(1-IAGO)就得到原始数据，即

$$x^{(0)}(k)=x^{(1)}(k)-x^{(1)}(k-1) \tag{2-5}$$

2.1.2 灰色分析方法

本节采用灰色系统理论来对测量数据样本的标准差进行估计。

设有一组测量数据序列 $X=\{x(k)\}, k=1,2,\cdots,n$，以测量次数 k 为横坐标，测量值 $x(k)$ 为纵坐标作图，如图 2-1 所示。

将数据序列 X 按从小到大排列成序列 $X^{(0)}$，得

$$X^{(0)}=\{x^{(0)}(k)\}=\{x^{(0)}(1),x^{(0)}(2),\cdots,x^{(0)}(n)\} \quad (k=1,2,\cdots,n) \tag{2-6}$$

式中，

$$x^{(0)}(k)\leqslant x^{(0)}(k+1) \quad (k=1,2,\cdots,n-1) \tag{2-7}$$

序列 $X^{(0)}$ 经一次累加生成(1-AGO)后的新序列 $X^{(1)}$ 为

$$X^{(1)}=\{x^{(1)}(k)\}=\{x^{(1)}(1),x^{(1)}(2),\cdots,x^{(1)}(n)\}=\{x^{(0)}(1),x^{(0)}(1)+x^{(0)}(2),\cdots,x^{(0)}(1)+x^{(0)}(2)+\cdots+x^{(0)}(n)\} \tag{2-8}$$

以测量次数 k 为横坐标，累加测量值 $x^{(1)}(k)$ 为纵坐标作图，如图 2-2 所示。

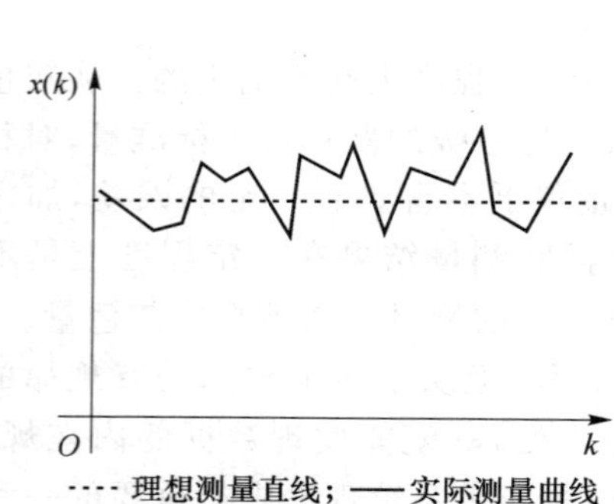

图 2-1 原始测量序列图

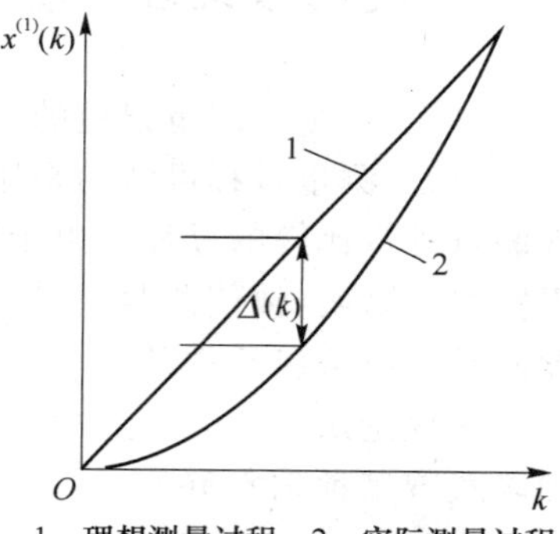

图 2-2 累加测量序列图

从图 2-1 和图 2-2 中可以看出，没有规律的原始数据，经累加生成后，已呈现明显的增长规律性。理想测量过程由于没有测量误差，其原始测量序列图及累加测量序列图均为直线。在图 2-2 中，直线 1 和曲线 2 的差异在一定程度上反映了测量误差的大小，也反映了测量数据样本的分散程度，即测量数据样本标准差的大小。

为了获得测量数据样本的分散程度，以图 2-2 中直线 1 和曲线 2 之间沿垂直于横坐标轴的距离 $\Delta(k)$ 来描述测量值与理想值之间的差异程度。

定义

$$\Delta(k)=\frac{x^{(1)}(n)}{n}k-x^{(1)}(k) \tag{2-9}$$

$$\Delta_{\max}=\max\{\Delta(k)\} \quad (k=1,2,\cdots,n) \tag{2-10}$$

从图 2-2 中不难看出，测量数据样本的标准差 s 越大，测量序列累加曲线就越弯曲，$\Delta_{\max}/n$ 也就越大。

定义

$$s=c\cdot\Delta_{\max}/n \tag{2-11}$$

式中,c 为灰色常系数;n 为测量数据样本个数。

令

$$D=\Delta_{\max}/n \tag{2-12}$$

则式(2-11)可写为

$$s=c\cdot D \tag{2-13}$$

c 的大小可由灰色模型 GM(0,2)及计算机仿真求出。

定义 1　设 $X_1^{(0)}$ 为系统特征数据序列,$X_i^{(0)}(i=2,3,\cdots,N)$ 为相关因素序列,$X_i^{(1)}$ 为 $X_i^{(0)}(i=2,3,\cdots,N)$ 的 1-AGO 序列,则称

$$X_1^{(1)}=b_2X_2^{(1)}+b_3X_3^{(1)}+\cdots+b_NX_N^{(1)}+a \tag{2-14}$$

为 GM(0,N)模型。

GM(0,N)模型不含导数,为静态模型,它形如多元线性回归模型,但与多元线性回归模型有着本质的区别。一般的多元线性回归建模以原始数据序列为基础,而 GM(0,N)的建模基础则是原始数据的 1-AGO 序列。

按照定义 1,若 $X_i^{(0)}$ 和 $X_i^{(1)}$ 序列中元素个数为 n 个,令

$$\boldsymbol{Y}=[x_1^{(1)}(1)\quad x_1^{(1)}(2)\quad\cdots\quad x_1^{(1)}(n)]^{\mathrm{T}} \tag{2-15}$$

$$\boldsymbol{B}=\begin{bmatrix} x_2^{(1)}(1) & x_3^{(1)}(1) & \cdots & x_N^{(1)}(1) & 1 \\ x_2^{(1)}(2) & x_3^{(1)}(2) & \cdots & x_N^{(1)}(2) & 1 \\ \vdots & \vdots & & \vdots & \vdots \\ x_2^{(1)}(n) & x_3^{(1)}(n) & \cdots & x_N^{(1)}(n) & 1 \end{bmatrix} \tag{2-16}$$

则式(2-14)中参数列

$$\boldsymbol{b}=[b_2\quad b_3\quad\cdots\quad b_N\quad a] \tag{2-17}$$

的最小二乘估计为

$$\hat{\boldsymbol{b}}=(\boldsymbol{B}^{\mathrm{T}}\boldsymbol{B})^{-1}\boldsymbol{B}^{\mathrm{T}}\boldsymbol{Y} \tag{2-18}$$

要求出式(2-13)模型中的灰色常系数 c,形如

$$X_1^{(1)}=b_2X_2^{(1)} \tag{2-19}$$

即 GM(0,2)模型,令式(2-14)中 $a,b_3,b_4,\cdots,b_N$ 为零,可得到系数 b_2 的最小二乘估计为

$$\hat{b}_2=(\boldsymbol{B}^{\mathrm{T}}\boldsymbol{B})^{-1}\boldsymbol{B}^{\mathrm{T}}\boldsymbol{Y} \tag{2-20}$$

$$\boldsymbol{Y}=[x_1^{(1)}(1)\quad x_1^{(1)}(2)\quad\cdots\quad x_1^{(1)}(n)]^{\mathrm{T}} \tag{2-21}$$

$$\boldsymbol{B}=[x_2^{(1)}(1)\quad x_2^{(1)}(2)\quad\cdots\quad x_2^{(1)}(n)]^{\mathrm{T}} \tag{2-22}$$

灰色常系数 c 的求取过程如下:

① 产生 n 个符合某一分布的随机数集合。

② 取集合中前 $m(m<n)$个,计算其标准差为 $s(1)$,按式(2-9)、式(2-10)和式(2-12)计算出 $D(1)$。

③ 取集合中前 $m+1$ 个,计算其标准差 $s(2)$,按式(2-9)、式(2-10)和式(2-12)计算出$D(2)$。

④ 以此类推,直至取完集合中的 n 个数,计算其标准差 $s(n-m+1)$,按式(2-9)、式(2-10)和式(2-12)计算出 $D(n-m+1)$。

⑤ 计算序列 $\{s(1),s(2),\cdots,s(n-m+1)\}$ 和 $\{D(1),D(2),\cdots,D(n-m+1)\}$ 的 1-AGO 序列，设为 $\{s^{(1)}(1),s^{(1)}(2),\cdots,s^{(1)}(n-m+1)\}$ 和 $\{D^{(1)}(1),D^{(1)}(2),\cdots,D^{(1)}(n-m+1)\}$。

⑥ 令 $X_1^{(1)}=\{s^{(1)}(1),s^{(1)}(2),\cdots,s^{(1)}(n-m+1)\}$ 并且 $X_2^{(1)}=\{D^{(1)}(1),D^{(1)}(2),\cdots,D^{(1)}(n-m+1)\}$。

⑦ 由式(2-20)求出 $\hat{b}_2$，得 $c=\hat{b}_2$。

尽管大多数测量误差的分布是基本满足正态分布的，但非正态分布的测量误差也很常见，如数显装置的舍入、截取和量化等误差；一般的安装、接长等定位误差，这些测量误差在预计的范围内宜按均匀分布处理。又如偏心值、径向跳动和齿轮周节累积误差等所引起的单向测量误差宜按瑞利分布处理。这几种分布的差别较大，正态分布为对称分布，瑞利分布为非对称分布，均匀分布为正态分布的一种极端情形，三角分布为介于正态分布与均匀分布之间的一种分布。这 4 种典型分布的灰色常系数 c 的计算结果如表 2-1 所列。

表 2-1 不同分布类型下的灰色常系数

序 号	分布类型	灰色常系数 c
1	正态分布	2.50
2	三角分布	2.45
3	瑞利分布	2.41
4	均匀分布	2.35

表 2-1 中的灰色常系数 c 是在大样本量的条件下计算出来的。可以看出，尽管这几种分布的差别很大，但灰色常系数 c 的变化却很小，这说明此系数与分布类型的关联性较小，也即灰色评定模型对测量数据分布的依赖性较小。

为了比较贝塞尔公式和灰色标准差计算公式(2-11)在不同样本量下的计算结果，针对表 2-1 中的 4 种典型分布，又分别进行了实验研究，结果如表 2-2 所列。

表 2-2 不同分布及样本量下两种模型的计算结果

分布类型	理论标准差 σ	样本量 n	样本标准差	灰色标准差
正态分布	0.5	10	0.39	0.41
		50	0.45	0.47
		100	0.48	0.49
三角分布	1	10	1.18	1.08
		50	1.04	1.03
		100	1.02	1.01
瑞利分布	1	10	0.80	0.83
		50	1.18	1.05
		100	1.08	1.02
均匀分布	1	10	1.10	1.03
		50	1.07	1.05
		100	1.03	1.01

从表 2-2 可以看出，即使在样本量较小的情况下，灰色计算模型的计算结果与贝塞尔公式的计算结果相比，其更接近于理论值。随着样本量的不断增加，二者的计算结果越来越接近。这说明灰色计算模型在不同样本量下均有较可靠的结果。

若在相同的测量条件下，对某一被测量重复测量 n 次，测量数据为 $x_1, x_2, \cdots, x_n$。样本平均值为

$$\bar{x}=\frac{1}{n}\sum_{i=1}^{n}x_i$$

若用单次测量值 x_i 作为测量结果，则样本标准差为

$$s_{x_i}=c\frac{\Delta_{\max}}{n} \tag{2-23}$$

若用平均值 $\bar{x}$ 作为测量结果，则样本标准差为

$$s_{\bar{x}}=c\frac{\Delta_{\max}}{n\sqrt{n}} \tag{2-24}$$

2.1.3　灰色分析应用实例

例 2-1　用游标卡尺对某一尺寸测量 10 次，假定已消除系统误差和粗大误差，得到的测量数据（单位：mm）如下：

75.01，75.04，75.07，75.00，75.03，75.09，75.06，75.02，75.05，75.08

试利用贝塞尔公式、彼特斯（Peters）公式、极差法、最大误差法和灰色分析方法计算测量数据样本的标准差。

下面利用 4 种标准差的计算方法（不再给出具体公式）和样本标准差的灰色计算方法来进行比较，计算结果如表 2-3 所列。

表 2-3　几种计算方法的比较结果

序　号	计算方法	标准差/mm
1	贝塞尔公式	0.0303
2	彼特斯公式	0.0330
3	极差法	0.0292
4	最大误差法	0.0256
5	灰色计算模型	0.0300

由计算结果可以看出：在 4 种标准差的计算公式中，贝塞尔公式的计算精度最高，其他 3 种计算方法具有一定的精度，但可靠性比贝塞尔公式低。当重要的测量或几种方法计算的结果出现矛盾时，应以贝塞尔公式为准。

从表 2-3 可以看出，灰色计算模型求得的标准差最接近于用贝塞尔公式求得的标准差。

2.2　模糊分析原理

2.2.1　模糊理论基础

在测量过程中，被测量的真值（设为 X_0）总是客观、唯一存在的。因此可以定义一个集合 A 为

$$A=(X_0) \tag{2-25}$$

此时，集合 A 仅含有一个值（元素）X_0。

在集合理论上，实际测量值 x_i（$i=1,2,\cdots,n$；n 是测量值的个数）和 A 满足下列关于二值逻辑的特征函数：

$$G(x)=\begin{cases}1(\text{真}) & x_i\in A\\ 0(\text{假}) & x_i\notin A\end{cases}\tag{2-26}$$

在模糊数学中，x_i 对 A 的隶属关系可以被认为是一种过渡，表示 x_i 接近 X_0 的程度，过渡区间为 B，可以用隶属函数描述，如图 2-3所示。

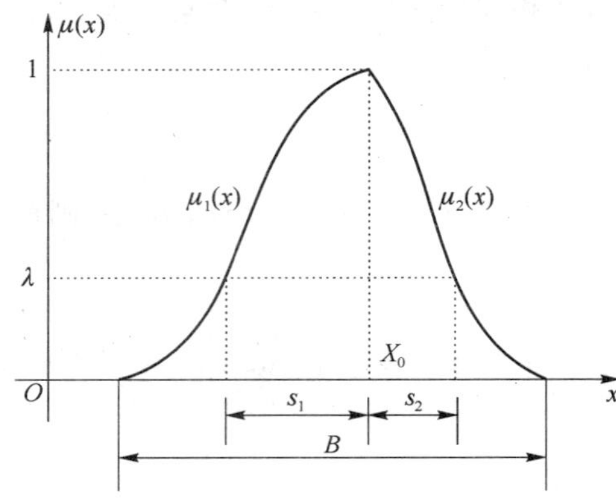

图 2-3　隶属函数 $\mu(x)$

由图 2-3 可得

$$\mu(x)=\begin{cases}\mu_1(x) & x_i\leqslant X_0\\ \mu_2(x) & x_i>X_0\end{cases}\tag{2-27}$$

式中，

$$\mu_1(x)\in[0,1]\tag{2-28}$$

$$\mu_2(x)\in[0,1]\tag{2-29}$$

2.2.2　模糊分析方法

本节采用模糊理论来对测量数据样本的分散范围及测量结果进行估计。

1. 模糊可用区间的确定

由图 2-3 可知，$\mu_1(x)$是增函数，$\mu_2(x)$是减函数。

隶属函数 $\mu(x)$描述了测量值 x_i 是如何符合集合A 的。若取$\lambda\in[0,1]$为λ 水平，相应地，在 x 轴上 X_0 两侧附近有两个区间 s_1 和 s_2，则 x 隶属于A 的区间为

$$U_{F_\lambda}=s_1+s_2\tag{2-30}$$

$\mu_{A_\lambda}=\lambda$ 的值称为x 对A 的隶属度。

对所有测量值 x_i，若给定 $\lambda=\lambda^*$ 值，则 $U_{F_\lambda}=U_{F_\lambda *}$ 唯一确定，即测量值 x_i 相对真值 X_0 的分散范围为 $U_{F_\lambda *}$。

区间 B 称为模糊区间，λ^* 为最优水平，$U_{F_\lambda *}$ 称为 λ^* 水平下的模糊可用区间。于是有下列特征函数

$$G_{A_\lambda}=\begin{cases}1(\text{真}) & \mu_A(x)\geqslant\lambda^*\\ 0(\text{假}) & \mu_A(x)<\lambda^*\end{cases}\tag{2-31}$$

式(2-31)表明，凡落在区间 $U_{F_\lambda *}$ 中的值都是可用的(为真)，否则不可用(为假)。

2. λ^* 和 X_0 的确定

在模糊数学意义上，λ^* 划定了事物从一个极端转变为另一个极端的界限。实际上也可以将 λ^* 看作一个模糊数，而模糊数为 0.5 时最具模糊性，即亦真亦假。当 $\lambda\geqslant0.5$ 时，就意味着 A 中包含了几乎所有有用的 x。因此在理论上可将 λ^* 确定为 0.5。在具体处理数据时，当测量值为离散的有限个时，一般取 $\lambda^*=0.4\sim0.5$。当 n 值较小时，如 $4\leqslant n<10$ 时，可取 $\lambda^*=0.4$。

一般而言，真值 X_0 是未知的，可用数理统计中的数学期望或模糊数学中的模糊期望来估

计。本节用 $\mu(x)=1$ 时的 x 值来估计 X_0，即

$$X_0 \approx x\big|_{\mu(X)=1} = x_v \tag{2-32}$$

对于小样本量的测量数据，用这种方法来估计 X_0 是合理的。

3. 参数的映射与求解

（1）参数的映射

模糊数学中的隶属函数可用误差理论中的概率分布表征。如果已知概率密度函数 $p(x)$，通过线性变换

$$\mu(x)=[p(x)-p_{\min}]/(p_{\max}-p_{\min}) \tag{2-33}$$

其中，

$$p_{\min} \neq p_{\max} \tag{2-34}$$

将 $p(x)$ 映射至[0,1]区间，就得到 $\mu(x)$。

由式(2-32)和式(2-33)可知，x_v 对应着最大概率密度值 $p_{\max}$。

因为已将 x_i 看作模糊数，故也应满足[0,1]区间。为此，通过下列线性变换

$$\eta_v=(x_v-x_{\min})/(x_{\max}-x_{\min}) \tag{2-35}$$

$$\eta(x)=(x-x_{\min})/(x_{\max}-x_{\min}) \tag{2-36}$$

$$\tau=\tau(x)=|\eta(x)-\eta_v|=|x-x_v|/(x_{\max}-x_{\min}) \tag{2-37}$$

将 x_i 映射在[0,1]区间，得到用模糊数 $\tau(x)$ 表示的测量值。式(2-37)中，x_v 可以用 $\tau_v=0$ 表示。在区间[0,1]上，用 ψ_{F_λ} 表示 U_{F_λ}，用 ξ_1 和 ξ_2 分别表示 s_1 和 s_2，式(2-30)就变为

$$\begin{aligned} U_{F_\lambda} = s_1 + s_2 &= |x-x_v|_{\mu_1(x)=\lambda} + |x-x_v|_{\mu_2(x)=\lambda} = \\ &(x_{\max}-x_{\min})(\tau|_{\mu_1(\tau)=\lambda}) + (x_{\max}-x_{\min})(\tau|_{\mu_2(\tau)=\lambda}) = \\ &(x_{\max}-x_{\min})(\tau|_{\mu_1(\tau)=\lambda} + \tau|_{\mu_2(\tau)=\lambda}) = \\ &(x_{\max}-x_{\min})(\xi_1+\xi_2) = \\ &\psi_{F_\lambda}(x_{\max}-x_{\min}) \end{aligned} \tag{2-38}$$

其中，

$$\psi_{F_\lambda}=\xi_1+\xi_2 \tag{2-39}$$

于是图 2-3 就变为图 2-4。

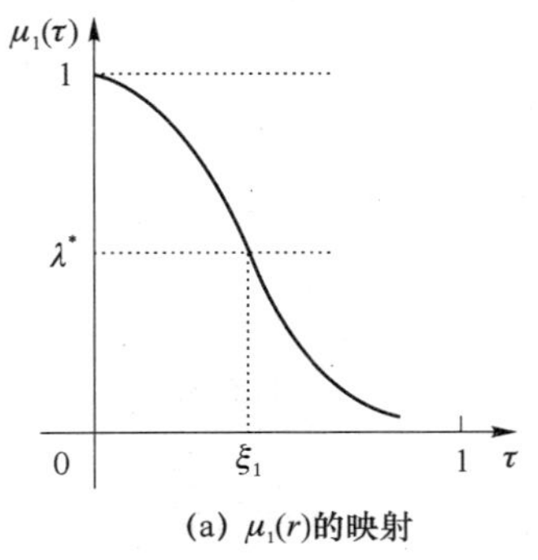

(a) $\mu_1(r)$的映射

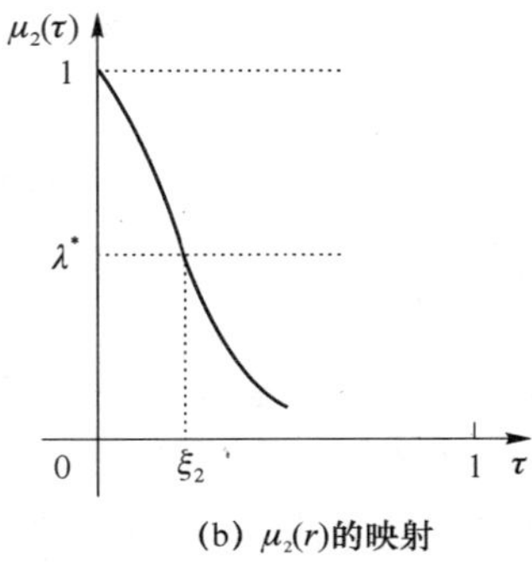

(b) $\mu_2(r)$的映射

图 2-4　参数映射

（2）参数的求解

若已知离散值 $\mu_{1j}(\tau_j)$ 和 $\mu_{2j}(\tau_j)(j=1,2,\cdots,n)$，可采用以下方法求出 $\mu_1(\tau)$ 和 $\mu_2(\tau)$。

定义最大模范数

$$\|r\|_{\infty}=\max|r_j| \qquad (j=1,2,\cdots,n) \tag{2-40}$$

用多项式

$$f_1=f_1(\tau)=1+\sum_{l=1}^{L}a_l\tau^l \tag{2-41}$$

$$f_2=f_2(\tau)=1+\sum_{l=1}^{L}b_l\tau^l \tag{2-42}$$

分别逼近离散值 $\mu_{1j}(\tau_j)$和 $\mu_{2j}(\tau_j)$，得

$$\mu_1(\tau)=f_1(\tau) \tag{2-43}$$

$$\mu_2(\tau)=f_2(\tau) \tag{2-44}$$

设

$$r_{1j}=f_1(\tau_j)-\mu_{1j}(\tau_j) \qquad (j=1,2,\cdots,v) \tag{2-45}$$

$$r_{2j}=f_2(\tau_j)-\mu_{2j}(\tau_j) \qquad (j=v,v+1,\cdots,n) \tag{2-46}$$

选择 $a_l=a_l{}^*$，满足

$$\min\|r_1\|_{\infty} \tag{2-47}$$

选择 $b_l=b_l{}^*$，满足

$$\min\|r_2\|_{\infty} \tag{2-48}$$

可求出待定系数 a_l 和 b_l。

在式(2-41)和式(2-42)中，多项式阶次 L 取至 3 或 4，即可获得较高的逼近精度。

式(2-47)和式(2-48)的约束条件分别为

$$f_1{}'=\mathrm{d}f_1/\mathrm{d}\tau\leqslant 0 \tag{2-49}$$

和

$$f_2{}'=\mathrm{d}f_2/\mathrm{d}\tau\leqslant 0 \tag{2-50}$$

式(2-49)和式(2-50)表明隶属函数本身具有单调下降特性。

上述逼近方法叫做最大模范数最小法，研究表明，其逼近误差小于经典的最小二乘法。

最后按下列两式分别求解 ξ_1 和 ξ_2：

$$\min|\mu_1(\tau)-\lambda^*|_{\tau=\xi_1} \tag{2-51}$$

$$\min|\mu_2(\tau)-\lambda^*|_{\tau=\xi_2} \tag{2-52}$$

4. 隶属函数的建立

测量数据隶属函数的建立方法有直方图估计法和排序线性估计法两种。

(1) 直方图估计法

这是一种常用的方法。当 n 值较大时，例如 $n\geqslant 30$，可将测量值分成 q 组，每组的中值为 d_j，频数为 m_j。取频数为最大值的组中值为 x_v，设该组的组号为 v，若有 t 个最大频数相等，可用算术平均值法确定 x_v 和 v，有

$$p_{1j}(x_j)=m_j \qquad (j=1,2,\cdots,v) \tag{2-53}$$

$$p_{2j}(x_j)=m_j \qquad (j=v,v+1,\cdots,q+1) \tag{2-54}$$

(2) 排序线性估计法

用排序线性估计法确定隶属函数，一般只要求样本量 $n \geqslant 4$。

将 x_i 序列从小到大排序，形成新序列

$$x_i^* \leqslant x_{i+1}^* \qquad (i=1,2,\cdots,n-1) \tag{2-55}$$

定义

$$\Delta_i = x_{i+1}^* - x_i^* \geqslant 0 \tag{2-56}$$

一般 Δ_i 越小，测量值越密集；反之越疏松。即 Δ_i 与 x_i 的分布密度有关。为此假设线性隶属函数

$$m_j = 1 - \frac{\Delta_j - \Delta_{\min}}{\min(\Delta_j)} \qquad (j=1,2,\cdots,n-1) \tag{2-57}$$

为近似的概率分布因子。

和直方图估计法相类似，可以求出 x_v 和 v，于是

$$p_{1j}(x_j^*) = m_j \qquad (j=1,2,\cdots,v) \tag{2-58}$$

$$p_{2j}(x_j^*) = m_j \qquad (j=v,v+1,\cdots,n) \tag{2-59}$$

然后由式(2-33)～式(2-50)即可求得 $\mu_{1j}(\tau_j)$，$\mu_{2j}(\tau_j)$，$\mu_1(\tau)$，$\mu_2(\tau)$。

估计区间为

$$[X_{\mathrm{L}}, X_{\mathrm{U}}] = [X_0 - s_1, X_0 + s_2] \tag{2-60}$$

式中，X_{L} 为估计区间的下边界值；X_{U} 为估计区间的上边界值。

设$|_\gamma$ 表示在水平 γ 下，则与估计区间对应的置信概率 P 为

$$P = \frac{\int_{X_{\mathrm{L}}}^{X_0} \mu_1(x)\mathrm{d}x \Big|_\gamma + \int_{X_0}^{X_{\mathrm{U}}} \mu_2(x)\mathrm{d}x \Big|_\gamma}{\int_{X_{\mathrm{L}}}^{X_0} \mu_1(x)\mathrm{d}x \Big|_{\gamma=0} + \int_{X_0}^{X_{\mathrm{U}}} \mu_2(x)\mathrm{d}x \Big|_{\gamma=0}} \times 100\% \tag{2-61}$$

式中，$|_{\gamma=0}$ 表示在水平 $\gamma=0$（即对应曲线 $\mu_1(x)$ 和 $\mu_2(x)$）下的总面积。

2.2.3 模糊分析应用实例

例 2-2 通过某滚动轴承内圈内径的磨削试验，研究内径的锥度问题。量具的刻度值为 1 μm，可以估计到 0.5 μm。测量 100 个工件（单位：μm），按加工顺序排列如下：

1.5 2.5 2.0 2.0 1.0 2.5 0.5 1.5 1.5 0.5 2.0 2.0 1.0 0.5 2.0
2.0 1.5 3.5 1.0 2.0 1.5 0.5 1.0 2.0 1.5 1.0 1.0 3.5 1.0 2.0
0.5 2.5 0.5 3.0 0.5 2.5 3.5 1.0 2.5 1.0 2.0 2.0 2.5 1.0 3.0
2.5 2.0 1.0 0.5 1.5 1.0 3.0 2.0 1.5 3.0 2.5 3.5 3.0 1.0 0.5
2.5 3.5 1.0 0.5 3.0 2.5 1.0 1.5 0.5 3.0 1.5 1.5 1.0 3.5 2.0
2.5 2.0 2.5 3.5 0.5 2.0 1.5 1.0 3.5 3.0 2.5 2.5 2.5 2.0 3.0
1.5 2.0 2.5 0.5 0.5 2.5 3.0 3.0 2.5 1.0

取前 12 个数据作为调整时得到的 6 个区间数，后 88 个用于验证预测效果。即有 $n=6$，$N=88$。将前 12 个数据按前后顺序两两配对，再从小到大排序，构成区间数序列

[1.5,2.5] [2.0,2.0] [1.0,2.5] [0.5,1.5] [0.5,1.5] [2.0,2.0]

区间数的平均值序列为 2,2,1.75,1,1,2。区间数的极差序列为 1,0,1.5,1,1,0。

采用模糊计算方法经计算得到 $A=[0.75\quad 2.30]$，$B=[-0.50\quad 1.88]$。预测出的数据分散区间为 $X=A+B=[0.25\quad 4.18]$，实际分散区间为[0.5 3.5]。

在88个数据中，没有一个数据超出预测区间，预测的准确率为100%。

2.3 贝叶斯分析原理

2.3.1 贝叶斯理论基础

经典统计在对随机分布参数进行参数估计时，假定待估计参数是未知常数，并认定这些参数的信息仅由样本携带，于是通过对样本"毫无偏见"的加工来获得参数估计。由于估计量可能有不完善之处，估计误差在所难免，因此经典统计理论中用置信区间表示这些误差的大小。在对概率的理解上，经典统计认为概率就是频率的稳定值。一旦离开了重复试验，就谈不上去理解概率。因此要精确估计上述参数，必须保证有大量的数据样本，但在工程中实测数据毕竟有限。另外，统计抽样时所要求的样本独立同分布的条件也很难满足。

贝叶斯统计理论在估计随机分布参数时，认为待估计参数是随机变量，存在概率分布。贝叶斯方法对概率的理解是人们对某些事件的一种信任程度，是对事物的不确定性的一种主观判断，与个人因素等有关，故称之为主观概率。贝叶斯统计中的先验分布反映的就是人们对于待估计参数的主观概率。为了在小样本量下能获得较好的参数估计，就必须利用参数的历史资料或先验知识。在进行参数估计时，贝叶斯学派认为后验分布综合了先验和样本的知识，可以对参数作出较先验分布更合理的估计，故其参数估计都是建立在后验分布基础上的，该方法对研究除观测数据外还具备较多信息的情况特别有效。

尽管贝叶斯方法与经典统计方法有很大的不同，但在大样本条件下，由这两种方法估计出的参数是一致的。而在小样本的情况下，贝叶斯方法可充分利用各种信息，结果更为可靠。

贝叶斯方法的特点是能充分利用现有信息，如总体信息、经验信息和样本信息等，将统计推断建立在后验分布的基础上。这样不但可以减少因样本量小而带来的统计误差，而且在没有数据样本的条件下也可以进行推断。

2.3.2 贝叶斯分析方法

在贝叶斯统计理论中，统计推断中的相关量均作为随机量对待，而不考虑其是否产生随机值。概率被理解为基于给定信息下对相关量不完全了解的程度，对于具有相同可能性的随机事件认为具有相同的概率。在进行测量不确定度的贝叶斯评定时，与测量结果推断或不确定度评定相关的每一个物理量均被分配一个随机变量，分布宽度常用标准差表示，反映了对未知真值了解的程度。

按照贝叶斯理论，与测量或相关评定工作有关的每一个物理量均被分配一个随机变量，尽管每一个估计量和它所表示的相关被测量是不相同的，但它是用来估计被测量的待定真值的。为了简单起见，估计量、估计量的值和该被测量均用相同的符号表示，如用 $x_1,x_2,\cdots,x_n$ 表示样本，同时也用它表示样本值，这可从上下文区别，不会发生混淆，因为样本是随机变量，而样本值是一些常量，这与经典统计理论是不同的。

假设待估计量的集合 $x_i(i=1,\cdots,n)$ 可以用一个 n 维列向量 $\boldsymbol{x}$ 表示，联合概率密度函数为 $f(\boldsymbol{x})$，从贝叶斯理论的观点来看，这个联合分布表示对待估计量不完全了解的状态，而不是各随机值出现的频率分布。根据贝叶斯理论，在考虑先验信息和样本信息的基础上，$f(\boldsymbol{x})$ 可以被确定为

$$\text{后验 } f(\boldsymbol{x}) \propto \text{先验 } w(\boldsymbol{x}) \times \text{似然 } l(\boldsymbol{x}) \tag{2-62}$$

先验 $w(\boldsymbol{x})$ 由已有测量数据和反映先验信息的相关约束确定，$l(\boldsymbol{x})$ 由测量数据样本确定。由后验分布 $f(\boldsymbol{x})$ 可计算出被测量及其不确定度的合理估计，后验分布 $f(\boldsymbol{x})$ 的期望值 $E[\boldsymbol{x}]$ 作为各被测量真值的估计。该分布的协方差矩阵为

$$\boldsymbol{D}_x = E[(\boldsymbol{x}-E(\boldsymbol{x}))(\boldsymbol{x}-E(\boldsymbol{x}))^{\mathrm{T}}] \tag{2-63}$$

由于先验信息种类繁多，其中有很多还无法用数学表达式来表示。贝叶斯方法的重点在于研究如何合理地使用先验信息。根据被测量的历史信息或被测量之间的相互关系信息，可将先验 $w(\boldsymbol{x})$ 分成两类，数据先验 $f_0(\boldsymbol{y})$ 和模型先验 $g(\boldsymbol{x})$，且定义

$$w(\boldsymbol{x}) = f_0(\boldsymbol{y}) \times g(\boldsymbol{x}) \tag{2-64}$$

若已知被测量真值的初始估计值 $\boldsymbol{y}_0$ 及其协方差矩阵 $\boldsymbol{S}_0$，或可由已获得的先验数据子集 $y_i \subseteq \boldsymbol{x}$ 求得，其中 $i=1,\cdots,m,m \leqslant n$，那么必须找出一种方法可由 $\boldsymbol{y}_0$ 和 $\boldsymbol{S}_0$ 唯一确定出数据先验分布 $f_0(\boldsymbol{y})$。

定义随机变量集 $\boldsymbol{x}$ 的联合概率密度 $f(\boldsymbol{x})$ 的信息熵为

$$S = -\int f(\boldsymbol{x}) \ln f(\boldsymbol{x}) \mathrm{d}x \tag{2-65}$$

令

$$S = -\int f(\boldsymbol{x}) \ln f(\boldsymbol{x}) \mathrm{d}x = \max \tag{2-66}$$

分布 $f(\boldsymbol{x})$ 可由基于最大熵原理的拉格朗日变分法求得。在 $f(\boldsymbol{x})$ 的求取过程中，必须遵从规范化条件

$$\int_{\Omega} f(\boldsymbol{x}) = 1$$

并满足给定的约束，如

$$EF_j(\boldsymbol{x}) = \gamma_j$$

式中，$F_j(\boldsymbol{x})$ 和 γ_j 分别为已知的函数和常数，由具体的先验信息确定。式(2－66)的最大化解 $f(\boldsymbol{x})$ 可以表达为

$$f(\boldsymbol{x}) = C\exp\left[-\sum_j \beta_j F_j(\boldsymbol{x})\right] w(\boldsymbol{x}) \tag{2-67}$$

式中，β_j 为拉格朗日参数，可由相关约束求出；C 为规范化常数，可由规范化条件求得；$w(\boldsymbol{x})$ 为先验。

上述方法可以被用来求取数据先验分布 $f_0(\boldsymbol{y})$。由已知条件，$\boldsymbol{y}_0$ 与 $\boldsymbol{S}_0$ 分别是先验数据分布 $f_0(\boldsymbol{y})$ 的期望值和协方差矩阵，若已知 $f_0(\boldsymbol{y})$ 的分布类型，则很容易写出其表达式。若 $f_0(\boldsymbol{y})$ 的分布类型没有明确给出，则可采用最大熵原理获得其最合理的分布。

引入约束

$$E_0(\boldsymbol{y})=\boldsymbol{y}_0 \tag{2-68}$$

$$\boldsymbol{D}_0(\boldsymbol{y})=E[(\boldsymbol{y}-E_0(\boldsymbol{y}))(\boldsymbol{y}-E_0(\boldsymbol{y}))^{\mathrm{T}}]=S_0 \tag{2-69}$$

利用最大熵原理求得的先验数据分布为

$$f_0(\boldsymbol{y})=C\exp(-\chi^2/2) \tag{2-70}$$

其中，

$$\chi^2=(\boldsymbol{y}-\boldsymbol{y}_0)^{\mathrm{T}}\boldsymbol{S}_0^{-1}(\boldsymbol{y}-\boldsymbol{y}_0) \tag{2-71}$$

如果不确定度协方差矩阵 $\boldsymbol{S}_0$ 中协方差未知，只有对角线上各元素(即方差)已知，则此时熵最大化时的约束条件 $\boldsymbol{D}_0(\boldsymbol{y})=\boldsymbol{S}_0$ 应改为方差约束的形式，即

$$\mathrm{var}_0(y_i)=s_i^2$$

但求得的数据先验分布与式(2-70)在形式上是一样的。

在先验方差信息未知的情况下，还需要引入 χ^2 约束，以保证所选择的后验分布 $f(\boldsymbol{x})$ 与先验数据相一致，即 $E(\chi^2)=\nu$，ν 为 χ^2 分布的自由度。

尽管每一个估计量和它所表示的相关被测量是不相同的，但目标都是估计被测量的待定真值，因而必须服从所有相关被测物理量的关系和约束，如某些物理量的非负性或某待定函数可能的单调性，这可以通过一系列的模型关系来表达，即 $M(j)\Leftrightarrow 0$，其中 $\Leftrightarrow$ 为关系操作符，如“$=$”“$>$”“$\geqslant$”“$<$”或“$\leqslant$”5 种。

为了限制相应估计量的值，引入“模型先验”的非负权函数 $g(\boldsymbol{x})$。当其中的任一模型关系不能满足时，相应的模型先验为零。当没有模型关系时，模型先验为一常数。如 u、v、A 分别表示被测物理量的估计量，若它们满足模型关系方程 $u-Av=0$，且 u、v 不能为负，令 $\boldsymbol{x}=\{u,v,A\}$，则在这种情况下的模型先验为

$$g(\boldsymbol{x})=\delta(u-Av)\cdot\prod_{i=1}^{n}\mathrm{H}(x_i) \tag{2-72}$$

式中，$\delta(\cdot)$为狄拉克函数；$\mathrm{H}(\cdot)$为单位阶跃函数。

适合于表示模型关系 $M_j(\boldsymbol{x})\Leftrightarrow 0$ 的函数主要有

$$t=0:\delta(t)$$
$$t\geqslant 0:\mathrm{H}(t)$$
$$t\leqslant 0:\mathrm{H}(-t)$$
$$t>0:1-\mathrm{H}(-t)$$
$$t<0:1-\mathrm{H}(t)$$
$$a\leqslant t\leqslant b:\mathrm{H}(t-a)\mathrm{H}(b-t)$$

似然函数反映的是样本的信息，在有测量数据样本的情况下，似然函数 $l(\boldsymbol{x})$ 的求法与求前述数据先验分布 $f_0(\boldsymbol{y})$ 类似。若没有测量数据样本，则可令似然函数为一常数。

后验分布是把待估计量 $\boldsymbol{x}$ 的先验信息和含于样本内的信息结合起来，得出对 $\boldsymbol{x}$ 最后信息的合成“图像”。在确定了先验分布和似然函数后，就可以利用贝叶斯方法确定联合概率密度函数 $f(\boldsymbol{x})$，即

$$f(\boldsymbol{x})=Cf_0(\boldsymbol{y})g(\boldsymbol{x})l(\boldsymbol{x}) \tag{2-73}$$

式(2-73)就是被测量的后验概率密度函数，所有被测量真值的推断，方差或协方差、置信

区间的确定均是通过此式来进行计算的。

用所求得的联合概率分布 $f(\boldsymbol{x})$ 的期望值 $E(\boldsymbol{x})$ 的各个组成元素作为各被测量真值的估计，即测量的最后结果，用该分布的协方差矩阵 $\boldsymbol{D}_x = E[(\boldsymbol{x}-E(\boldsymbol{x}))(\boldsymbol{x}-E(\boldsymbol{x}))^{\mathrm{T}}]$ 作为不确定度矩阵。

对于被测量的子集 $\boldsymbol{v} \subseteq \boldsymbol{x}, \boldsymbol{x}=\{\boldsymbol{u}, \boldsymbol{v}\}$，设 c 为其联合置信区间，包含概率 $\boldsymbol{P}$ 的计算公式为

$$\iint_c f(\boldsymbol{x}) \mathrm{d}\boldsymbol{u} \mathrm{d}\boldsymbol{v} = \boldsymbol{P} \tag{2-74}$$

各被测量的置信区间为

$$|v_i - E(v_i)| \leqslant k\sqrt{\mathrm{var}(v_i)} \tag{2-75}$$

即 v_i 的积分区间 c 为 $[E(v_i)-k\sqrt{\mathrm{var}(v_i)}, E(v_i)+k\sqrt{\mathrm{var}(v_i)}]$。对于给定的置信概率 $\boldsymbol{P}$，上式中的系数 k 可通过式(2-74)和(2-75)计算出来。

2.3.3 贝叶斯分析应用实例

例 2-3 设 $y_{0i}(i=1,\cdots,m)$ 为单个被测量在相同的测试条件下独立重复直接测量的结果，满足正态分布，下面采用贝叶斯方法来对测量结果进行评定。

由于没有先验不确定度信息，但由各次测量的独立性及相同的测试条件，可假设不确定度协方差矩阵 $\boldsymbol{S}_0$ 中对角线上的元素相等，都为 s^2（s 未知），非对角线上的元素全为零，即 $\boldsymbol{S}_0 = s^2\boldsymbol{I}$（$\boldsymbol{I}$ 为单位矩阵）。设各次测量的估计量为 y_i，并设被测量的估计为 z，则模型等式 $y_i = z$，有

$$\chi^2 = \frac{\sum_{i=1}^{m}(y_i - y_{0i})^2}{s^2} \tag{2-76}$$

令 $\boldsymbol{x}=\{y_1,\cdots,y_m,z\}$，联合概率密度为

$$f(\boldsymbol{x}) = c \cdot \exp(-\chi^2/2)\prod_{i=1}^{m}\delta(y_i - z) \tag{2-77}$$

$$f(y_1,y_2,\cdots,y_m,z) = c \cdot \exp\left(\frac{-\sum_{i=1}^{m}(y_i - y_{0i})^2}{2s^2}\right)\prod_{i=1}^{m}\delta(y_i - z) \tag{2-78}$$

z 的边缘密度函数为

$$\begin{aligned}
f_z(z) &= \int_{-\infty}^{+\infty}\cdots\int_{-\infty}^{+\infty} f(y_1,y_2,\cdots,y_m,z)\mathrm{d}y_1\mathrm{d}y_2\cdots\mathrm{d}y_m = \\
& c \cdot \exp\left(\frac{-\sum_{i=1}^{m}(z - y_{0i})^2}{2s^2}\right)\prod_{i=1}^{m}\int_{z-\varepsilon}^{z+\varepsilon}\delta(y_i - z)\mathrm{d}(y_i - z)\frac{\mathrm{d}y_i}{\mathrm{d}(y_i - z)} = \\
& c \cdot \exp\left(\frac{-\sum_{i=1}^{m}(z - y_{0i})^2}{2s^2}\right) = \\
& c' \cdot \exp\left(\frac{-(z - \overline{y_0})^2}{2s_0^2}\right)
\end{aligned} \tag{2-79}$$

其中

$$s_0^2 = \frac{s^2}{m} \qquad \overline{y_0} = \frac{1}{m}\sum_{i=1}^{m} y_{0i} \qquad c' = c \cdot \exp\left[\frac{\frac{1}{m^2}\left(\sum_{i=1}^{m} y_{0i}\right)^2 - \frac{1}{m}\sum_{i=1}^{m} y_{0i}^2}{2s^2/m}\right]$$

由归一化概率约束

$$\int_{-\infty}^{+\infty} f_Z(z)\mathrm{d}z = 1$$

有

$$\int_{-\infty}^{+\infty} c' \cdot \exp\left[\frac{-(z-\overline{y_0})^2}{2s_0^2}\right]\mathrm{d}z = 1 \tag{2-80}$$

得

$$c' = \frac{1}{\sqrt{2\pi s_0^2}}$$

即

$$f_Z(z) = \frac{1}{\sqrt{2\pi s_0^2}}\exp\left[\frac{-(z-\overline{y_0})^2}{2s_0^2}\right]$$

为正态分布,故

$$E(z) = \overline{y_0} = \frac{\sum_{i=1}^{m} y_{0i}}{m} \tag{2-81}$$

$$\mathrm{var}(z) = s_0^2 = \frac{s^2}{m} \tag{2-82}$$

即测量结果为 $\dfrac{\sum_{i=1}^{m} y_{0i}}{m}$,标准差为$\dfrac{s}{\sqrt{m}}$。

为了求得未知方差 s^2,引入 χ^2 约束 $E(\chi^2) = m$,以保证所选择的被测估计量联合分布 $f(x)$与所给定的数据相一致,有

$$E(\chi^2) = E\left[\frac{\sum_{i=1}^{m}(y_i - y_{0i})^2}{s^2}\right] =$$

$$E\left[\frac{\sum_{i=1}^{m}[(z-\overline{y_0}) - (y_{0i} - \overline{y_0})]^2}{s^2}\right] =$$

$$E\left[\frac{\sum_{i=1}^{m}(z-\overline{y_0})^2 - 2\sum_{i=1}^{m}(z-\overline{y_0})(y_{0i}-\overline{y_0}) + \sum_{i=1}^{m}(y_{0i}-\overline{y_0})^2}{s^2}\right] =$$

$$[m\mathrm{var}(z)]/s^2 + \left[\sum_{i=1}^{m}(y_{0i}-\overline{y_0})^2\right]\Big/ s^2 =$$

$$m \cdot \frac{s^2}{m} \cdot s^{-2} + \left[\sum_{i=1}^{m}(y_{0i}-\overline{y_0})^2\right] \cdot s^{-2} =$$

$$1+\left[\sum_{i=1}^{m}(y_{0i}-\overline{y_0})^2\right]\cdot s^{-2}=m \tag{2-83}$$

则

$$s^2=\frac{\sum_{i=1}^{m}(y_{0i}-\overline{y_0})^2}{m-1}$$

这与经典统计中方差的计算公式相同。

置信区间

$$|z-Ez|\leqslant k\sqrt{\mathrm{var}(z)}=ks/\sqrt{m} \tag{2-84}$$

即

$$|z-\overline{y_0}|\leqslant ks/\sqrt{m} \tag{2-85}$$

给定置信概率 P,系数 k 可以通过式(2-84)和式(2-85)算出。

2.4　信息熵分析原理

2.4.1　信息熵理论基础

一个离散信源可表示为

$$x:\begin{bmatrix} x_1 & x_2 & \cdots & x_n \\ p_1 & p_2 & \cdots & p_n \end{bmatrix}$$

即离散随机变量 x 取值 x_i 的概率为 $p_i(i=1,2,\cdots,n)$,这里

$$p(x=x_i\cap x=x_j)=0 \qquad (i\neq j)$$

$$\sum_{i=1}^{n}p_i=1$$

定义熵为

$$H(x)=H(p_1,p_2,\cdots,p_n)=-k\sum_{i=1}^{n}p_i\log_a p_i \tag{2-86}$$

常数 k 取决于所选用的单位,通常取 $k=1$。选取不同的对数的底,熵就有不同的单位。从数学运算方便出发,取自然对数 e 为底,此时熵的单位为奈特。

式(2-86)中的熵称为信息熵,它描述的是信源的不确定性。对于连续信源,x 的分布用概率密度 $p(x)$来描述,则仿照式(2-86)写出具有连续分布情况下熵的表达式

$$H(x)=H(p(x))=-\int_{-\infty}^{+\infty}p(x)\ln p(x)\mathrm{d}x=-E[\ln p(x)] \tag{2-87}$$

即将概率密度 $p(x)$的对数的数学期望定义为熵。

2.4.2　信息熵分析方法

本节采用信息熵方法来求取测量数据的不确定性(分散范围)及测量数据的总体概率密度函数。

具有某一概率分布 $p(x)$ 的随机变量 x，其熵 $H(x)$ 与方差间存在一定的对应关系。如正态分布

$$\left.\begin{aligned} p(x)&=\frac{1}{\sqrt{2\pi}a}\exp\left(-\frac{x^2}{2a^2}\right)\\ \mathrm{var}(x)&=a^2=\sigma_x^2 \end{aligned}\right\} \tag{2-88}$$

$$(-\infty<x<+\infty)$$

$$H(x)=\ln(\sqrt{2\pi\mathrm{e}}\sigma_x) \tag{2-89}$$

均匀分布

$$\left.\begin{aligned} p(x)&=\frac{1}{a}\\ \mathrm{var}(x)&=a^2/12=\sigma_x^2 \end{aligned}\right\} \tag{2-90}$$

$$\left(-\frac{a}{2}\leqslant x\leqslant\frac{a}{2}\right)$$

$$H(x)=\ln(\sqrt{12}\sigma_x) \tag{2-91}$$

指数分布

$$\left.\begin{aligned} p(x)&=a\mathrm{e}^{-ax}\\ \mathrm{var}(x)&=a^{-2}=\sigma_x^2 \end{aligned}\right\} \tag{2-92}$$

$$(x\geqslant 0)$$

$$H(x)=\ln(\mathrm{e}\sigma_x) \tag{2-93}$$

通过上面的计算，可以得出熵与标准差的关系为

$$H(x)=\ln(A\sigma_x) \tag{2-94}$$

可以看出，若随机变量 x 取值的离散程度越大，即分布的标准差越大，则熵越大。熵是对测量数据分散范围的度量。

若已知测量数据样本的概率密度函数，则可以根据式(2-94)直接计算熵。但对于实际测量数据样本来说，由于分布 $p(x)$ 未知，必须用其他方法估计。下面根据样本量的大小分两种情况讨论熵估计问题。

1. 大样本的熵估计

在大样本下(样本量大于 50)，可以用类似直方图的分组统计频数的方法估计概率及概率密度。

将样本 $x_1, x_2, \cdots, x_N$ 按等间距 Δ 分为 m 组，分组个数取决于样本量，见表 2-4，得

表 2-4　分组数的选取

序　号	样本量 n	分组个数 m
1	50～60	6～8
2	60～100	7～10
3	100～200	9～12
4	200～500	12～17
5	＞500	＜20
6	计算机模拟	$1.87(n-1)^{2/5}$

$$\Delta=\frac{x_{\max}-x_{\min}}{m}$$

统计样本在每组内出现的频数 n_i，用相应的频率 $p_i=n_i/N$ 作为概率估计，用频率密度 p_i/Δ 作为概率密度估计。样本的熵估计为

$$\hat{H}(x)=-E[\ln p(x)]\approx-\sum_{i=1}^{m}\frac{n_i}{N}\ln\left(\frac{n_i}{N\cdot\Delta}\right) \tag{2-95}$$

2. 小样本的熵估计

对于小样本，用分组统计方法求概率和概率密度估计时会产生较大的误差，可以用按秩估计法估计熵。具体方法如下：

将样本 $x_1,x_2,\cdots,x_n$ 从小到大排成一个序列 $x_{(1)},x_{(2)},\cdots,x_{(n)}$，定义秩 r_k 为

$$r_k=\int_{-\infty}^{x_{(k)}}p(x)\mathrm{d}x=\int_{-\infty}^{x_{(k)}}\mathrm{d}P(x)=P(x_{(k)})\qquad(0\leqslant r_k\leqslant 1) \tag{2-96}$$

式中，$P(x)$ 为 x 的概率分布函数，估计值为

$$\hat{P}(x_{(k)})=\overline{r_k}=\frac{k}{n+1} \tag{2-97}$$

式中，k 为顺序样本的序号；$\overline{r_k}$ 为平均秩。

熵的计算公式为

$$H(x)=-\int_{-\infty}^{+\infty}p(x)\ln p(x)\mathrm{d}x=-\int_{-\infty}^{+\infty}\ln\frac{\mathrm{d}P(x)}{\mathrm{d}x}\mathrm{d}P(x)$$

相应的离散化形式的熵估计为

$$\hat{H}(x)=-\sum_{k=1}^{n}\ln\frac{\Delta P(x_{(k)})}{\Delta x_{(k)}}\Delta P(x_{(k)})=-\sum_{k=1}^{n}\ln\frac{\overline{r_{k+1}}-\overline{r_k}}{x_{(k+1)}-x_{(k)}}(\overline{r_{k+1}}-\overline{r_k}) \tag{2-98}$$

下面给出利用最大熵方法获得基于样本信息熵的概率密度的最优估计。

利用样本信息熵的一种简便的方法是计算样本的各阶矩。下面以连续随机变量来具体说明这种方法，对于离散随机变量的情形可以很容易地作出相应的推导。

令

$$H(x)=-\int_R p(x)\ln p(x)\mathrm{d}x=\max$$

R 为积分空间，约束条件为

$$\int_R p(x)\mathrm{d}x=1 \tag{2-99}$$

$$\int_R x^i p(x)\mathrm{d}x=m_i\qquad(i=1,2,\cdots,m)$$

式中，m 为所用矩的阶数；m_i 为第 i 阶原点矩。

通过调整 $p(x)$ 可以使熵达到最大值，并采用拉格朗日乘子法求解此问题。设 $\overline{H}$ 为拉格朗日函数，拉格朗日乘子为 $\lambda_0,\lambda_1,\cdots,\lambda_m$，有

$$\overline{H}=H(x)+(\lambda_0+1)\left[\int_R p(x)\mathrm{d}x-1\right]+\sum_{i=1}^{m}\lambda_i\left[\int_R x^i p(x)\mathrm{d}x-m_i\right]$$

令导数 $\mathrm{d}\bar{H}/\mathrm{d}p(x)$ 等于零，得

$$-\int_R [\ln p(x)+1]\mathrm{d}x+(\lambda_0+1)\int_R \mathrm{d}x+\sum_{i=1}^{m}\lambda_i\left(\int_R x^i\mathrm{d}x\right)=0$$

经整理得

$$\int_R\left[-\ln p(x)+\lambda_0+\sum_{i=1}^{m}\lambda_i x^i\right]\mathrm{d}x=0$$

则

$$-\ln p(x)+\lambda_0+\sum_{i=1}^{m}\lambda_i x^i=0 \tag{2-100}$$

即

$$p(x)=\exp\left(\lambda_0+\sum_{i=1}^{m}\lambda_i x^i\right) \tag{2-101}$$

式(2-101)就是最大熵概率密度函数的解析形式。将式(2-101)代入式(2-99)得

$$\int_R \exp\left(\lambda_0+\sum_{i=1}^{m}\lambda_i x^i\right)\mathrm{d}x=1 \tag{2-102}$$

可解得

$$\mathrm{e}^{-\lambda_0}=\int_R \exp\left(\sum_{i=1}^{m}\lambda_i x^i\right)\mathrm{d}x \tag{2-103}$$

$$\lambda_0=-\ln\left[\int_R \exp\left(\sum_{i=1}^{m}\lambda_i x^i\right)\mathrm{d}x\right] \tag{2-104}$$

将式(2-103)对 λ_i 微分，得

$$\frac{\partial\lambda_0}{\partial\lambda_i}=-\int_R x^i\exp\left(\lambda_0+\sum_{i=1}^{m}\lambda_i x^i\right)\mathrm{d}x=-m_i \tag{2-105}$$

将式(2-104)对 λ_i 微分，得

$$\frac{\partial\lambda_0}{\partial\lambda_i}=-\frac{\int_R x^i\exp\left(\sum_{i=1}^{m}\lambda_i x^i\right)\mathrm{d}x}{\int_R \exp\left(\sum_{i=1}^{m}\lambda_i x^i\right)\mathrm{d}x} \tag{2-106}$$

与式(2-105)比较，得

$$m_i=\frac{\int_R x^i\exp\left(\sum_{i=1}^{m}\lambda_i x^i\right)\mathrm{d}x}{\int_R \exp\left(\sum_{i=1}^{m}\lambda_i x^i\right)\mathrm{d}x} \tag{2-107}$$

通过式(2-107)可建立求解 $\lambda_1,\cdots,\lambda_m$ 的 m 个方程组，求出 $\lambda_1,\cdots,\lambda_m$ 后，可根据式(2-104)求出 λ_0。为了便于数值求解，将式(2-107)改写后以误差方程的形式表示为

$$1-\frac{\int_R x^i\exp\left(\sum_{i=1}^{m}\lambda_i x^i\right)\mathrm{d}x}{m_i\int_R \exp\left(\sum_{i=1}^{m}\lambda_i x^i\right)\mathrm{d}x}=v_i \tag{2-108}$$

式中，υ_i 为残差，可以用数值计算方法使其接近于零，用非线性规划法求这些残差平方和

$$\upsilon = \sum_{i=1}^{m} \upsilon_i^2 \rightarrow \min \tag{2-109}$$

的最小值，当 $\upsilon < \varepsilon$ 或所有的 $|\upsilon_i| < \varepsilon$ 时即认为式(2－109)收敛，从而解出 $\lambda_1, \cdots, \lambda_m$ 及 λ_0，确定出待估计的分布参数。

为了用数值方法计算出式(2－108)中的积分，必须事先假定所求概率密度函数的上下界。另外，$\lambda_1, \cdots, \lambda_m$ 初值的确定对非线性规划求解的收敛相当重要，初值确定不当，可能会导致求解失败或搜索不到全局最优解，可采用多种方法来确定初值。

上面推导中利用积分公式直接得到的是精确矩。当由测量数据样本直接确定其分布时，只能采用样本的矩，其精度将取决于样本的量。

下面给出基于熵方法的确定测量数据样本总体分布的算法。

① 输入样本各阶矩和积分变量上下界值。对于大多数分布来说，用 4 阶或 5 阶矩就可以得到很好的密度函数；积分变量的上下界在没有先验知识的情况下可以由样本分散范围确定。

② 确定 $\lambda_1, \cdots, \lambda_m$ 的初值。

③ 根据式(2－108)建立残差的表达式并计算初值。

④ 进行优化计算。

⑤ 判断是否收敛。

⑥ 若收敛，转⑧。

⑦ 若发散，则运算失败。

⑧ 输出 $\lambda_1, \cdots, \lambda_m$。

⑨ 根据式(2－104)计算 λ_0。

当测量数据的样本量较小时，不能用矩建立约束条件，因为这时的样本高阶矩已失去意义，此时虽可用样本的平均秩表示概率密度函数，按秩建立约束，仿照上面的推导过程可以获得同样形式的概率密度表达式及分布参数的表达式。但是，由于样本量较小，只能部分反映样本总体信息，特别是提供不出分布曲线在边缘部分的实际走向所需要的信息，故样本的最大熵分布与理论分布有较大的差异，此时不宜用该方法求取概率密度函数。

2.4.3　信息熵分析应用实例

1. 大样本的熵估计

例 2－4　按正态分布、均匀分布和指数分布产生理论样本，用大样本熵估计法进行计算，并与理论值作比较。

(1) 正态分布

令式(2－88)中 $a=1$，为标准正态分布，产生理论样本 200 个，并按等间距分成 12 组，统计样本在每组内出现的频数，估算概率及概率密度，按式(2－95)得出样本的信息熵：

$$\hat{H}(x)=1.4048$$

用式(2－89)计算该分布的理论信息熵：

$$H(x)=\ln(\sqrt{2\pi e}\cdot 1)=1.4189$$

(2) 均匀分布

令式(2－90)中 $a=4$，产生理论样本 200 个，并按等间距分成 12 组，统计样本在每组内出现的频数，计算概率及概率密度，并按式(2－95)得出样本的信息熵：

$$\hat{H}(x)=1.3794$$

用式(2－91)计算出该分布的理论信息熵：

$$H(x)=\ln(\sqrt{12}\cdot\sqrt{4^2/12})=1.3863$$

(3) 指数分布

令式(2－92)中 $a=0.5$，产生理论样本 200 个，并按等间距分成 12 组，统计样本在每组内出现的频数，计算概率及概率密度，并按式(2－95)得出样本的信息熵：

$$\hat{H}(x)=1.6708$$

用式(2－93)计算该分布的理论信息熵：

$$H(x)=\ln\left[e\cdot\left(\frac{1}{0.5}\right)\right]=1.6931$$

从上面 3 种分布的计算可以看出，在样本量较大的情况下，用式(2－95)所得到的每种分布的样本信息熵估计与其理论信息熵是比较接近的，从而表明由式(2－95)所决定的大样本信息熵估计方法具有较高的估计精度。

2. 小样本的熵估计

例 2－5　仍用例 2－4 的 3 种分布的参数，产生符合这些分布的理论样本，用小样本熵估计法进行计算，并与理论值作比较。

(1) 正态分布

令式(2－88)中 $a=1$，为标准正态分布，产生理论样本 40 个，数据如下：

1.6752	－0.3264	－0.9428	－0.3404	0.6584	－0.5777	－0.0688
－0.6643	0.3842	－0.1573	－0.8013	0.0680	0.4768	－0.3371
0.2284	－0.1172	0.9572	0.3863	0.5589	0.9682	－0.1059
－1.6905	－1.2510	－0.8900	0.3454	0.7927	0.2004	－0.2301
－0.5378	1.8070	－0.8698	0.0232	－0.1273	0.8690	－0.2178
0.4555	－1.0855	－1.7144	0.6271	－0.3451		

按式(2－98)计算出样本的信息熵估计

$$\hat{H}(x)=1.0559$$

用式(2－89)计算该分布的其理论信息熵：

$$H(x)=\ln(\sqrt{2\pi e}\cdot 1)=1.4189$$

(2) 均匀分布

令式(2－90)中 $a=4$，产生理论样本 40 个，数据如下：

1.9450	1.5412	−0.3806	0.5086	−0.4582	1.3914	0.1074	1.2296
−0.4260	1.8469	−1.8795	1.8149	0.8575	0.5862	−0.2134	−1.3015
1.3410	1.8804	−1.4601	−0.9960	1.6400	0.7059	0.4926	0.0489
−1.9861	−1.0924	1.9138	1.4450	−1.9425	−0.0569	−0.3344	1.0916
−0.0474	0.0903	1.1282	0.3649	−1.4944	−1.5611	0.6516	1.9884

按式(2-98)计算出样本的信息熵估计

$$\hat{H}(x)=1.0137$$

用式(2-91)计算该分布的理论信息熵：

$$H(x)=\ln(\sqrt{12}\times\sqrt{4^2/12})=1.3863$$

(3) 指数分布

令式(2-92)中 $a=0.5$，产生理论样本 40 个，数据如下：

0.2214	0.1187	2.1868	1.6540	1.5051	3.8035	3.9922	1.2604
0.6410	1.8391	2.0521	2.5086	0.2817	0.9355	2.8445	0.0443
0.8910	2.9407	0.7674	0.8135	4.0091	7.5891	2.6773	4.2995
5.3381	0.3182	3.4259	6.8580	0.6187	1.2453	2.5745	1.9969
8.7032	0.2349	0.2877	2.7389	1.1261	3.6744	1.0405	2.2107

按式(2-98)计算出样本的信息熵估计

$$\hat{H}(x)=1.4159$$

用式(2-93)计算该分布的理论信息熵：

$$H(x)=\ln\left[\mathrm{e}\cdot\left(\frac{1}{0.5}\right)\right]=1.6931$$

从例 2-5 可看出，在样本量较小的情况下，由式(2-98)所估计出的样本总体信息熵与其理论值有一定的差距，计算结果偏小。其主要原因是，式(2-98)为一个近似公式，以及小样本量只能近似反映样本总体的信息。

3. 基于测量数据样本最大熵的总体概率密度确定

例 2-6　产生一组符合标准正态分布 $N(0,1)$的理论样本 200 个(具体数据从略)，计算出其前 5 阶样本原点矩，分别为

$$m_1=-0.0472 \qquad m_2=0.9442 \qquad m_3=-0.1419$$
$$m_4=2.5563 \qquad m_5=-0.5687$$

根据样本的分散范围，设积分区间为[−3，+3]，通过上述方法所求得的最大熵分布参数如下：

$$\lambda_1=-0.0123 \qquad \lambda_2=-0.5312 \qquad \lambda_3=-0.0275$$
$$\lambda_4=0.0025 \qquad \lambda_5=0.0032 \qquad \lambda_0=-0.8941$$

残差平方和为 1.8265×10^{-20}。所求最大熵分布概率密度函数的表达式为

$$\hat{p}(x)=\exp(-0.8941-0.0123x-0.5312x^2-0.0275x^3+0.0025x^4+0.0032x^5) \qquad (2-110)$$

概率密度函数曲线如图 2-5 中实线所示，虚线所示为标准正态分布的理论分布曲线。

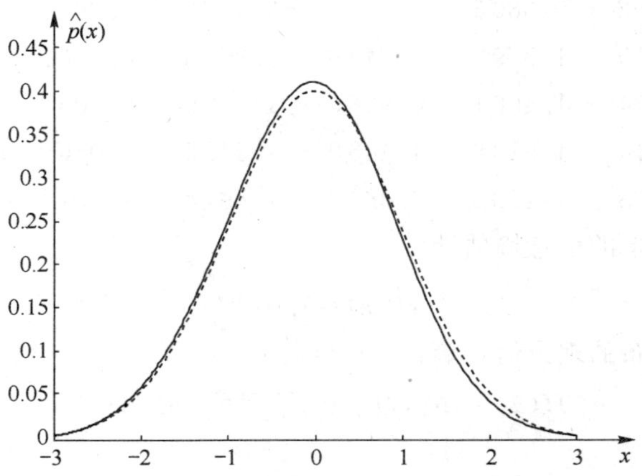

图 2-5 标准正态分布的理论分布及其最大熵分布

例 2-7 瑞利分布的概率密度函数为

$$f(x\mid b)=\frac{x}{b^2}\cdot\exp\left(\frac{-x^2}{2b^2}\right) \tag{2-111}$$

令 $b=2$，产生一组符合瑞利分布的理论样本 200 个（具体数据从略），计算出前 5 阶样本原点矩，分别为

$$m_1=2.5142 \qquad m_2=8.0625 \qquad m_3=30.5479$$
$$m_4=131.3623 \qquad m_5=624.9797$$

根据样本的分散范围，设积分区间为[0,8]，通过上述方法所求得的最大熵分布参数如下：

$$\lambda_1=0.9143 \qquad \lambda_2=0.3878 \qquad \lambda_3=-0.3319$$
$$\lambda_4=0.0615 \qquad \lambda_5=-0.0037 \qquad \lambda_0=-2.7229$$

残差平方和为 3.5813×10^{-7}，所求概率密度函数的表达式为

$$\hat{p}(x)=\exp(-2.7229+0.9143x+0.3878x^2-0.3319x^3+0.0615x^4-0.0037x^5)$$

概率密度函数曲线如图 2-6 中实线所示，虚线为瑞利分布的理论分布曲线。

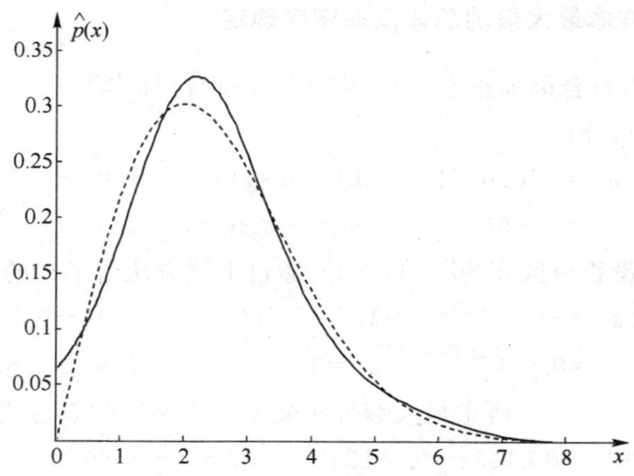

图 2-6 瑞利分布的理论分布及其最大熵分布

例2-8 指数分布的概率密度函数为

$$f(x|\mu)=\frac{1}{\mu}\cdot\exp\left(-\frac{x}{\mu}\right) \tag{2-112}$$

令 $\mu=2$，产生一组符合指数分布的理论样本200个（具体数据从略），计算出前5阶样本原点矩，分别为

$$m_1=1.9999 \qquad m_2=8.0233 \qquad m_3=48.2789$$
$$m_4=387.1536 \qquad m_5=3877.1633$$

根据样本的分散范围，设积分区间为[0,24]，通过上述方法所求得的最大熵分布参数如下：

$$\lambda_1=-0.5174 \qquad \lambda_2=0.0052 \qquad \lambda_3=-0.0004$$
$$\lambda_4=0.0000 \qquad \lambda_5=0.0000 \qquad \lambda_0=-0.6822$$

残差平方和为 4.1799×10^{-7}。所求概率密度函数的表达式为

$$\hat{p}(x)=\exp(-0.6822-0.5174x+0.0052x^2-0.0004x^3)$$

概率密度函数曲线如图2-7中实线所示，虚线为指数分布的理论分布曲线，二者已基本重合。

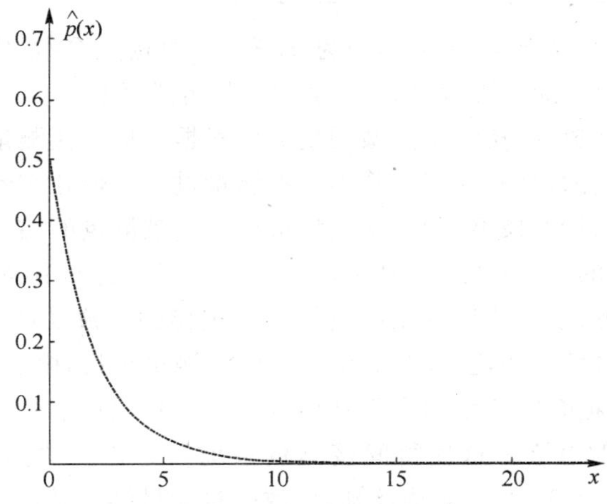

图2-7 指数分布的理论分布及其最大熵分布

从图2-5～图2-7可看出，尽管这3种分布差异较大，有对称分布和非对称分布，用了200个数据样本，采用了5阶矩，但最大熵分布已对理论分布作出了较好的逼近。二者之间有差别的主要原因有3个：

① 样本矩与理论矩有差别，在求矩时应使用尽量多的样本；

② 样本矩的阶次不够，可以用到更高阶次的矩作约束条件（如可以用到8阶矩）；

③ 优化方法的精度不够，有的还没有搜索到全局最优点，可以用其他优化算法，如遗传算法或用几种优化算法进行组合搜索，可取得更好的效果。

2.5 神经网络分析原理

2.5.1 神经网络理论基础

许多复杂工业对象重要输出变量的测量，有时因无相应传感器或测量滞后较大等因素而无法实时检测，但较好反映该量的其他变量却能直接检测到，建立它们之间的关系，通过直接测量的量去估计不能直接测量的量，这就是间接测量的方法。

设被测量 y 不能直接测量而只能由与其相关的可直接测量的各影响量 x_i 决定，其中 $i=1,2,\cdots,n$，x_i 也称输入量，测量结果的估计 $\hat{y}$ 如下：

$$\hat{y}=f(\hat{x}_1,\hat{x}_2,\cdots,\hat{x}_n) \tag{2-113}$$

式中，$\hat{x}_1,\hat{x}_2,\cdots,\hat{x}_n$ 为各影响量 $x_1,x_2,\cdots,x_n$ 的估计；$y=f(x_1,x_2,\cdots,x_n)$ 为间接测量的模型；$u_c(y)$ 为合成标准不确定度，即 y 的标准不确定度，由下式确定。

$$u_c^2(y)=\sum_{i=1}^{n}\left(\frac{\partial f}{\partial x_i}\right)^2 u^2(x_i)+2\sum_{i=1}^{n-1}\sum_{j=i+1}^{n}\frac{\partial f}{\partial x_i}\frac{\partial f}{\partial x_j}r(x_i,x_j)u(x_i)u(x_j) \tag{2-114}$$

式中，$u(x_i)$ 为 x_i 的标准不确定度；$r(x_i,x_j)$ 为 x_i 和 x_j 的相关系数，它们可由统计分析法求得；$c_i=\partial f/\partial x_i$ 为灵敏系数，即各影响量 x_i 不确定度的传递系数。

从上述的分析不难知道，间接测量是被测量需要根据其他直接测量的物理量的值，通过一定的函数关系即间接测量的模型，才能计算出来的测量过程。但在实际测量中，上述模型往往是不知道的。如果间接测量的模型未知，则无法进行间接被测量的估计及其不确定度评定。

目前，建立测量模型的方法有很多，其中神经网络由于具有很强的非线性映射能力，使得其在多维非线性函数逼近、多维非线性系统建模等领域得到了成功的应用。尽管人工神经网络能够解决某些复杂测量模型的建立问题，但对于间接测量来说，由于常规神经网络所建立的模型是一种隐式模型，它将系统的结构含于网络的权值当中，网络的权值没有明显的含义，网络仅具有输入输出的映射意义。这使得间接测量系统的结构无法用显式解析式表达出来，式(2-114)中灵敏系数 $c_i=\partial f/\partial x_i$ 无法计算，导致间接测量结果的不确定度无法评定。

2.5.2 神经网络分析方法

本节采用神经网络建立参数化的测量模型，并由此导出不确定度传播的灵敏系数。

图 2-8 所示为 n 个输入、m 个输出的 RBF 神经网络的拓扑结构，它是一种两层前传网络。其中隐层执行的是一种固定不变的非线性变换，将输入空间映射到一个新的空间，输出层在该新的空间中实现线性组合，从而实现 $f:\boldsymbol{X}^n\rightarrow\boldsymbol{Y}^m$ 的非线性映射，可调节的参数就是该线性组合器的权。

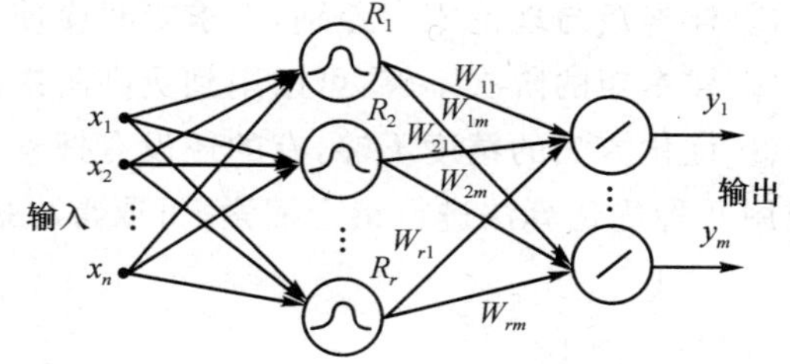

图 2-8 RBF 网络的拓扑结构

在图 2－8 中，隐层各单元的输出为

$$R_i=\phi(\|\boldsymbol{X}-\boldsymbol{c}_i\|) \qquad (i=1,\cdots,r) \tag{2-115}$$

式中，$\|\cdot\|$为欧氏范数；$\phi(\cdot)$为网络隐层节点高斯基函数，取

$$\phi(v)=\exp(-v^2/2\sigma_i^2) \tag{2-116}$$

R_i 是隐层第 i 个单元的输出；$\boldsymbol{X}$ 是输入模式；$\boldsymbol{c}_i$、σ_i 分别是隐层第 i 个单元基函数的中心和宽度，r 为隐层节点数。

设 w_{ij} 为第 i 个隐层单元到第 j 个输出层单元的连接权值，则网络的输出可表示为

$$y_j(\boldsymbol{X})=\sum_{i=1}^{r} w_{ij}R_i \qquad (j=1,\cdots,m) \tag{2-117}$$

神经网络在应用之前必须经过较好的训练，以获得建模对象的输入输出特性。事实上，训练神经网络的目的在于寻找合适的权值，使式(2－118)表示的输出误差平方和最小。

$$\min\|\hat{\boldsymbol{Y}}-\boldsymbol{WR}\|^2 \tag{2-118}$$

式中，$\hat{\boldsymbol{Y}}$ 为期望输出矩阵；$\boldsymbol{W}$ 为权值矩阵；$\boldsymbol{R}=[\boldsymbol{R}_1,\boldsymbol{R}_2,\cdots,\boldsymbol{R}_r]$为隐层输出矩阵。

网络权值的调整可转化为式(2－119)所示的最小二乘问题

$$\hat{\boldsymbol{Y}}=\boldsymbol{WR}+\boldsymbol{\varepsilon} \tag{2-119}$$

式中，$\boldsymbol{\varepsilon}$ 为噪声干扰矩阵。

RBF 网络的学习训练过程可分为两个阶段：

第一阶段，根据所有的输入样本决定隐层各节点高斯基函数的中心 $\boldsymbol{c}_i$ 和宽度 σ_i。为了保证网络具有较好的泛化能力，避免因中心随机选取所带来的数值上的病态条件，采用 k－均值聚类算法对样本先进行聚类，使 $\boldsymbol{c}_i$ 尽可能均匀地对输入数据抽样，再将各聚类的中心作为隐层节点径向基函数的中心，从而使得隐节点能覆盖输入模式实际可能出现的空间。

第二阶段，在隐层的参数确定后，根据样本利用最小二乘法，求出输出层的权值，本节采用正交最小二乘学习算法来训练 RBF 神经网络。

间接测量模型一般可以用下面的表达式来表示，即

$$y=f(x_1,x_2,\cdots,x_n) \tag{2-120}$$

式中，y 为间接被测量；$x_1,x_2,\cdots,x_n$ 为各直接测量值。

在实际测量中，上述模型往往是不知道的，也是很难建立的，可采用一个 n 输入单输出的神经网络模型来逼近间接测量模型，此时 RBF 网络要逼近的映射关系为

$$f(\boldsymbol{X})=w_0+\sum_{i=1}^{r} w_i\phi(\|\boldsymbol{X}-\boldsymbol{c}_i\|) \tag{2-121}$$

即

$$y=f(\boldsymbol{X})=w_0+\sum_{i=1}^{r} w_i\cdot\exp\left(\frac{-\|\boldsymbol{x}-\boldsymbol{c}_i\|^2}{2\sigma_i^2}\right) \tag{2-122}$$

进一步可写为

$$y=f(\boldsymbol{X})=w_0+\sum_{i=1}^{r} w_i\cdot\exp\left(\frac{-\sum_{j=1}^{n}|x_j-c_{ij}|^2}{2\sigma_j^2}\right) \tag{2-123}$$

式中，$\boldsymbol{X}$ 为输入向量$[x_1,x_2,\cdots,x_n]$，即各直接测得量；y 为间接被测量；$\boldsymbol{c}_i$ 为 RBF 网络中心向

量$[c_{i1},c_{i2},\cdots,c_{in}]$；$r$ 为隐层节点个数，即 RBF 网络隐层中心数；$\boldsymbol{W}=[w_0,w_1,w_2,\cdots,w_r]$为输出层权值向量。

式(2－123)即为采用 RBF 神经网络表示的间接测量的解析模型。

以上参数由 RBF 神经网络的学习训练过程确定，将其值代入式(2－123)，即可获得间接测量模型的解析表达式。

对于式(2－123)中的间接测量的解析模型，表征各影响量 $x_j(j=1,2,\cdots,n)$不确定度传递关系的灵敏系数可按下式计算

$$\frac{\partial y}{\partial x_j}=\sum_{i=1}^{r}w_i\cdot\exp\left[\frac{-\sum_{j=1}^{n}|x_j-c_{ij}|^2}{b}\right]\cdot\frac{-2(x_j-c_{ij})}{b}\tag{2-124}$$

即

$$\frac{\partial y}{\partial x_j}=\sum_{i=1}^{r}\frac{-2w_i\cdot(x_j-c_{ij})}{b}\cdot\exp\left[\frac{-\sum_{j=1}^{n}|x_j-c_{ij}|^2}{b}\right]\tag{2-125}$$

进一步可写为

$$\frac{\partial y}{\partial x_j}=\sum_{i=1}^{r}\frac{-2w_i\cdot(x_j-c_{ij})}{b}\cdot\exp\left(\frac{-\|\boldsymbol{x}-\boldsymbol{c}_i\|^2}{b}\right)\tag{2-126}$$

式(2－126)即为基于 RBF 神经网络的间接测量解析模型的灵敏系数计算公式。

2.5.3 神经网络分析应用实例

例 2－9 三输入单输出的非线性间接测量模型建立。

假设间接测量模型如下式

$$y=x_1^3+x_2^2+\sqrt{x_3}\tag{2-127}$$

设 x_1 是平均值为 2、半宽为 1 的服从均匀分布的随机变量；x_2 是平均值为 3、半宽为 2 的服从均匀分布的随机变量；x_3 是平均值为 3、半宽为 1 的服从均匀分布的随机变量。用计算机产生 1000 组服从上述分布的测量数据(x_1,x_2,x_3)，代入假设模型的表达式(2－127)得到相应的理论模型输出 y。采用这 1000 组训练样本(x_1,x_2,x_3,y)，用 k－均值聚类和正交最小二乘学习算法，训练 RBF 神经网络。取建模精度的误差均方和为 0.001，建立测量模型。训练过程的误差曲线如图 2－9 所示，为了更清楚地显示误差的变化趋势，这里采用了半对数坐标。从图 2－9 中可见，经过迭代训练，得到了一个具有 174 个隐层单元的 RBF 神经网络模型，且随着输入维数的增加，建模所需的隐层中心数也急剧增加。

为了检验所建模型的精度，用计算机产生 100 组服从上述均匀分布的测量数据样本(x_1,x_2,x_3)，把它们作为预测样本，代入式(2－123)所建模型进行计算获得间接测量值，并与按代入式(2－127)所计算的理论值作比较，得到预测误差值。预测误差曲线如图 2－10 所示，其误差均方和为 0.006，获得了较高的建模精度。

为了检验式(2－126)所示的灵敏系数的计算精度，按式(2－126)分别计算 $x_1=2,x_2=3,x_3=3$ 的灵敏系数并与按式(2－127)在 $x_1=2,x_2=3,x_3=3$ 所计算的理论值作比较，见

表 2-5。可以看出二者的计算结果非常接近。

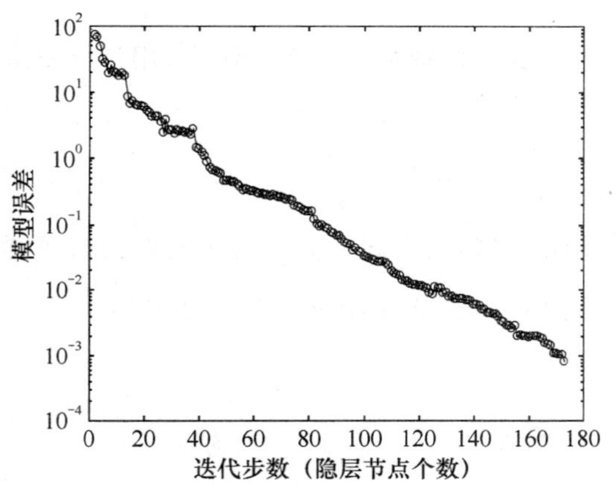

图 2-9　网络训练过程误差曲线

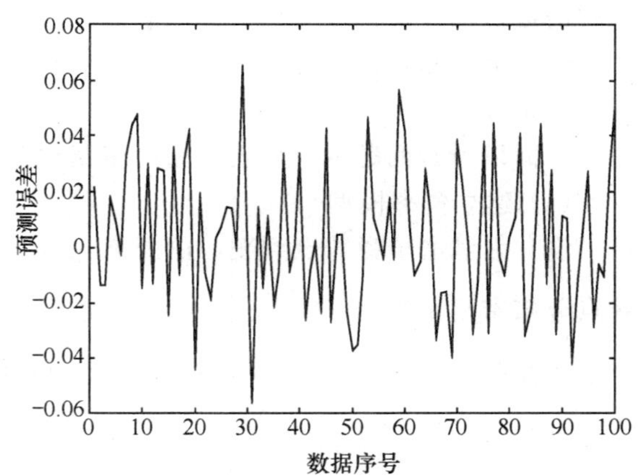

图 2-10　模型预测误差曲线

表 2-5　灵敏系数的计算结果比较

灵敏系数	按式(2-127)计算的理论值	按式(2-126)计算的值
x_1 的灵敏系数$\frac{\partial f}{\partial x_1}$	12	11.9562
x_2 的灵敏系数$\frac{\partial f}{\partial x_2}$	6	6.1593
x_3 的灵敏系数$\frac{\partial f}{\partial x_3}$	0.2887	0.3038

2.6　蒙特卡洛分析原理

2.6.1　蒙特卡洛理论基础

蒙特卡洛方法解决问题时的基本思想是：面对一个具体问题，首先建立与描述该问题有相似性的概率模型；然后对模型进行随机模拟或统计抽样，产生一组随机数来模拟该随机模型，它的分布与该随机模型相同；再以该随机数的统计特征作为原始问题的近似解。

蒙特卡洛方法通过抓住事物运动的几何数量和几何特征，利用数学方法来加以模拟，即进行一种模拟实验。它以一个概率模型为基础，按照这个模型所描绘的过程，通过模拟实验的结果，作为问题的近似解。

2.6.2　蒙特卡洛分析方法

用蒙特卡洛模拟方法处理的问题可以分为两类。

第一类是确定性的数学问题。求解这类问题的方法是：首先建立一个与所求解问题相关的概率模型，然后对这个模型进行随机抽样观察，产生随机变量，最后用其算术平均值作为所求解的近似估计值。

第二类是随机性问题。可采用直接模拟方法，根据实际物理情况的概率法则，用计算机进行抽样试验。

下面以射击问题为例来说明蒙特卡洛模拟法的求解。

(1) 建立概率模型

设 r 为射击子弹着点到靶心的距离，$g(r)$为射击得分(环数)，同一运动员多次射击后子弹着点分布密度函数用 $f(r)$表示，可用积分 $G=\int_0^\infty g(r)f(r)\mathrm{d}r$ 表示运动员的射击成绩。

按概率论的语言来说，G 是随机变量 $g(r)$的平均值，即

$$G=\int_0^\infty g(r)f(r)\mathrm{d}r=E[g(r)]$$

(2) 对概率模型进行随机抽样

设某运动员射击 n 次，子弹着点依次为 $r_1,r_2,\cdots,r_n$。由于 $r_i(i=1,2,\cdots,n)$在$(0,+\infty)$范围内可任意取值，且每个值出现的概率相等，故可根据实际情况而取到足够大的 a，使 $r_i(i=1,2,\cdots,n)$在$(0,a)$上服从均匀分布，其分布密度函数为

$$f(r)=\begin{cases}\dfrac{1}{a} & 0<r<a \\ 0 & \text{其他}\end{cases}$$

实现从分布密度函数 $f(r)$中抽样的问题，可以转化为 $r_i=a\xi_i(i=1,2,\cdots,n)$。$\xi_i$ 为$(0,1)$范围内均匀分布的随机数，而在计算机上 ξ_i 可用一个伪随机数来代替。这样每一次的射击实验，就变成从一个均匀分布的随机变量中抽样，即取 r_i。

(3) 以随机数的平均值作为问题的近似解

可认为以 n 次射击得分的平均值 $\overline{G}=\dfrac{1}{n}\sum\limits_{i=1}^{n}g(r_i)$ 近似代表运动员的成绩，换言之，$\overline{G}$是上述积分的一个估计值，这是用蒙特卡洛方法来求解定积分问题的典型思路。

蒙特卡洛模拟法的基础是产生各种分布的随机数，它是应用数学公式迭代产生随机数，利用计算机来产生随机数，是一种目前使用最广泛，发展最快的方法。这种方法产生的随机数严格来说并不是真正的随机数，通常称为伪随机数。

用数学公式迭代产生随机数的步骤如下：

① 确定一个数学模型或某种规则；

② 规定几个初始值；

③ 按一定的步骤产生第一个随机数；

④ 用产生的上一个随机数作为初始值，按同样的步骤产生下一个随机数，重复该过程，得到一个伪随机数序列。

在理论上只要有了一种连续分布的随机数，就可以通过抽样的方法得到任意分布的随机数。在连续分布函数中，[0,1]区间上的均匀分布函数是最简单、最基本的一种。因此用蒙特卡洛方法模拟一个实际问题时，必须首先解决的问题是：产生大量均匀分布的随机数，然后用各种抽样方法将产生的均匀分布随机数转换为具有一定分布的随机数。常用的抽样方法有直接抽样方法、变换抽样方法、舍选抽样方法、值序抽样方法、近似抽样方法及随机向量抽样方

法等。

(1) 均匀分布随机数的产生

常用方法有线性同余法、多重递归法、裴波纳契法、移位寄存法、反转同余法和复合线性同余法等。其中最常用的是线性同余法，由于这个方法有很多优点，成为目前产生伪随机数的最主要方法。

线性同余法的一般形式是对于任意初值 y_1，伪随机数序列由如下递推公式确定：

$$y_{n+1}=ay_n+c(\mathrm{mod}M) \qquad (n=0,1,\cdots)$$

$$x_{n+1}=y_{n+1}/M$$

式中，M 为数值很大的正整数，称为模；a 为满足 $1\leqslant a<M$ 的乘数；c 为集合 $Z_M=(0,1,\cdots,M-1)$ 的任意元素。

根据计算机的字长，M 的典型值有 $M=2^{32}$ 或者 $M=2^{32}-1$。一旦选定初始值 $y_0\in Z_M$，就可以用上述递推公式产生一系列的数 $x_0,x_1,\cdots\in Z_M$。于是线性同余随机数就可以用这些数除以 M 得到。线性同余法较容易在计算机上实现，且运算量很小。

(2) 非均匀分布随机数的产生

非均匀分布的随机数，一般是通过均匀分布的随机数变换得到的。记均匀分布为 $U[0,1]$，下面的定理是由均匀分布随机数产生其他分布的理论基础。

定理 2-1　设 $F(x)$ 是连续且严格单调上升的分布函数，它的反函数存在，且记为 $F^{-1}(x)$，即

$$F[F^{-1}(x)]=x$$

① 如果随机变量 ξ 的分布函数为 $F(\xi)$，则 $F(\xi)\sim U(0,1)$；

② 如果随机变量 $\eta\sim U(0,1)$，则 $F^{-1}(\eta)$ 的分布函数为 $F(x)$。

产生非均匀随机数的方法很多，常用的有直接抽样法、变换抽样法、值序抽样法、舍选抽样法、复合抽样法和近似抽样法等。

下面以标准正态分布为例，用近似直接抽样法产生随机数。

① 产生 $r\sim U(0,1)$；

② 计算 $y=\sqrt{-2\ln a}$，其中 $a=\begin{cases} r & r\leqslant 0.5 \\ 1-r & r>0.5 \end{cases}$；

③ 令 $X=\mathrm{sign}\left(r-\dfrac{1}{2}\right)\left(y-\dfrac{c_0+c_1y+c_2y^2}{1+d_1y+d_2y^2+d_3y^3}\right)$，其中 $c_0=2.515\,517$，$c_1=0.802\,853$，$c_2=0.010\,328$，$d_1=1.432\,788$，$d_2=0.189\,269$，$d_3=0.001\,308$。

2.6.3　蒙特卡洛分析应用实例

例 2-10　最大残差法的蒙特卡洛模拟。

设对某被测量进行 n 次测量，得到的测量列 L 为

$$L=\{l_1,l_2,\cdots,l_i,\cdots,l_n\} \tag{2-128}$$

若测量值 l_i 独立且服从平均值为 μ、标准差为 σ 的正态分布，即 $l_i\sim N(\mu,\sigma)$，$i=1,2,\cdots,n$，则残差为

$$v_i = l_i - \bar{l} = l_i - \frac{1}{n}\sum_{i=1}^{n} l_i \tag{2-129}$$

残差在分析测量误差性质(如检验系统误差等)、检查平均值计算正确性等方面是很有用的,测量者对作为多次测量估计值的平均值以及对偏离平均值最大的残差值,即最大残差 $\max|v_i|$ 也是很重视的,所以在很多操作规程中,规定了对 $\max|v_i|$ 的要求。由于对随机变量绝对值研究的困难,前人仅对 $\max v_i$ 进行了一些研究,并按照 $\max v_i$ 的分布函数,对 $\max|v_i|$ 的概率作了很粗略的估计。由于对 $\max|v_i|$ 精确分布未作深入的研究,使得 $\max|v_i|$ 未能很好地在实际工作中应用。直到 1978 年,有学者根据概率论与数理统计,提出 $\max|v_i|$ 的分布,算出了它的分布函数,从而解决了 $\max|v_i|$ 的应用问题。

评定测量误差的最大残差法,是通过计算出测量值最大残差的绝对值 $\max|v_i|$,再乘以一个系数 c_n 来估计标准差的,其中系数 c_n 由计算表格给出。

$$\sigma = c_n \max|v_i| \tag{2-130}$$

该方法计算过程简单,易于掌握。

已有文献仅对测量次数 $n \leqslant 10$,以及 $n=15,20,25,30$ 几种特殊情况下,最大残差 $\max|v_i|$ 的分布函数、平均值和标准差进行了研究,得出了相应的最大残差法系数 c_n 的值。本节通过蒙特卡洛模拟法结合 Matlab 软件,求出最大残差法的系数表。

若测量值 l_i 独立服从平均值为 μ,标准差为 σ 的正态分布,即 $l_i \sim N(\mu,\sigma)$,$i=1,2,\cdots,n$。由于正态分布变量的多个线性函数仍服从正态分布,故残差列 $(v_1,v_2,\cdots,v_n)$ 服从正态分布。由 $\sum_{i=1}^{n} v_i = 0$ 可以得到 $v_n = -v_1 - v_2 - \cdots - v_{n-1}$,故 $(v_1,v_2,\cdots,v_n)$ 服从退化的正态分布。下面研究 $(v_1,v_2,\cdots,v_{n-1})$ 的分布。

由于 v_i 的平均值 $E(v_i)=0$,故 $(v_1,v_2,\cdots,v_{n-1})$ 的分布密度为

$$f(x_1,x_2,\cdots,x_{n-1}) = \frac{1}{(2\pi)^{\frac{n-1}{2}}\sqrt{|\boldsymbol{M}|}}\exp\left(-\frac{1}{2|\boldsymbol{M}|}\sum_{j,k=1}^{n-1}|\boldsymbol{M}_{jk}|x_j x_k\right) \tag{2-131}$$

式中,$v_i = x_i$;$\boldsymbol{M}$ 为 $(v_1,v_2,\cdots,v_{n-1})$ 的协方差矩阵;$|M_{jk}|$ 为 $|\boldsymbol{M}|$ 中元素 λ_{jk} 的代数余子式。

v_i 的标准差 σ_i 及 v_i 与 v_j 之间的相关系数 r_{ij} 分别为

$$\sigma_i = \sqrt{\frac{n-1}{n}}\sigma \tag{2-132}$$

$$r_{ij} = -\frac{1}{n-1} \tag{2-133}$$

故 $(n-1)\times(n-1)$ 阶协方差矩阵 $\boldsymbol{M}$ 为

$$\boldsymbol{M} = \begin{pmatrix} \frac{n-1}{n}\sigma^2 & -\frac{1}{n}\sigma^2 & \cdots & -\frac{1}{n}\sigma^2 \\ -\frac{1}{n}\sigma^2 & \frac{n-1}{n}\sigma^2 & \cdots & -\frac{1}{n}\sigma^2 \\ \vdots & \vdots & & \vdots \\ -\frac{1}{n}\sigma^2 & -\frac{1}{n}\sigma^2 & \cdots & \frac{n-1}{n}\sigma^2 \end{pmatrix} \tag{2-134}$$

因

$$|M_{jk}|=\begin{cases}\dfrac{2}{n}\sigma^{2(n-2)} & j=k\\ \dfrac{1}{n}\sigma^{2(n-2)} & j\neq k\end{cases} \tag{2-135}$$

故

$$f(x_1,x_2,\cdots,x_{n-1})=\frac{\sqrt{n}}{(2\pi)^{\frac{n-1}{2}}\sigma^{n-1}}\exp\left[-\frac{1}{\sigma^2}(x_1^2+x_1x_2+\cdots+x_1x_{n-1}+x_2^2+\cdots+x_2x_{n-1}+\cdots+x_{n-1}^2)\right] \tag{2-136}$$

可得出随机向量($\dfrac{v_1}{\sigma},\dfrac{v_2}{\sigma},\cdots,\dfrac{v_{n-1}}{\sigma}$)的分布密度为

$$f(y_1,y_2,\cdots,y_{n-1})=\frac{\sqrt{n}}{(2\pi)^{\frac{n-1}{2}}}\exp[-(y_1^2+y_1y_2+\cdots+y_1y_{n-1}+y_2^2+\cdots+y_2y_{n-1}+\cdots+y_{n-1}^2)] \tag{2-137}$$

式中$\dfrac{v_i}{\sigma}=y_i$。

$\max|v_i|$的分布函数为

$$\begin{aligned}F(\alpha)=P(\max|v_i|<\alpha)=P(|v_1|<\alpha,\cdots,|v_{n-1}|<\alpha,|v_n|<\alpha)=\\ P(|v_1|<\alpha,\cdots,|v_{n-1}|<\alpha,|v_1+v_2+\cdots+v_{n-1}|<\alpha)=\\ \int\underset{\Omega}{\cdots}\int f(x_1,\cdots,x_{n-1})\mathrm{d}x_1\cdots\mathrm{d}x_{n-1}\end{aligned} \tag{2-138}$$

积分区域为

$$\Omega:|x_1|<\alpha,|x_2|<\alpha,\cdots,|x_{n-1}|<\alpha,|x_1+x_2+\cdots+x_{n-1}|<\alpha$$

若测量值 $l'_i\sim N(\mu,1)(i=1,2,\cdots,n)$时,其最大残差 $\max|v'_i|$ 的分布函数为

$$\begin{aligned}&P(\max|v'_i|<\alpha)=\\ &\int\underset{\Omega'}{\cdots}\int\frac{\sqrt{n}}{(2\pi)^{\frac{n-1}{2}}1^{n-1}}\exp\left[-\frac{1}{1^2}(x_1^2+x_1x_2+\cdots+x_1x_{n-1}+x_2^2+\cdots+x_2x_{n-1}\cdots+x_{n-1}^2)\right]\mathrm{d}x_1\cdots\mathrm{d}x_{n-1}=\\ &\int\underset{\Omega'}{\cdots}\int\frac{\sqrt{n}}{(2\pi)^{\frac{n-1}{2}}}\exp[-(x_1^2+x_1x_2+\cdots+x_1x_{n-1}+x_2^2+\cdots+x_2x_{n-1}+\cdots+x_{n-1}^2)]\mathrm{d}x_1\cdots\mathrm{d}x_{n-1}=\\ &\int\underset{\Omega''}{\cdots}\int\frac{\sqrt{n}}{(2\pi)^{\frac{n-1}{2}}}\exp[-(y_1^2+y_1y_2+\cdots+y_1y_{n-1}+y_2^2+\cdots+y_2y_{n-1}+\cdots+y_{n-1}^2)]\mathrm{d}y_1\cdots\mathrm{d}y_{n-1}=\\ &P\left(\frac{\max|v_i|}{\sigma}<\alpha\right)\end{aligned} \tag{2-139}$$

其中积分区域为

$$\Omega':|x_1|<\alpha,|x_2|<\alpha,\cdots,|x_{n-1}|<\alpha,|x_1+x_2+\cdots+x_{n-1}|<\alpha$$
$$\Omega'':|y_1|<\alpha,|y_2|<\alpha,\cdots,|y_{n-1}|<\alpha,|y_1+y_2+\cdots+y_{n-1}|<\alpha$$

故各测量值独立服从 $N(\mu,\sigma)$时,其$\dfrac{\max|v_i|}{\sigma}$的分布函数与各测量值独立服从 $N(\mu,1)$时 $\max|v_i|$的分布函数相同。

因 v 与 μ 无关,故在下面最大残差分布函数与数字特征的计算中,对各独立测量值

$l_i \sim N(\mu,\sigma)$或$N(0,1)$进行研究。

设各测量值 l_i 独立服从 $N(0,1)$时，$\max|\upsilon_i|$的分布函数、平均值与标准差分别为 $F_0(\alpha)$、E_0 和 σ_0，则当各测量值 l_i 独立服从 $N(\mu,\sigma)$时，其 $\max|\upsilon_i|$的分布函数、平均值与标准差满足：

$$F(\alpha\sigma)=F_0(\alpha) \tag{2-140}$$

$$E\max|\upsilon_i|=E_0\sigma \tag{2-141}$$

$$\sigma\max|\upsilon_i|=\sigma_0\sigma \tag{2-142}$$

当 $n=2$ 时，υ_1 的分布密度函数为

$$f_0(x_1)=\frac{\sqrt{2}}{\sqrt{2\pi}}\exp(-x_1^2)=\frac{1}{\sqrt{\pi}}\exp(-x_1^2)$$

即 υ_1 服从 $N(0,\frac{\sqrt{2}}{2})$分布。由于 $\upsilon_2=-\upsilon_1$，故 $\max|\upsilon_i|=|\upsilon_1|$服从反射正态分布，可直接计算其分布函数、平均值与标准差，分别为

$$F_0(\alpha)=\int_{-\mu}^{\mu}f_0(x_1)\mathrm{d}x_1$$

$$E_0=\frac{\sqrt{2}}{2}\sqrt{\frac{2}{\pi}}=\frac{1}{\sqrt{\pi}}=0.5642$$

$$\sigma_0=\frac{\sqrt{2}}{2}\sqrt{\frac{\pi-2}{\pi}}=\frac{\sqrt{\pi-2}}{\sqrt{2\pi}}=0.4256$$

将该分布函数的值列于表 2-6，以便与蒙特卡洛模拟结果进行比较。

表 2-6 直接计算所得分布函数数值表

α	$F_0(\alpha)$	α	$F_0(\alpha)$	α	$F_0(\alpha)$	α	$F_0(\alpha)$
0.25	0.2768	1.25	0.9228	2.25	0.9986	3.25	0.999996
0.50	0.5208	1.50	0.9661	2.50	0.9996	3.50	0.9999993
0.75	0.7112	1.75	0.9864	2.75	0.9999	3.75	0.9999999
1.00	0.8426	2.00	0.9954	3.00	0.99998	4.00	0.99999998

采用蒙特卡洛法计算当 $2\leqslant n\leqslant 50$ 时的 $F_0(\alpha)$、E_0、σ_0 及自由度 ν。方法为：取 $n(n=2,3,\cdots,50)$个独立服从 $N(0,1)$的随机数，可以算出 1 个 $\max|\upsilon_i|$，即

$$\max|\upsilon_i|=\max|l_i-\bar{l}| \qquad (i=1,2,\cdots,n)$$

取出 $100\,000n(n=2,3,\cdots,50)$个独立服从 $N(0,1)$的随机数，依次可产生 100 000 个 $\max|\upsilon_i|$，将此 100 000 个 $\max|\upsilon_i|$分别记作 $\max|\upsilon_i|_k(k=1,2,\cdots,100\,000)$，并将它们按照升序排列，表示为

$$z_1\leqslant z_2\leqslant\cdots\leqslant z_{100\,000}$$

取阶梯形经验分布函数 $\hat{F}(\alpha)$作为分布函数 $F(\alpha)$的估计，即

$$\hat{F}(\alpha)=\begin{cases}0 & \alpha<z_1\\ \dfrac{k}{100\,000} & z_k\leqslant\alpha<z_{k+1}\\ 1 & \alpha\geqslant z_{100\,000}\end{cases}$$

期望估计为

$$E_0 = \sum_{k=1}^{100000} \frac{z_k}{100000}$$

标准差估计为

$$\sigma_0 = \sqrt{\frac{1}{100000-1}\sum_{k=1}^{100000}(z_k - \bar{z})^2}$$

式中 $\bar{z} = \sum_{k=1}^{100000} \frac{z_k}{100000}$。

当 $n=2$ 时，由蒙特卡洛法所求分布函数的数值及其数字特征如表 2-7 所列。

表 2-7　由蒙特卡洛法所得分布函数数值表

α	$\hat{F}(\alpha)$	α	$\hat{F}(\alpha)$	α	$\hat{F}(\alpha)$	α	$\hat{F}(\alpha)$
0.25	0.2781	1.25	0.9237	2.25	0.9984	3.25	1.0000
0.50	0.5195	1.50	0.9665	2.50	0.9996	3.50	1.0000
0.75	0.7125	1.75	0.9868	2.75	0.9999	3.75	1.0000
1.00	0.8434	2.00	0.9952	3.00	1.0000	4.00	1.0000

由此可见，当 $n=2$ 时，直接计算所得的分布函数表 2-6 与蒙特卡洛模拟法所得的分布函数表 2-7 之间相差甚小。同理可得，当 $n=3$ 及 $n=5$ 时由蒙特卡洛法所得分布函数的计算结果见表 2-8。

表 2-8　由蒙特卡洛法所得分布函数数值表

α	$\hat{F}(\alpha)$		α	$\hat{F}(\alpha)$		α	$\hat{F}(\alpha)$	
	$n=3$	$n=5$		$n=3$	$n=5$		$n=3$	$n=5$
0.25	0.0512	0.0022	1.75	0.9185	0.7873	3.25	0.9998	0.9985
0.50	0.1866	0.0286	2.00	0.9618	0.8858	3.50	1.0000	0.9995
0.75	0.3726	0.1144	2.25	0.9836	0.9442	3.75	1.0000	0.9998
1.00	0.5616	0.2676	2.50	0.9940	0.9748	4.00	1.0000	0.9999
1.25	0.7249	0.4582	2.75	0.9980	0.9897			
1.50	0.8437	0.6416	3.00	0.9994	0.9961			

由式(2-141)可知，$\frac{\max|\upsilon_i|}{E_0}$为标准差 σ 之无偏估计，即

$$\left.\begin{aligned} \hat{\sigma} &= \frac{\max|\upsilon_i|}{E_0} \\ \hat{\sigma} &= c_n \max|\upsilon_i| \\ c_n &= \frac{1}{E_0} \end{aligned}\right\} \tag{2-143}$$

因 $\sigma \max|\upsilon_i| = \sigma_0\sigma$，故 $\hat{\sigma}$ 的标准差为

$$\sigma(\hat{\sigma}) = \frac{\sigma_0}{E_0}\sigma \tag{2-144}$$

标准差 $\hat{\sigma}$ 的自由度为

$$\nu=\left[\frac{\sigma(\hat{\sigma})}{\sigma}\right]^{-2}\times\frac{1}{2}=\frac{1}{2}\left(\frac{\sigma_0}{E_0}\right)^{-2} \tag{2-145}$$

各$\frac{1}{E_0}$即 c_n 的计算结果见表 2－9。

表 2－9 最大残差系数 c_n 的值

n	c_n	n	c_n	n	c_n	n	c_n	n	c_n
2	1.7750	12	0.5372	22	0.4658	32	0.4336	42	0.4139
3	1.0248	13	0.5257	23	0.4616	33	0.4314	43	0.4124
4	0.8355	14	0.5160	24	0.4577	34	0.4292	44	0.4109
5	0.7395	15	0.5074	25	0.4539	35	0.4270	45	0.4094
6	0.6805	16	0.4997	26	0.4506	36	0.4249	46	0.4080
7	0.6390	17	0.4927	27	0.4474	37	0.4228	47	0.4066
8	0.6089	18	0.4865	28	0.4443	38	0.4209	48	0.4053
9	0.5852	19	0.4805	29	0.4415	39	0.4191	49	0.4039
10	0.5660	20	0.4752	30	0.4387	40	0.4173	50	0.4027
11	0.5506	21	0.4703	31	0.4360	41	0.4156		

下面使用蒙特卡洛模拟法计算 $\sum_{i=1}^{n}|\upsilon_i|$ 的数字特征，并将此计算值与理论值相对比，以进一步检验随机数的质量。

用与上面同样的 $n(n=2,3,\cdots,50)$ 个独立服从 $N(0,1)$ 的随机数，可以算出 n 个残差 $\upsilon_i(i=1,2,\cdots,n)$，求出这些残差绝对值的和 $\sum_{i=1}^{n}|\upsilon_i|$，由蒙特卡洛模拟法，取与上文同样的 $100\,000n$ 个随机数，依次可产生 100000 个残差绝对值的和，求出此 100000 个残差绝对值的和之平均值及标准差作为残差绝对值的和 $\sum_{i=1}^{n}|\upsilon_i|$ 之平均值及标准差。由彼特斯公式可得 $\sum_{i=1}^{n}|\upsilon_i|$ 的平均值与标准差为

$$E\sum_{i=1}^{n}|\upsilon_i|=n\left[\frac{2(n-1)}{n\pi}\right]^{\frac{1}{2}}=\left[\frac{2n(n-1)}{\pi}\right]^{\frac{1}{2}} \tag{2-146}$$

$$\sigma\sum_{i=1}^{n}|\upsilon_i|=\sqrt{\frac{2(n-1)}{\pi}}\times\left[\frac{\pi}{2}+\sqrt{n(n-2)}-n+\arcsin\left(\frac{1}{n-1}\right)\right]^{\frac{1}{2}} \tag{2-147}$$

当 n 分别取 2 至 50 时，计算出 $\sum_{i=1}^{n}|\upsilon_i|$ 的平均值与标准差的理论值，部分结果见表 2－10 中的 E_p 和 D_p。由蒙特卡洛法计算 $\sum_{i=1}^{n}|\upsilon_i|$ 的平均值与标准差的部分结果见表 2－10 中 E_m 和 D_m。程序执行结果 E_m 和 D_m 与彼特斯法理论数字特征值 E_p 和 D_p 比较相差甚小，因此所用的随机数符合要求。

表 2-10　彼特斯法理论数字特征值与由蒙特卡洛法所得数字特征值比较表

n	2	5	10	15	20	25	30	35	40	45	50
E_p	1.13	3.57	7.57	11.56	15.55	19.54	23.53	27.52	31.51	35.50	39.49
E_m	1.13	3.57	7.57	11.55	15.54	19.54	23.53	27.52	31.51	35.50	39.48
D_p	0.85	1.33	1.90	2.33	2.69	3.00	3.30	3.56	3.81	4.04	4.26
D_m	0.85	1.33	1.89	2.32	2.68	3.00	3.30	3.56	3.81	4.04	4.26

2.7　自助法及灰自助法分析原理

2.7.1　自助法的基本原理

自助法是一种重要的非参数估计方法，已经在点估计、区间估计、参数预报和假设检验等方面得到了非常广泛的应用，是统计学研究中最具活力的方法。从理论上讲，自助法允许数据的个数为有限个，而且对数据的概率分布无任何要求。

自助法的目的是用现有的资料去模仿未知的分布。

以估计系统总体的真值 X_0 与置信区间$[X_L, X_U]$为例，自助法的基本原理和步骤是：

① 采样获得有限个(假设为 n 个)独立同分布的数据，构成初始样本 $X=(x_1, x_2, \cdots, x_n)$；

② 通过某种方法，由 X 构造分布函数 $T=T(x)$；

③ 按某种规则，对 T 进行再抽样，每次抽取 1 个数据，共抽取 $m \leqslant n$ 次，得到 1 个含量为 m 的仿真样本；

④ 重复步骤③共计 B 次，其中 B 可以是一个很大的数，得到 B 个仿真样本 $Y_1, Y_2, \cdots, Y_b, \cdots, Y_B$，即自助再抽样样本；

⑤ 计算 $Y_b(b=1,2,\cdots,B)$的平均值，得到 B 个平均值数据；

⑥ 通过某种方法(例如，直方图法)，由 B 个平均值数据构造分布函数 $F=F(x)$；

⑦ 按给定规则(例如，加权平均法)，由 F 估计出真值 X_0；

⑧ 设显著性水平 $\alpha \in [0,1]$，按置信概率 $P(X_L \leqslant x \leqslant X_U) \geqslant 1-\alpha$ 确定出置信区间$[X_L, X_U]$。

下面给出测量误差评定的自助评定方法。

设数据序列

$$X_{(1)}=\{x_{(1)}, x_{(2)}, \cdots, x_{(k)}, \cdots, x_{(n)}\} \quad (k=1,2,\cdots,n) \tag{2-148}$$

是总体 F 的一个容量为 n 的样本值。将它们按从小到大的次序排序，并重新编号，设为

$$x_1 \leqslant x_2 \leqslant \cdots \leqslant x_k \leqslant \cdots \leqslant x_n \tag{2-149}$$

则经验分布函数 $F_n(x)$的数据序列(观测值)为

$$F_n(x)=\begin{cases} 0 & x<x_1 \\ \dfrac{k}{n} & x_k \leqslant x<x_{k+1} \\ 1 & x \geqslant x_n \end{cases} \tag{2-150}$$

设数据序列 X 为

$$X=(x_1,x_2,\cdots,x_k,\cdots,x_n) \tag{2-151}$$

式中，x 为第 k 个数据；n 为数据个数。

数据序列 X 可以是总体观测样本的原始数据序列，也可以是由观测样本构成的经验概率密度的数据序列等。

从 X 中按一定规则，例如等概率可放回抽样，抽取样本 X_b，设为

$$X_b=\{x_b(1),x_b(2),\cdots,x_b(k),\cdots,x_b(n)\} \tag{2-152}$$

式中，X_b 为 Bootstrap 样本，即自助样本，也是一个数据序列；$x_b(k)$为自助样本的第 k 个数据；n 为自助样本数据序列的数据个数。

自助样本 X_b 的平均值为

$$x_{mb}=\frac{1}{n}\sum_{k=1}^{n}x_b(k) \tag{2-153}$$

自助样本 X_b 的方差为

$$s_b^2=\frac{1}{n-1}\sum_{k=1}^{n}[x_b(k)-x_{mb}]^2 \tag{2-154}$$

自助样本 X_b 的 h 阶原点矩为

$$m_{hb}=\frac{1}{n}\sum_{k=1}^{n}[x_b(k)]^h \tag{2-155}$$

设考虑某特征参数 u，从数据序列 X 得到 B 个自助样本，可以构成向量

$$\boldsymbol{X}_{\text{Bootstrap}}=[u_1 \quad u_2 \quad \cdots \quad u_b \quad \cdots \quad u_B]^{\mathrm{T}} \tag{2-156}$$

式中，u_b 为特征参数 u 的第 b 个估计值，$b=1,2,\cdots,B$。

因 B 可以是一个很大的数，故 $\boldsymbol{X}_{\text{Bootstrap}}$ 是一个大样本量的数据序列，也称为自助样本，它有 B 个样本含量(数据)。将 B 个数据从小到大排序，并按一定的间距分为 Q 组，得到各组的组中值 X_{mq} 和自助分布，即概率密度函数 $f(x)$或离散频率 $F_q(q=1,2,\cdots,Q)$。

以频率 F_q 为权重，总体的加权平均值为 X_0，即

$$X_0=\sum_{q=1}^{Q}F_qX_{mq} \tag{2-157}$$

或

$$X_0=\int_R f(x)x\mathrm{d}x \tag{2-158}$$

式中，R 为定积分区间。

X_0 还可以用最大概率值表示为

$$X_0=X_{mq}\mid F_q\to\max_{i=1}^{Q}F_i \tag{2-159}$$

或用峰值表示为

$$X_0=x^*\mid f(x^*)\to\max_{x\in R}f(x) \tag{2-160}$$

显然有

$$\sum_{q=1}^{Q}F_q=1 \tag{2-161}$$

或

$$\int_R f(x)\mathrm{d}x=1 \tag{2-162}$$

设显著性水平为 $\alpha\in[0,1]$，则置信概率为

$$P=(1-\alpha)\times 100\% \tag{2-163}$$

在置信概率 P 下，估计区间为

$$[X_{\mathrm{L}},X_{\mathrm{U}}]=[X_{\frac{\alpha}{2}},X_{1-\frac{\alpha}{2}}] \tag{2-164}$$

式中，$X_{\frac{\alpha}{2}}$ 对应频数为 $\frac{\alpha}{2}$ 的参数值 x_m；$X_{1-\frac{\alpha}{2}}$ 对应频数为 $1-\frac{\alpha}{2}$ 的参数值 x_m；X_{L} 为估计区间的下界值；X_{U} 为估计区间的上界值。

参数指标 X_{L} 和 X_{U} 分别描述参数极小值和极大值。

2.7.2　灰自助法分析方法

本节将利用 GM(1,1)模型和自助法的互补性研究动态区间估计与预报问题，给出 GBM(1,1)即灰自助动态预报模型(grey bootstrap model)。

在动态实验过程中，将连续的时间变量 t 离散化，在设定时间间隔之下，采集到的动态数据序列向量 $\boldsymbol{X}$ 为

$$\boldsymbol{X}=\{x(t);t=1,2,\cdots,T\} \tag{2-165}$$

式中，$x(t)$为时刻 t 的数据；T 为数据序列 $\boldsymbol{X}$ 的数据个数，即总时间单位数。

为了满足 GM(1,1)的关于 $x(t)\geqslant 0$ 的苛刻要求，在式(2-165)中，若有 $x(t)<0$，则任选一个常数 q，使 $x(t)+q\geqslant 0$ 即可。因此在实际计算时，数据序列向量 $\boldsymbol{X}$ 应写为

$$\boldsymbol{X}=\{x(t)+q;t=1,2,\cdots,T\} \tag{2-166}$$

若 $x(t)\geqslant 0$，则取 $q=0$。

从 $\boldsymbol{X}$ 中取与时刻 t 紧邻时刻的前 m 个数据(包括时刻 t 的数据)，构成时刻 t 的滚动子序列向量如下：

$$\boldsymbol{X}_m=\{x_m(\tau)\}\qquad(\tau=t-m+1,t-m+2,\cdots,t;t\geqslant m) \tag{2-167}$$

式中，τ 为时刻；m 为与时刻 t 紧邻时刻的前 m 个数据(包括时刻 t 的数据)。

滚动评估的含义是：用 t 时刻前的 $\boldsymbol{X}_m$ 评估时刻 t 的属性状态。在时刻 t，从 $\boldsymbol{X}_m$ 中等概率可放回地随机抽取 1 个数据，共抽取 m 次，得到一个自助样本，它有 m 个数据。连续重复 B 次，得到 B 个自助再抽样样本，用向量表示为

$$\boldsymbol{Y}_{\mathrm{Bootstrap}}=(\boldsymbol{Y}_1,\boldsymbol{Y}_2,\cdots,\boldsymbol{Y}_b,\cdots,\boldsymbol{Y}_B) \tag{2-168}$$

其中，

$$\boldsymbol{Y}_b=\{y_b(\tau)\}\qquad(b=1,2,\cdots,B) \tag{2-169}$$

式中，$\boldsymbol{Y}_b$ 为第 b 个自助样本，$y_b(\tau)$为 $\boldsymbol{Y}_b$ 中第 τ 个自助再抽样数据。

由 GM(1,1)设 $\boldsymbol{Y}_b$ 的一次累加生成序列向量为

$$\boldsymbol{X}_b=\{x_b(\tau)\}=\left\{\sum_{j=t-m+1}^{\tau}y_b(j)\right\} \tag{2-170}$$

再设平均值生成序列向量为

$$\boldsymbol{Z}_b=\{z_b(\tau)\}=\{0.5x_b(\tau)+0.5x_b(\tau-1)\}\qquad(\tau=t-m+2,t-m+3,\cdots,t) \tag{2-171}$$

在滚动的初始条件 $x_b(t-m+1)=y_b(t-m+1)$下，问题的最小二乘解为

$$\hat{x}_b(j+1)=\left[y_b(t-m+1)-\frac{c_2}{c_1}\right]e^{-c_1 j}+\frac{c_2}{c_1} \qquad (j=t-1,t) \tag{2-172}$$

其中 $c_1(c_1\neq 0)$和 c_2 为

$$(c_1,c_2)^{\mathrm{T}}=(\boldsymbol{D}^{\mathrm{T}}\boldsymbol{D})^{-1}\boldsymbol{D}^{\mathrm{T}}(\boldsymbol{Y}_b)^{\mathrm{T}} \qquad (\tau=t-m+2,t-m+3,\cdots,t-1,t) \tag{2-173}$$

$$\boldsymbol{D}=(-\boldsymbol{Z}_b \quad \boldsymbol{I})^{\mathrm{T}} \tag{2-174}$$

$$\boldsymbol{I}=(1 \quad 1 \quad \cdots \quad 1) \tag{2-175}$$

由累减生成,时刻 $t+1$ 的预测值可以表示为

$$\hat{y}_b(t+1)=\hat{x}_b(t+1)-\hat{x}_b(t)-q \tag{2-176}$$

在时刻 $t+1$,有 B 个数据,可以构成如下序列向量

$$\hat{\boldsymbol{X}}_{t+1}=[\hat{y}_1(t+1) \quad \hat{y}_2(t+1) \quad \cdots \quad \hat{y}_B(t+1)] \tag{2-177}$$

由于 B 很大,因此可以用 $\hat{\boldsymbol{X}}_{t+1}$建立 t 时刻关于属性 x_m 的频率函数

$$F_{t+1}=F_{t+1}(x_m) \tag{2-178}$$

式中,F_{t+1}为频率函数。频率函数 F_{t+1}又称为滚动灰自助分布或灰自助分布。

目前,对动态数据序列的实时评估与预报,仍然没有固定的参数指标来全面评价动态过程,因此提出以下参数指标。

1. 瞬时加权平均值

在 t 时刻的估计真值用加权平均值表示为

$$X_0 = X_0(t+1) = \sum_{q=1}^{Q} F_{t+1,q}x_{mq} \tag{2-179}$$

式中,X_0 为用加权平均值表示的 t 时刻的估计真值,属于趋势项;Q 为将 $\hat{\boldsymbol{X}}_{t+1}$ 分为 Q 组;q 为第 q 组,$q=1,2,\cdots,Q$;x_{mq}为第 q 组中值;$F_{t+1,q}$对应于 x_{mq} 的频数。

2. 瞬时最大概率值

在 t 时刻的估计真值用最大概率值表示为

$$X_0=x_{mq}\,|\,F_{t+1,q}\rightarrow\max_{i=1}^{Q} F_{t+1,i} \tag{2-180}$$

式中,X_0 为用最大概率值表示的 t 时刻的估计真值,属于趋势项。

3. 估计平均真值

为了从整体上评估属性参数的量值大小,定义平均真值 $X_{0\mathrm{mean}}$为

$$X_{0\mathrm{mean}} = \frac{1}{T-m+1}\sum_{k=m}^{T}X_0(k) \tag{2-181}$$

式中,$X_{0\mathrm{mean}}$为平均真值。$X_{0\mathrm{mean}}$是一个统计量,可以作为参数量值大小的统计评价指标。

4. 估计真值变动量

为了评估真值 X_0 的变化,定义估计真值的变动量 $\mathrm{d}X_0$ 为

$$\mathrm{d}X_0=\max_{k=m}^{T}X_0(k)-\min_{k=m}^{T}X_0(k) \tag{2-182}$$

式中，dX_0 为估计真值变动量，即波动测度。dX_0 也是一个统计量，可以作为参数变动的统计评价指标。

5. 动态估计区间

设显著性水平为 $\alpha\in[0,1]$，则置信概率为

$$P=(1-\alpha)\times 100\% \tag{2-183}$$

在 t 时刻，在置信概率 P 下，对参数真值的估计区间为

$$[X_L,X_U]=[X_L(t+1),X_U(t+1)]=[X_{\alpha/2},X_{1-\alpha/2}] \tag{2-184}$$

式中，$X_{\alpha/2}$ 对应频数为 $\alpha/2$ 的参数值 x_m；$X_{1-\alpha/2}$ 对应频数为 $1-\alpha/2$ 的参数值 x_m；X_L 为估计区间的下界值；X_U 为估计区间的上界值。

参数指标 X_L 和 X_U 分别描述参数在 t 时刻瞬态波动的极小值和极大值。

6. 瞬态波动范围

定义 $t+1$ 时刻参数的瞬态波动范围为

$$U=U(t+1)=X_U-X_L \tag{2-185}$$

设研究的总时间单位数为 T，如果有 h 个实际的参数值位于估计区间 $[X_L,X_U]$ 之外，则对真值估计的可靠度定义为

$$p_B=\left(1-\frac{h}{T-m}\right)\times 100\% \tag{2-186}$$

式中，p_B 为置信概率 P 下的对真值估计的可靠度，用于描述 GBM(1,1)的可信度。

一般 p_B 不等于 P。由 p_B 定义可知，p_B 越大越好，最好是 $p_B\geqslant P$。

7. 平均波动范围

由 $[X_L,X_U]$ 和 U 的定义可知，在 $t+1$ 时刻，P 越大，则 U 越大。若 $P=100\%$，则 U 可以取到最大值。必须注意一个问题，即 U 越大，$[X_L,X_U]$ 越偏离真值，进而估计结果越失真。因此给出一个条件为

$$U_{\text{mean}}=U_{\text{mean}}(m,B,P)=\frac{1}{T-m+1}\sum_{k=m}^{T}U(k)\Bigg|_{p_B=100\%} \tag{2-187}$$

考虑到最小不确定性，P 应满足

$$U_{\text{mean}}\big|_{m,B,P}\rightarrow\min \tag{2-188}$$

式中，U_{mean} 为估计的平均波动范围，又叫统计波动范围；→表示趋近一个极限。

估计的平均波动范围 U_{mean} 实际上是一个统计量，可以作为参数随机波动状态的统计评价指标。最合适的评估结果是在 $p_B=100\%$ 的条件下，U_{mean} 得到最小值。U_{mean} 越小，属性参数的波动范围越小，估计真值越稳定。

2.7.3　自助法分析应用实例

例 2-11　某智能温度测量仪表对恒定温度 53℃进行了 40 次测量，传感器的测量数据如下(分成 5 组，每组 8 个数据，单位：℃)：

第1组	53.0	53.1	52.6	53.2	52.8	53.6	55.7	53.5
第2组	53.2	52.6	52.7	53.2	52.8	53.3	49.7	53.1
第3组	53.0	53.4	50.6	53.5	52.9	53.8	52.7	52.6
第4组	56.0	53.0	53.6	53.7	52.5	53.2	53.3	52.5
第5组	50.0	53.3	52.8	53.1	52.9	52.6	52.7	53.5

1. 区间估计

取各组数据的第1个数据，共得到5个数据，构成数据序列(单位：℃)$X=(53.0,53.2,53.0,56.0,50.0)$。用这5个数据建立温度的预报区间，用剩余的35个数据检验预报区间的误报率和可靠度。

用灰自助方法建立温度预报模型，取置信概率$P=95\%$，直方图分组数$Q=7,m=5$，再抽样次数$B=10000$，得到预报的置信区间为$[X_L,X_U]=[47.47,56.63]$，因为剩余的35个数据的实际波动区间为[49.7,56]，所以预报区间涵盖了实际波动区间，可靠度$p_B=100\%>95\%$。

用自助方法建立温度预报模型，取置信概率$P=95\%$，直方图分组数$Q=7,m=5$，再抽样次数$B=10000$，得到预报的置信区间为$[X_L,X_U]=[51.04,54.56]$，因为剩余的35个数据的实际波动区间为[49.7,56]，所以预报区间没有涵盖实际波动区间，数据49.7超出预报区间下界，可靠度$p_B=(100-2.86)\%=97.14\%>95\%$。

将以上两种方法的结果列在表2-11中，可以看出，这两种方法都取得了比较好的预报效果，置信概率均达到95%以上。

表2-11 两种方法计算结果对比

项　目	灰自助法	自助法	实际波动区间
置信概率 $P/(\%)$	95	95	—
置信区间$[X_L,X_U]$/℃	[47.47,56.63]	[51.04,54.56]	[49.7,56]
可靠度 $p_B/(\%)$	100	97.14	—

2. 动态预报

将5组数据连起来看作一个数据序列X，用自助法BM、灰自助法GBM(1,1)和灰预报GM(1,1)三种方法进行动态预报，并对预报结果作对比分析。

用自助法BM和灰自助法GBM(1,1)建立动态预报模型时，取置信概率$P=100\%$，直方图分组数$Q=7,m=4$，再抽样次数$B=10\,000$。

三种方法的动态预报误差的对比情况见表2-12。可以看出，比较瞬时的预报误差绝对值和总体的误差平方和，GBM(1,1)的预报效果最好，BM预报次之，GM(1,1)预报最差。

表2-12 三种方法预报误差对比

误差项目	BM预报	GBM(1,1)预报	GM(1,1)预报
瞬时的最大误差/℃	2.90545	2.99041	4.56683
瞬时的最小误差/℃	−3.30909	−3.29038	−4.18459
总体的误差平方和/℃	57.32291	55.33968	152.32440

图 2-11 描述了三种方法动态预报过程的细节。可以看出，GM(1,1)预报值与实际温度值 X 有几乎一致的趋势，但明显滞后于实际温度值 X；GBM(1,1)预报值和 BM 预报值很接近，几乎重合，二者对实际温度值 X 的滞后性不明显；在时刻 k，从整体上看，相对而言 GBM(1,1)预报值和 BM 预报值更接近实际温度值 X。

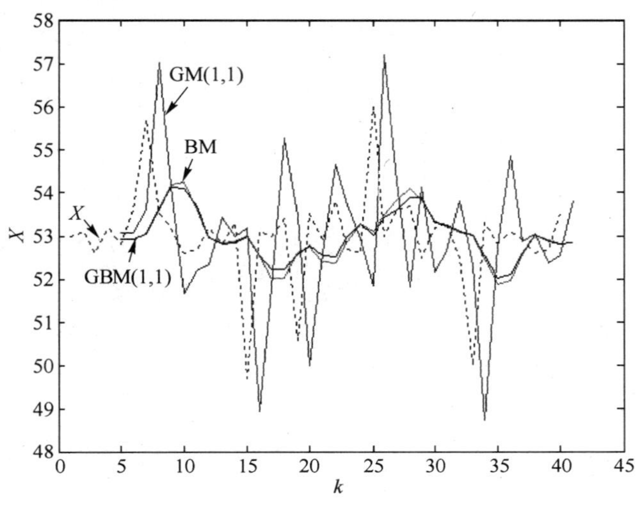

图 2-11　三种方法的预报细节

2.8　本章小结

本章介绍了精密仪器小样本非统计分析的基本原理：灰色分析原理、模糊分析原理、贝叶斯分析原理、信息熵分析原理、神经网络分析原理、蒙特卡洛分析原理、自助法及灰自助法分析原理等，提出了相应的小样本非统计评估方法，并给出了应用实例，验证了它们的有效性。

第二篇
精密仪器系统的小样本非统计检验与分析

本篇由第 3 章和第 4 章组成，内容包括精密仪器系统的小样本非统计假设检验和精密仪器系统的小样本非统计分析等。

第 3 章论述了模糊假设检验和灰假设检验两种方法。

第 4 章研究了测量系统稳定性、重复性、再现性和寿命等问题，此外还给出了大量的应用实例。

第3章 精密仪器系统的小样本非统计假设检验

本章研究小样本非统计假设检验问题，提出了模糊假设检验和灰假设检验两种方法。模糊假设检验包括假设检验平均值、假设检验标准差、两个分布总体的假设检验和配对检验等，建立了包含点分析法、非包含点分析法、综合检验以及中心偏移与分散范围的比值分析法等检验模型；灰假设检验包括非排序假设检验方法和排序假设检验方法，定义了两个序列的灰关系、最大灰差、属性映射以及灰置信概率等概念。本章还给出大量的应用实例，以阐明小样本非统计假设检验方法在实际应用中的一些具体问题。

3.1 假设检验的发展与分类

3.1.1 假设检验的发展

统计假设检验是统计学中的一个重要概念。

随着科学技术的发展，出现了一些新的统计假设检验理论与方法，推动了统计假设检验理论的发展。文献[2]采用EM算法，利用数据扩张，将比较复杂的似然函数优化问题转化成一系列比较简单的函数优化问题，特别适合于中小型样本的情形。文献[3]提出一种具有相关关系数据的总体统计检验方法，并应用于儿童智商检测中团体量表智商与韦克斯勒量表智商数据的统计推断，得出与传统统计假设检验不同的结论。文献[4]提出，当检验结果为无显著差异即接受假设时，需要进行功效分析；科恩(Cohen)认为，可以用功效概念确定实验的最适合平行次数。文献[5]提出，根据功效值判断实验结论可靠度的标准。文献[6]认为，柯斯二氏检验法在研究焊点质量稳定性时具有很高的功效。文献[7]提出了假设检验稳定性概念，由于稳定性的条件太强，文献[8]研究了假设检验的相对稳定性，得到似然比检验的相对稳定的性质。文献[9]的研究使用模糊集合理论的模糊数、分解定理和表现定理等概念，并结合贝叶斯方法，得出了原假设的模糊拒绝域。文献[10]的模糊假设检验的贝叶斯理论主要涉及两参数指数分布模型。文献[11]根据大型复杂仿真系统的特点，提出利用贝叶斯理论对建模与仿真中复杂假设检验的方法。文献[12]提出的自助检验是假设检验方法的一个最新发展方向。

3.1.2 假设检验的分类

假设检验分为统计假设检验和非统计假设检验两类。

参数的统计假设检验是运用统计分析的方法对总体的某种假设作出接受或拒绝的决定，其依据是“小概率事件在一次试验中几乎是不可能出现的”这一原理。

在进行参数的统计假设检验时，一般总体分布参数的信息是不完整的。例如，全面描述正态分布的参数有平均值和标准差两个，在所研究的问题中，其中一个已知，另一个未知。

在对系统采样时，统计理论对样本量（数据个数 n）和总体概率分布有以下要求：

① 对于小样本，统计理论要求总体一定为正态分布；

② 对于大样本，统计理论并不要求总体一定为正态分布，但要求样本的平均值为渐近正态分布。

对样本大小的界定，并无严格的标准。当标准差已知时，若 $n>30$，近似程度可以认为很好；当标准差未知时，应当有 $n>100$。

一般而言，统计假设检验要求数据总体的概率分布已知且为典型分布，还要求样本数据个数很多，难以解决样本数据个数很少，同时数据总体的概率分布比典型分布更复杂的情形。例如，混合分布或概率分布未知的情形。

非统计假设检验包括模糊假设检验和灰假设检验两种。这些假设检验可以克服统计假设检验的局限性。

3.2 模糊假设检验

3.2.1 参数的模糊估计

设某系统输出 n 个数据，构成一个数据序列 X，即

$$X=\{x(k);\ k=1,2,\cdots,n\} \tag{3-1}$$

式中，$x(k)$为第 k 个数据；n 为数据个数。

根据模糊分析原理，真值 X_0 按最大隶属度原则估计

$$X_0 \approx x|_{f(x)=1}=X_v \tag{3-2}$$

式中，$f(x)$为隶属函数。

设数据序列的变化区间为$[x_{\mathrm{L}},\ x_{\mathrm{U}}]$，根据模糊分析原理有

$$x|_{f(x)=q} \Rightarrow [x_{\mathrm{L}},x_{\mathrm{U}}] \tag{3-3}$$

式中，q 为水平，$q\in[0,1]$；⇒表示获得 x 的估计与预报区间；x_{L} 为估计与预报区间的下边界值；x_{U} 为估计与预报区间的上边界值。

置信概率 P 为

$$P=\frac{\left.\int_{x_{\mathrm{L}}}^{X_0} f_1(x)\mathrm{d}x\right|_q+\left.\int_{X_0}^{x_{\mathrm{U}}} f_2(x)\mathrm{d}x\right|_q}{\left.\int_{x_{\mathrm{L}}}^{X_0} f_1(x)\mathrm{d}x\right|_{q=0}+\left.\int_{X_0}^{x_{\mathrm{U}}} f_2(x)\mathrm{d}x\right|_{q=0}}\times 100\% \tag{3-4}$$

若被检验对象的平均值 X_{E}不在估计的区间$[x_{\mathrm{L}},x_{\mathrm{U}}]$之内，则可以作出拒绝假设；否则需要进一步分析。

3.2.2 假设检验平均值

1. 包含点分析法

本问题是检验假设 H_0：平均值 $X_{\mathrm{E}}=X_0$。

包含点分析法是指假设 X_E 属于总体的一个数据，即有

$$X=\{x(k);k=1,2,\cdots,n,n+1\} \tag{3-5}$$

式中，$n+1$ 为增加 X_E 后的数据个数，即 X_E 在 X 序列中的顺序号。

建立数据对所估计真值 X_0 的隶属函数：

$$\mu(x)=\begin{cases}0 & x<x_L\\ \mu_1(x) & x\in[x_L,X_0]\\ \mu_2(x) & x\in[X_0,x_U]\\ 0 & x>x_U\end{cases} \tag{3-6}$$

式中，$\mu(x)\in[0,1]$，并有

$$\mu_1(x)=\frac{x-x_L}{X_0-x_L}\qquad \mu_2(x)=\frac{x_U-x}{x_U-X_0} \tag{3-7}$$

将 $n+1$ 个数据代入式(3-7)，得到模糊子集 A，即

$$A=\{\mu(x(k));k=1,2,\cdots,n+1\} \tag{3-8}$$

得到对假设检验的否定域：

$$\mu(x(k);k=n+1)=\mu(X_E)<0.5 \tag{3-9}$$

在置信概率 P 下，若计算结果落入否定域，则拒绝原假设 H_0；否则接受原假设 H_0。这里的 $\mu(X_E)$ 实际上是 X_E 对总体在估计平均值 X_0 意义上的隶属度，其值越大，X_E 对总体在平均值 X_0 意义上的符合程度就越大；反之越小。大小的界限为 0.5。

2. 非包含点分析法

对数据序列 X，从小到大排序，有

$$X^*=\{x^*(k);\ k=1,2,\cdots,v,\cdots,n\} \tag{3-10}$$

建立数据序列 X^* 对 X_E 的隶属函数：

$$\mu(x^*)=\begin{cases}0 & x^*<x^*(1)\\ \mu_1(x^*) & x^*\in[x^*(1),X_E]\\ \mu_2(x^*) & x^*\in[X_E,x^*(n)]\\ 0 & x^*>x^*(n)\end{cases} \tag{3-11}$$

式中，$\mu(x)\in[0,1]$，并有

$$\mu_1(x^*)=\frac{x^*(k)-x^*(1)}{X_E-x^*(1)}\qquad \mu_2(x^*)=\frac{x^*(n)-x^*(k)}{x^*(n)-X_E} \tag{3-12}$$

将 n 个数据代入式(3-12)，可以得到一个模糊子集 A，即

$$A=\{\mu(x^*(k));k=1,2,\cdots,n\} \tag{3-13}$$

得到对假设检验的否定域：

$$\mu(x^*(k);\ k=v)=\mu(X_0)<0.5 \tag{3-14}$$

在置信概率 P 下，若计算结果落入否定域，则拒绝原假设 H_0；否则接受原假设 H_0。这里的 $\mu(X_0)$ 实际上是 X_0 对总体在假设平均值 X_E 意义上的隶属度，其值越大，X_0 对总体在假设平均值 X_E 意义上的符合程度就越大；反之越小。大小的界限为 0.5。

3. 综合检验

以上两种小样本非统计检验方法是隶属度问题，具有模糊性，即对原假设的拒绝或接受并

没有明显的边界线。当计算的隶属度远小于0.5时，可以拒绝原假设 H_0；当计算的隶属度远大于0.5时，可以接受原假设 H_0；当计算的隶属度接近0.5时，处于临界状态，难以作出结论。另外，当两种方法的推断结论不一致时，也可能处于临界状态，此时采用平均隶属度的方法得到假设检验的否定域为

$$\mu(x)=\frac{\mu(x^*(v))+\mu(x(n+1))}{2}<0.5 \tag{3-15}$$

在置信概率 P 下，若平均隶属度落入否定域，则拒绝原假设 H_0；否则接受原假设 H_0。

4. 中心偏移与分散范围的比值分析法

定义假定真值 X_E 与所估计的真值 X_0 的绝对差（两个分布中心的偏移量）为

$$\Delta=|X_E-X_0| \tag{3-16}$$

定义 Δ 与 $\frac{U_F}{2}$ 的比值为

$$d=\frac{\Delta}{\frac{1}{2}U_F} \tag{3-17}$$

式中，U_F 为模糊可用区间，即分散范围。

定义比值的权重函数为

$$f=f(d)=\begin{cases}1-\dfrac{d}{\eta} & d\in[0,\eta]\\ 0 & d\in[\eta,\infty)\end{cases} \tag{3-18}$$

取映射系数 $\eta=0.5$，权重分界限 $\beta=0.5$，得到对假设检验的否定域：

$$f<\beta \tag{3-19}$$

若计算结果落入否定域，则拒绝假设 H_0；否则接受假设 H_0。

本方法的含义是：假设平均值 X_E 与估计平均值 X_0 相对所估计总体的分散范围 U_F 有双边偏移量，其值越大，相对偏移量越大；反之越小。相对偏移极限值用映射系数 η 和权重分界限 β 描述，当 $\eta=\beta=0.5$ 时，意味着相对偏移极限值为0.25（即25%），这是工程上经常采用的一个经验值。

3.2.3 假设检验标准差

本问题是假设 H_0：标准差 $\sigma_E=\sigma$。

采用相对分散范围法，定义标准差的准相对比值为

$$d=\left|\frac{cU_F-\sigma_E}{\sigma_E}\right| \tag{3-20}$$

式中，c 为常数，一般 $c=0.7\sim0.8$。

常数 c 是一个经验值，描述用模糊分析原理估计的 U_F 和用统计理论估计标准差之间的关系。该关系并非真正的标准差关系，因此有“准相对比值”的称谓。

定义准相对比值的权重函数：

$$f=f(d)=\begin{cases}1-\dfrac{d}{\eta} & d\in[0,\eta]\\ 0 & d\in[\eta,\infty)\end{cases} \tag{3-21}$$

取映射系数 $\eta=0.5$，权重的分界限 $\beta=0.5$，得到对假设检验的否定域：

$$f<\beta \tag{3-22}$$

若计算结果落入否定域，则拒绝假设 H_0；否则接受假设 H_0。

3.2.4　两个分布总体的检验

假设两个分布总体分别为 1 和 2，无论是否独立，统一用 $j(j=1,2)$ 表示。总体 j 的采样数据为 X_j，数据个数为 n_j。

设 X_j 数据序列为

$$X_j=\{x_j(k);\ k=1,2,\cdots,n_j\}\qquad (j=1,2) \tag{3-23}$$

当数据个数很少时，取最优水平为 λ^*，隶属函数多项式阶次 $L=3$，用模糊分析原理可以估计出以下结果：

$$x_{0j}=X_{0j} \tag{3-24}$$

$$x_{Uj}=X_{0j}+s_{2j} \tag{3-25}$$

$$x_{Lj}=X_{0j}-s_{1j} \tag{3-26}$$

$$U_{Fj}=x_{Uj}-x_{Lj} \tag{3-27}$$

$[x_{Lj},x_{Uj}]$对应的置信概率为 P。

下面的研究分两步进行。

1. 研究标准差

假设 $H_0:\sigma_1^2=\sigma_2^2$(即 $\sigma_{E1}^2=\sigma_{E2}^2$)。

分散范围 U_{Fj}和标准差 σ_j 相差一个系数，故分析 U_{Fj} 即可。本问题中 U_{F1} 和 U_{F2} 都是用模糊集合理论的线性估计法求出的，因此不必求出标准差的准相对比值，而直接求分散范围的相对比值：

$$\left.\begin{aligned}d_1&=\left|\frac{U_{F1}-U_{F2}}{U_{F1}}\right|\\ d_2&=\left|\frac{U_{F1}-U_{F2}}{U_{F2}}\right|\end{aligned}\right\} \tag{3-28}$$

求关于分散范围的相对比值的平均值

$$d=\frac{d_1+d_2}{2} \tag{3-29}$$

定义相对比值的平均值的权重函数：

$$f=f(d)=\begin{cases}1-\dfrac{d}{\eta} & d\in[0,\eta]\\ 0 & d\in[\eta,\infty)\end{cases} \tag{3-30}$$

取映射系数 $\eta=0.5$，权重的分界限 $\beta=0.5$，得到对假设检验的否定域：

$$f<\beta \tag{3-31}$$

若计算结果落入否定域，则拒绝假设 H_0；否则接受假设 H_0。

2. 研究平均值

假设 $H_0: X_{01} = X_{02}$（即 $X_{E1} = X_{E2}$）。用以下三种方法：

(1) 包含点分析法

假设 $X_{Ei} = X_{0i} (i=1,2; i\neq j)$属于系统 X_j 的一个数据，即有

$$X_j = \{x_j(k);\ k=1,2,\cdots,\ n_j, n_j+1\} \qquad (j=1,2) \tag{3-32}$$

将 $X_{Ei} = X_{0i}$放在最后即序号为 n_j+1 的位置上。

建立数据 $\boldsymbol{X}_j$ 对所估计真值 X_{0j}的隶属函数：

$$\mu_j(x_j) = \mu_j = \begin{cases} 0 & x_j < x_{Lj} \\ \mu_{1j}(x_j) & x_j \in [x_{Lj}, x_{0j}] \\ \mu_{2j}(x_j) & x_j \in [x_{0j}, x_{Uj}] \\ 0 & x_j > x_{Uj} \end{cases} \tag{3-33}$$

$$(j=1,2; i\neq j)$$

式中 $\mu_j \in [0,1]$，并有

$$\mu_{1j}(x_j) = \frac{x_j - x_{Lj}}{x_{0j} - x_{Lj}} \tag{3-34}$$

$$\mu_{2j}(x_j) = \frac{x_{Uj} - x_j}{x_{Uj} - x_{0j}} \tag{3-35}$$

将 n_j+1 个数据代入式(3-33)，可以得到模糊子集 A_j，即

$$A_j = \{\mu_j(x_j(k)); k=1,2,\cdots,n_j+1\} \qquad (j=1,2) \tag{3-36}$$

求平均值

$$\mu = \frac{\mu_1(x_1(n_1+1)) + \mu_2(x_2(n_2+1))}{2} = \frac{\mu_1(X_{E2}) + \mu_2(X_{E1})}{2} \tag{3-37}$$

得到对假设检验的否定域：

$$\mu < 0.5 \tag{3-38}$$

若计算结果落入否定域，则拒绝假设 H_0；否则接受假设 H_0。

(2) 非包含点分析法

对数据序列 X_j 从小到大排序，得

$$X_j^* = \{x_j^*(k);\ k=1,2,\cdots,n_j\} \qquad (j=1,2) \tag{3-39}$$

建立数据序列 X_j^* 对 $X_{Ei} (i=1,2; i\neq j)$的隶属函数：

$$\mu_j(x_j^*) = \mu_j = \begin{cases} 0 & x_j^* < x_j^*(1) \\ \mu_{1j}(x_j^*) & x_j^* \in [x_j^*(1), X_{Ei}] \\ \mu_{2j}(x_j^*) & x_j^* \in [X_{Ei}, x_j^*(n_j)] \\ 0 & x_j^* > x_j^*(n_j) \end{cases} \tag{3-40}$$

$$(j = 1,2; i = 1,2; i\neq j)$$

式中 $\mu_j \in [0,1]$，并有

$$\mu_{1j}(x_j^*) = \mu_{1j} = \frac{x_j^*(k) - x_j^*(1)}{X_{Ei} - x_j^*(1)} \tag{3-41}$$

$$\mu_{2j}(x_j^*) = \mu_{2j} = \frac{x_j^*(n_j) - x_j^*(k)}{x_j^*(n_j) - X_{Ei}} \tag{3-42}$$

将 n_j 个数据代入式(3-41)和式(3-42)，可以得到模糊子集 A_j，即

$$A = \{\mu(x^*(k)); k = 1, 2, \cdots, n\} \tag{3-43}$$

求平均值

$$\mu = \frac{\mu_1(X_{01}) + \mu_2(X_{02})}{2} \tag{3-44}$$

得到对假设检验的否定域：

$$\mu < 0.5 \tag{3-45}$$

若计算结果落入否定域，则拒绝假设 H_0；否则接受假设 H_0。

(3) 中心偏移与分散范围的比值分析法

定义假定真值 X_{Ei} 与所估计真值 X_{0j} 的绝对差，即两个分布中心的偏移量为

$$\Delta_j = |X_{Ei} - X_{0j}| \qquad (j = 1, 2; i = 1, 2; i \neq j) \tag{3-46}$$

定义 Δ_j 与 $\frac{U_{Fj}}{2}$ 的比值为

$$d_j = \frac{\Delta_j}{\frac{1}{2}U_{Fj}} \qquad (j = 1, 2) \tag{3-47}$$

求平均值

$$d = \frac{d_1 + d_2}{2} \tag{3-48}$$

定义比值的权重函数为

$$f = f(d) = \begin{cases} 1 - \dfrac{d}{\eta} & d \in [0, \eta] \\ 0 & d \in [\eta, \infty) \end{cases} \tag{3-49}$$

取映射系数 $\eta = 0.5$，权重分界限 $\beta = 0.5$，得到对假设检验的否定域：

$$f < \beta \tag{3-50}$$

若计算结果落入否定域，则拒绝假设 H_0；否则接受假设 H_0。

不难看出，无论单个总体还是两个总体，检验方法是一致的。

因此小样本非统计方法也可用于多个总体的情形。需要指出的是，用小样本非统计原理进行标准差的假设检验，实际上是分散范围的假设检验。

3.2.5　配对假设检验

配对检验问题可以采用以下 3 种方法。

1. 新序列法

设 X_1 数据序列为

$$X_1 = \{x_1(k);\ k = 1, 2, \cdots, n_1 = n\} \tag{3-51}$$

设 X_2 数据序列为

$$X_2=\{x_2(k);\ k=1,2,\cdots,n_2=n\} \tag{3-52}$$

定义 X_1 与 X_2 差值为

$$\Delta=\{x_1(k)-x_2(k);k=1,2,\cdots,n\}=\{\delta(k);k=1,2,\cdots,n\} \tag{3-53}$$

设

$$X=\{x(k);k=1,2,\cdots,n\}=\Delta \tag{3-54}$$

于是得到一个新序列 X。

对新序列 X 的各种非统计检验仍然可以采用前述的包含点分析法、非包含点分析法和中心偏移与分散范围的比值分析法等。

2. 原序列法

与两个分布总体的假设检验的方法一样，要求 $n_j=n\ (j=1,2)$。

原序列法称为"按两个分布总体的假设检验法"。在检验时，不生成新序列，故简称为原序列法。

3. 综合方法

综合考虑新序列法与原序列法的计算结果。

3.2.6 模糊假设检验应用实例

1. 与统计假设检验的对比(正态分布)

(1) 标准差未知，检验平均值

例 3-1 用 Hoston Atlas LVI 总硫分析仪，在 ASTM D 4045 标准条件下，对 1.0μg/μL 的硫标准物质进行分析检测，检测 $n=10$ 次，得到以下数据(μg/μL)：

0.98 1.02 0.99 1.02 1.03 0.99 1.01 1.02 1.01 1.04

问题：LVI 总硫分析仪对硫标准物质的检测过程是否有效。

显然硫标准物质的真值 $X_E=1.0$ μg/μL 是已知的，标准差未知。

用统计检验，原假设为 H_0：平均值 $\bar{X}=X_E=1.0$。标准差 σ 未知，所以选取 T 统计量。H_0 成立时，$T\sim t(n-1)$。给定显著性水平 $\alpha=0.05$，查 t 分布表，得否定域 $|T|>2.262$，$|T|$ 的实现值为 $|T|=1.83<2.262$，未落入否定域，因此可以接受原假设，认为 LVI 总硫分析仪对硫标准物质的检测过程是有效的。

用模糊假设检验，已知数据序列

$$X=\{x(k)\}=(0.98,1.02,0.99,1.02,1.03,0.99,1.01,1.02,1.01,1.04)$$

取水平 $q=0.4$，多项式阶次 $L=3$，参数估计结果为

$$X_0=1.01 \qquad x_L=0.9628 \qquad x_U=1.0672$$

$$P=97.14\%>95\%$$

用包含点分析法得到

$$\mu(x(k);k=11)=\mu(X_E)=\mu_1(1.0)=0.788>0.5$$

用非包含点分析法得到

$$\mu(x^*(k);k=4)=\mu(X_0)=\mu(1.01)=0.75>0.5$$

两种方法的计算值均未落入否定域，因此，LVI 总硫分析仪对硫标准物质的检测过程是有效的，置信概率为 97.14%。

(2) 标准差已知，检验平均值

例 3-2　某企业生产干电池，从长期的资料知道，该种干电池寿命的平均值为 200h，标准差为 5h。改变了部分生产工艺后(标准差不变)，抽取 10 个样本，得到干电池寿命(h)数据：

202　209　213　198　206　210　195　208　200　207

问题：在新工艺下，干电池寿命平均值是否仍然可以保持在 200h。在正常情况下，假设服从正态分布。

用统计检验，原假设为 H_0：平均值 $X_E=200$。已知标准差 $\sigma=5$，故选取 U 统计量。给定显著性水平 $\alpha=0.05$，查标准正态分布表，得否定域 $|U|>1.96$，$|U|$ 的实现值为 $3.03>1.96$，落入否定域，因此可以拒绝原假设 H_0。即新工艺生产的干电池平均寿命与原工艺生产的干电池平均寿命有显著差异。

用模糊假设检验，已知数据序列

$$X=\{x(k)\}=(202,209,213,198,206,210,195,208,200,207)$$

取水平 $q=0.195$，多项式阶次 $L=3$，参数估计结果为

$$X_0=208 \qquad x_U=218.84 \qquad x_L=194.17$$

$$P=94.9\%\approx 95\%$$

$X_E=200$ 在估计区间之内，用包含点分析法得到

$$\mu_1(X_E)=\frac{200-194.17}{208-194.17}=\frac{5.83}{13.83}=0.42<0.5$$

用非包含点分析法得到

$$X^*=\{x^*(k)\}=(195,198,200,202,206,207,208,209,210,213)$$

$$\mu_2(X_0)=\frac{213-208}{213-200}=\frac{5}{13}=0.38<0.5$$

因此采用新工艺后，干电池平均寿命有明显提高，置信概率为 95%。

2. 与统计假设检验的对比(非正态分布)

例 3-3　均匀分布。设原系统均匀分布总体的平均值为 $X_E=5.70916$。用计算机在区间 $[a,b]=[5,6]$ 内仿真一个均匀分布的新系统，取 $n=7$，具体数据为

5.0503，5.57313，5.33894，5.00067，5.3255，5.75851，5.42444

问题：新系统的平均值与原系统的平均值有无差异，即检验假设 $H_0:X_0=X_E$。

① 用统计检验，设总体在区间 $[a,b]$ 上符合均匀分布，采样数据序列为 $X=\{x(k);\ k=1,2,\cdots,n\}$，对给定的显著性水平 α，均匀分布下边界值 a 和上边界值 b 的置信区间(置信概率为 $1-\alpha$)分别为

$$\left.\begin{aligned} a_0 &= \left(\hat{b}-\frac{\hat{b}-\hat{a}}{c_1},\hat{b}-\frac{\hat{b}-\hat{a}}{c_2}\right)=(a_{0\mathrm{L}},a_{0\mathrm{U}}) \\ b_0 &= \left(\hat{a}+\frac{\hat{b}-\hat{a}}{c_2},\hat{a}+\frac{\hat{b}-\hat{a}}{c_1}\right)=(b_{0\mathrm{L}},b_{0\mathrm{U}}) \end{aligned}\right\} \tag{3-55}$$

$$\hat{a}=\min_k x(k) \qquad \hat{b}=\max_k x(k) \qquad c_1=\left|1-\frac{\alpha}{2}\right|^{\frac{1}{n-1}} \qquad c_2=\left|\frac{\alpha}{2}\right|^{\frac{1}{n-1}} \tag{3-56}$$

为了求得均匀分布平均值 $\hat{c}_0$ 的置信区间，下面采用模糊区间数的计算法则：

$$\hat{c}_0=\frac{a_0+b_0}{2}=\frac{1}{2}(a_{0\mathrm{L}}+b_{0\mathrm{L}},a_{0\mathrm{U}}+b_{0\mathrm{U}})=(c_{0\mathrm{L}},c_{0\mathrm{U}}) \tag{3-57}$$

对于给出的仿真数据，$n=7$。取显著性水平 $\alpha=0.05$，得到 $\hat{c}_0=(5.05937,5.69981)$，即否定域为

$$\hat{c}_0\notin[c_{0\mathrm{L}},c_{0\mathrm{U}}]=[5.05937,5.69981] \tag{3-58}$$

由于 $X_{\mathrm{E}}=5.70916$ 落入否定域，因此拒绝原检验，即新系统的平均值与原系统的平均值有显著差异。

② 用非统计检验，数据如下：

$X=\{x(k)\}=(5.050303,5.57313,5.33894,5.00067,5.3255,5.75851,5.42444)$

取 $q=0.35666$，$L=3$，参数估计结果为

$$X_0=5.3255 \qquad x_{\mathrm{U}}=5.9469 \qquad x_{\mathrm{L}}=4.7661$$

$$P=95.28\%\approx 95\%$$

用包含点分析法得到

$$\mu_2(X_{\mathrm{E}})=\frac{5.9469-5.70916}{5.9469-5.3255}=\frac{0.23774}{0.6209}=0.383<0.5$$

因此假定真值 $X_{\mathrm{E}}=5.70916$ 与估计真值 $X_0=5.3255$ 有很大差异。

用非包含点分析法得到

$X^*=\{x^*(k)\}=(5.00067,\ 5.050303,\ 5.3255,\ 5.33894,\ 5.42444,\ 5.57313,\ 5.75851)$

$$\mu_1(X_0)=\frac{5.3255-5.00067}{5.70916-5.00067}=\frac{0.32483}{0.70849}=0.458<0.5$$

因此假定真值 $X_{\mathrm{E}}=5.70916$ 与估计真值 $X_0=5.3255$ 有一定的差异。

综合考虑后，可以认为新系统的平均值与原系统的平均值有显著差异，置信概率约为 95%。

3. 讨　论

在置信概率为 95%的条件下，从正态分布和均匀分布的检验结果来看，模糊假设检验与统计假设检验的结论完全相同。但是，在正态分布的前提下，对于不同的情况，统计假设检验需要不同的统计量和否定域。若概率分布更复杂或未知，则统计假设检验难以给出统计量和否定域，因而难以进行检验。模糊假设检验不存在这个问题，否定域是以隶属度为基本特征的，公式统一、明确，和概率分布无关，因而对任何概率分布总体的参数都可以进行检验，更具有一般性，同时允许采样数据的个数很少。

统计假设检验中存在着“拒真”和“纳伪”两类错误。从理论上说，拒真和纳伪的概率越小越好，但二者不能兼顾。统计理论上通常对拒真错误的最大概率加以限制，即给定很小的显著性水平，而不考虑纳伪错误，这就是所谓的显著性检验。本节所提出的模糊假设检验属于显著

性假设检验，即仅考虑拒真错误，不考虑纳伪错误。

3.3　两个数据序列的灰关系

3.3.1　灰关系的提出

系统论以集合论为基础，关系是经典集合论中一个很重要的概念。经典集合论的特征函数是基于二值逻辑 0（假）与 1（真）的，即系统之间的关系属性非真即假，不存在第三种情况。为了描述系统属性从真到假或从假到真的变化过渡状态，美国加州伯克莱分校 L. A. Zadeh 教授 1965 年提出了模糊集合理论，解决了内涵清晰而边界模糊的多个系统属性之间的相对关系问题。

为了描述内涵模糊而边界清晰的系统，邓聚龙提出了灰色系统理论，并用灰关联度的概念描述多个系统属性之间的相互关系问题，灰关联度可以解决小样本不确定系统的分析问题。

有一个问题需要解决，在研究系统属性之间的关系时，用灰关联度进行研究时要求至少有 3 个系统即 $m>2$，才能建立灰关联序，构成灰关联空间，并分析系统属性之间的相对关系。

下面将建立灰关系的概念，以解决基于小样本的两个数据序列之间的系统属性分析，即 $m=2$的问题，并为灰假设检验奠定理论基础。

3.3.2　非排序灰关系

定义 3-1　系统属性为系统内在的某种规律性或特征。系统属性可以用某种映射表示，称为系统属性的描述。系统属性可以用数据描述，称这些数据为系统属性参数或系统属性数据。

例如，系统属性可以是概率分布，也可以是任何规律（如周期规律和未知的规律），还可以是系统的某些特征参数。

定义 3-2　设 X_i 为系统 i 的属性因素，在序号 k 上观测数据为 $x_i(k)$，记为

$$K=1,2,\cdots,n \tag{3-59}$$

则称

$$X_i=\{c_i x_i(k)\mid k\in K\} \tag{3-60}$$

为因素 X_i 的属性数据序列，简称数据序列或序列，共有 n 个数据。

数据序列可以是时间序列，也可以是指标序列。称 $x_i(k)$为序列 X_i 的第 k 个元素或第 k 个数据。称 c_i 为量纲统一因子。

量纲统一因子 c_i 只是一种运算上的形式，取单位量纲 $c_i=1$ 个设定单位即可。因此灰关系的研究与数据序列的单位量纲无关。

在式（3-60）中，数据序列 X_i 又称为非排序序列，即数据序列中的数据保持原始顺序关系。

定义 3-3　设有 m 个系统，仅研究任意两个系统的序列 X_i 和 X_j，若 X_i 和 X_j 具有相同的属性 R，则记为$(X_i, X_j)\subset R$；否则记为$(X_i, X_j)\not\subset R$。

定义 3-4　设有两个序列 X_i 和 X_j，取一个描述

$$x_0(k)=f(c_i x_i(k), c_j x_j(k)) \tag{3-61}$$

称

$$X_0=\{x_0(k) \mid k \in K\} \tag{3-62}$$

为 X_i 和 X_j 描述的生成序列，称 X_0 为基于平均值的参考序列或简称 X_0 序列。

原理 3-1 灰色系统理论的最少信息原理：在没有其他更多信息可以利用的情况下，则尽量充分利用现有信息。

命题 3-1 “对称”、“均匀”、“直线”是最少信息原理的体现。

定理 3-1 在最少信息原理下，对于任意 $k \in K$，X_0 序列的元素可以为常数：

$$x_0(k)=x_0=\left[\sum_{k=1}^{n} x_i(k)+\sum_{k=1}^{n} x_j(k)\right] \Big/ 2n \tag{3-63}$$

称式(3-63)描述的 X_0 序列为平均值常数序列。

证明：显然，对于任意 $k \in K$，元素 $x_0(k)$ 对称于 $x_i(k)$ 和 $x_j(k)$ 的平均值；X_0 序列是由等值的点构成，等价于直线。

定理 3-2 在最少信息原理下，对于任意 $k \in K$，X_0 序列的元素可以为常数：

$$x_0(k)=x_0=x_i(1) \tag{3-64}$$

称式(3-64)描述的 X_0 序列为初值常数序列。

证明：显然，对于任意 $k \in K$，X_0 序列是由等值的点构成，等价于直线。

定义 3-5 对于 $X_h \subset (X_i,\ X_j)$，$h \in (i,\ j)$，设灰关联度：

$$\gamma_{0h}=\gamma(X_0, X_h)=\frac{1}{n} \sum_{k=1}^{n} \gamma[x_0(k), x_h(k)] \tag{3-65}$$

取分辨系数 $\xi \in [0,1]$，灰关联系数为

$$\gamma(x_0(k), x_h(k))=\frac{\Delta_{\min}+\xi \Delta_{\max}}{\Delta_{0h}(k)+\xi \Delta_{\max}} \tag{3-66}$$

灰差异信息为

$$\Delta_{0h}(k)=|x_h(k)-x_0(k)| \tag{3-67}$$

两极差为

$$\Delta_{\min}=\min_h \min_k \Delta_{0h}(k) \tag{3-68}$$

$$\Delta_{\max}=\max_h \max_k \Delta_{0h}(k) \tag{3-69}$$

则称

$$d_{ij}=|\gamma_{0i}-\gamma_{0j}| \tag{3-70}$$

为两序列 X_i 和 X_j 之间的灰绝对差，简称灰差。

定义 3-6 已知 X_i 和 X_j 之间的灰差 d_{ij}，称

$$r_{ij}=1-d_{ij} \tag{3-71}$$

为 X_i 和 X_j 之间的基于灰关联度的相似系数，简称灰相似系数。称

$$\boldsymbol{R}=\{r_{ij}\}=\begin{bmatrix} r_{ii} & r_{ij} \\ r_{ji} & r_{jj} \end{bmatrix}=\begin{bmatrix} 1 & r_{ij} \\ r_{ij} & 1 \end{bmatrix} \tag{3-72}$$

为灰相似矩阵，又称灰关系属性，简称灰关系。

灰关系有以下性质。

性质 3-1 $0 \leqslant r_{ij} \leqslant 1$。

证明：由文献[13]知 $\gamma_{0h} \in (0,1)$，故 $d_{ij} \in [0,1]$，从而 $r_{ij} \in [0,1]$。

性质 3－2　当 $i=j$ 时，$r_{ij}=1$。

证明：若 $i=j$，即 $X_i=X_j$，则有 $\gamma_{0i}=\gamma_{0j}$，即 $d_{ij}=0$，从而 $r_{ij}=1$。

性质 3－3　$r_{ij}=r_{ji}$。

证明：由灰差定义知 $d_{ij}=d_{ji}$，故有 $r_{ij}=r_{ji}$。

性质 3－4　r_{ij} 非唯一。

证明：对于给定的 X_i 和 X_j，分辨系数 $\xi\in[0,1]$成为变量，有 $d_{ij}=d_{ij}(\xi)$非唯一，故 r_{ij} 非唯一。

定理 3－3　若设论域 $U=X_h\subset(X_i,X_j)$，将灰关系 $\boldsymbol{R}$ 推广到模糊集合论，则灰关系 $\boldsymbol{R}$ 满足模糊等价关系中的自反性、对称性和传递性。

证明：由灰关系性质 3－2 和 3－3 可知自反性和对称性是显然的，仅证传递性。设 $t(\boldsymbol{R})$为传递闭包，显然有 $t(\boldsymbol{R})=\boldsymbol{R}\circ\boldsymbol{R}=\boldsymbol{R}^2=\boldsymbol{R}$。

定理 3－4　若设论域 $U=X_h\subset(X_1,X_2,\cdots,X_m\mid m>2)$，将灰关系 $\boldsymbol{R}$ 推广到模糊集合论，则灰关系 $\boldsymbol{R}$ 满足模糊相似关系中的自反性和对称性。

由定理 3－3 和 3－4 知，灰关系对两个序列是等价关系，对多个序列是相似关系，因此一般的灰关系构成了一个特殊的灰关联空间——灰相似空间。

命题 3－2　在几何意义上，给定 X_i 和 X_j，$k\in K$，对于任意的 $\xi\in[0,1]$，r_{ij} 描述了 X_i 和 X_j 在形状上的相似程度。r_{ij} 越大，X_i 和 X_j 在形状上越相似，即偏离越小；反之，X_i 和 X_j 在形状上越不相似，即偏离越大。

证明：事实上，给定 $\xi\in[0,1]$，对于任意 $k\in K$，若 $r_{ij}\to1$，等价于 $d_{ij}\to0$，则有 $\gamma_{0i}\to\gamma_{0j}$，$\Delta_{0i}\to\Delta_{0j}$；因 $x_0(k)$为常数，故 $x_i(k)\to x_j(k)$，必有 $X_i\to X_j$。特别地，若 $r_{ij}=1$，则 X_i 和 X_j 在形状上完全一致，即 $\boldsymbol{X}_i=\boldsymbol{X}_j$。反之，$r_{ij}$ 的最小值为 0，对应于 γ_{0i}与 γ_{0j}之间的最大差值，亦即 X_i 与 X_j 的最大偏离程度。

原理 3－2　灰色系统理论的解的非唯一性原理：若没有理由否认 y 为解，则默认 y 为解；求解途径不同，则默认解非唯一。

命题 3－3　给定 X_i 和 X_j，$k\in K$，对于任意的 $\xi\in[0,1]$，X_i 与 X_j 的相似程度具有非唯一性。

由原理 3－2、灰关系的性质 3－4 和命题 3－2 可知命题 3－3 是显然的。

定义 3－7　给定 X_i 和 X_j，$k\in K$，对于 $\xi\in[0,1]$，总存在一个实数 $d_{\max}$，使 $d_{ij}\leqslant d_{\max}$成立。

$$d_{\max}=\max_{\xi}d_{ij}\tag{3-73}$$

称 $d_{\max}$为最大灰差，相应的 ξ 称为基于最大灰差的最优分辨系数，记为 ξ_{M}；相应的灰相似系数称为最小灰相似系数，记为 $r_{\min}$。

定理 3－5　给定 X_i 和 X_j，$k\in K$，若 $\xi=\xi_{\mathrm{M}}$，则 X_i 与 X_j 的相似程度 $r_{ij}=r_{\min}$达到最小。

证明：由命题 3－2、命题 3－3 和定义 3－7，定理 3－5 显然正确。

定义 3－8　给定 X_i 和 X_j，对于 $\xi\in[0,1]$，总存在一个实数 $d_{\min}$，使 $d_{\min}\leqslant d_{ij}$成立。

$$d_{\min}=\min_{\xi}d_{ij}\tag{3-74}$$

称 $d_{\min}$为最小灰差，相应的 ξ 称为基于最小灰差的最优分辨系数，记为 ξ_{m}；相应的灰相似系数称为最大灰相似系数，记为 $r_{\max}$。

显然，ξ_{m} 和 ξ_{M} 不满足最少信息原理。

定理 3-6 给定 X_i 和 X_j，$k\in K$，若 $\xi=\xi_m$，则 X_i 与 X_j 的相似程度 $r_{ij}=r_{max}$ 达到最大。

证明：由命题 3-2、命题 3-3 和定义 3-8 可知，定理 3-6 显然正确。

定理 3-7 给定 X_i 和 X_j，$k\in K$，对于任意的 $\xi\in[0,1]$，有 $0\leqslant r_{min}\leqslant r_{ij}\leqslant r_{max}\leqslant 1$，即 X_i 和 X_j 之间相似程度的非唯一性被描述在区间 $[r_{min},r_{max}]$ 内。

原理 3-3 灰色系统理论的白化原理：若没有理由否认 λ 为真元，则在给定准则下，默认 λ 为真元的代表。

定义 3-9 系统的属性权重系数 $f=f_{ij}\in[0,1]$ 即属性映射为

$$f=f_{ij}=\begin{cases}1-d_{max}/\eta=1-(1-r_{min})/\eta & d_{max}\in[0,\eta]\\ 0 & d_{max}\in[\eta,1]\end{cases} \tag{3-75}$$

称 $\eta\in(0,1]$ 为系数，又叫 η 参数。

由定义 3-7、定义 3-9 和命题 3-2 可知，属性权重系数 f_{ij} 越大，表明 X_i 和 X_j 的属性越相似；否则越不相似。显然，$f_{ij}=f_{ji}$，若 $i=j$，则 $f_{ij}=1$。f_{ij} 构成相似关系。

准则 3-1 给定 X_i 和 X_j，$k\in K$，取参数 $\lambda\in[0,1]$ 为水平，若存在一个映射 $f_{ij}\geqslant\lambda$，则 X_i 和 X_j 具有相同的属性，即 $(X_i,X_j)\subset\boldsymbol{R}$；否则 X_i 和 X_j 不具有相同的属性，即 $(X_i,X_j)\not\subset\boldsymbol{R}$。

命题 3-4 在最少信息原理下，参数 $\lambda=0.5$。

命题 3-5 在 X_i 和 X_j 的属性相同时，$f_{ij}\in[0.5,1]$，考虑到最少信息原理，有 $r_{ij}\geqslant r_{min}=(0.5+1)/2=0.75$ 即 $d_{ij}\leqslant d_{max}=1-r_{min}=0.25$。

命题 3-6 在 $f_{ij}\geqslant\lambda=0.5$ 下，若 η 的最大值为 0.5，即 $\eta\in(0,0.5]$，则满足最少信息原理，即 $r_{ij}\geqslant r_{min}=0.75$ 或 $d_{ij}\leqslant d_{max}=0.25$。

证明：已知 $f_{ij}\in[0.5,1]$，考虑 $d_{ij}\in[0,\eta]$，由定义 3-9，取 f_{ij} 为最小值 0.5，则有 $0.5\leqslant 1-d_{ij}/\eta\rightarrow 0.5\eta\geqslant d_{ij}$。取 η 的最大值为 0.5，则 $0.5\times0.5=0.25\geqslant d_{ij}$，从而有 d_{ij} 的最大值为 0.25，即 $d_{max}=0.25\rightarrow r_{ij}\geqslant r_{min}=0.75$。

定义 3-10 设 $\eta\in(0,0.5]$，由定义 3-9 有

$$d_{max}=(1-f_{ij})\eta \tag{3-76}$$

设 $f_{ij}=\lambda=0.5$，称

$$P=1-(1-\lambda)\eta=(1-0.5\eta)\times100\% \tag{3-77}$$

为灰置信概率，又叫灰理论概率。灰置信概率描述了 X_i 和 X_j 的属性相同的可信度。

若给定 f_{ij}，则 η 由式(3-76)求出。

由定义 3-10，在灰置信概率 $P=95\%$ 的条件下，有参数 $\eta=0.1$。最大灰置信概率 $P\rightarrow100\%$。

上述研究的是两个系统之间的属性问题。若仅研究一个系统 X，设为

$$X=\{x(u)\mid u\in(1,2,\cdots,2n)\} \tag{3-78}$$

则可以将 X 分解为两个子系统 X_i 和 X_j，即

$$X_i=\{x(u)\mid u=1,2,\cdots,n\}=\{x_i(k)\mid k\in K\} \tag{3-79}$$

$$X_j=\{x(u)\mid u=n,n+1,\cdots,2n\}=\{x_j(k)\mid k\in K\} \tag{3-80}$$

因此灰关系可以研究任意个系统的属性问题。

3.3.3 排序灰关系

不同分布的随机数具有不同的特征。将随机数(序列)从小到大排序，就得出随机数排序

数据图，从该图可以大致判断随机数的分布特征，如图 3-1～图 3-6 所示。图中水平方向从左向右表示从小到大的排序序号，垂直方向是排序后随机数的归一值，最小为 0，最大为 1。从图 3-1～图 3-6 中，可以看出排序后不同分布的不同特点。

图 3-1　正态分布随机数排序数据图

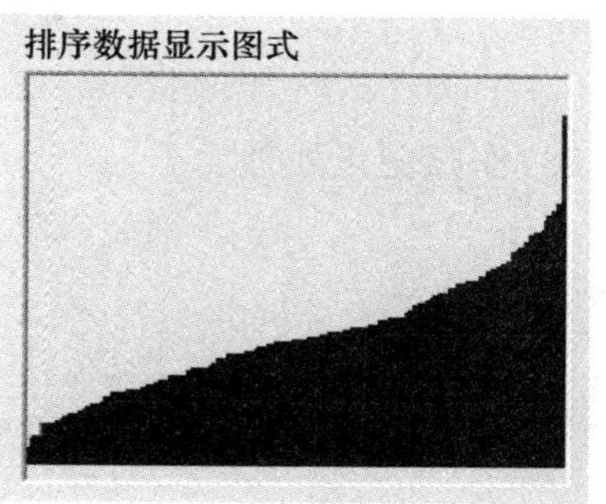

图 3-2　瑞利分布随机数排序数据图

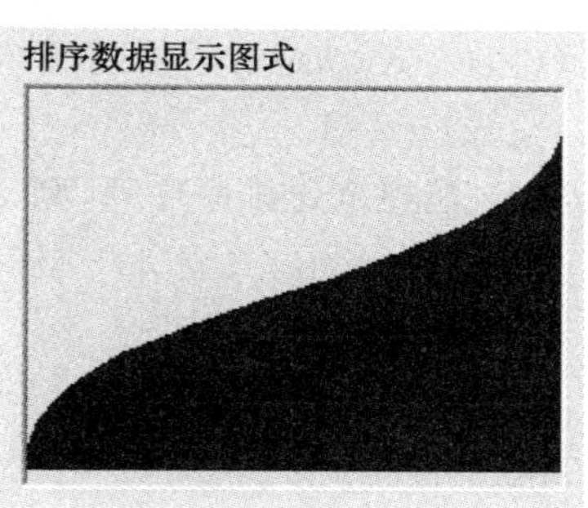

图 3-3　三角分布随机数排序数据图

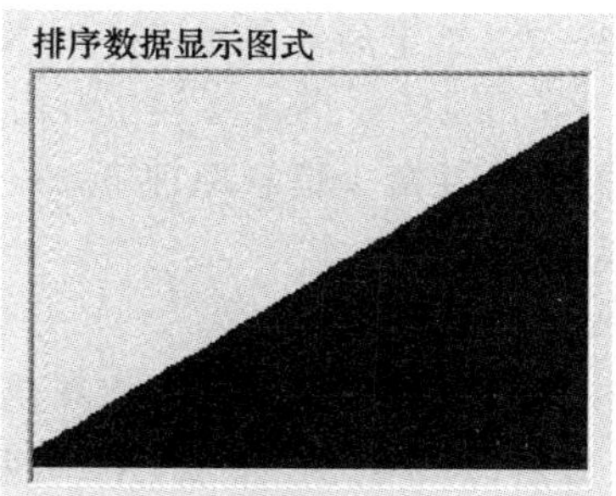

图 3-4　均匀分布随机数排序数据图

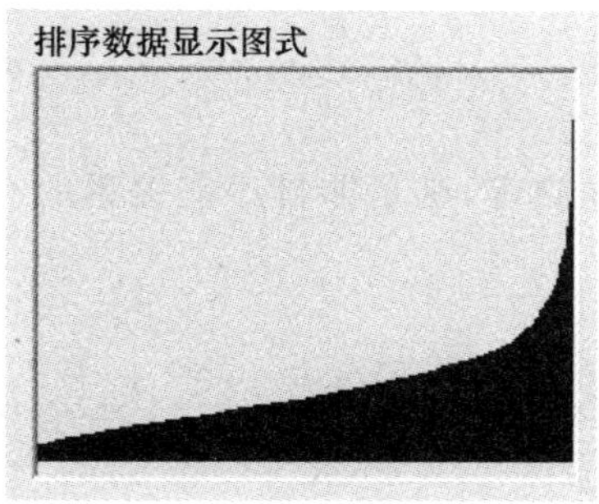

图 3-5　威布尔分布随机数排序数据图Ⅰ

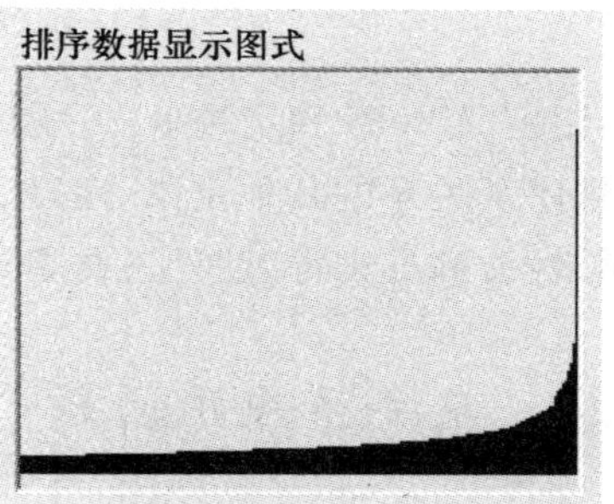

图 3-6　威布尔分布随机数排序数据图Ⅱ

所谓排序是将数据序列从小到大排列。通过对数据序列排序，可以得到排序数据图，从该图可以得到数据序列的分布特征，进而建立两个数据序列之间的属性的灰关系。

定义 3-11　在式(3-60)中，对于时间序列 X_i，若 X_i 是由以下顺序描述

$$x_i(k) \leqslant x_i(k+1) \qquad x_i \in X_i \qquad (k=1,2,\cdots,n-1) \tag{3-81}$$

而生成的，则称时间序列 X_i 为排序序列。

定理 3-7　给定 X_i，$k \in K$，若 X_i 为指标序列，则 X_i 不能生成排序序列。

证明：显然，因指标序列中的数据是系统的不同指标，不能排序。

定义 3-12 给定两个排序序列 Y_i 和 Y_j，它们的元素分别为 $y_i(k)$和 $y_j(k)$，$k\in K$。设

$$\bar{y}_h = \frac{1}{n}\sum_{k=1}^{n} y_h(k) \qquad (h \in (i,j)) \tag{3-82}$$

取

$$w_h(k) = y_h(k) - \overline{y_h} \tag{3-83}$$

对式(3-83)作归一化处理

$$x_h(k) = \frac{w_h(k) - w_{h\,\min}}{w_{h\,\max} - w_{h\,\min}} \tag{3-84}$$

其中

$$w_{h\,\min} = \min_k w_h(k) = w_h(1) \qquad w_{h\,\max} = \max_k w_h(k) = w_h(n) \tag{3-85}$$

则称

$$X_h = \{x_h(k)\} \qquad (k\in K;h\in (i,j)) \tag{3-86}$$

为 Y_h 的排序规范化生成序列。

命题 3-7 给定规范化排序序列 X_h，其元素为 $x_h(k)$，$k\in K$；$h\in (i,\ j)$，必有

$$x_h(k)\in [0,1] \qquad x_h(1)=0 \qquad x_h(n)=1 \tag{3-87}$$

定理 3-8 在最少信息原理下，对于任意 $k\in K$，若 X_h 是规范化排序序列，则 X_0 序列的元素可以为常数 0，即

$$x_0(k) = x_0 = x_i(1) = 0 \tag{3-88}$$

称式(3-87)描述的 X_0 序列为初值 0 化序列。

证明：显然，对于任意 $k\in K$，X_0 序列是由 0 构成，等价于直线。

定理 3-9 对于规范化排序序列 $X_h\subset (X_i,\ X_j)$，$h\in (i,\ j)$，满足式(3-62)的灰关联系数为

$$\gamma(x_0(k),x_h(k)) = \frac{\xi}{\Delta_{0h}(k)+\xi} \qquad (k\in K) \tag{3-89}$$

证明：由定义 3-5 和定理 3-8 得证。

关于排序灰关系的其他定义、定理、命题、性质和准则等，满足非排序灰关系的有关定义、定理、命题、性质和准则等，此处不再赘述。

3.3.4 灰关系应用问题

在应用灰关系概念时，首先要定义参考序列的概念。

定义 3-13 给定两个序列 X_i 和 X_j，$k\in K$，称满足式(3-61)、式(3-64)和式(3-88)的常数序列 X_0 为灰关系的参考序列。

非排序灰关系和排序灰关系的参考序列是不同的。

灰关系概念的应用十分广泛，例如排序、聚类、决策、优化、方案评估、模式识别、因素分析、假设检验、融合性检验和稳定性判断等。

灰关系的基本依据是灰色系统的基本原理，不是经典统计理论的中心极限定理和大数定律，因此允许概率分布不符合正态分布和典型分布，也允许概率分布未知，同时允许数据个数

很少。在灰关系中,一个序列的数据个数最少为 2,即 $n \geqslant 2$。

必须注意,尽管灰关系可以研究任意个系统的属性问题,但在具体研究时,每次仅涉及两个系统 X_i 和 X_j,因而关系 $\boldsymbol{R}$ 肯定是相似关系,可以构建出一个特殊的灰关联空间即灰相似空间。

排序灰关系和非排序灰关系的应用对象不同。

排序灰关系用于不同的系统属性检验时,可以检验系统之间与系统内部间的各种属性的差异。

例如,某滚动轴承产品的疲劳寿命服从威布尔分布,某电器元件的寿命服从指数分布。这是两个不同系统(轴承与电器元件)之间的不同属性(寿命分布)问题。

例如,某滚动轴承产品的疲劳寿命服从威布尔分布,其套圈沟道尺寸误差服从正态分布。这是一个系统内部间的不同属性问题。

非排序灰关系用于具有相同系统属性的不同属性参数的检验,可以检验系统之间与系统内部间的各种属性参数的差异。

例如,某滚动轴承正常运行时的振动值波动量为 Z_a,当该轴承出现疲劳剥落时,其振动值波动量为 Z_b,且 $Z_b \gg Z_a$。显然,由于属性参数(振动值波动量)的异常变化,导致系统属性(振动性能)从正常到恶化的变化。

3.4　灰假设检验

3.4.1　非排序灰假设检验

1. 非排序灰假设检验原理

对于非排序序列 $Y_h \subset (Y_i,\ Y_j)$,$h \in (i,\ j)$,$k \in K$,根据准则 3-1,假设检验 H_0 为 Y_i 和 Y_j 两系统具有相同的属性 $\boldsymbol{R}$,灰否定域为

$$f < \lambda \tag{3-90}$$

若 f 计算值未落入否定域,则假设 H_0 为真,Y_i 和 Y_j 具有相同的属性 $\boldsymbol{R}$,表示为

$$(Y_i, Y_j) \subset \boldsymbol{R} \tag{3-91}$$

若 f 计算值落入否定域,则假设 H_0 为假,$\boldsymbol{Y}_i$ 和 $\boldsymbol{Y}_j$ 不具有相同的属性 $\boldsymbol{R}$,表示为

$$(Y_i, Y_j) \not\subset \boldsymbol{R} \tag{3-92}$$

参数 $\lambda = 0.5$。

2. 非排序灰假设检验的仿真实验

本仿真实验用于研究两个序列之间灰关系的置信概率问题,以检验上述灰关系理论与试验之间的吻合程度。

例 3-4　用计算机产生 10 个数学期望 $E=0$ 和标准差 $s=0.01$ 的正态分布数据序列 $X_h \subset (X_i,\ X_j)$,$h \in (i,j)$ $(i=1,2,\cdots,m;\ j=1,2,\cdots,m;\ m=10)$,每个序列中有 $n=500$ 个时间序列数据。计算出最大灰差 $d_{\max}$。

在表 3-1 中,对于 $i \neq j$,共有 $N=55$ 个最大灰差 $d_{\max}$ 的数据,按 0.01 的间隔将它们分成

$T=8$ 组，可以获得在每一组内的数据个数，如表 3－2 所列，设为 w_k，$k=1,2,\cdots,q,\cdots,T$。

设第 k 组的频率为

$$p_k=w_k/N \tag{3-93}$$

定义灰试验概率即前 q 组频率之和为

$$P_k=\sum_{k=1}^{q}p_k \tag{3-94}$$

当灰试验概率 $P_k=95\%$时，可以认为实验的效果显著。在表 3－2 中，第 6 组的组中值是 $\delta=0.055$，灰试验概率 $P_k=96.4\%>95\%$。将 δ 作为最大灰差 $d_{\max}=\delta=0.055$，代入式(3－72)和式(3－73)，可以计算出灰理论概率 $P=94.5\%$，相应的参数 $\eta=0.11$，如表 3－3 所列。

用同样的方法研究均匀分布、三角分布和瑞利分布等系统，结果见表 3－3。显然，对这 4 个仿真系统而言，当灰试验概率的实验值为 $P_k=96.4\%$时，4 个灰理论概率的平均值为 $P=95.4\%$，十分接近灰试验概率的实验值，差值不超过 1%；因此通常灰理论概率取 $P=95\%$。若要求严格，则取 $P=99\%$。

仿真实验验证了灰关系理论对系统分析具有很好的可信度，灰置信概率可以得到 $P=95\%$。

表 3－1 正态分布系统的最大灰差($n=500$)

X_h	X_1	X_2	X_3	X_4	X_5	X_6	X_7	X_8	X_9	X_{10}	X_{11}
X_1	0	0.010	0.025	0.041	0.050	0.019	0.030	0.025	0.022	0.027	0.018
X_2		0	0.011	0.035	0.019	0.022	0.018	0.006	0.013	0.023	0.018
X_3			0	0.018	0.025	0.013	0.065	0.014	0.017	0.007	0.024
X_4				0	0.047	0.012	0.014	0.012	0.027	0.023	0.048
X_5					0	0.030	0.080	0.023	0.033	0.026	0.058
X_6						0	0.051	0.012	0.003	0.006	0.026
X_7							0	0.031	0.039	0.032	0.042
X_8								0	0.041	0.011	0.038
X_9									0	0.022	0.030
X_{10}										0	0.026
X_{11}											0

表 3－2 正态分布系统的灰试验概率

k	区 间	δ_k	w_k	p_k/(%)	P_k/(%)
1	>0.00～0.01	0.005	5	9.1	9.1
2	>0.01～0.02	0.015	16	29.1	38.2
3	>0.02～0.03	0.025	18	32.7	70.9
4	>0.03～0.04	0.035	6	10.9	81.8
5	>0.04～0.05	0.045	6	10.9	92.7
6	>0.05～0.06	0.055	2	3.6	96.4
7	>0.06～0.07	0.065	1	1.8	98.2
8	>0.07～0.08	0.075	1	1.8	100

表 3－3　各种系统的计算结果

系　统	计算机仿真系统及其参数		δ	$P_k/(\%)$	实验与计算结果		η
	s	区　间			$d_{\max}$	$P/(\%)$	
正态分布	0.01	—	0.055	96.4	0.055	94.5	0.11
瑞利分布	0.01	—	0.065	96.4	0.065	93.5	0.13
三角分布	—	[0,1]	0.040	96.4	0.040	96.0	0.08
均匀分布	—	[0,1]	0.025	96.4	0.025	97.5	0.05

在统计理论中，置信概率很重要。在灰关系研究中，无灰置信概率的属性检验是无意义的，而给定灰置信概率的灰关系则是唯一确定的关系。

3.4.2　排序灰假设检验

1. 排序灰假设检验原理

对于排序序列 $Y_h \subset (Y_i,\ Y_j)$，$h \in (i,\ j)$，$k \in K$，根据准则 3－1，假设检验 H_0 为 Y_i 和 Y_j 两系统具有相同的属性 $\boldsymbol{R}$，灰否定域同式(3－90)。

若 f 计算值未落入否定域，则假设 H_0 为真，Y_i 和 Y_j 具有相同的属性 $\boldsymbol{R}$，表示为式(3－91)。

若 f 计算值落入否定域，则假设 H_0 为假，Y_i 和 Y_j 不具有相同的属性 $\boldsymbol{R}$，表示为式(3－92)。

参数 $\lambda = 0.5$。

2. 排序灰假设检验的仿真实验

本实验考虑小样本数据和较大样本数据以及理想系统和实际工程系统，以体现排序灰假设检验的特征并给出具体的工程应用方法。

(1) 数据个数较多的理想系统

例 3－5　实验研究涉及正态分布、瑞利分布、均匀分布和周期规律等理想系统，实验方案如表 3－4 和表 3－5 所列，数据个数 $n = 500$。假设检验 H_0 为两系统具有相同的属性 $\boldsymbol{R}$。实验模型为

$$y(t) = E + \Delta(t) \tag{3-95}$$

式中，E 为期望值；t 为时间；$\Delta(t)$ 为系统属性函数。

系统属性函数 $\Delta(t)$ 可以体现为各种分布的变量如正态分布随机变量等，也可以体现为周期函数，如正弦函数等。正弦函数的表达为

$$\Delta(t) = F\sin(q\omega t + \delta) \tag{3-96}$$

式中，F 为幅值；q 为谐波次数；ω 为圆频率，$\omega t \in [0, 2\pi]$；δ 为初相位。

表 3-4 不同概率分布系统的实验方案

系统编号	系统属性	系统的特征参数			置信概率/(%)	属性相同的实际情况
		期望值/μm	标准差/μm	区　间		
Y_1	正态分布	0.00	0.01	[−0.03, 0.03]	99.73	属性相同
Y_2	正态分布	0.00	0.10	[−0.30, 0.30]	99.73	
Y_3	正态分布	10.00	0.01	[9.97, 10.03]	99.73	
Y_4	正态分布	10.00	0.10	[9.70, 10.30]	99.73	
Y_5	瑞利分布	—	0.01	—	—	属性相同
Y_6	瑞利分布	—	0.10	—	—	
Y_7	均匀分布	0.00	—	[−0.03, 0.03]	100	属性相同
Y_8	均匀分布	0.00	—	[−0.30, 0.30]	100	

表 3-5 周期系统的实验方案

系统编号	系统属性	系统的特征参数				属性相同的实际情况
		幅值 F/μm	谐波次数 q	初相位 δ/rad	期望值 E/μm	
Y_9	正弦函数	0.30	1	0	0	属性相同
Y_{10}	正弦函数	0.30	3	0	0	
Y_{11}	正弦函数	0.30	3	$\pi/2$	0	
Y_{12}	正弦函数	0.30	3	2π	0	
Y_{13}	正弦函数	0.03	3	2π	0	

取 $\eta=0.07$，可以得到两系统 $Y_i(i=1,2,\cdots,13)$ 和 $Y_j(j=1,2,\cdots,13)$ 的属性权重 f 矩阵：

$$
\begin{bmatrix}
1 & 0.69 & 0.89 & 0.79 & 0 & 0 & 0.14 & 0.23 & 0 & 0 & 0 & 0 & 0 \\
 & 1 & 0.68 & 0.52 & 0 & 0 & 0 & 0.05 & 0 & 0 & 0 & 0 & 0 \\
 & & 1 & 0.82 & 0 & 0 & 0.25 & 0.33 & 0 & 0 & 0 & 0 & 0 \\
 & & & 1 & 0 & 0 & 0.34 & 0.43 & 0 & 0 & 0 & 0 & 0 \\
 & & & & 1 & 0.89 & 0 & 0 & 0.22 & 0.22 & 0.22 & 0.22 & 0.22 \\
 & & & & & 1 & 0 & 0 & 0.18 & 0.18 & 0.18 & 0.18 & 0.18 \\
 & & & & & & 1 & 0.89 & 0.25 & 0.25 & 0.25 & 0.25 & 0.25 \\
 & & & & & & & 1 & 0.14 & 0.14 & 0.14 & 0.14 & 0.14 \\
 & & & & & & & & 1 & 1 & 1 & 1 & 1 \\
 & & & & & & & & & 1 & 1 & 1 & 1 \\
 & & & & & & & & & & 1 & 1 & 1 \\
 & & & & & & & & & & & 1 & 1 \\
 & & & & & & & & & & & & 1
\end{bmatrix}
$$

由计算结果可知，关于 $Y_1 \sim Y_4$（正态分布，属性相同）各系统之间的计算值未落入否定域，应接受假设 H_0，即

$$f_{ij} \geqslant 0.52 > 0.5 \quad (Y_i, Y_j) \subset \boldsymbol{R} \quad (i=1,2,3,4; j=1,2,3,4)$$

关于 Y_5 和 Y_6（瑞利分布，属性相同）之间的计算值未落入否定域，应接受假设 H_0，即

$$f_{ij} = 0.89 > 0.5 \quad (Y_i, Y_j) \subset \boldsymbol{R} \quad (i=5,6; j=5,6)$$

关于 Y_7 和 Y_8（均匀分布，属性相同）之间的计算值未落入否定域，应接受假设 H_0，即

$$f_{ij} = 0.89 > 0.5 \quad (Y_i, Y_j) \subset \boldsymbol{R} \quad (i=7,8; j=7,8)$$

关于 $Y_9 \sim Y_{13}$（正弦函数，属性相同）之间的计算值未落入否定域，应接受假设 H_0，即

$$f_{ij} = 1 > 0.5 \quad (Y_i, Y_j) \subset \boldsymbol{R} \quad (i=9,10,\cdots,13; j=9,10,\cdots,13)$$

关于 $Y_1 \sim Y_4$（正态分布）和 $Y_5 \sim Y_{13}$（非正态分布）之间的计算值落入否定域，应拒绝假设 H_0，即

$$f_{ij} \leqslant 0.43 < 0.5 \quad (Y_i, Y_j) \not\subset \boldsymbol{R} \quad (i=1,2,3,4; j=5,6,\cdots,13)$$

关于 $Y_5 \sim Y_6$（瑞利分布）和 $Y_7 \sim Y_{13}$（非瑞利分布）之间的计算值落入否定域，应拒绝假设 H_0，即

$$f_{ij} \leqslant 0.22 < 0.5 \quad (Y_i, Y_j) \not\subset \boldsymbol{R} \quad (i=5,6; j=7,8,\cdots,13)$$

关于 $Y_7 \sim Y_8$（均匀分布）和 $Y_9 \sim Y_{13}$（非均匀分布）之间的计算值落入否定域，应拒绝假设 H_0，即

$$f_{ij} \leqslant 0.25 < 0.5 \quad (Y_i, Y_j) \not\subset \boldsymbol{R} \quad (i=7,8; j=9,10,\cdots,13)$$

由表 3-4 和表 3-5 可知，以上灰假设检验结论都与实际情况相符，是正确的。

(2) 数据个数较少的理想系统

例 3-6 实验研究中的数据个数 $n=10$，研究涉及正态分布、瑞利分布和均匀分布等，实验方案和实验数据如表 3-6 所列。

假设检验 H_0 为两系统具有相同的属性 $\boldsymbol{R}$。

表 3-6 实验方案与实验数据 μm

序号 k	Y_1	Y_2	Y_3	Y_4	Y_5	Y_6	Y_7	Y_8
	正态分布 期望值 0 标准差 0.01	正态分布 期望值 0 标准差 0.1	正态分布 期望值 10 标准差 0.01	正态分布 期望值 10 标准差 0.1	瑞利分布 标准差 0.01	瑞利分布 标准差 0.1	均匀分布 区间[10,11]	均匀分布 区间[0, 1]
1	−0.00049	−0.06433	9.99505	9.98727	0.01947	0.22050	10.28352	0.14734
2	0.00512	0.02674	9.97716	9.96337	0.02586	0.31145	10.31370	0.72051
3	0.00398	0.08038	9.99952	10.10192	0.01604	0.15823	10.92115	0.23091
4	−0.01691	−0.16352	9.98513	10.02304	0.02357	0.16273	10.49234	0.44746
5	0.00545	−0.00497	10.01399	9.96630	0.02276	0.24357	10.13563	0.24208
6	−0.00894	−0.08385	9.99309	10.00272	0.01714	0.18467	10.57263	0.46288
7	−0.00008	−0.06026	9.98545	10.09133	0.02937	0.14902	10.84850	0.17398
8	0.02203	−0.20417	10.00106	10.08240	0.01768	0.19265	10.19783	0.35775
9	0.00439	−0.01556	9.99992	9.90598	0.02640	0.23120	10.70651	0.54271
10	0.00000	−0.02449	10.00204	10.16208	0.03771	0.22578	10.44794	0.71652

取 $\eta=0.07$，可以得到两系统 $Y_i(i=1,2,\cdots,8)$ 和 $Y_j(j=1,2,\cdots,8)$ 的属性权重 $\boldsymbol{f}$，写成矩阵形式为

$$
\begin{bmatrix}
1 & 0.66 & 0.93 & 0.84 & 0 & 0 & 0.29 & 0 \\
 & 1 & 0.71 & 0.56 & 0 & 0 & 0.08 & 0 \\
 & & 1 & 0.84 & 0 & 0 & 0.31 & 0 \\
 & & & 1 & 0 & 0 & 0.45 & 0.11 \\
 & & & & 1 & 0.78 & 0.02 & 0.29 \\
 & & & & & 1 & 0.23 & 0.48 \\
 & & & & & & 1 & 0.65 \\
 & & & & & & & 1
\end{bmatrix}
$$

由计算结果可知，关于 $Y_1 \sim Y_4$（正态分布，属性相同）各系统之间的计算值未落入否定域，应接受假设，即

$$f_{ij} \geqslant 0.56 > 0.5 \quad (Y_i, Y_j) \subset \boldsymbol{R} \qquad (i=1,2,3,4; j=1,2,3,4)$$

关于 Y_5 和 Y_6（瑞利分布，属性相同）之间的计算值未落入否定域，应接受假设 H_0，即

$$f_{ij} = 0.78 > 0.5 \quad (Y_i, Y_j) \subset \boldsymbol{R} \qquad (i=5,6; j=5,6)$$

关于 Y_7 和 Y_8（均匀分布，属性相同）之间的计算值未落入否定域，应接受假设 H_0，即

$$f_{ij} = 0.65 > 0.5 \quad (Y_i, Y_j) \subset \boldsymbol{R} \qquad (i=7,8; j=7,8)$$

关于 $Y_1 \sim Y_4$（正态分布）和 $Y_5 \sim Y_8$（非正态分布）之间的计算值落入否定域，应拒绝假设 H_0，即

$$f_{ij} \leqslant 0.45 < 0.5 \quad (Y_i, Y_j) \not\subset \boldsymbol{R} \qquad (i=1,2,3,4; j=5,6,7,8)$$

关于 $Y_5 \sim Y_6$（瑞利分布）和 $Y_7 \sim Y_8$（非瑞利分布）之间的计算值落入否定域，应拒绝假设 H_0，即

$$f_{ij} \leqslant 0.48 < 0.5 \quad (Y_i, Y_j) \not\subset \boldsymbol{R} \qquad (i=5,6; j=7,8)$$

以上灰假设检验结论都与实际情况相符，是正确的。

3.4.3 灰假设检验应用实例

1. 非排序灰假设检验的应用实例

例 3-7 两个测量系统的性能差异问题。有两个由不同仪器制造商生产的轴承测量仪器 A 和 B，将它们同时装在一台数控机床上调试，以辨别二者的性能差异。

在这台数控机床上加工某滚动轴承外圈外径，同时用这两个仪器测量有关数据，如图 3-7所示。仪器 A 的测量数据 X_1 用小圆圈表示，仪器 B 的测量数据 X_2 用小三角形表示。这里，$h=1,2; m=2; n=30$。

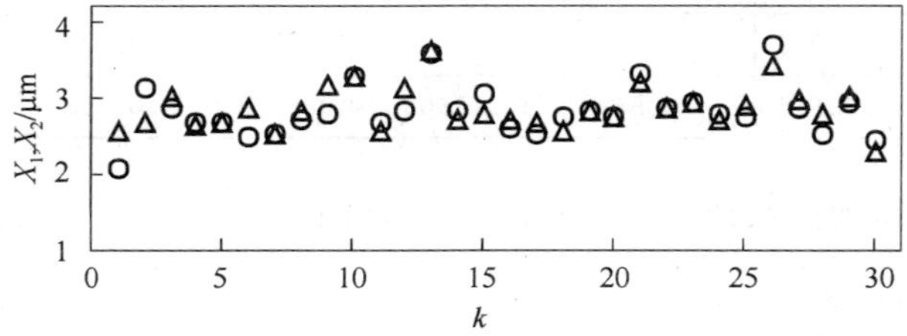

图 3-7 两个测量系统的性能差异问题

取参考序列为初值常数序列

$$x_0 = 2.85823$$

非排序灰关系的计算结果如下：

$$\xi_M = 0.501 \quad \gamma_{01} = 0.3411 \quad \gamma_{02} = 0.3199 \quad d_{max} = 0.021$$

若取灰置信概率 $P=95\%$，即 $\eta=0.1$，则有 $f=0.787>0.5$。

取参考序列为平均值常数序列

$$x_0 = 2.075$$

非排序灰关系的计算结果如下：

$$\xi_M = 0.0001 \quad \gamma_{01} = 0.0336 \quad \gamma_{02} = 0.0002 \quad d_{max} = 0.033$$

若取灰置信概率 $P=95\%$，即 $\eta=0.1$，则有 $f=0.666>0.5$。

以上用两种方法(参考序列 X_0 不同)计算，结果相一致。因此在 $P=95\%$ 的灰置信概率下，A 和 B 具有相同的属性，可以认为这两个测量仪器的性能没有差异。这个结论是正确的，因为从图 3-7 可以看出，两个仪器的测量数据几乎完全重合。

例 3-8　一个磨削系统的稳定性问题。这是一个验证性实验，磨削某轴承内圈内径，以检验非排序灰关系假设检验的正确性。在磨削时，不修整砂轮，使砂轮逐渐钝化，产生系统误差。在制造理论上，随着砂轮的钝化，磨削力会增加，这样就引起砂轮轴弹性变形增加，形成变值系统误差，导致工件磨削表面产生锥度误差。这意味着磨削系统是不稳定的。

磨削时，按时间顺序选择 60 个工件，锥度误差数据序列 X 如图 3-8 所示。

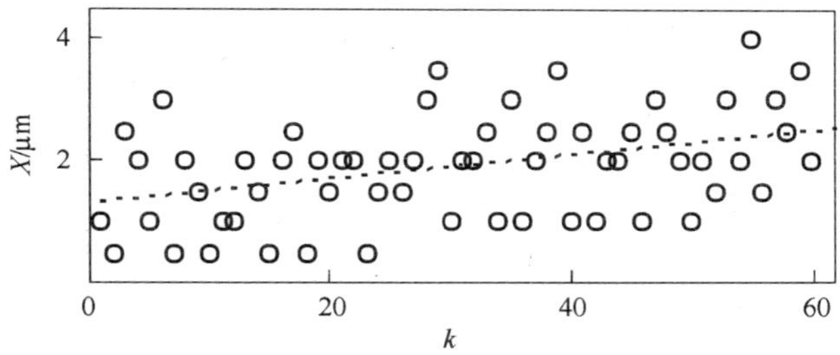

图 3-8　一个磨削系统的稳定性问题

设前 30 个数据为子序列 X_1，后 30 个数据为子序列 X_2，即 $h=1,2;m=2;n=30$。取参考序列为初值常数序列

$$x_0 = x_1(1) = 1$$

非排序灰关系的计算结果如下：

$$\xi_M = 0.4001 \quad \gamma_{01} = 0.6546 \quad \gamma_{02} = 0.5807 \quad d_{max} = 0.073$$

若取灰置信概率 $P=95\%$，即 $\eta=0.1$，则有 $f=0.0261<0.5$。

取参考序列为平均值常数序列

$$x_0 = 1.88333$$

非排序灰关系的计算结果如下：

$$\xi_M = 0.0501 \quad \gamma_{01} = 0.4802 \quad \gamma_{02} = 0.4732 \quad d_{max} = 0.007$$

若取灰置信概率 $P=95\%$，即 $\eta=0.1$，则有 $f=0.929>0.5$。

以上用两种方法(参考序列 X_0 不同)计算，结果不一致。综合考虑两个结果，取平均值得

到 $f=0.4775<0.5$。因此在 $P=95\%$的灰置信概率下，X_1 和 X_2 不具有相同的属性，即磨削过程不稳定。

图 3-8 中逐渐上升的虚线表明，随着磨削的进行，工件磨削表面锥度误差的瞬时平均值(属性参数)逐渐增大。这导致磨削过程存在系统误差。因此当输出有趋势性的变化规律时，系统可能会变得不稳定。

在通常情况下，取参考序列为平均值常数序列。当时间序列具有趋势规律时，取参考序列为初值常数序列进行校核，或者综合考虑两种方法的计算结果。

例 3-9　捷联惯组误差系数检验。

研究某捷联惯组误差系数 D 问题，这是基于时间序列的一个系统的显著性检验问题。从 1999 年 2 月到 2002 年 8 月，误差系数 D 共有 10 次测试数据，构成原始时间序列 D_0。假如以 3 个月的稳定期为基本时间间隔，显然原始时间序列 D_0 的时间间隔不稳定，不宜用于建模与预报。为此，经过样条函数插值仿真后，得到 14 个基本点，从而构成了捷联惯组误差系数的基本时间序列 D_1，如表 3-7 所列。

表 3-7　原始数据与基本时间序列

原始数据序列		基本时间序列	
时　间	误差系数 $D_0/[(°)\cdot(h\cdot g)^{-1}]$	序号 l	误差系数 $D_1/[(°)\cdot(h\cdot g)^{-1}]$
1999.02	2.291752	1	2.291752
1999.05	2.252441	2	2.252441
1999.08	2.252234	3	2.252234
—	—	4	2.261960
2000.02	2.291543	5	2.291543
—	—	6	2.262136
2000.08	2.245611	7	2.245611
2000.11	2.246924	8	2.246924
—	—	9	2.260180
2001.07	2.292733	10	2.292733
2001.10	2.289928	11	2.289928
—	—	12	2.289956
2002.04	2.289870	13	2.289870
2002.07	2.299735	14	2.299735

基本时间序列 D_1 是捷联惯组误差系数建模与预报的重要基础，但该序列中有 4 个仿真数据，可能与原始数据不相容。若不相容，则将不利于后续捷联惯组误差系数建模与预报，并可能产生比较大的预报误差。因此必须研究仿真数据是否与原始数据序列的相容性问题。

用灰关系概念研究，所谓相容性就是两个系统的属性是否相同。这里仅涉及一个数据序列 D_1，设 X 为 D_1 的一部分，将 X 分成两个子序列 X_i 和 X_j 进行研究。计算时，按平均值常数序列取参考序列 X_0。

如表 3-7 所列，4 个仿真数据处在 D_1 中的位置序号分别是 $l=4,6,9,12$，有一定的分散性，所考虑的 X 应逐步包含这些仿真数据，以检验它们先后填入 D_1 时与 D_1 的相容性。为此取序号 $l=1,2,\cdots,2n$，将基本时间序列 D_1 按不同长度 $2n=6,8,10,12,14$ 分成 5 个序列，逐步进行研究。

先设 $2n=6$，用 D_1 中前 6 个数据构成 X，得到两个子序列：

$$X_i=X_1=(2.291752,\ 2.252441,\ 2.252234)$$

$$X_j=X_2=(2.261960,\ 2.291543,\ 2.262136)$$

其中 X_2 包含了序号为 $l=4$ 和 6 的两个仿真数据 2.261960 和 2.262136。根据准则 3-1，设 $f_{12}=0.5$，得到灰置信概率 $P=60.8\%$。这表明 X_1 和 X_2 属性相同的灰概率为 60.8%，亦即序号为 $l=4$ 和 6 的两个仿真数据对 X 相容的灰置信概率为 60.8%。

再设 $2n=8$，用 D_1 中前 8 个数据构成 X，得到下面两个子序列：

$$X_i=X_3=(2.291752,\ 2.252441,\ 2.252234,\ 2.261960)$$

$$X_j=X_4=(2.291543,\ 2.262136,\ 2.245611,\ 2.246924)$$

根据准则 3-1，设 $f_{34}=0.5$，得 $P=94.4\%$。这表明 X_3 和 X_4 属性相同的灰概率为 94.4%，亦即序号为 $l=4$ 和 6 的两个仿真数据对 X 相容的灰置信概率为 94.4%。

相似地，分别再设 $2n=10$，12 和 14，结果见表 3-8，表 3-8 也列出了其他结果。由表 3-8知，当 $2n\geqslant 8$ 时，仿真数据相容于 D_1 的灰置信概率比较高，特别是当 $2n=14$ 时，仿真数据相容于 D_1 的灰置信概率约为 95%，仿真效果显著。从灰关系上看，最小灰相似系数 $r_{\min}$ 达到0.948，系统内部元素之间的属性具有很好的相似性，即 $(X_i,\ X_j)\subset \boldsymbol{R}$。这表明系统比较稳定，因而可以认为基于序列 D_1 的捷联惯组误差系数的建模与预测必将有显著效果。

表 3-8　基本时间序列的显著性检验($f_{ij}=0.5$)

$2n$	x_0	η	$r_{\min}$	$P/(\%)$
6	2.26867	0.7850	0.609	60.8
8	2.26307	0.1125	0.944	94.4
10	2.26575	0.1535	0.924	92.3
12	2.26978	0.3400	0.831	83.0
14	2.27335	0.1060	0.948	94.7

进行验证性实验，预测结果与实际测试结果见图 3-9。由图可知，预测值与实测值很接近，并且二者的变化趋势基本一致，稳定性很好，预测结果能体现出捷联惯组性能的变化趋势。

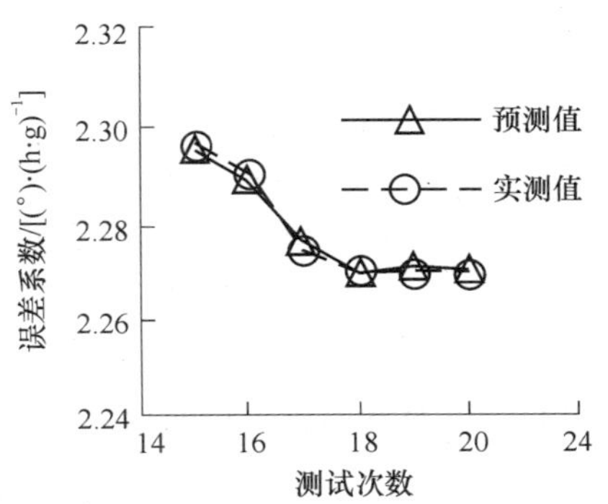

图 3-9　预测值与实测值的比较

可见研究结论与实验结果相吻合。

例 3-14　武器系统效能检验。研究武器系统效能检验，这是基于指标的两个序列的显著性检验问题。

表 3-9 是 AK74、AK47 与 M98K 这三种武器系统的 8 种效能指标的实验数据，其中 Stan 是标

准模式的指标数据，实际上也是准理想方案。这里检验 3 种武器系统的效能谁更接近标准模式。共有 4 个序列，但在研究时，每次仅涉及两个序列 X_i 和 X_j。在每一个序列中，各个元素都是指标，彼此之间含义不同。

表 3-9 武器系统效能的指标序列

武器系统	枪种全弹质量/g	战斗射频/(发·min^{-1})	全枪长/mm	后坐冲量/(N·s)	瞄准方便性/分	直射距离/m	全枪质量/kg	600 m 处弹头断面比能/(J·mm^{-2})
AK74	10.6	100	930	5.026	100	565	3.6	116.07
AK47	16.4	100	874	7.654	100	448	3.8	42.73
M98K	23.8	15	1105	12.14	80	544	3.9	117.47
Stan	10.6	100	874	5.026	100	565	3.6	117.47

用灰关系概念研究，实际上是评估 3 种武器系统属性和标准模式系统属性是否相同的问题。设 X_1= AK74、X_2= AK47、X_3= M98K 和 X_4= Stan，分别取灰置信概率为 $P=95\%$与 $P=99\%$，用非排序灰假设检验方法的计算结果见表 3-10 和表 3-11。计算时，按平均值常数序列取参考序列 X_0。

表 3-10 属性权重系数 f_{ij} ($P=95\%$)

X_h	X_1	X_2	X_3	X_4
X_1	1	0.679	0.500	0.965
X_2	0.679	1	0.701	0.630
X_3	0.500	0.701	1	0.460
X_4	0.965	0.630	0.460	1

表 3-11 属性权重系数 f_{ij} ($P=99\%$)

X_h	X_1	X_2	X_3	X_4
X_1	1	0	0	0.828
X_2	0	1	0	0
X_3	0	0	1	0
X_4	0.828	0	0	1

由表 3-10 知，在灰置信概率 $P=95\%$的条件下，有

$$f_{41}=0.965>f_{42}=0.630>f_{43}=0.460$$

因此与标准模式系统属性接近程度的排序是：AK74 最接近，AK47 次之，M98K 最不接近。如果用符号“ >”表示“优于”，则该接近程度的排序可表示为

$$\text{AK74}>\text{AK47}>\text{M98K}$$

文献[14]计算出的各武器系统相对于标准模式系统的靶心度(即灰关联度)为

$$\gamma(X_4,\ X_1)=0.19810>\gamma(X_4,\ X_2)=0.17577>\gamma(X_4,X_3)=0.16630$$

即 AK74 距 Stan 最近，AK47 次之，M98K 距 Stan 最远。

由此可见，与文献[14]的灰靶分析结论相一致。但灰靶分析仅能给出排序结果，不能给出

3 种武器系统属性和标准模式系统属性是否相同的结论。

用所提出的灰关系可以给出结论。据准则 3-1,因为有

$$f_{41}>0.5 \quad f_{42}>0.5 \quad f_{43}<0.5$$

因此得到结论,在灰置信概率 $P=95\%$ 的条件下,AK74 和 AK47 与 Stan 属性相同,可以归为同类,而 M98K 与 Stan 属性不同,不能归为同类。

类似地,若严格要求,由表 3-11 知,在 $P=99\%$ 的条件下,只有 AK74 与 Stan 属性相同,可归为同类,而 AK47 和 M98K 与 Stan 属性不同,不能归为同类。

显然,与灰靶分析比较,灰假设检验方法取得了更好的决策效果。

这里研究的实际是基于灰关系的聚类分析与模式识别问题。另外,与灰关系比较,灰靶分析不涉及置信概率,因而结论比较单一。

例 3-11　研究滚动轴承振动加速度与噪声声压级的关系问题。

一般振动越大,噪声也越大,振动越小,噪声也越小,但对滚动轴承来说,实际情况并非如此。图 3-10(a)和图 3-10(b)分别给出轴承振动与噪声的标准测量方法系统。从两测量系统看,轴承的振动与噪声是有区别的,因为振动的测量方法不能全面反映轴承的实际振动状态。如用图 3-10(a)振动仪测量不出轴承的纯轴向振动,纯轴向振动不影响振动值的大小,但能影响用图 3-10(b)噪声仪测量出的噪声值大小。若轴承以纯径向振动为主,则该振动会影响噪声值。因此轴承振动与噪声的关系具有不确定性,这已经被实验研究证实。下面用灰假设检验研究,对所提出方法正确性进行工程试验验证。

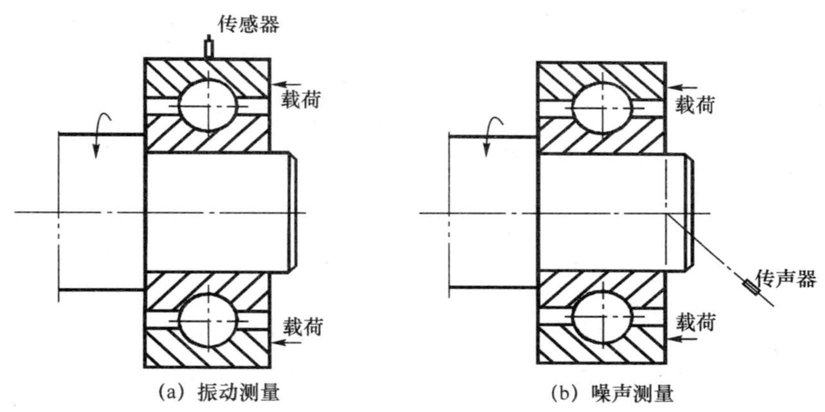

图 3-10　振动和噪声测量

表 3-12 列出使用的符号含义,实验数据已经按振动排序,以便直观判断轴承振动与噪声的关系,如图 3-11 和图 3-12 所示。可以看出,6201 轴承的振动与噪声关系不明显,而 6203 轴承的振动与噪声关系比较明显。

表 3-12　符号含义

序　号	数据序列	含　义	序　号	数据序列	含　义
1	Y_1	6201 轴承振动	3	Y_3	6203 轴承振动
2	Y_2	6201 轴承声压级	4	Y_4	6203 轴承声压级

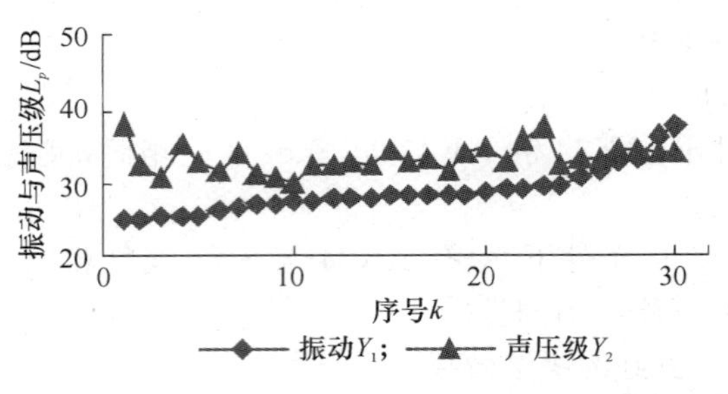

图 3-11 6201 轴承振动与噪声数据

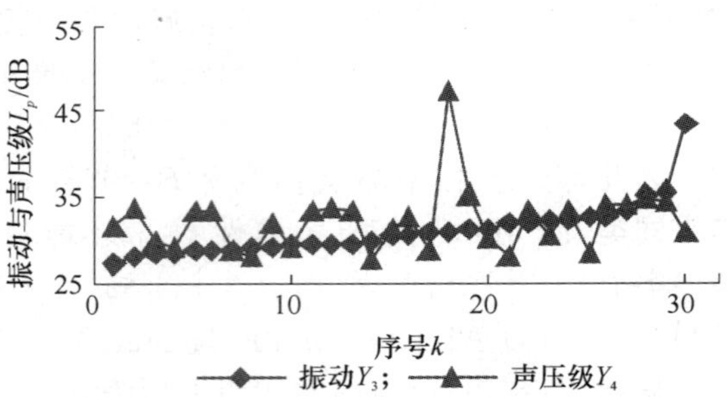

图 3-12 6203 轴承振动与噪声数据

轴承振动的表达式为

$$L=20\lg(1000a/g) \tag{3-97}$$

式中，L 为轴承振动，dB；a 为图 3-10(a)测量点处振动加速度有效值，m/s^2；g 为重力加速度，m/s^2。

轴承振动与噪声的概率分布尚无定论，再考虑很多干扰，这显然是一个系统属性未知的检验问题。假设检验 H_0 为 Y_1 和 Y_2、Y_3 和 Y_4 关系属性相同，否定域分别为 $f_{12}<0.5$ 和 $f_{34}<0.5$

取 $\eta=0.1$，$P=95\%$，取参考序列为平均值常数序列，可得

$$f_{12}=0<0.5 \qquad (Y_1,Y_2)\not\subset \boldsymbol{R}$$

$$f_{34}=0.464<0.5 \qquad (Y_3,Y_4)\not\subset \boldsymbol{R}$$

取参考序列为初值常数序列，可得

$$f_{12}=0<0.5 \qquad (Y_1,Y_2)\not\subset \boldsymbol{R}$$

$$f_{34}=0.333<0.5 \qquad (Y_3,Y_4)\not\subset \boldsymbol{R}$$

显然，6201 和 6203 轴承的振动与噪声关系属性的权重计算值均落入否定域，假设 H_0 被拒绝，表明轴承振动与噪声之间的关系不明显。

2. 排序灰假设检验的应用实例

例 3-12 仍然研究例 3-11 滚动轴承振动加速度与噪声声压级的关系问题。

采用排序灰假设检验可以检验轴承振动与噪声分布特征之间的关系。

取 $\eta=0.1$，$P=95\%$，可得

$$f_{12}=0<0.5 \qquad (Y_1,Y_2)\not\subset \boldsymbol{R}$$

$$f_{34}=0.827>0.5 \qquad (Y_3,Y_4)\subset \boldsymbol{R}$$

显然，6201 轴承的振动与噪声关系属性的权重计算值 f_{12} 落入否定域，假设 H_0 被拒绝，表明 Y_1 和 Y_2 属性不同，二者具有不同的分布特征；6203 轴承的振动与噪声关系属性的权重计算值 f_{34} 未落入否定域，假设 H_0 被接受，表明 Y_3 和 Y_4 属性相同，二者具有相同的分布特征。图 3-13 是轴承振动与噪声排序数据图。

本例说明滚动轴承振动与噪声分布特征之间的关系是不确定的。

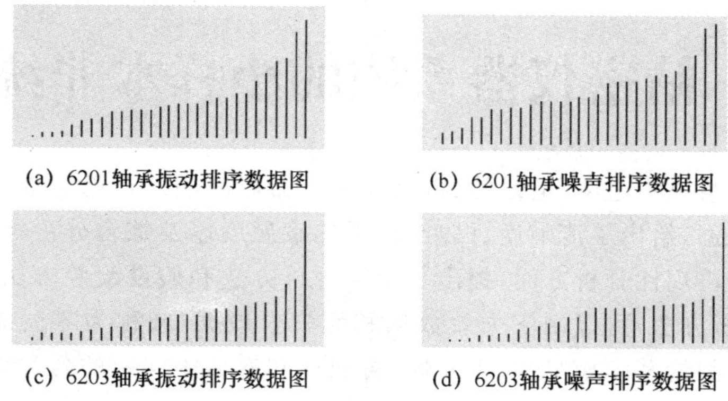

图 3-13　轴承振动与噪声分布特征之间的关系

3. 讨　论

上述各种属性已知的理想系统和属性未知的工程系统（非理想系统）的实验研究，证实灰假设检验方法是正确可行的。实验研究表明，对于理想系统（如无干扰）的科学实验系统，一般 η 取 0.07 左右，灰置信概率约为 96.5%；对于有干扰的实际工程系统，一般 η 取 0.1 左右，灰置信概率约为 95%。理想系统和非理想系统之间没有明显的界限，因此一般可取 $\eta=0.07\sim0.10$。η 过大，可能接受假的假设 H_0；η 过小，可能拒绝真的假设 H_0。

在进行灰假设检验时，至少需要有两个样本即 Y_i 和 Y_j，且每个样本必须具有相同的数据个数 n。对数据个数多少没有特殊要求，允许大样本数据和小样本数据，但数据个数 n 在计算上至少需要 3 个。

本节所提出的灰假设检验属于显著性假设检验。

3.5　本章小结

小样本非统计假设检验方法对系统的属性没有特殊要求，允许大样本数据和小样本数据，允许系统的概率分布未知，不刻意追求系统之间的独立性，从而弥补了统计假设检验的一些不足。

小样本非统计假设检验的理论基础是模糊集合理论和灰色系统理论。

模糊假设检验理论是以模糊集合理论为基础的。计算过程有两步，首先通过对采样数据的模糊处理，估计总体的特征参数；然后进行以隶属度为特征的小样本假设检验。

灰假设检验将灰关联分析提升为两序列属性的灰假设检验，是对灰关联含义的一种拓展。

第4章 精密仪器系统的小样本非统计分析

本章研究测量系统稳定性、重复性、再现性和寿命等问题。在稳定性分析方面，以模糊集合理论为基本依据，给出了清晰度、贴近度、平均隶属度以及综合分析等多种系统稳定性判据。在重复性和再现性分析方面，提出了变异分析方法和假设检验方法。在寿命分析方面，提出了模糊分析方法，可以用于失效数据和无失效数据（或称为零失效数据）的寿命评估。本章还给出了测量系统稳定性、重复性、再现性和寿命等问题的各种例子，从不同角度和侧面阐明所提出方法的应用问题。

4.1 稳定性的模糊判别

稳定性是指测量仪器的计量特性随时间不变化的能力。稳定性可以进行定量的表征，主要是确定计量特性随时间变化的关系。通常可以使用两种方式：一种是用计量特性变化某个规定的量所需经过的时间，另一种是用计量特性经过规定的时间所发生的变化量来进行定量的表征。稳定性是划分准确度等级的重要依据。

从稳定性概念可知，系统稳定的前提条件是系统的统计参数基本不变，例如，测量数据所服从的正态分布、均匀分布或三角分布等的参数。因此可以在给定的时间内，根据系统参数变化程度来判别系统的稳定性。

本节用模糊分散区间和估计真值等模糊系统特性来研究测量系统的稳定性。

4.1.1 模糊判别的基础

系统稳定性判别是以模糊集合理论的隶属度、模糊度和贴近度等概念为依据的。

1. 模糊度

模糊度是模糊集合理论的一个重要概念，主要用来刻画模糊性概念的模糊程度。模糊集合理论认为，普通集合是不模糊的；对于模糊性概念的模糊集合而言，隶属度越接近0.5，所研究的模糊概念就越模糊，尤其当隶属度为0.5时，是最模糊的。

设给定论域的模糊集合为A，定义A的模糊度为

$$d_p(A) = 2\left(\frac{\sum_{i=1}^{n}\left|A(u_i) - A_{0.5}(u_i)\right|^p}{n}\right)^{\frac{1}{p}} \tag{4-1}$$

其中，$A_{0.5}$为截集，即

$$A_{0.5}(u_i)=\begin{cases}1 & A(u_i)\geqslant 0.5\\ 0 & A(u_i)<0.5\end{cases} \tag{4-2}$$

隶属度$A(u_i)$为

$$A(u)=\mu(x)=f(x) \tag{4-3}$$

2. 清晰度

设有一序列

$$X=\{x(k);k=1,2,\cdots,n\}=(x(1),x(2),\cdots,x(k),\cdots,x(n)) \tag{4-4}$$

关于概念 X_0 的隶属度为 $\mu(x(k))$。

定义 4-1　根据模糊度的概念，定义如下清晰度

$$d_2=d_2(A)=\left|2\sqrt{\frac{1}{n}\left[\sum_{k=1}^{n}\left|\mu(x(k))-A_{0.5}(\mu(x(k)))\right|\right]^2}-1\right| \tag{4-5}$$

清晰度 d_2 的取值区间为[0,1]，其值越大，被研究对象越清晰，即越不模糊。

4.1.2　模糊判别的判据

1. 基于清晰度的系统稳定性判据

研究步骤如下：

第一步，对系统输出进行采样，设采样得到数据序列为 $X=\{x(k);k=1,2,\cdots,n\}$。

第二步，用模糊分析原理估计系统的特征参数。

对真值的估计为

$$x_0=X_0 \tag{4-6}$$

设定置信概率 P，系统的上界值(区间上边界)为

$$x_U=X_0+s_2 \tag{4-7}$$

系统的下界值(区间下边界)为

$$x_L=X_0-s_1 \tag{4-8}$$

系统的分散区间为

$$x(k)\in[x_L,x_U] \tag{4-9}$$

第三步，建立关于 X_0 的隶属函数，即

$$\mu(x)=\begin{cases}0 & x\notin[x_L,x_U]\\ \mu_1(x) & x\in[x_L,x_0]\\ \mu_2(x) & x\in[x_0,x_U]\\ 1 & x=x_0\end{cases} \tag{4-10}$$

式中 $\mu(x)\in[0,1]$，并有

$$\mu_1(x)=\frac{x-x_L}{x_0-x_L} \tag{4-11}$$

$$\mu_2(x)=\frac{x_U-x}{x_U-x_0} \tag{4-12}$$

如果 $x_0=x_L$，则

$$\mu_1(x)=\mu_2(x)=\frac{x_U-x}{x_U-x_L} \tag{4-13}$$

如果 $x_0=x_U$，则

$$\mu_1(x)=\mu_2(x)=\frac{x-x_L}{x_U-x_L} \tag{4-14}$$

第四步，计算清晰度 d_2。

第五步，进行系统稳定性判别。判别准则：若

$$d_2>0.5 \tag{4-15}$$

则系统是稳定的，否则系统是不稳定的。

2. 基于贴近度的系统稳定性判据

定义 4-2 定义贴近度为

$$N_2=N_2(A)=\left|\sqrt{\frac{1}{n}\left[\sum_{k=1}^{n}\left|\mu(x(k)))-1\right|\right]^2}-1\right| \tag{4-16}$$

若

$$N_2>0.5 \tag{4-17}$$

则系统是稳定的，否则系统是不稳定的。

3. 基于平均隶属度的系统稳定性判据

定义 4-3 定义平均隶属度为

$$f_M=f_M(A)=\frac{1}{n}\sum_{k=1}^{n}\mu(x(k)) \tag{4-18}$$

若

$$f_M>0.5 \tag{4-19}$$

则系统是稳定的，否则系统是不稳定的。

4. 关于临界稳定性

在上述几个稳定性判据中，若

$$d_2\approx 0.5 \tag{4-20}$$

或

$$N_2\approx 0.5 \tag{4-21}$$

或

$$f_M\approx 0.5 \tag{4-22}$$

则系统处于临界稳定状态。

5. 关于稳定性判据的综合考虑

当以上三种计算结果不一致时，需要进行综合考虑，即考虑这三种计算结果的平均值，或者以一种方法为主，其他方法为辅，给出最终结论。大量的实验研究表明，基于贴近度的稳定性判据的效果最好。当数据很少时，一般以基于贴近度的稳定性判据为主。

4.1.3 稳定性应用实例

1. 动态测量系统

例 4-1 一个具有线性变化趋势的不稳定系统，输出数据 $X(k)(k=1,2,\cdots,n;n=50)$如

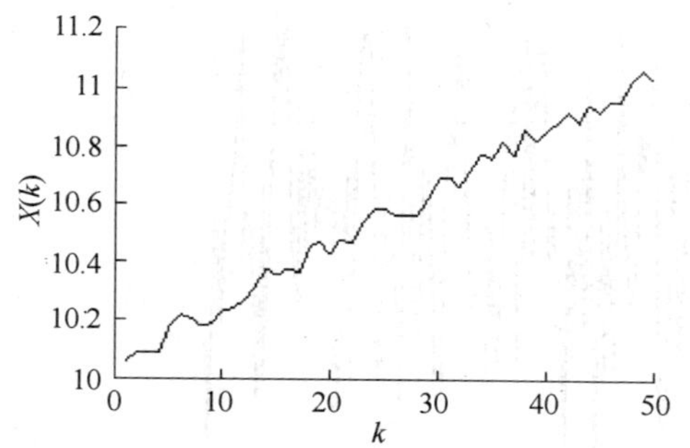

图 4-1　一个具有线性变化趋势的不稳定系统

图 4-1 所示(为节省篇幅,具体数据略,后面例子同)。

取 $\lambda^*=0.35$,$L=3$,经计算得

$$X_0=10.0856$$

$$X_L=10.01759$$

$$X_U=10.67182$$

$$P=98.3\%$$

可以得到关于稳定性的计算结果,如表 4-1所列。

表 4-1　具有线性系统误差的不稳定系统

计算方法	d_2	N_2	f_M	平均值	真实情况
计算结果	0.54853	0.23207	0.31028	0.36363	
判别结果	稳定	不稳定	不稳定	不稳定	不稳定

例 4-2　一个具有正弦函数周期趋势的不稳定系统,输出数据 $X(k)(k=1,2,\cdots,n;n=50)$如图 4-2 所示。

取 $\lambda^*=0.4$,$L=3$,经计算得

$$X_0=0$$

$$X_L=-1.38156$$

$$X_U=2.02236$$

$$P=95.31\%$$

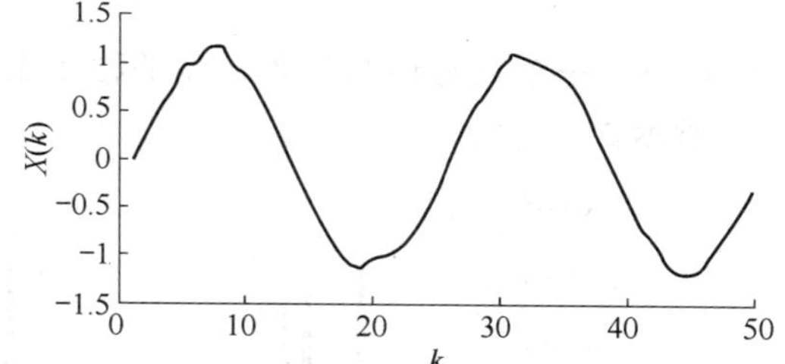

图 4-2　一个具有正弦函数周期趋势的不稳定系统

可以得到关于稳定性的计算结果,如表 4-2 所列。

表 4-2　具有正弦函数周期性系统误差的不稳定系统

计算方法	d_2	N_2	f_M	平均值	真实情况
计算结果	0.33131	0.50922	0.53662	0.45905	
判别结果	不稳定	不稳定	稳定	不稳定	不稳定

例 4-3　一个具有均匀分布误差的稳定系统,输出数据 $X(k)(k=1,2,\cdots,n;n=200)$如图 4-3 所示。

取 $\lambda^*=0.5$,$L=3$,经计算得

$$X_0=0.31986 \qquad X_L=-0.04817 \qquad X_U=1.28154 \qquad P=95.48\%$$

可以得到关于稳定性的计算结果,如表 4-3 所列。

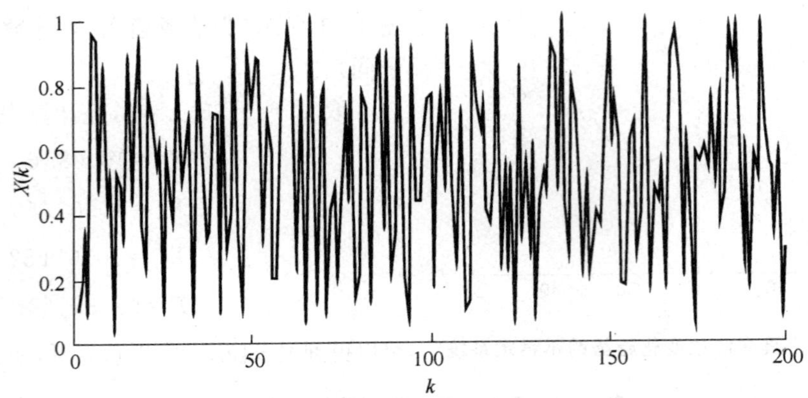

图 4-3　一个具有均匀分布误差的稳定系统

表 4-3　具有均匀分布误差的稳定系统

计算方法	d_2	N_2	f_M	平均值	真实情况
计算结果	0.36943	0.58949	0.64759	0.53550	
判别结果	不稳定	稳定	稳定	稳定	稳定

例 4-4　一个具有瑞利分布误差的稳定系统，输出数据 $X(k)(k=1,2,\cdots,n;n=100)$ 如图 4-4 所示。

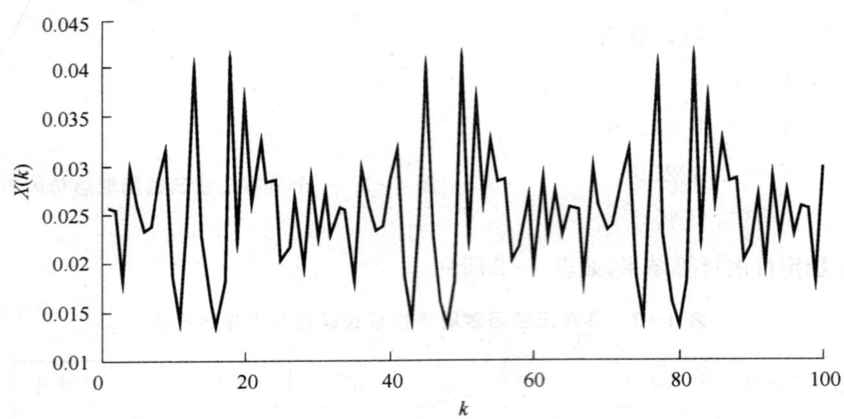

图 4-4　一个具有瑞利分布误差的稳定系统

取 $\lambda^*=0.4,L=3$，经计算得

$$X_0=0.02545\qquad X_L=-0.00185\qquad X_U=0.04911\qquad P=95.82\%$$

可以得到关于稳定性的计算结果，如表 4-4 所列。

表 4-4　具有瑞利分布误差的稳定系统

计算方法	d_2	N_2	f_M	平均值	真实情况
计算结果	0.55763	0.745	0.80731	0.70331	
判别结果	稳定	稳定	稳定	稳定	稳定

例 4-5 一个具有三角分布误差的稳定系统，输出数据 $X(k)(k=1,2,\cdots,n;n=100)$ 如图 4-5 所示。

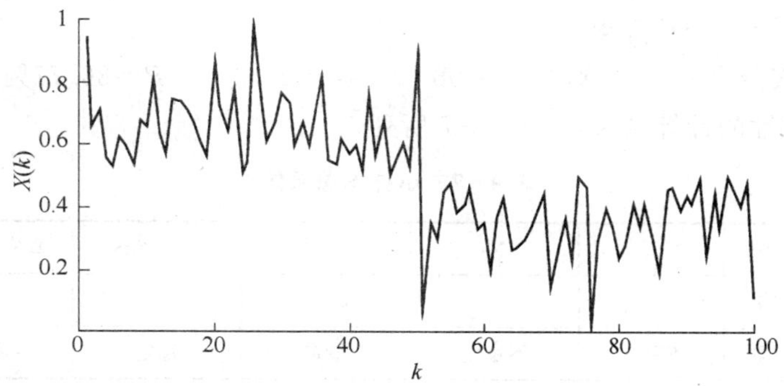

图 4-5 一个具有三角分布误差的稳定系统

取 $\lambda^*=0.3, L=3$，经计算得

$$X_0=0.49827 \quad X_L=-0.31739 \quad X_U=1.36929 \quad P=95.39\%$$

可以得到关于稳定性的计算结果，如表 4-5 所列。

表 4-5 具有三角分布误差的稳定系统

计算方法	d_2	N_2	f_M	平均值	真实情况
计算结果	0.55624	0.76875	0.81281	0.71260	
判别结果	稳定	稳定	稳定	稳定	稳定

例 4-6 一个具有正态分布误差的稳定系统，输出数据 $X(k)(k=1,2,\cdots,n;n=100)$ 如图 4-6 所示。

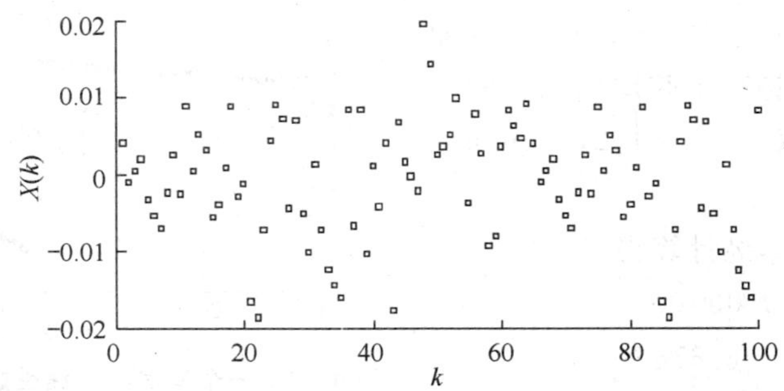

图 4-6 一个具有正态分布误差的稳定系统

取 $\lambda^*=0.4, L=3$，经计算得

$$X_0=-0.00137 \quad X_L=-0.03765 \quad X_U=0.03577 \quad P=97.28\%$$

可以得到关于稳定性的计算结果，如表 4-6 所列。

表 4-6 具有正态分布误差的稳定系统

计算方法	d_2	N_2	f_M	平均值	真实情况
计算结果	0.57376	0.78088	0.82360	0.72608	
判别结果	稳定	稳定	稳定	稳定	稳定

例 4-7　某生物防治系统输出数据 $X(k)(k=1,2,\cdots,n;n=6)$ 为

$$1.90,0.80,1.10,0.70,-1.60,-0.20$$

取 $\lambda^*=0.4,L=3$，经计算得

$$X_0=0.70\qquad X_L=-0.96\qquad X_U=2.61\qquad P=86.77\%$$

可以得到关于稳定性的计算结果，如表 4-7 所列。

表 4-7　小样本量系统

计算方法	d_2	N_2	f_M	平均值	真实情况
计算结果	0.49	0.46	0.59	0.51	
判别结果	不稳定	不稳定	稳定	稳定	不稳定

例 4-8　一个线性小样本量不稳定系统，输出数据 $X(k)(k=1,2,\cdots,n;n=7)$ 为

$$1.01,1.02,1.03,1.04,1.05,1.06,1.07$$

取 $\lambda^*=0.35,L=3$，经计算得

$$X_0=1.04\qquad X_L=0.0189\qquad X_U=1.07\qquad P=95.93\%$$

可以得到关于稳定性的计算结果，如表 4-8 所列。

表 4-8　线性小样本量不稳定系统

计算方法	d_2	N_2	f_M	平均值	真实情况
计算结果	0.49316	0.27507	0.36831	0.37884	
判别结果	不稳定	不稳定	不稳定	不稳定	不稳定

例 4-9　例 4-1 与例 4-2 的综合，即一个同时具有线性趋势和正弦周期趋势的不稳定系统，输出数据 $X(k)(k=1,2,\cdots,n;n=100)$ 如图 4-7 所示。

取 $\lambda^*=0.4,L=3$，经计算得

$$X_0=0.00000$$

$$X_L=-6.67670$$

$$X_U=12.25830$$

$$P=98.64\%$$

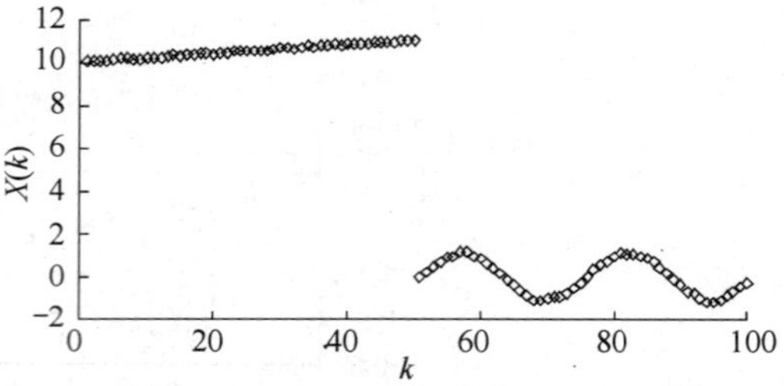

图 4-7　一个同时具有线性趋势和正弦周期趋势的不稳定系统

可以得到关于稳定性的计算结果，如表 4-9 所列。

表 4-9　线性和正弦周期性误差的不稳定系统

计算方法	d_2	N_2	f_M	平均值	真实情况
计算结果	0.75961	0.38683	0.52818	0.55821	
判别结果	稳定	不稳定	稳定	稳定	不稳定

例 4-10　例 4-1 与例 4-6 的综合，即一个同时具有线性趋势和正态分布的不稳定系统，输出数据 $X(k)(k=1,2,\cdots,n;n=150)$ 如图 4-8 所示。

取 $\lambda^*=0.5, L=3$，经计算得

$$X_0=-0.00137$$

$$X_L=-0.06608$$

$$X_U=10.56735$$

$$P=96.94\%$$

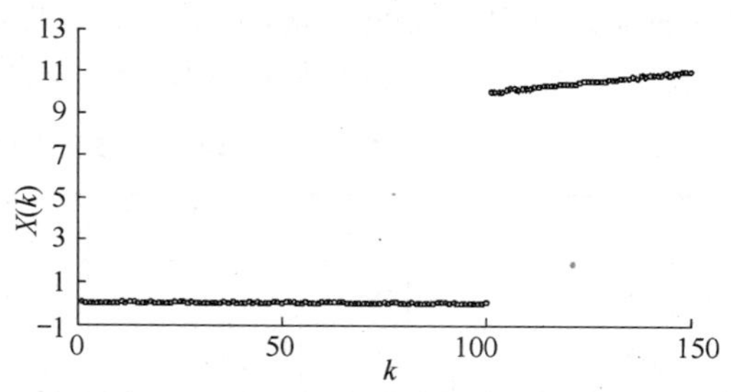

图 4-8　一个同时具有线性趋势和正态分布的不稳定系统

可以得到关于稳定性的计算结果，如表 4-10 所列。

表 4-10　线性和正态分布误差的不稳定系统

计算方法	d_2	N_2	f_M	平均值	真实情况
计算结果	0.84867	0.42475	0.63815	0.63719	
判别结果	稳定	不稳定	稳定	稳定	不稳定

2. 静态测量系统

例 4-11　这是一个医学类的应用实例。表 4-11 是对甲乙两名高血压患者连续 5 天的收缩压观测数据，试分析这两名高血压患者血压的稳定性。

表 4-11　高血压患者的收缩压数据

序　号	1	2	3	4	5
患者甲收缩压/mmHg	162	145	178	142	186
患者乙收缩压/mmHg	164	160	163	159	166

取 $\lambda^*=0.3, L=3$，经计算得患者甲的有关参数的模糊估计为

$$X_0=142 \qquad X_L=142 \qquad X_U=170.5 \qquad P=90.62\%$$

患者乙的有关参数的模糊估计为

$$X_0=160 \qquad X_L=159.1 \qquad X_U=165.8 \qquad P=94.89\%$$

可以得到关于稳定性的计算结果，如表4-12和表 4-13 所列。

表 4-12　患者甲的收缩压稳定性

计算方法	d_2	N_2	f_M	平均值
计算结果	0.71	0.29	0.43	0.48
判别结果	稳定	不稳定	不稳定	不稳定

表 4-13　患者乙的收缩压稳定性

计算方法	d_2	N_2	f_M	平均值
计算结果	0.48	0.25	0.35	0.36
判别结果	不稳定	不稳定	不稳定	不稳定

因此两名高血压患者的收缩压都不稳定。

例 4-12　有 12 名接种卡介苗的儿童，8 周后用两批不同的结核菌素，一批是标准结核菌

素，另一批是新研制的结核菌素，分别注射在儿童的前臂，两种结核菌素的皮肤浸润反应平均直径如表 4-14 所列，试分析采集数据的稳定性。

表 4-14　两种结核菌素的皮肤浸润反应平均直径　　mm

序　号	1	2	3	4	5	6	7	8	9	10	11	12
标准结核菌素	12.0	14.5	15.5	12.0	13.0	12.0	10.5	7.5	9.0	15.0	13.0	10.5
新研制的结核菌素	10.0	10.0	12.5	12.0	10.0	5.5	8.5	6.5	5.5	8.0	6.5	9.5

有关排序数据图式如图 4-9 所示，可以看出，两种结核菌素的皮肤浸润反应平均直径数据的分布规律是不同的。

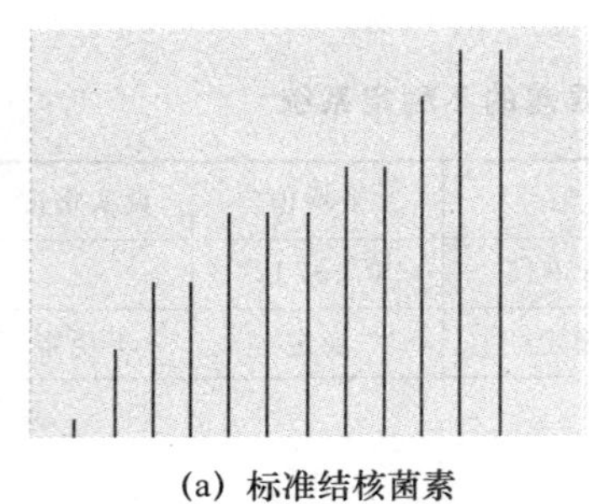

(a) 标准结核菌素

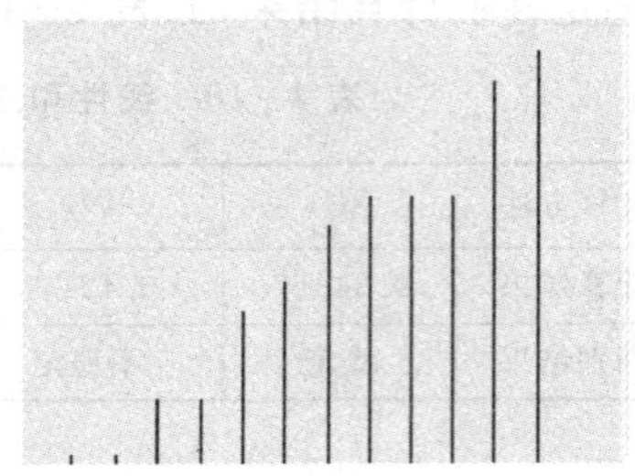

(b) 新研制的结核菌素

图 4-9　两种结核菌素的皮肤浸润反应平均直径排序数据

取 $\lambda^*=0.3$，$L=3$，经计算得关于标准结核菌素皮肤浸润反应平均直径的有关参数的模糊估计为

$$X_0=12 \qquad X_L=7.98 \qquad X_U=18.22 \qquad P=96.09\%$$

关于新研制的结核菌素皮肤浸润反应平均直径的有关参数的模糊估计为

$$X_0=8 \qquad X_L=2.61 \qquad X_U=15 \qquad P=98.47\%$$

计算后得到关于稳定性的结果，如表 4-15 和表 4-16 所列。

表 4-15　关于标准结核菌素数据的稳定性

计算方法	d_2	N_2	f_M	平均值
计算结果	0.42	0.53	0.64	0.53
判别结果	不稳定	稳定	稳定	稳定

表 4-16　关于新研制的结核菌素数据的稳定性

计算方法	d_2	N_2	f_M	平均值
计算结果	0.36	0.63	0.67	0.55
判别结果	不稳定	稳定	稳定	稳定

例 4-13　在验证某新武器的可靠性时，随机抽出 4 件进行实验，得到下列两次故障间隔时间值(用假定单位表示)：

$$X=\{x(k);k=1,2,3,4\}=(456,478,491,515)$$

试对系统两次故障间隔时间的区间进行估计并判别该武器系统的稳定性。

在本问题中，数据属于非时间序列数据，与时间无关系。

取 $\lambda^*=0.4$，$L=3$，经计算得到关于两次故障间隔时间值的有关参数的模糊估计为

$$X_0=478 \qquad X_L=448.4 \qquad X_U=526$$

因此两次故障间隔时间的区间为[448.4，526]。

取 $\lambda^*=0.5$，$L=3$，经计算得到关于两次故障间隔时间值的有关参数的模糊估计为

$$X_0=478 \qquad X_L=451.3 \qquad X_U=521.5$$

因此两次故障间隔时间的区间为[451.3，521.5]。

取 $\lambda^*=0.8$，$L=3$，经计算得到关于两次故障间隔时间值的有关参数的模糊估计为

$$X_0=478 \qquad X_L=462.9 \qquad X_U=504.9$$

因此两次故障间隔时间的区间为[462.9，504.9]。

取 $\lambda^*=0.89$，$L=3$，经计算得到关于两次故障间隔时间值的有关参数的模糊估计为

$$X_0=478 \qquad X_L=468.2 \qquad X_U=497.8$$

因此两次故障间隔时间的区间为[468.2，497.8]。

将两种最优水平的估计结果列于表 4-17，表中也列出统计理论得出的区间估计结果。可以看出，对本问题而言，非统计原理得出的区间比较大，统计理论得出的区间比较小。用非统计原理计算时，给出了最优水平为 0.8 和 0.89 的结果，这仅仅是为了与统计学进行对比分析，一般不这样选取。

表 4-17　估计结果的对比分析

计算方法	非统计原理(模糊集合理论)				统计理论(经验特征函数法)	
区间上界	448.4	451.3	462.9	468.2	467	490.9
区间下界	526	521.5	504.9	497.8	500	509.1
变化范围	77.6	70.2	42	29.6	33	18.2
最优水平	0.4	0.5	0.8	0.89	—	—
置信概率/(%)	92.59	87.55	59.15	43.19	80	89

隶属函数值为

$$\mu(x)=(0.257,1,0.729,0.228)$$

计算后得到关于稳定性的计算结果，如表 4-18 所列。可以看出，几种方法计算的结果差别不大，均在 0.5 附近波动，因此该武器系统的稳定性处于临界稳定状态。

表 4-18　武器系统的稳定性

计算方法	d_2	N_2	f_M	平均值	最后结论
计算结果	0.56	0.44	0.55	0.52	
判别结果	稳定	不稳定	稳定	稳定	临界稳定

例 4-14　2004 年 7 月 10 日，《大河报》发表了一篇题为"青翠水灵一车芹菜，哪知农药残留超标"的新闻报道，农产品质量安全检测人员在检查时，对某辆卡车装载的约 1800 kg 芹菜(叶)进行农药抑制率的检测化验，检查人员对这批芹菜进行了 3 次采样，结果为

$$79.1\%,62.6\%,72.6\%$$

根据农药残留检测标准，抑制率在40%～50%的被列为怀疑对象，50%以上的为超标。试对该批芹菜的农药抑制率进行综合分析。

取$\lambda^*=0.15$，$L=3$，经计算得到关于该批芹菜农药抑制率的有关参数的模糊估计为

$$X_0=72.6 \qquad X_L=57.16 \qquad X_U=76.52 \qquad P=99.3\%$$

因此该批芹菜农药抑制率的分布区间为[57.16,76.52]。

计算后得到关于稳定性的计算结果，如表4-19所列。可以看出，几种方法计算的结果差别比较大，经综合考虑认为，该批芹菜农药抑制率不稳定，即在该批芹菜中，有的芹菜农药抑制率高，有的芹菜农药抑制率低，最低为59.25%，最高可达79.59%，波动范围很大，为20.34%。从最低抑制率超过50%可以推断，该批芹菜的农药抑制率超标情况比较严重；从抑制率不稳定可以判断，该批芹菜可能来自不同的种植场所。

表4-19 农药抑制率的稳定性

计算方法	d_2	N_2	f_M	平均值	综合结论
计算结果	0.59	0.31	0.45	0.45	
判别结果	稳定	不稳定	不稳定	不稳定	不稳定

从以上应用例子可以看出，系统稳定性的小样本非统计分析有三种方法，即清晰度法、贴近度法和平均隶属度法，其中，贴近度法作为判断系统稳定性判据和真实情况最接近，误判率最低，效果最好；清晰度法效果最差，平均隶属度法的效果居中。在实际应用时，一般以贴近度法为主，其他两种方法为辅，进行综合研究。

4.2 重复性和再现性分析

4.2.1 重复性和再现性的比较

重复性反映了在相同测量条件下对相同被测量进行连续多次测量所得结果间的一致程度，相同测量条件指相同测量程序、相同观测者、相同仪器及短期内重复测量。

再现性反映了在改变测量条件下对相同被测量所得结果间的一致程度，改变测量条件可含测量原理、测量方法、观测者、测量仪器、参考标准、地点、使用状况、时间等的改变。研究再现性时，应列出条件的变化情况。

重复性和再现性的相同之处是刻画测量结果间的一致程度，不同之处是前者测量条件不变，后者测量条件发生了变化。因此条件是否发生变化是区别重复性和再现性的重要特征。

测量系统稳定性和再现性具有不同的含义，但可能具有相同的表现。稳定性主要关注测量系统的概率分布特征参数与时间的关系，不涉及其他外部条件和因素的变化。一个测量系统是否稳定，完全取决于测量系统的内在机制。测量结果的趋势变化和剧烈波动等是系统不稳定的典型表现。测量系统的再现性主要关注测量条件的改变(包含测量时间的改变)。一个测量系统的再现性虽然也取决于测量系统的内在机制，但主要是测量条件的影响。说每次测量结果都不一样，通常是指测量结果的概率分布或特征参数不一样，通过评估特征参数的变化

来分析测量结果之间的一致程度。

用小样本非统计方法评价重复性和再现性时，可以采用完全相同的方法。

设测量数据序列（时间序列）为

$$X_h=\{x_h(k);k=1,2,\cdots,n\}=\{x_h(1),x_h(2),\cdots,x_h(k),\cdots,x_h(n);h=i,j\} \tag{4-23}$$

式中，i,j 一般表示两个测量数据序列。

在评价再现性时，可以用 h 表示测量条件的变化。

在评价重复性时，一般只有一个测量数据序列 X（假设有 $2n$ 个测量数据），即

$$X=\{x(k);k=1,2,\cdots,2n\}=\{x(1),x(2),\cdots,x(k),\cdots,x(2n)\} \tag{4-24}$$

为用小样本非统计方法评价重复性，可以将 X 按其数据的先后顺序分成两个子序列，即

$$X=(X_i,X_j) \tag{4-25}$$

且有

$$X_i=\{x_i(k);k=1,2,\cdots,n\}=\{x_i(1),x_i(2),\cdots,x_i(k),\cdots,x_i(n)\} \tag{4-26}$$

和

$$X_j=\{x_j(k);k=1,2,\cdots,n\}=\{x_j(1),x_j(2),\cdots,x_j(k),\cdots,x_j(n)\} \tag{4-27}$$

以式（4-23）～式（4-27）为基础，可以对重复性和再现性进行评价。

4.2.2　重复性和再现性的变异分析

重复性和再现性的小样本非统计评价指标用可以变异描述，包含点变异、区间变异和综合变异等。

1. 点变异

定义 4-4　设点

$$X_{0h}=f(X_h) \tag{4-28}$$

式中，$f(X_h)$ 为用小样本非统计方法得到的点估计。

再设 X_i 和 X_j 之间的点变异系数为

$$\delta_{ij}=\left|\frac{X_{0i}-X_{0j}}{X_{0i}}\right| \tag{4-29}$$

和

$$\delta_{ji}=\left|\frac{X_{0i}-X_{0j}}{X_{0j}}\right| \tag{4-30}$$

称

$$\delta_{\mathrm{M}}=\max(\delta_{ij},\delta_{ji})\times 100\% \tag{4-31}$$

为 X_i 和 X_j 之间的点变异。

2. 区间变异

定义 4-5　设区间参数

$$u_h=f(X_h) \tag{4-32}$$

式中，$f(X_h)$ 为用小样本非统计方法得到的区间估计参数。

再设 X_i 和 X_j 之间的区间变异系数为

$$\delta_{ij}=\left|\frac{u_i-u_j}{u_i}\right| \tag{4-33}$$

$$\delta_{ji}=\left|\frac{u_i-u_j}{u_j}\right| \tag{4-34}$$

称

$$\delta_U=\max(\delta_{ij},\delta_{ji})\times 100\% \tag{4-35}$$

为 X_i 和 X_j 之间的区间变异。

3. 综合变异

定义 4－6 定义

$$\delta_h=\frac{u_h}{X_{0h}} \tag{4-36}$$

为 X_h 的综合变异系数。

定义 4－7 定义

$$\delta_C=|\delta_i-\delta_j|\times 100\% \tag{4-37}$$

为 X_i 和 X_j 之间的综合变异。

4. 具有参考的变异分析问题

若将 X_1 作为参考，研究 X_j 相对于 X_1 的变异，则有关变异分析的公式如下：

① 点变异系数和点变异分别为

$$\delta_{1j}=\left|\frac{X_{01}-X_{0j}}{X_{01}}\right| \tag{4-38}$$

$$\delta_M=\delta_{1j}\times 100\% \tag{4-39}$$

② 区间变异系数和区间变异分别为

$$\delta_{1j}=\left|\frac{u_1-u_j}{u_1}\right| \tag{4-40}$$

$$\delta_U=\delta_{1j}\times 100\% \tag{4-41}$$

③ 综合变异系数和综合变异分别为

$$\delta_h=\frac{u_h}{X_{0h}} \tag{4-42}$$

$$\delta_C=|\delta_1-\delta_j|\times 100\% \tag{4-43}$$

5. 变异评价

准则 4－1 X_i 和 X_j 之间的变异越小，测量系统的重复性或再现性就越好（显著）；否则重复性或再现性越差（不显著）。

4.2.3 重复性和再现性的假设检验

用非统计假设检验方法可以对测量系统重复性和再现性进行评价。

1. 模糊假设检验

给定测量系统在不同测量条件下，假设检验 H_0：测量系统重复性或再现性显著，即对于数据序列 X_i 和 X_j，否定域为隶属函数 μ 和权重函数 f 分别满足以下条件

$$\mu<0.5 \tag{4-44}$$

和

$$f<0.5 \tag{4-45}$$

若 μ 和 f 计算值未落入否定域，则假设 H_0 为真；否则假设 H_0 为假。

2. 灰假设检验

给定测量系统在不同测量条件下，假设 H_0：测量系统重复性或再现性显著，即对于数据序列 X_i 和 X_j，否定域为系统的属性权重系数 $f=f_{ij}\in[0,1]$，即属性映射满足条件

$$f<0.5 \tag{4-46}$$

若 f 计算值未落入否定域，则假设 H_0 为真；否则假设 H_0 为假。

4.2.4 重复性应用实例

例 4-15 在检定杠杆千分尺的示值极限误差时，用五等标准量块重复测量了 20 次，结果 X(单位：mm)为

20.002 20.000 20.000 20.001 20.000 19.998 19.998 20.000 20.001 19.998
20.002 20.002 20.000 20.004 20.000 20.002 19.992 19.998 20.002 19.998

试用变异方法评价测量结果的重复性。

将 X 按其数据的先后顺序分成两个子序列 X_1 和 X_2，即

$$X_1=(20.002,20.000,20.000,20.001,20.000,19.998,19.998,20.000,20.001,19.998)$$
$$X_2=(20.002,20.002,20.000,20.004,20.000,20.002,19.992,19.998,20.002,19.998)$$

1. 直接对测量数据进行变异分析

用灰自助法计算有关参数，取 $B=10\,000, m=10, P=95\%$。

对于 X_1，有

$$u_1=U_{\text{mean}}=0.0036$$
$$X_{01}=X_{\text{mean}}=19.9998$$

对于 X_2，有

$$u_2=U_{\text{mean}}=0.0105$$
$$X_{02}=X_{\text{mean}}=20.0000$$

(1) 求点变异

X_1 和 X_2 之间的点变异系数为

$$\delta_{12}=\left|\frac{X_{01}-X_{02}}{X_{01}}\right|=\left|\frac{19.9998-20.0000}{19.9998}\right|=0.00001$$

$$\delta_{21}=\left|\frac{X_{01}-X_{02}}{X_{02}}\right|=\left|\frac{19.9998-20.0000}{20.0000}\right|=0.00001$$

X_1 和 X_2 之间的点变异为

$$\delta_M=\max(\delta_{12},\delta_{21})\times 100\%=0.00001\times 100\%=0.001\%$$

(2) 求区间变异

X_1 和 X_2 之间的区间变异系数为

$$\delta_{12}=\left|\frac{u_1-u_2}{u_1}\right|=\left|\frac{0.0036-0.0105}{0.0036}\right|=1.9167$$

$$\delta_{21}=\left|\frac{u_1-u_2}{u_2}\right|=\left|\frac{0.0036-0.0105}{0.0105}\right|=0.6571$$

X_1 和 X_2 之间的区间变异为

$$\delta_U=\max(\delta_{12},\delta_{21})\times 100\%=1.9167\times 100\%=191.67\%$$

(3) 求综合变异

X_1 和 X_2 的综合变异系数分别为

$$\delta_1=\frac{u_1}{X_{01}}=\frac{0.0036}{19.9998}=0.0002$$

$$\delta_2=\frac{u_2}{X_{02}}=\frac{0.0105}{20.0000}=0.0005$$

X_i 和 X_j 之间的综合变异为

$$\delta_C=|\delta_1-\delta_2|\times 100\%=0.0003\times 100\%=0.03\%$$

通过计算知道，X_1 和 X_2 之间的区间变异很大，点变异和综合变异均很小。这表明在该测量过程中，对于真值估计而言，测量结果具有很好的重复性；但对于区间估计而言，测量结果的重复性不好。

2. 对测量数据预处理后再进行变异分析

在本例测量数据序列中，19.992(在 X_2 中的序号为 7)包含粗大误差。粗大误差干扰测量结果，应予剔除。剔除后，子序列 X_2 中有 9 个数据。为了便于分析，将 X_1 中序号为 7 的 19.998也剔除。这样得到下面新的子序列：

$$X_1=(20.002,20.000,20.000,20.001,20.000,19.998,20.000,20.001,19.998)$$

$$X_2=(20.002,20.002,20.000,20.004,20.000,20.002,19.998,20.002,19.998)$$

再用灰自助法计算有关参数，取 $B=10\,000$，$m=10$，$P=95\%$。

对于 X_1，有

$$u_1=U_{\text{mean}}=0.0036$$

$$X_{01}=X_{\text{mean}}=20.0000$$

对于 X_2，有

$$u_2=U_{\text{mean}}=0.0062$$

$$X_{02}=X_{\text{mean}}=20.0011$$

(1) 求点变异

X_1 和 X_2 之间的点变异系数为

$$\delta_{12}=\left|\frac{X_{01}-X_{02}}{X_{01}}\right|=\left|\frac{20.0000-20.0011}{20.0000}\right|=0.0001$$

$$\delta_{21}=\left|\frac{X_{01}-X_{02}}{X_{02}}\right|=\left|\frac{20.0000-20.0011}{20.0011}\right|=0.0001$$

X_1 和 X_2 之间的点变异为

$$\delta_M=\max(\delta_{12},\delta_{21})\times100\%=0.0001\times100\%=0.01\%$$

(2) 求区间变异

X_1 和 X_2 之间的区间变异系数为

$$\delta_{12}=\left|\frac{u_1-u_2}{u_1}\right|=\left|\frac{0.0036-0.0062}{0.0036}\right|=0.7222$$

$$\delta_{21}=\left|\frac{u_1-u_2}{u_2}\right|=\left|\frac{0.0036-0.0062}{0.0062}\right|=0.4194$$

X_1 和 X_2 之间的区间变异为

$$\delta_U=\max(\delta_{12},\delta_{21})\times100\%=0.7222\times100\%=72.22\%$$

(3) 求综合变异

X_1 和 X_2 的综合变异系数分别为

$$\delta_1=\frac{u_1}{X_{01}}=\frac{0.0036}{20.0000}=0.00018$$

$$\delta_2=\frac{u_2}{X_{02}}=\frac{0.0062}{20.0011}=0.0003$$

X_i 和 X_j 之间的综合变异为

$$\delta_C=|\delta_1-\delta_2|\times100\%=0.0003\times100\%=0.03\%$$

显然,剔除粗大误差后,X_1 和 X_2 之间的点变异和综合变异仍然很小,而区间变异有明显改善,减小量超过 50%。在误差与不确定性研究中,区间估计是评估研究对象性能的重要内容,为准确评估测量结果的波动区间,有必要研究测量系统的重复性问题。

4.2.5 再现性应用实例

例 4-16 具有参考的变异分析。

在三种环境中对一个测量对象的某个参数进行测量,获得 3 个数据序列($n=10$)。

环境 1(X_1):

0.005 01,0.002 49,−0.006 77,0.000 22,0.004 44,0.004 93,−0.004 34,0.009 65,−0.013 12,−0.012 63

环境 2(X_2):

0.024 85,0.013 97,0.028 6,0.015 78,0.034 59,0.018 95,0.015 79,0.028 88,0.024 12,0.025 20

环境 3(X_3):

−0.014 94,−0.000 95,0.016 28,−0.003 23,0.007 50,0.001 48,−0.001 28,0.006 20,−0.000 06,−0.016 08

设环境 1 为标准环境，其他两个为非标准环境。以标准环境为参考，试分析测量环境的优劣性。

表 4-20 测量系统在三种环境中的参数估计结果

环 境	点估计	区间估计
环境 1(参考)	0.00493	0.030218
环境 2	0.01578	0.026447
环境 3	−0.00128	0.064721

1. 特征参数的变异分析

用模糊评价方法进行区间估计和点估计，取 $P=100\%$，$L=3$，相关计算结果见表 4-20。

(1) 求点变异

X_2 相对于 X_1 的点变异系数为

$$\delta_{12}=\left|\frac{X_{01}-X_{02}}{X_{01}}\right|=\left|\frac{0.00493-0.01578}{0.00493}\right|=2.20081$$

X_2 相对于 X_1 的点变异为 $\delta_M=\delta_{12}\times100\%=2.20081\times100\%\approx220\%$。

X_3 相对于 X_1 的点变异系数为

$$\delta_{13}=\left|\frac{X_{01}-X_{03}}{X_{01}}\right|=\left|\frac{0.00493-(-0.00128)}{0.00493}\right|=1.25963$$

X_3 相对于 X_1 的点变异为 $\delta_M=\delta_{13}\times100\%=1.25963\times100\%\approx126\%$。

由以上结果可知，对于点估计而言，相对于环境 1，测量系统在环境 3 中的再现性好于在环境 2 中的再现性，即环境 3 优于环境 2。

(2) 求区间变异

X_2 相对于 X_1 的区间变异系数为

$$\delta_{12}=\left|\frac{u_1-u_2}{u_1}\right|=\left|\frac{0.030218-0.026447}{0.030218}\right|=0.12479$$

X_2 相对于 X_1 的区间变异为 $\delta_U=\delta_{12}\times100\%=0.12479\times100\%\approx12.5\%$。

X_3 相对于 X_1 的区间变异系数为

$$\delta_{13}=\left|\frac{u_1-u_3}{u_1}\right|=\left|\frac{0.030218-0.064721}{0.030218}\right|=1.14180$$

X_3 相对于 X_1 的区间变异为 $\delta_U=\delta_{13}\times100\%=1.14180\times100\%=114\%$。

由以上结果可知，对于区间估计而言，相对于环境 1，测量系统在环境 2 中的再现性好于在环境 3 中的再现性，即环境 2 优于环境 3。

(3) 求综合变异

X_1，X_2 和 X_3 的综合变异系数分别为

$$\delta_1=\frac{u_1}{X_{01}}=\frac{0.030218}{0.00493}=6.129412$$

$$\delta_2=\frac{u_2}{X_{02}}=\frac{0.026447}{0.01578}=1.675982$$

$$\delta_3=\frac{u_3}{X_{03}}=\frac{0.064721}{-0.00128}=-50.56328$$

X_2 相对于 X_1 的综合变异为 $\delta_C=|\delta_1-\delta_2|\times100\%=4.453484\times100\%\approx445\%$。

X_3 相对于 X_1 的综合变异为 $\delta_C=|\delta_1-\delta_3|\times100\%=56.69269\times100\%\approx5669\%$。

由以上结果可知，对于综合变异而言，相对于环境 1，测量系统在环境 2 中的再现性好于在环境 3 中的再现性，即环境 2 优于环境 3。

2. 概率分布的变异分析

用灰假设检验方法分析。取 $\eta=0.1$ 和 $P=95\%$，按排序假设检验计算，结果见表 4-21。由表 4-21 可知，f_{13} 和 f_{12} 均大于 0.5，因此从概率分布的变异情况来看，相对于环境 1，测量系统在环境 2 和环境 3 中的再现性都很好。因此可以认为环境变化对概率分布几乎没有影响，相应的置信概率 $P=95\%$。

表 4-21　测量系统在不同环境下的概率分布变异分析

环境 j	ξ_M	d_{max}	f_{1j}
环境 2	0.5001	0.0452	0.547
环境 3	0.9501	0.0151	0.848

图 4-10 为在 3 种环境中的排序数据图。

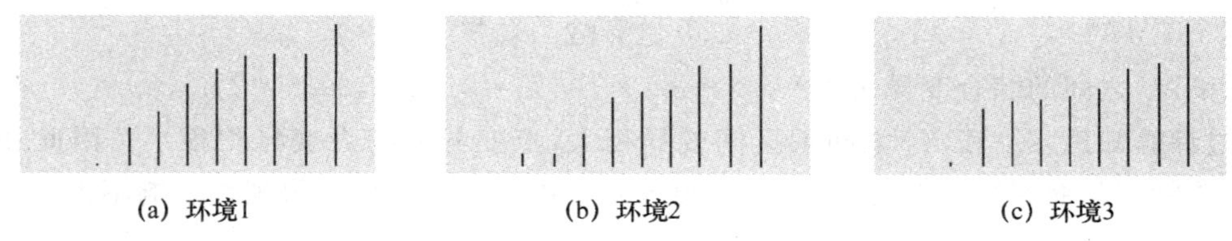

(a) 环境1　(b) 环境2　(c) 环境3

图 4-10　在 3 种环境中的排序数据图

例 4-17　针织品断裂强度问题。

在某针织品漂白工艺过程中，考察温度对针织品断裂强度的影响。为了比较 70℃与 80℃下的断裂强度有无差别，在两种温度下处理，分别进行 $n=9$ 次实验，得到以下数据：

$$X_1(70℃)=20.5,18.8,19.8,20.9,21.5,20.4,19.5,21.0,21.2$$

$$X_2(80℃)=17.7,20.3,20.0,18.8,19.4,19.0,20.1,20.2,19.1$$

本例子用变异分析、灰假设检验和模糊检验 3 种方法求解。

1. 用变异方法

用灰自助法计算有关参数，取 $B=10000$，$m=9$，$P=95\%$。

对于 X_1，有

$$U_{mean}=2.75 \qquad X_{mean}=20.35$$

对于 X_2，有

$$U_{mean}=2.38 \qquad X_{mean}=19.52$$

(1) 求点变异

X_1 和 X_2 之间的点变异系数为

$$\delta_{12}=\left|\frac{X_{01}-X_{02}}{X_{01}}\right|=\left|\frac{20.35-19.52}{20.35}\right|=0.038$$

$$\delta_{21}=\left|\frac{X_{01}-X_{02}}{X_{02}}\right|=\left|\frac{20.35-19.52}{19.52}\right|=0.043$$

X_1 和 X_2 之间的点变异为 $\delta_M=\max(\delta_{12},\delta_{21})\times100\%=0.043\times100\%=4.3\%$。

(2) 求区间变异

X_1 和 X_2 之间的区间变异系数为

$$\delta_{12}=\left|\frac{u_1-u_2}{u_1}\right|=\left|\frac{2.75-2.38}{2.75}\right|=0.13$$

$$\delta_{21}=\left|\frac{u_1-u_2}{u_2}\right|=\left|\frac{2.75-2.38}{2.38}\right|=0.16$$

X_1 和 X_2 之间的区间变异为 $\delta_U=\max(\delta_{12},\delta_{21})\times100\%=0.16\times100\%=16\%$。

(3) 求综合变异

X_1 和 X_2 的综合变异系数分别为

$$\delta_1=\frac{u_1}{X_{01}}=\frac{2.75}{20.35}=0.14$$

$$\delta_2=\frac{u_2}{X_{02}}=\frac{2.38}{19.52}=0.12$$

X_i 和 X_j 之间的综合变异为 $\delta_C=|\delta_1-\delta_2|\times100\%=0.02\times100\%=2\%$。

通过计算知道，X_1 和 X_2 之间的区间变异稍大，点变异和综合变异均很小。因此在两种温度下，该针织品断裂强度变化不显著，即温度对针织品断裂强度的再现性影响不大。

2. 用灰假设检验方法

两种条件下的数据序列无一一对应关系，采用排序灰假设检验方法。

取 $\eta=0.1, P=95\%$，可得

$$f_{12}=0.717>0.5 \qquad (X_1,X_2)\subset R$$

显然 f_{12} 未落入否定域，假设 H_0 被接受，表明 X_1 和 X_2 属性相同，二者具有相同的分布特征，即温度对针织品断裂强度概率分布的再现性影响不大，70℃与 80℃下的断裂强度无差别。

图 4－11 为针织品断裂强度排序数据图。

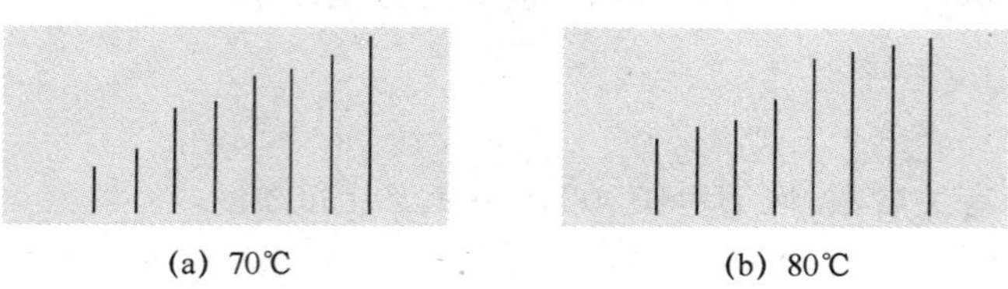

(a) 70℃　　(b) 80℃

图 4－11　针织品断裂强度排序数据

3. 用模糊检验方法

取最优水平 $\lambda^*=0.4$，隶属函数多项式阶次 $L=3$，用模糊方法可以估计出以下结果：

$$X_{01}=20.5 \qquad s_{11}=1.36 \qquad s_{21}=1.51 \qquad P=83.37\%$$

即

$$x_{01}=X_{01}=20.5$$

$$x_{U1}=X_{01}+s_{21}=22.01$$

$$x_{L1}=X_{01}-s_{11}=19.14$$

分散区间为[19.14,22.01];分散范围为 $U_{F1}=22.01-19.14=2.87$。

对于 80℃的数据,设数据序列为

$$X_2=\{x_2(k);k=1,2,\cdots,n_2;n_2=9\}=\{17.7,20.3,20,18.8,19.4,19,20.1,20.2,19.1\}$$

取最优水平 $\lambda^*=0.4$,隶属函数多项式阶次 $L=3$,用模糊方法可以估计出以下结果:

$$X_{02}=20 \quad s_{12}=2.14 \quad s_{22}=0.91 \quad P=92.44\%$$

即

$$x_{02}=X_{02}=20$$

$$x_{U2}=X_{02}+s_{22}=20.91$$

$$x_{L2}=X_{02}-s_{12}=17.86$$

分散区间为[17.86,20.91];分散范围为 $U_{F2}=20.91-17.86=3.05$。

(1) 研究标准差

研究标准差采用相对分散范围法。

本问题中,U_{F1} 和 U_{F2} 都是用模糊集合理论的线性估计法求出来的,因此不必求出标准差的相对比值,只需求出分散范围的相对比值,即

$$d_1=\left|\frac{U_{F1}-U_{F2}}{U_{F1}}\right|=\left|\frac{2.87-3.05}{2.87}\right|=0.062$$

$$d_2=\left|\frac{U_{F1}-U_{F2}}{U_{F2}}\right|=\left|\frac{2.87-3.05}{3.05}\right|=0.059$$

求关于标准差的相对比值的平均值,即

$$d=\frac{d_1+d_2}{2}=0.06$$

求比值的权重函数,即

$$f=f(0.06)=\begin{cases}1-\dfrac{0.06}{\eta} & d\in[0,\eta]\\ 0 & d\in[\eta,\infty)\end{cases}$$

取映射系数 $\eta=0.5$,权重的分界限 $\beta=0.5$,有 $f=0.88>\beta$,即可以认为在 70℃与 80℃下针织品的断裂强度有相同的标准差,即相同的分散范围,$U_{F1}\approx U_{F2}$。

(2) 研究平均值

研究平均值有多种方法。

1) 用包含点分析法

首先研究 70℃的数据。假设 $X_{E2}=X_{02}=20$ 属于系统 X_1 的一个数据,即有

$$X_1=\{x_1(k);k=1,2,\cdots,n_1+1;n_1=9\}=$$
$$\{20.5,18.8,19.8,20.9,21.5,20.4,19.5,21,21.2,20\}$$

建立数据对所估计真值 $X_{01}=20.5$ 的隶属函数,有

$$\mu_1(x)=\begin{cases}0 & x_1<x_{L1}\\ \mu_{11}(x) & x_1\in[x_{L1},x_{01}]\\ \mu_{12}(x) & x_1\in[x_{01},x_{U1}]\\ 0 & x_1>x_{U1}\end{cases}$$

式中

$$\mu_{11}(x_1)=\frac{x_1-x_{L1}}{x_{01}-x_{L1}}=\frac{x_1-19.14}{20.5-19.14}=\frac{x_1-19.14}{1.36}$$

$$\mu_{12}(x_1)=\frac{x_{U1}-x_1}{x_{U1}-x_{01}}=\frac{22.01-x_1}{22.01-20.5}=\frac{22.01-x_1}{1.51}$$

将 10 个数据代入以上两式，可以得到一个模糊子集 A，其中有隶属度为

$$\mu_1(x_1(k);k=10)=\mu_{11}(X_{E2}=X_{02}=20)=0.63$$

然后再研究 80 ℃的数据。假设 $X_{E1}=X_{01}=20.5$ 属于系统 X_2 的一个数据，即有

$$X_2=\{x_2(k);k=1,2,\cdots,n_2+1;n_2=9\}=$$
$$\{17.7,20.3,20,18.8,19.4,19,20.1,20.2,19.1,20.5\}$$

建立数据对所估计真值 $X_{02}=20$ 的隶属函数，有

$$\mu_2(x_2)=\begin{cases}0 & x_2<x_{L2}\\ \mu_{21}(x) & x_2\in[x_{L2},x_{02}]\\ \mu_{22}(x) & x_2\in[x_{02},x_{U2}]\\ 0 & x_2>x_{U2}\end{cases}$$

式中

$$\mu_{21}(x_2)=\frac{x_2-x_{L2}}{x_{02}-x_{L2}}=\frac{x_2-17.86}{20-17.86}=\frac{x_2-17.86}{2.14}$$

$$\mu_{22}(x_2)=\frac{x_{U2}-x_2}{x_{U2}-x_{02}}=\frac{20.91-x_2}{20.91-20}=\frac{20.91-x_2}{0.91}$$

可以得到一个模糊子集 A，其中有隶属度为

$$\mu_2(x_2(k);k=10)=\mu_{22}(X_{E1}=X_{01}=20.5)=0.45$$

求平均隶属度，即

$$\mu=\frac{\mu_1(20)+\mu_2(20.5)}{2}=\frac{0.63+0.45}{2}=0.54>0.5$$

因此 X_{01} 与 X_{02} 之间的隶属度略大于 0.5，即可以判断在 70 ℃与 80 ℃下针织品断裂强度的平均值基本没有差异。

2) 用非包含点分析法

首先研究 70 ℃的数据。对数据序列 X_1 从小到大排序，得

$$X_1^*=\{x_1^*(k);k=1,2,\cdots,n_1;n_1=9\}=$$
$$\{18.8,19.5,19.8,20,20.4,20.5,20.9,21,21.2,21.5\}$$

建立数据序列 X_1^* 对 $X_{E2}=20$ 的隶属函数，有

$$\mu_{12}=\frac{x_1^*(9)-x_1^*(k)}{x^*(9)-X_{E2}}=\frac{21.5-x_1^*(k)}{21.5-20}=\frac{21.5-x_1^*(k)}{1.5}$$

得到模糊子集 A，其中隶属度为

$$\mu_{12}(x_1^*(k);k=6)=\mu_{12}(X_{02})=0.667$$

然后再研究 80 ℃的数据。对数据序列 X_2，从小到大排序，有

$$X_2^*=\{x_2^*(k);k=1,2,\cdots,n_2;n_2=9\}=$$
$$\{17.7,18.8,19,19.1,19.4,20,20.1,20.2,20.3\}$$

建立数据序列 X_2^* 对 $X_{E1}=20.5$ 的隶属函数，有

$$\mu_2=\frac{x_2^*(k)-x_2^*(1)}{X_{E1}-x_2^*(1)}=\frac{x_2^*(k)-17.7}{20.5-17.7}=\frac{x_2^*(k)-17.7}{2.8}$$

得到模糊子集 A，其中有

$$\mu_2(x_2^*(k);k=6)=\mu_2(X_{01})=0.821>0.5$$

求隶属度的平均值，即

$$\mu=\frac{\mu_{12}(X_{02})+\mu_2(X_{01})}{2}=\frac{0.667+0.821}{2}=0.744>0.5$$

因此，在 70 ℃与 80 ℃下针织品断裂强度的平均值之间没有显著差异。

3）用中心偏移与分散范围的比值分析法

求假定真值 $X_{E2}=20$ 与所估计真值 $X_{01}=20.5$ 的绝对差，即两个分布中心的偏移量：

$$\Delta_1=|X_{E2}-X_{01}|=|20-20.5|=0.5$$

求 Δ_1 与所估计出的分散范围半值 $\frac{U_{F1}}{2}$ 的比值，即

$$d_1=\frac{\Delta_1}{\frac{1}{2}U_{F1}}=\frac{0.5}{\frac{2.87}{2}}=0.34$$

求假定真值 $X_{E1}=20.5$ 与所估计的真值 $X_{02}=20$ 的绝对差，即两个分布中心的偏移量：

$$\Delta_2=|X_{E1}-X_{02}|=|20.5-20|=0.5$$

求 Δ_2 与所估计出的分散范围半值 $\frac{U_{F2}}{2}$ 的比值，即

$$d_2=\frac{\Delta_2}{\frac{1}{2}U_{F2}}=\frac{0.5}{\frac{3.05}{2}}=0.32$$

求比值的平均值

$$d=\frac{d_1+d_2}{2}=0.33$$

求比值平均值的权重函数

$$f=f(0.33)=\begin{cases}1-\dfrac{0.33}{\eta} & d\in[0,\eta] \\ 0 & d\in[\eta,\infty)\end{cases}$$

取映射系数 $\eta=0.5$，权重的分界限 $\beta=0.5$，有

$$f=0.34<\beta$$

因此，在 70 ℃与 80 ℃下针织品断裂强度的平均值之间有显著差异。

可见用模糊假设检验研究本问题，不同的算法得出了不同的结果。

4. 综合结果

综合以上变异分析、灰假设检验和模糊假设检验三种方法，可以认为在两种温度下，该针织品断裂强度变化不显著，即温度对针织品断裂强度的再现性影响不大。

4.3　寿命分析

4.3.1　寿命分析方法

用模糊分析原理可以研究精密仪器的寿命问题。

设通过实验获得 n 个有关寿命的数据，可以构成一个数据序列

$$X=\{x(k);k=1,2,\cdots,n\}=\{x(1),x(2),\cdots,x(k),\cdots,x(n)\} \tag{4-47}$$

给定置信概率 P，区间估计为

$$x\in[X_{\mathrm{L}},X_{\mathrm{U}}] \tag{4-48}$$

式中，x 为有关寿命的数据；X_{L} 为有关寿命数据估计区间的下边界；X_{U} 为有关寿命数据估计区间的上边界。

本节提出的寿命分析方法，可以用于失效数据和无失效数据的寿命评估。

4.3.2　寿命应用实例

例 4-18　在验证某新型武器的可靠性时，随机抽出 4 件进行实验，得到下列两次故障间隔时间值(用设定单位表示)：

$$X=\{x(k);k=1,2,3,4\}=\{456,478,491,515\}$$

试对该武器系统两次故障间隔时间的区间进行评估。

某新型武器的可靠性估计见表 4-22。

表 4-22　某新型武器的可靠性估计

参　数	估计结果	
置信概率 $P/(\%)$	79.95	88.96
估计区间下边界 X_{L}	454.9	450.5
估计区间上边界 X_{U}	516.2	522.7
备　注	$\gamma^*=0.61$ $L=3$	$\gamma^*=0.475$ $L=3$

例 4-19　导弹无失效数据的评估问题。

某型导弹具有数量少、可靠性高的特点。在其服役的 3 年内，每半年进行一次小批量抽检，结果无一失效(零失效)。具体数据见表 4-23。

表 4-23　某型导弹无失效数据

抽检次数	1	2	3	4	5	6
时间/年	0.5	1.0	1.5	2.0	2.5	3.0
数量/枚	2	3	3	4	4	3

用无失效数据的可靠性分析考虑时间数据。

本例实际上有 19 个数据，即

$$X=(0.5,0.5,1.0,1.0,1.0,1.5,1.5,1.5,2.0,2.0,2.0,2.0,2.5,2.5,2.5,2.5,3.0,3.0,3.0)$$

取 $L=3$，经计算，若置信概率 $P=99.46\%(q=0.37)$，则置信区间为

$$[X_{\mathrm{L}},X_{\mathrm{U}}]=[0.07,3.66]$$

若置信概率 $P=96.84\%(\gamma^*=0.4)$，则置信区间为

$$[X_{\mathrm{L}},X_{\mathrm{U}}]=[0.22,3.66]$$

若置信概率 $P=84.59\%(\gamma^*=0.46)$，则置信区间为

$$[X_{\mathrm{L}},X_{\mathrm{U}}]=[0.48,3.26]$$

将计算结果与表 4-23 中的时间数据比较可知，计算区间$[X_{\mathrm{L}},X_{\mathrm{U}}]=[0.48,3.26]$包含了实际区间$[0.5,3.0]$，因此该导弹无失效数据的可靠性最低为 $P=84.59\%\approx85\%$。

已知该型导弹共有 96 枚，在第 3 年年末之前，估计该型导弹存在故障的枚数最多不超过

$$96\times(100-85)/100=14.4\approx14 \text{ 枚}$$

实际检测时只有 8 枚有故障，从而验证了估计结果。

另外，还可以用灰自助法、自助法、最大熵法以及灰自助熵法等进行研究。

图 4－12 仅给出用灰自助熵法建立的该型导弹无失效数据的概率密度函数图形。

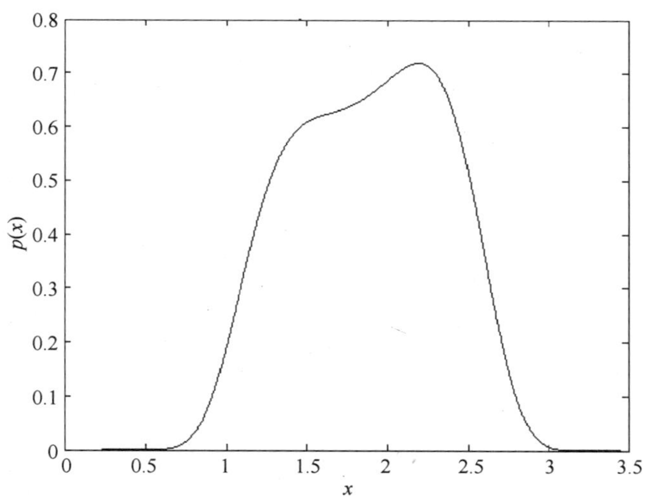

图 4－12　某导弹无失效数据的灰自助熵概率密度函数

4.4　本章小结

在测量系统稳定性的论述中，给出了基于清晰度、贴近度以及平均隶属度三种系统稳定性判据。实验研究表明，基于贴近度的系统稳定性判据的效果最好。在实际应用时，一般以贴近度法为主，其他两种方法为辅，进行综合研究。

在测量系统重复性和再现性的论述中，给出了变异分析方法和模糊假设检验与灰假设检验的否定域。用测量系统输出序列的点变异、区间变异、综合变异指标等来描述其特征参数的重复性或再现性，用测量系统的输出序列的排序数据图的特征变异来描述其概率分布的重复性或再现性。

在精密仪器的寿命分析的论述中，给出了寿命数据的区间估计方法，用于失效数据和无失效数据(零失效数据)的寿命评估。

本章提出的方法对数据的样本量及其概率分布无特殊要求。

第三篇
精密仪器精度的小样本非统计分析与评定

本篇由第 5 章和第 6 章组成，内容包括精密仪器测量误差的小样本非统计分析和精密仪器测量不确定度的小样本非统计评定等。

第 5 章介绍精密仪器测量过程中误差的溯源方法、误差诊断与分离的小样本非统计分析问题。

第 6 章研究测量不确定度的基本问题，包括标准不确定度的评定、测量不确定度的合成与扩展不确定度的评定等内容，此外还给出了大量的工程应用实例。

第5章　精密仪器测量误差的小样本非统计分析

本章介绍精密仪器测量过程中的误差溯源的基本概念和意义，重点阐述精密仪器测量的误差溯源方法。误差溯源的非统计分析方法克服了传统理论在精密仪器测量误差分离修正中的一些局限性。本章还介绍仪器误差诊断与分离的小样本非统计分析问题。在误差诊断方面，提出了系统误差的模糊诊断与灰色诊断的基本原理与方法。在误差分离方面，提出了误差分离的范数方法，以分离趋势已知时的系统误差；提出了误差分离的灰自助方法，以分离趋势未知时的系统误差。

5.1　测量误差的溯源

精度损失是所有精密测量系统都存在的一个问题。

随着测量系统的使用，系统内部机械零部件的磨损、电气元器件的老化等导致其内部各主要结构单元的几何形状、物理特性发生变化，从而使得信号经测量系统传递后失真，测量系统对信号的传递功能随着使用时间的增加而逐渐降低。随着测量系统使用时间的增加，系统内各结构单元都会发生这样的变化，从而共同作用引起输出误差的不断增大，测量系统的精度不断降低。为了可靠地保证测量精度，仅采用提高精密仪器组成部件精度的措施已不能完全适用，必须采取现代化的精度保障理论与技术措施，对整个精密测量系统进行误差溯源。

精密测量系统在使用过程中，随着使用周期的增加，信号失真度不断增大，测量的误差不断增大，即测量结果的精度逐渐降低。根据对仪器测量原理的分析和测量结果的变化，采用相关工程技术手段，研究测量结果失真，进行更精确的测量误差溯源，正成为国内外计量测试工程领域中迫切需要解决的问题。精密仪器测量误差溯源的结果可以作为测量系统精度诊断的依据，为进行测量误差补偿提供参考，并为有效提高测量系统的精度打下基础。

5.1.1　误差溯源的概念

精密测量系统在不同阶段的输出总误差是各结构单元误差作用的综合结果，寿命周期内的精度损失是各单元精度损失作用的综合结果。误差溯源就是利用一定的信号分析方法和数据处理方法，依据各结构单元误差特性以及测量系统输出总误差特性，将精密测量系统各测量阶段的输出总误差分解并溯源到各结构单元，并给出其建模方法，从而得到误差变化的规律，为测量系统的精度设计提供理论基础。

误差溯源遵循误差独立性原则，分析建立测量系统的全误差模型与误差特性，以掌握精度损失的规律，使各主要结构单元的精度损失具有等效性，从而达到测量系统精度的最佳匹配，提高测量系统的动态性能，实现精密仪器的最优化设计。

精密仪器误差溯源主要包括以下内容：

① 机理研究。研究测量系统内部各结构单元的组成情况，分析各结构单元的误差传递函数，建立反映整个系统输入与输出关系的“白化”传递链函数模型——系统全误差模型，掌握系统总误差及其内部各结构单元误差特性。

② 精度损失的分解与溯源。利用一定的数学方法，将测量系统的总误差进行分解，得到各结构单元在不同阶段的误差。将系统的总精度损失溯源到各主要结构单元，分析各单元的精度损失对系统总精度损失的影响程度。

③ 实验研究。对测量系统进行精度损失实验研究，得到系统在不同测量阶段的误差量值，最终掌握测量系统的误差变化规律。

5.1.2 误差溯源的方法

误差溯源的方法是根据精密测量仪器全系统误差传递函数和误差“白化”模型，采用一定的现代信号分析和数据处理技术，将测量系统输出总误差分解为测量过程中的各单项误差，在研究其随时间变化动态特性的基础上，进一步追溯到该项误差的总体组成单元或组件，从而掌握误差产生、变化及传递的规律。

1. 全误差模型建立

精密仪器测量全误差模型的建立，从全面误差源分析入手，综合考虑精密测量系统的时变性及其内部各组成结构单元的误差和系统内外各干扰因素对测量结果精度的影响，尽可能将传统的测量系统的“黑箱”处理方案“灰化”直至“白化”，建立精密测量系统内部各主要结构单元的误差传递函数，并根据精密测量系统总的传递关系建立全误差模型，由此得到能反映实际情况的全系统精密仪器测量精度，并进行测量误差溯源的研究。

精密测量系统中各组成单元之间的传输关系，最常见的是既有并联又有串联的混联系统。对于并、串联系统，在此以一个由 4 个传递单元组成的简单混联系统为例，如图 5－1 所示，简要说明精密仪器测量全系统误差模型的建立方法。

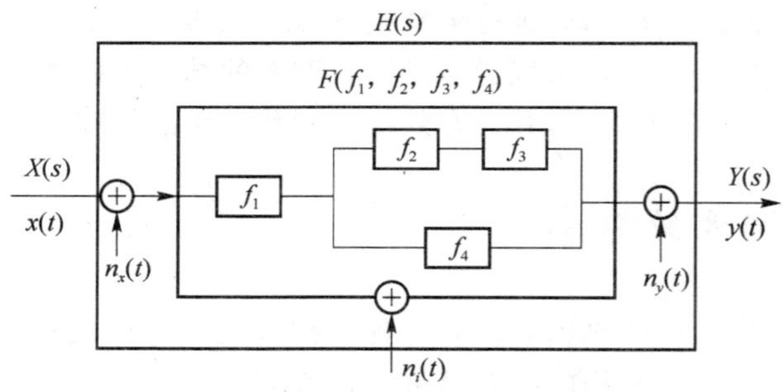

图 5－1 混联测量系统结构

图 5－1 所示的混联测量系统由 4 个单元组成，其中第 2 单元与第 3 单元之间是串联的关系，两者一起与第 4 单元并联，这 3 个单元组成一个局部系统，又与第 1 单元构成串联的关系。因此整个测量系统的传递函数为

$$F(f_1,f_2,f_3,f_4)=f_1(f_2f_3+f_4) \tag{5-1}$$

式中，$f_i(\cdot)$为各单元的传输特性函数，$i=1,2,3,4$。

测量系统内部各组成单元误差引起的系统输出总误差 e_F 经“白化”后可以表示为

$$e_F=(e_1(t)f_2+e_2(t))f_3+e_3(t)+e_1(t)f_4+e_4(t) \tag{5-2}$$

式中，$e_i(t)$为各单元的测量误差，$i=1,2,3,4$。

从图 5-1 中可以看出，测量系统还受到外界的干扰，在考虑干扰信号情况下，系统的误差传递"白化"模型为

$$e_y(t)=n_x(t)F(f_i)+e_F+n_y(t) \tag{5-3}$$

式中，$e_y(t)$为测量系统输出总误差；$n_x(t)$为输入端受到的干扰信号；$n_y(t)$为输出端受到的干扰信号。

假设图 5-1 中仿真系统的 4 个环节分别为二阶环节、线性环节、增益环节和周期环节，其传输特性的表达式分别为

$$\left.\begin{aligned}f_1(t)&=2e^{-2t}\sin(10\pi t+3\pi/4)\\f_2(t)&=0.5t+2\\f_3(t)&=4\\f_4(t)&=\sin 2\pi t\end{aligned}\right\} \tag{5-4}$$

则由式(5-1)得到系统的传递函数为

$$\begin{aligned}F(f_1,f_2,f_3,f_4)=f_1(f_2f_3+f_4)=&\\2e^{-2t}\sin(10\pi t+3\pi/4)[(0.5t+2)\times 4+\sin 2\pi t]=&\\2e^{-2t}\sin(10\pi t+3\pi/4)[8+2t+\sin 2\pi t]&\end{aligned} \tag{5-5}$$

各传递环节的误差为

$$\left.\begin{aligned}e_1(t)&=0.2t\\e_2(t)&=2\sin 4\pi t\\e_3(t)&=n_w(t)\\e_4(t)&=\sin(50\pi t+\pi/4)\end{aligned}\right\} \tag{5-6}$$

其中第 3 个环节 $e_3(t)$为一平均值为零的随机信号。假设系统未受到外界干扰，即系统在测试过程中无外界噪声输入，则根据式(5-2)可得该系统输出的总误差 e_F 为

$$\begin{aligned}e_F=[e_1(t)f_2+e_2(t)]f_3+e_3(t)+e_1(t)f_4+e_4(t)=&\\[0.2t(0.5t+2)+2\sin 4\pi t]\times 4+n_w(t)+0.2t\sin 2\pi t+\sin(50\pi t+\pi/4)=&\\0.4t^2+1.6t+0.2t\sin 2\pi t+8\sin 4\pi t+\sin(50\pi t+\pi/4)+n_w(t)&\end{aligned} \tag{5-7}$$

以 100 Hz 的采样频率对该总误差进行采样，结果如图 5-2 所示。

研究精密测量系统及其各结构单元的误差特性及系统的全误差模型是后续测量误差溯源的基础。

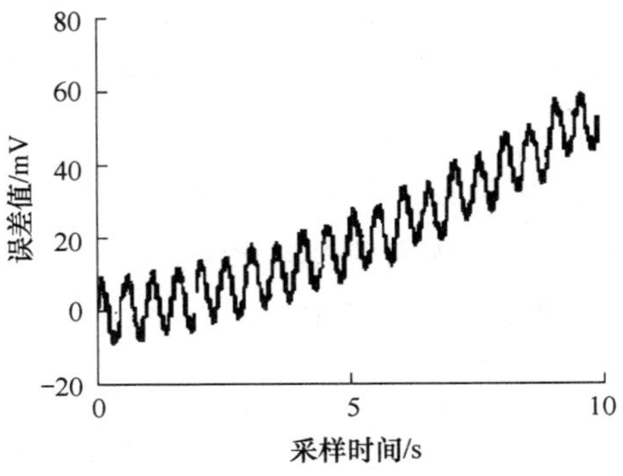

图 5-2　原始误差曲线

2. 基于小波神经网络的误差溯源

小波分析是在时域对信号进行离散变换,在频域进行谱分析的数学方法。它在时域和频域都具有很好的局部化性质,较好地解决了时间和频率分辨率的矛盾;对信号的低频成分,可用宽时窗使得时域分辨率低而频域分辨率高;对信号的高频成分,则可用窄时窗使得时域分辨率高而频域分辨率低,具有“显微镜”和“望远镜”的功能。这里采用小波变换中的多分辨分析法对图 5-1 所示仿真精密测量系统的测量总误差进行溯源。

从精密测量系统输出的总误差中可以很明显地看出,总误差中含有二次项成分,应用最小二乘法对多项式拟合,将二次项误差成分分离出来,所得结果如图 5-3 和图 5-4 所示。二次项误差的表达式为

$$s=0.4t^2+1.6t+0.8 \tag{5-8}$$

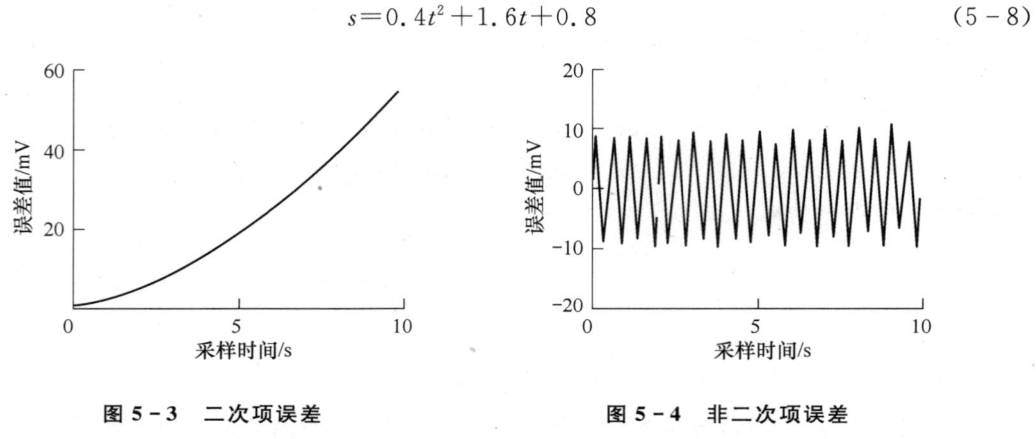

图 5-3 二次项误差　　图 5-4 非二次项误差

Daubechies 小波是对尺度取 2 的整幂条件下的小波。在此应用 Daubechies 系中的 db3 函数,对上述剔除二次项后的系统输出误差(见图 5-4)进行 4 层小波分解,所得结果如图 5-5 所示。

由图 5-5 中的 d_1 可以看出,原误差信号中含有一平均值为零的白噪声,即 $e_3(t)$。运用 Matlab 小波工具箱提供的图形用户界面对待分析误差进行放大分析,由 a_2 和 d_2 的放大图可以看出,其周期之比为 2∶25,且两者相位相差 $\pi/4$,而且可以明显看出,高频信号滞后。进一步观察 a_2 可得其周期为 0.5 s,幅度约为 8 mV,即原误差信号中存在一频率为 2 Hz 的周期信号 $8\sin 4\pi t$。由此可知 d_2 的频率为 25 Hz,且从图 5-5 可见,其幅值约为 1 mV,其表达式为 $\sin(50\pi t+\pi/4)$。

另外,进一步分析图 5-5 及其局部放大图可得,原误差信号中还存在一周期为 1 s,即频率为 1 Hz 的周期成分,且它与 2 Hz 的周期信号同相位。

从以上分析已经得到,在仿真动态测试系统的输出误差中存在着 1 项二次误差、3 项周期误差,以及 1 项白噪声。

根据小波多分辨分析的结果及全系统动态精度理论的分析结果,可知各组成环节的传输特性与误差特性的粗略信息以及各环节之间的传输特性,即系统的传递链函数。

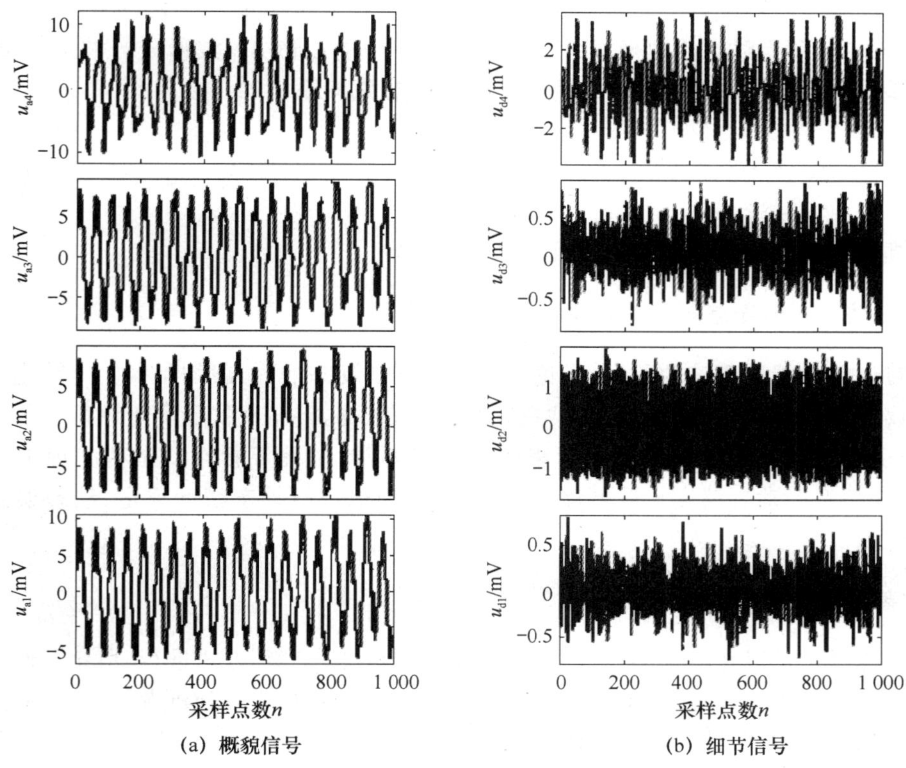

图 5-5　剔除二次项后误差的多分辨分析结果示意图

例如，知道第 2 个环节是一个线性增益环节，设其表达式为

$$f_{20}=at+b \tag{5-9}$$

式中，a 和 b 为待定常数。

其误差特性为一周期形式，其表达式为

$$e_{20}=k\sin(2\pi nt+\varphi) \tag{5-10}$$

式中，k,n,φ 为待定常数。

将各个未知部分作为一个 3 层 BP 神经网络的输入，将系统的输出误差作为其输出，其结构见图 5-6，利用 BP 网络的学习、自组织功能，应用一定的优化算法，对网络进行训练，设定训练误差为 10^{-4}，网络的权值为所求的各个未知数，其结果为

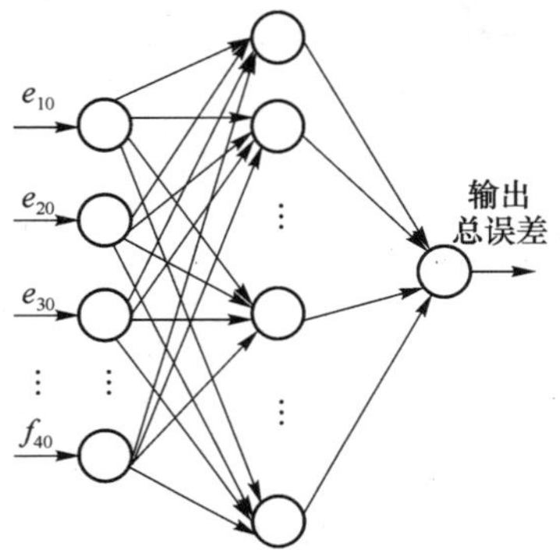

图 5-6　精密测量系统的 3 层 BP 网络分析结构图

$$\left.\begin{aligned}f_1(t)&=1.998e^{-2t}\sin(10\pi t+3\pi/4)\\f_2(t)&=0.499t+2.003\\f_3(t)&=4.001\\f_4(t)&=1.002\sin(2\pi t)\end{aligned}\right\} \tag{5-11}$$

$$\left.\begin{aligned}e_1(t)&=0.202t\\e_2(t)&=1.996\sin(4\pi t)\\e_3(t)&=n_w(t)\\e_4(t)&=0.999\sin(50\pi t+\pi/4)\end{aligned}\right\} \tag{5-12}$$

显然该结果与原系统各单元特性基本相符。再将各分析结果代入式(5－2)，用同样的采样频率进行采样，所得结果用波形图表示，见图 5－5 中的波形 d。波形 d 与波形 a(即仿真系统输出误差)相比，基本相符。这样就完成了对该精密测量系统的误差溯源。

5.1.3 误差溯源的意义

误差溯源的意义具体体现在以下几个方面：

1. 拓宽动态测量误差与精度理论

当前对误差与精度理论的研究，无论是静态的还是动态的，一般均是误差与精度理论的正向过程。误差溯源理论的研究，以建立“白化”模型为依据，将精密仪器测量总误差进行分解和溯源，找出引起总误差的各组成单元带来的单项误差，此过程可看作动态精度理论的逆向问题，它深化并拓宽了动态精度与误差理论，将为更精确地进行动态精度评定、动态误差修正或补偿提供依据。

2. 改善系统的可测试性

误差溯源理论可以将传统的以分析输入、输出端口的“黑箱”方式进行“白化”，使测试人员以更积极的方式介入测量过程，不仅承担测试中激励生成者和响应分析者的角色，而且成为整个测试过程的主导者和设计者，通过改善被测对象的设计使其更便于测试。误差溯源技术一方面能够对系统的内部状态及其精度损失情况进行观测；另一方面便于对测试系统内部状态及其精度损失进行控制。

3. 提高系统的动态测量精度

随着时间的推移，动态测量系统的精度将逐渐降低。根据误差溯源的结果，对测量系统内部各误差的来源及其分布充分地了解与掌握，可为进一步的精度损失诊断提供基础，及时分析掌握各项误差源的精度损失情况及其随时间的变化规律，建立其精度损失模型，并采取相应的措施，有针对性地控制其精度损失，从而提高系统的动态测量精度。

5.2 误差性质的诊断

5.2.1 模糊关系诊断

1. 模糊相似系数

研究对象有 i 个样本

$$Y_i=[Y_{i1},Y_{i2},\cdots,Y_{ik},\cdots,Y_{in}] \qquad (k=1,2,\cdots,n;\ i=1,2,\cdots,m) \tag{5-13}$$

构成一个集合

$$Y=[Y_1,Y_2,\cdots,Y_i,\cdots,Y_m] \tag{5-14}$$

式中，m 为样本数；n 为每个样本的样本量(数据个数)；Y_{ik} 为第 i 个样本的第 k 个数据。

设数据的总个数为 $S=m\times n$，则第 i 个样本的第 k 个数据 Y_{ik} 的顺序号为 $t(t=1,2,\cdots,S)$。于是，顺序号 t 就相当于时间参数。

无论 Y_{ik} 是不是模糊数，将 Y_{ik} 线性映射到[0,1]区间内，看成模糊数 X_{ik}，就可以用模糊集合理论处理。

设线性映射公式为

$$X_{ik}=\frac{Y_{ik}-Y_{\min}}{Y_{\max}-Y_{\min}} \tag{5-15}$$

$$Y_{\max}=\max_{i,k}Y_{ik} \tag{5-16}$$

$$Y_{\min}=\min_{i,k}Y_{ik} \tag{5-17}$$

$$(k=1,2,\cdots,n;\ i=1,2,\cdots,m)$$

式中，X_{ik} 为模糊数，$X_{ik}\in[0,1]$。

各样本间的相似程度可以用模糊相似系数描述，于是有模糊相似矩阵：

$$\boldsymbol{R}=\{r_{il}\}_{m\times m}\qquad (l=1,2,\cdots,m;\ i=1,2,\cdots,m) \tag{5-18}$$

式中，r_{il} 为模糊相似系数。

这里用最大最小法计算模糊相似系数：

$$r_{il}=\frac{\sum_{k=1}^{n}(X_{ik}\wedge X_{lk})}{\sum_{k=1}^{n}(X_{ik}\vee X_{lk})}$$

$$(l=1,2,\cdots,m;\ i=1,2,\cdots,m) \tag{5-19}$$

其中

$$r_{il}=\begin{cases}1 & i=l\\ r_{li} & i\neq l\end{cases} \tag{5-20}$$

$$(l=1,2,\cdots,m;\ i=1,2,\cdots,m)$$

即 $\boldsymbol{R}$ 是一个模糊相似关系矩阵，研究对象具有模糊相似关系 R。

2. 模糊等价关系及其意义

在给定模糊相似关系以后，用模糊集合理论的传递闭包法可以获得研究对象的模糊等价关系，求解方法如下。

对于任意模糊关系 R，如果存在

$$\boldsymbol{T}(R)=R^{h-1}=R^{h}=\cdots \tag{5-21}$$

$$(h=1,2,3,\cdots)$$

那么，依次可以求出模糊等价关系。

第 1 步，求出 $R^2=R\cdot R$。

第 2 步，求出 $R^4=R^2\cdot R^2$。

……

第 q 步，直到求出 $R^{2q}=R^q$ 为止，R^q 就是所求的模糊等价关系 $\boldsymbol{T}(R)$，即模糊集合理论中的传递闭包：

$$T(R)=R^{q} \tag{5-22}$$

有

$$T(R)=\begin{bmatrix} v_{11} & v_{12} & v_{13} & \cdots & v_{1l} & \cdots & v_{1m} \\ v_{21} & v_{22} & v_{23} & \cdots & v_{2l} & \cdots & v_{2m} \\ v_{31} & v_{32} & v_{33} & \cdots & v_{3l} & \cdots & v_{3m} \\ \vdots & \vdots & \vdots & & \vdots & & \vdots \\ v_{i1} & v_{i2} & v_{i3} & \cdots & v_{il} & \cdots & v_{im} \\ \vdots & \vdots & \vdots & & \vdots & & \vdots \\ v_{m1} & v_{m2} & v_{m3} & \cdots & v_{ml} & \cdots & v_{mm} \end{bmatrix}=\begin{bmatrix} 1 & v_{12} & v_{13} & \cdots & v_{1l} & \cdots & v_{1m} \\ & 1 & v_{23} & \cdots & v_{2l} & \cdots & v_{2m} \\ & & 1 & \cdots & v_{3l} & \cdots & v_{3m} \\ & & & \ddots & \vdots & & \vdots \\ & & & & 1 & \cdots & v_{im} \\ & & & & & \ddots & \vdots \\ & & & & & & 1 \end{bmatrix} \tag{5-23}$$

式中

$$v_{il}=\begin{cases} 1 & i=l \\ v_{li} & i\neq l \end{cases} \tag{5-24}$$

$$0\leqslant v_{il}\leqslant 1$$

在式(5－23)中，元素 v_{il} 描述了研究对象中第 i 个样本 Y_i 和第 l 个样本 Y_l 的模糊等价关系，亦即 Y_i 特征和 Y_l 特征的符合程度，可称之为模糊等价性系数，它有如下意义：

① 若 v_{il} 越接近 1，则 Y_i 和 Y_l 两个样本的特征符合程度越好，表明二者之间的系统误差越小；

② 若 v_{il} 越接近 0，则 Y_i 和 Y_l 两个样本的特征符合程度越差，表明二者之间的系统误差越大；

③ 特别地，当 $v_{il}=1$ 时，Y_i 和 Y_l 是完全一样的，不存在任何系统误差；当 $v_{il}=0$ 时，Y_i 和 Y_l 是毫不相干的，存在着极其明显的系统误差。

据此可以进行动态测量数据的系统误差的诊断与分析。

在工程实践中，$v_{il}=1$ 和 $v_{il}=0$ 是很少见的。此时可以依据模糊数概念、最优水平 λ(λ 水平)和 λ 水平截集 A_λ 来诊断研究对象系统误差的存在的显著性。

3. 系统误差的模糊诊断原理

在模糊集合理论中，0 和 1 可以分别表示事物的真和假两个极端状态，而 0.5 则表示事物亦真亦假，最难判别。可以用 λ 水平和 λ 水平截集 A_λ 来诊断系统误差存在的显著性。

若

$$v_{il}>\lambda \tag{5-25}$$

则 Y_i 和 Y_l 在 λ 水平下彼此之间不存在系统误差。

若

$$v_{il}\leqslant\lambda \tag{5-26}$$

则 Y_i 和 Y_l 在 λ 水平下彼此之间存在系统误差。

在 λ 水平下彼此之间不存在系统误差的样本集合为

$$A_\lambda=\{T(R|_{v_{il}>\lambda})\} \qquad (l=1,2,\cdots,m;\ i=1,2,\cdots,m) \tag{5-27}$$

在 λ 水平下彼此之间存在系统误差的样本集合为

$$B_{\lambda}^{-}=\{\boldsymbol{T}(R|_{v_{il}\leqslant\lambda})\}\qquad(l=1,2,\cdots,m;\ i=1,2,\cdots,m)\tag{5-28}$$

在分析时，取 $\lambda=\lambda^{*}=0.5$。

4. 系统误差的模糊特征

定义分段平均模糊等价性系数集合为

$$U=[u_1,u_2,\cdots,u_j,\cdots,u_{m-1}]\tag{5-29}$$

$$u_j=\frac{\sum_{i=1}^{m-j}v_{i,i+j}}{m-j}\tag{5-30}$$

$$u_j\in[0,1]\qquad(j=1,2,\cdots,m-1)$$

式中，u_j 为分段平均模糊等价性系数，简称为分段等价系数；j 为第 j 个样本。

由于 j 从小到大变化，可以表示为各样本采样的时间先后顺序，也可以表示为各样本采样的区间大小等从小到大变化的顺序号。因此和时间 t 参数相似，j 又可以称为样本时间参数或样本顺序参数。为方便起见，统称时间参数(尽管有时 j 和 t 可能和时间无关)。

u_j 的变化范围为

$$\delta u=\max u_j-\min u_j\qquad(j=1,2,\cdots,m-1)\tag{5-31}$$

对于单样本研究对象而言，本节中的 m 可看作组数，n 可看作每组数据个数。于是该样本量为 $S=n\times m$。

由于 u_j 是 v_{il} 的分段平均值，因此从理论上讲：

① 若 u_j 越小，则系统误差越大；若 u_j 越大，则系统误差越小。u_j 的变化意味着系统误差的减小或增大。

② 若随着时间参数 j 的增大，u_j 无明显变化，则研究对象不存在显著的系统误差。

③ 若随着时间参数 j 的增大，u_j 明显减小，则研究对象存在着上升或下降趋势的系统误差。

④ 若随着时间参数 j 的增大，u_j 由小明显变大后又明显变小，则研究对象存在着周期性趋势的系统误差。

⑤ 设随着时间参数 j 的增大，若 u_j 由小明显变大后又明显变小的次数为 w，则研究对象的周期性系统误差变化 $w+1$ 个周期。

⑥ 若 $v_{il}\leqslant\lambda$，同时 u_j 比较大，u_j 的变化范围 δu 又很小，则系统误差比较小，没有明显的上升、下降或周期性系统误差，这表明可能存在着定值系统误差。

在工程实践中，没有系统误差的理想系统几乎是不存在的。一般认为所谓没有系统误差是指系统误差很小，可以达到忽略不计的程度。

5.2.2　灰关系诊断

采用灰关系和灰假设检验的概念可以诊断误差的性质。

对于数据序列 $X_h\in(X_i,X_j)$，$h\in(i,j)$，$k\in K$，假设 H_0 为 X_i 和 X_j 两系统具有相同的属性 R，即不存在系统误差，灰否定域为

$$f<\lambda\tag{5-32}$$

若 f 计算值未落入否定域，则假设 H_0 为真，X_i 和 X_j 具有相同的属性 R，即不存在系统误差，表示为

$$(X_i, X_j) \subset R \tag{5-33}$$

若 f 计算值落入否定域，则假设 H_0 为假，X_i 和 X_j 不具有相同的属性 R，即存在系统误差，表示为

$$(X_i, X_j) \not\subset R \tag{5-34}$$

5.2.3 误差性质诊断应用实例

1. 无系统误差的系统

研究均匀分布和正态分布的情形。

这两类分布的随机变量不含系统误差，因此研究对象的真实情况不存在系统误差。

例 5-1 均匀分布随机误差离散数据样本个数为 $m=10$，每个样本的样本量为 $n=5$，共有 50 个数据。

$$Y=[Y_1,Y_2,Y_3,Y_4,Y_5,Y_6,Y_7,Y_8,Y_9,Y_{10}]$$
$$Y_1=[0.1124,-0.3265,-0.5326,0.3779,-2.3862]$$
$$Y_2=[2.1747,0.0608,-2.0284,1.5079,-1.9310]$$
$$Y_3=[0.6544,-1.1342,0.1015,-1.3375,0.5486]$$
$$Y_4=[1.4592,0.6950,1.25605,2.1421,0.0528]$$
$$Y_5=[0.2886,-0.1503,0.7357,-2.0530,-0.8171]$$
$$Y_6=[-0.2562,1.3292,-0.4594,-0.2236,0.3373]$$
$$Y_7=[0.2234,-0.8658,-0.6300,1.9309,-1.1829]$$
$$Y_8=[-1.9717,-0.7359,0.8250,1.4105,-0.3781]$$
$$Y_9=[-0.1423,0.4186,1.3047,-0.7845,1.4512]$$
$$Y_{10}=[-0.9878,-0.1016,-0.1910,-0.6546,1.9063]$$

用模糊关系研究，计算后可得到模糊等价关系矩阵：

$$\begin{bmatrix}
1.000 & 0.619 & 0.650 & 0.650 & 0.650 & 0.650 & 0.709 & 0.632 & 0.650 & 0.650 \\
0.619 & 1.000 & 0.619 & 0.619 & 0.619 & 0.619 & 0.619 & 0.619 & 0.619 & 0.619 \\
0.650 & 0.619 & 1.000 & 0.666 & 0.672 & 0.666 & 0.650 & 0.632 & 0.666 & 0.666 \\
0.650 & 0.619 & 0.666 & 1.000 & 0.666 & 0.671 & 0.650 & 0.632 & 0.671 & 0.671 \\
0.650 & 0.619 & 0.672 & 0.666 & 1.000 & 0.666 & 0.650 & 0.632 & 0.666 & 0.666 \\
0.650 & 0.619 & 0.666 & 0.671 & 0.666 & 1.000 & 0.650 & 0.632 & 0.715 & 0.715 \\
0.709 & 0.619 & 0.650 & 0.650 & 0.650 & 0.650 & 1.000 & 0.632 & 0.650 & 0.650 \\
0.632 & 0.619 & 0.632 & 0.632 & 0.632 & 0.632 & 0.632 & 1.000 & 0.632 & 0.632 \\
0.650 & 0.619 & 0.666 & 0.671 & 0.666 & 0.715 & 0.650 & 0.632 & 1.000 & 0.767 \\
0.650 & 0.619 & 0.666 & 0.671 & 0.666 & 0.715 & 0.650 & 0.632 & 0.767 & 1.000
\end{bmatrix}$$

和分段平均模糊等价性系数集合：

$$U=[0.657,0.647,0.655,0.655,0.648,0.666,0.639,0.635,0.65]$$

可以看出 u_j 的变化范围很小，仅为 $\delta u=0.031$。

图 5－7 描述了 u_j 和 j 的关系，随着 j 的变化，u_j 的变化很小。因此各样本之间不存在系统误差。

另一方面，由各样本之间的模糊等价关系矩阵也可以得出相同的结论，这是因为

$$\min v_{il}=0.619$$

$$v_{il}\geqslant \min \qquad v_{il}>0.5$$

$$(l=1,2,\cdots,10;i=1,2,\cdots,10)$$

的缘故。

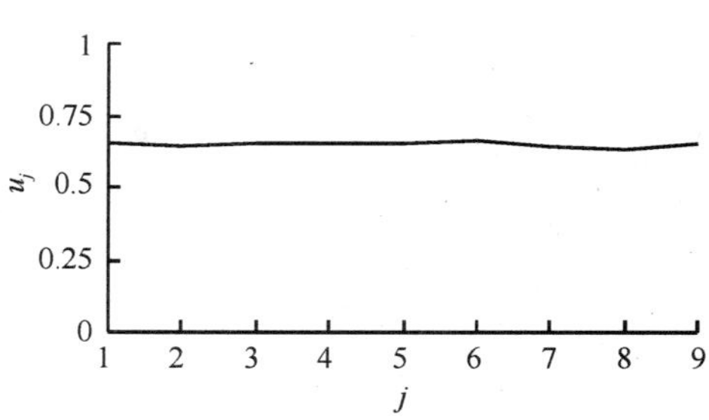

图 5－7　均匀分布关系图($m=10,n=5$)

用灰关系的排序假设检验方法研究(考察概率分布的变化)。将 Y 分为 2 个子系统 X_1 和 X_2，设

$$X_1=[Y_1,Y_2,Y_3,Y_4,Y_5]$$
$$X_2=[Y_6,Y_7,Y_8,Y_9,Y_{10}]$$

取 $P=95\%$，经计算得到

$$\xi_M=0.1001 \qquad d_{\max}=0.0258 \qquad f_{12}=0.741>0.5$$

因此概率分布的变化不明显，不存在系统误差。

例 5－2　正态分布随机误差离散数据样本个数为 $m=10$，每个样本的样本量为 $n=5$，共有 50 个数据。

$$Y=[Y_1,Y_2,Y_3,Y_4,Y_5,Y_6,Y_7,Y_8,Y_9,Y_{10}]$$
$$Y_1=[0.9510463,0.4161904,0.1984314,0.2561883,0.05697781]$$
$$Y_2=[0.169929,0.9726159,0.07743371,0.411845,0.8995168]$$
$$Y_3=[0.6512842,0.689134,0.8836289,0.8135109,0.1712648]$$
$$Y_4=[0.5933033,0.02878696,0.05503869,0.6656756,0.7030886]$$
$$Y_5=[0.1703783,0.467423,0.1670482,0.2333947,0.7261885]$$
$$Y_6=[0.6098068,0.5604534,0.8415092,0.7868548,0.02277851]$$
$$Y_7=[0.786626,0.01772749,0.943991,0.7439969,0.2950901]$$
$$Y_8=[0.7259778,0.3683124,0.07381582,0.7472836,0.2944461]$$
$$Y_9=[0.1377609,0.5909097,0.9696836,0.5562013,0.81563]$$
$$Y_{10}=[0.4178982,0.1569311,0.2398201,0.2786897,0.7369711]$$

计算后可得到模糊等价关系矩阵：

$$\begin{bmatrix}
1.000 & 0.553 & 0.553 & 0.553 & 0.553 & 0.553 & 0.553 & 0.553 & 0.553 & 0.553\\
0.553 & 1.000 & 0.580 & 0.605 & 0.626 & 0.580 & 0.580 & 0.605 & 0.580 & 0.626\\
0.553 & 0.580 & 1.000 & 0.580 & 0.580 & 0.876 & 0.692 & 0.580 & 0.585 & 0.580\\
0.553 & 0.605 & 0.580 & 1.000 & 0.605 & 0.580 & 0.580 & 0.612 & 0.580 & 0.605\\
0.553 & 0.626 & 0.580 & 0.605 & 1.000 & 0.580 & 0.580 & 0.605 & 0.580 & 0.665\\
0.553 & 0.580 & 0.876 & 0.580 & 0.580 & 1.000 & 0.692 & 0.580 & 0.585 & 0.580\\
0.553 & 0.580 & 0.692 & 0.580 & 0.580 & 0.692 & 1.000 & 0.580 & 0.585 & 0.580\\
0.553 & 0.605 & 0.580 & 0.612 & 0.605 & 0.580 & 0.580 & 1.000 & 0.580 & 0.605\\
0.553 & 0.580 & 0.585 & 0.580 & 0.580 & 0.585 & 0.585 & 0.580 & 1.000 & 0.580\\
0.553 & 0.626 & 0.580 & 0.605 & 0.665 & 0.580 & 0.580 & 0.605 & 0.580 & 1.000
\end{bmatrix}$$

和分段平均模糊等价性系数集合：

$$U=[0.592,0.584,0.629,0.6,0.592,0.587,0.571,0.59,0.553]$$

可见

$$\delta u=0.076$$

u_j 的变化范围很小，仅为 $\delta u=0.076$。

图 5-8 描述了 u_j 和 j 的关系，随着 j 的变化，u_j 的变化很小，因此各样本之间不存在系统误差。

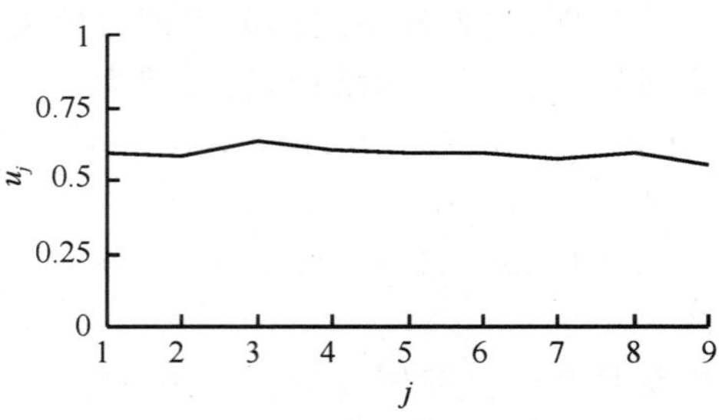

图 5-8 正态分布关系图($m=10,n=5$)

另一方面，由各样本之间的模糊等价关系矩阵也可以得出相同的结论，这是因为

$$\min v_{il}=0.553>0.5 \qquad (l=1,2,\cdots,10;i=1,2,\cdots,10)$$

的缘故。因此各样本之间不存在系统误差。

用灰关系的排序假设检验方法研究(考察概率分布的变化问题)。将 Y 分为 2 个子系统 X_1 和 X_2，设

$$X_1=[Y_1,Y_2,Y_3,Y_4,Y_5]$$

$$X_2=[Y_6,Y_7,Y_8,Y_9,Y_{10}]$$

取 $P=95\%$，经计算得到

$$\xi_M=0.2501 \qquad d_{\max}=0.0498 \qquad f_{12}=0.501>0.5$$

因此概率分布的变化不明显，不存在系统误差。

误差呈正态分布或均匀分布的系统，是不存在变值系统误差的。

上述对正态分布和均匀分布误差的计算表明，所提出的方法对测量数据的概率分布无特别要求。

2. 无随机误差的线性系统

例 5-3 一个无随机误差的线性系统($m=10,n=5$)：

$$Y=[Y_1,Y_2,Y_3,Y_4,Y_5,Y_6,Y_7,Y_8,Y_9,Y_{10}]$$

$$Y_1=[10.02,10.04,10.06,10.08,10.1]$$

$$Y_2=[10.12,10.14,10.16,10.18,10.2]$$

$$Y_3=[10.22,10.24,10.26,10.28,10.3]$$

$$Y_4=[10.32,10.34,10.36,10.38,10.4]$$

$$Y_5=[10.42,10.44,10.46,10.48,10.5]$$

$$Y_6=[10.52,10.54,10.56,10.58,10.6]$$

$$Y_7=[10.62,10.64,10.66,10.68,10.7]$$

$$Y_8=[10.72,10.74,10.76,10.78,10.8]$$

$$Y_9=[10.82,10.84,10.86,10.88,10.9]$$

$$Y_{10}=[10.92,10.94,10.96,10.98,11.0]$$

用模糊关系研究，其模糊等价关系矩阵为

$$\begin{bmatrix} 1.000 & 0.286 & 0.286 & 0.286 & 0.286 & 0.286 & 0.286 & 0.286 & 0.286 & 0.286 \\ 0.286 & 1.000 & 0.583 & 0.583 & 0.583 & 0.583 & 0.583 & 0.583 & 0.583 & 0.583 \\ 0.286 & 0.583 & 1.000 & 0.706 & 0.706 & 0.706 & 0.706 & 0.706 & 0.706 & 0.706 \\ 0.286 & 0.583 & 0.706 & 1.000 & 0.773 & 0.773 & 0.773 & 0.773 & 0.773 & 0.773 \\ 0.286 & 0.583 & 0.706 & 0.773 & 1.000 & 0.815 & 0.815 & 0.815 & 0.815 & 0.815 \\ 0.286 & 0.583 & 0.706 & 0.773 & 0.815 & 1.000 & 0.844 & 0.844 & 0.844 & 0.844 \\ 0.286 & 0.583 & 0.706 & 0.773 & 0.815 & 0.844 & 1.000 & 0.865 & 0.865 & 0.865 \\ 0.286 & 0.583 & 0.706 & 0.773 & 0.815 & 0.844 & 0.865 & 1.000 & 0.881 & 0.881 \\ 0.286 & 0.583 & 0.706 & 0.773 & 0.815 & 0.844 & 0.865 & 0.881 & 1.000 & 0.894 \\ 0.286 & 0.583 & 0.706 & 0.773 & 0.815 & 0.844 & 0.865 & 0.881 & 0.894 & 1.000 \end{bmatrix}$$

分段平均模糊等价性系数集合为

$$U=[0.739,0.719,0.696,0.668,0.633,0.587,0.525,0.434,0.286]$$

$$\delta u=0.452$$

图 5－9 是无随机误差的线性系统的关系图。由 U 和图 5－9 可知，u_j 的明显的单调下降趋势，表明各样本之间存在着单调趋势的系统误差。随着时间的延长，系统误差越来越大。这也可以认为各样本之间的间隔越大，关系越疏松；反之，关系越紧密。

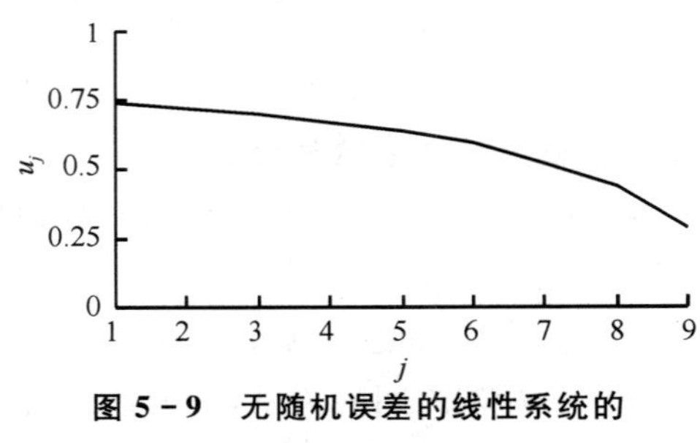

图 5－9 无随机误差的线性系统的关系图(m=10,n=5)

用灰关系的非排序假设检验方法研究（参考序列取初值常数序列，考察趋势变化程度）。将 Y 分为 2 个子系统 X_1 和 X_2，设

$$X_1=[Y_1,Y_2,Y_3,Y_4,Y_5]$$

$$X_2=[Y_6,Y_7,Y_8,Y_9,Y_{10}]$$

取 $P=95\%$，经计算得到

$$x_0=10.02 \qquad \xi_M=0.3001 \qquad d_{\max}=0.306 \qquad f_{12}=0<0.5$$

因此趋势变化明显，存在系统误差。

3. 无随机误差的周期趋势系统

例 5－4 一个无随机误差的周期数为 2 的周期趋势系统（m=10，n=5）：

$$Y=[Y_1,Y_2,Y_3,Y_4,Y_5,Y_6,Y_7,Y_8,Y_9,Y_{10}]$$

$$Y_1=[0.0000,2.6592,5.0864,7.3225,8.6800]$$

$$Y_2=[10.0147,10.4946,10.6334,9.8588,8.4365]$$

$$Y_3=[6.34165,3.7805,1.3237,-1.3058,-3.7230]$$

$$Y_4=[-6.3275,-8.3295,-9.2343,-10.5639,-10.8210]$$

$$Y_5=[-9.6147,-8.7036,-7.3326,-5.2851,-2.6671]$$

$$Y_6=[0.0000,2.7319,5.0175,7.1133,9.2301]$$

$$Y_7=[10.0578,10.8890,10.45107,9.6982,7.8718]$$

$$Y_8=[6.3024,4.0267,1.3562,-1.2750,-3.7240]$$

$$Y_9=[-6.2035,-8.4561,-9.6785,-10.3576,-10.4489]$$

$$Y_{10}=[-10.1705,-8.4610,-7.0545,-5.1633,-2.6063]$$

用模糊关系研究，其模糊等价关系矩阵为

$$\begin{bmatrix}
1.000 & 0.748 & 0.622 & 0.219 & 0.317 & 0.989 & 0.748 & 0.622 & 0.219 & 0.317 \\
0.748 & 1.000 & 0.622 & 0.219 & 0.317 & 0.748 & 0.987 & 0.622 & 0.219 & 0.317 \\
0.622 & 0.622 & 1.000 & 0.219 & 0.317 & 0.622 & 0.622 & 0.994 & 0.219 & 0.317 \\
0.219 & 0.219 & 0.219 & 1.000 & 0.219 & 0.219 & 0.219 & 0.219 & 0.866 & 0.219 \\
0.317 & 0.317 & 0.317 & 0.219 & 1.000 & 0.317 & 0.317 & 0.317 & 0.219 & 0.941 \\
0.989 & 0.748 & 0.622 & 0.219 & 0.317 & 1.000 & 0.748 & 0.622 & 0.219 & 0.317 \\
0.748 & 0.987 & 0.622 & 0.219 & 0.317 & 0.748 & 1.000 & 0.622 & 0.219 & 0.317 \\
0.622 & 0.622 & 0.994 & 0.219 & 0.317 & 0.622 & 0.622 & 1.000 & 0.219 & 0.317 \\
0.219 & 0.219 & 0.219 & 0.866 & 0.219 & 0.219 & 0.219 & 0.219 & 1.000 & 0.219 \\
0.317 & 0.317 & 0.317 & 0.219 & 0.941 & 0.317 & 0.317 & 0.317 & 0.219 & 1.000
\end{bmatrix}$$

分段平均模糊等价性系数集合为

$$U=[0.437,0.356,0.319,0.407,0.955,0.452,0.386,0.268,0.317]$$

$$\delta u=0.687$$

图 5-10 和 U 描述了无随机误差的周期趋势系统中各样本之间的关系，一个具有周期趋势误差的系统关系图呈现出“尖峰”特征。随着时间延长，分段等价系数 u_j 由小逐渐增大，在“尖峰”处取最大值(在本例中，该值为 0.955)；通过“尖峰”后，分段等价系数 u_j 由大逐渐减小，形成一个周期。因此，具有明显“尖峰”特征的系统，必然存在周期性系统误差。“尖峰”的个数就是样本的周期数加 1，即周期数为 2。

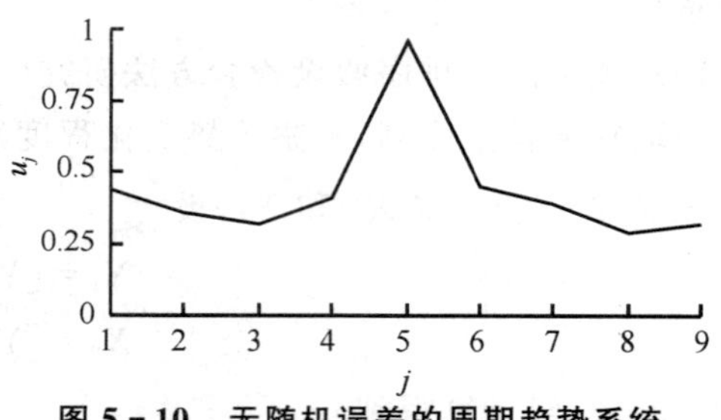

图 5-10 无随机误差的周期趋势系统的关系图($m=10,n=5$)

“尖峰”和周期的关系还可以由下面的实验进一步说明。

图 5-11 的数据共 200 个，取 $m=20,n=10$，采样时间参数为 t。经计算得到分段平均模糊等价性系数集合为

$$U=[0.419,0.348,0.344,0.427,0.939,0.418,0.348,0.344,0.428,$$
$$0.415,0.35,0.342,0.433,0.944,0.406,0.356,0.331,0.488]$$

$$\delta u=0.612$$

图 5-12 是多周期趋势系统的一个关系图。可以看出，“尖峰”的个数和周期数的对应关系为，3 个“尖峰”对应 4 个周期。因此 u_j 的明显变化规律就表征了系统的周期性误差特征。

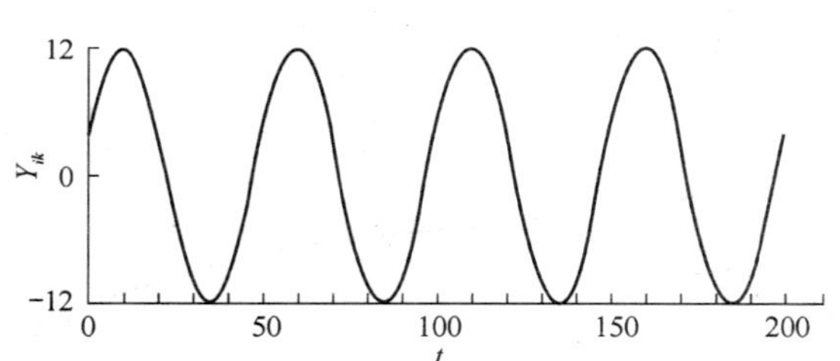

图 5-11 多周期性系统误差仿真时域信号

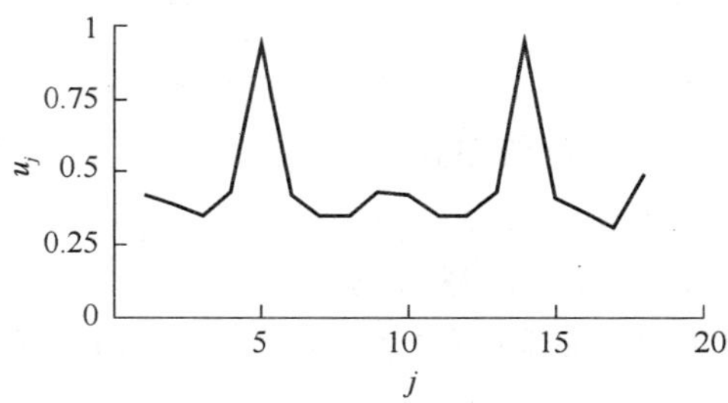

图 5-12 多周期趋势仿真系统的关系图($m=20,n=10$)

4. 包含随机误差的单调趋势的系统误差

例 5-5 一个包含随机误差的单调趋势系统($m=10,n=5$):

$$Y=[Y_1,Y_2,Y_3,Y_4,Y_5,Y_6,Y_7,Y_8,Y_9,Y_{10}]$$

$$Y_1=[10.92786,10.32351,10.08511,10.19421,10.47989]$$

$$Y_2=[10.61882,10.27615,10.23015,10.57550,9.92655]$$

$$Y_3=[10.74518,10.80966,10.68353,10.51227,10.49220]$$

$$Y_4=[10.40159,10.06955,10.11041,10.51722,10.27152]$$

$$Y_5=[9.67125,9.45539,9.75792,9.622706,9.61326]$$

$$Y_6=[9.60951,9.33892,9.78304,9.56769,9.04164]$$

$$Y_7=[8.93235,9.48695,8.80011,8.75175,8.53819]$$

$$Y_8=[9.20327,9.04495,8.47429,8.68760,8.19759]$$

$$Y_9=[8.56778,8.47482,7.84943,8.20433,7.63419]$$

$$Y_{10}=[7.75334,8.28925,7.48906,7.44743,7.30986]$$

用模糊关系研究,其模糊等价关系矩阵为

$$\begin{bmatrix}
1.000 & 0.915 & 0.905 & 0.915 & 0.781 & 0.781 & 0.714 & 0.714 & 0.592 & 0.416\\
0.915 & 1.000 & 0.905 & 0.939 & 0.781 & 0.781 & 0.714 & 0.714 & 0.592 & 0.416\\
0.905 & 0.905 & 1.000 & 0.905 & 0.781 & 0.781 & 0.714 & 0.714 & 0.592 & 0.416\\
0.915 & 0.939 & 0.905 & 1.000 & 0.781 & 0.781 & 0.714 & 0.714 & 0.592 & 0.416\\
0.781 & 0.781 & 0.781 & 0.781 & 1.000 & 0.928 & 0.714 & 0.714 & 0.592 & 0.416\\
0.781 & 0.781 & 0.781 & 0.781 & 0.928 & 1.000 & 0.714 & 0.714 & 0.592 & 0.416\\
0.714 & 0.714 & 0.714 & 0.714 & 0.714 & 0.714 & 1.000 & 0.825 & 0.592 & 0.416\\
0.714 & 0.714 & 0.714 & 0.714 & 0.714 & 0.714 & 0.825 & 1.000 & 0.592 & 0.416\\
0.592 & 0.592 & 0.592 & 0.592 & 0.592 & 0.592 & 0.592 & 0.592 & 1.000 & 0.416\\
0.416 & 0.416 & 0.416 & 0.416 & 0.416 & 0.416 & 0.416 & 0.416 & 0.416 & 1.000
\end{bmatrix}$$

分段平均模糊等价性系数集合为

$$U=[0.776,0.730,0.702,0.666,0.643,0.609,0.574,0.504,0.416]$$

$$\delta u = 0.360$$

图 5－13 是包含随机误差的单调趋势系统的关系图。

u_j 的明显的单调下降趋势，表明各样本之间存在着单调趋势的系统误差。随着时间的延长，系统误差越来越大。这也可以认为，各样本之间的间隔越大，关系越疏松；反之，关系越紧密。

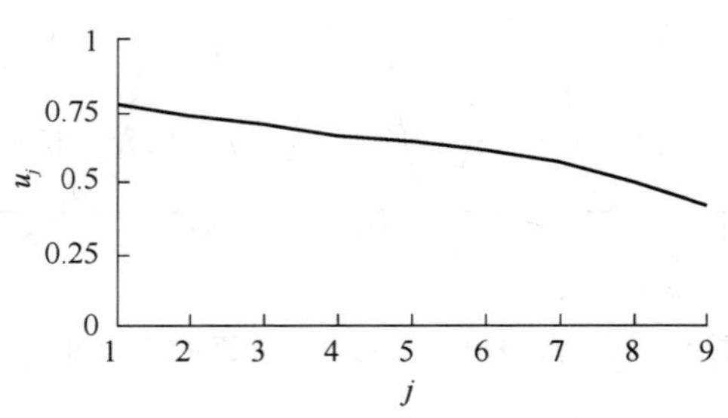

图 5－13　包含随机误差的单调趋势的系统误差的关系图(m=10，n=5)

下面用灰关系概念的非排序假设检验方法进行研究(参考序列取初值常数序列，考察趋势变化程度)。

将 Y 分为 2 个子系统 X_1 和 X_2，设

$$X_1 = [Y_1, Y_2, Y_3, Y_4, Y_5]$$
$$X_2 = [Y_6, Y_7, Y_8, Y_9, Y_{10}]$$

取 $P=95\%$，经计算得到

$$x_0 = 10.92786 \qquad \xi_M = 0.3001 \qquad d_{max} = 0.319 \qquad f_{12} = 0 < 0.5$$

因此趋势变化明显，存在系统误差。

很显然，这里的分析结果和上述无随机误差线性(单调趋势)系统的分析结果几乎完全一致，都诊断出系统是否含有单调趋势的系统误差。但是这两个系统除了都具有单调趋势的系统误差这一共性外，还有明显的差异，即一个含有随机误差，另一个不含有随机误差。

因此可以认为，所提出的系统误差的模糊诊断原理对随机误差具有滤波作用，能衰减随机误差的影响，突出单调趋势系统误差的贡献。

5. 包含随机误差的周期趋势的系统误差

例 5－6　一个包含随机误差的周期数为 2 的周期趋势系统(m=10，n=5)：

$$Y = [Y_1, Y_2, Y_3, Y_4, Y_5, Y_6, Y_7, Y_8, Y_9, Y_{10}]$$
$$Y_1 = [7.59932, 15.16786, 17.60216, 20.45222, 19.29857]$$
$$Y_2 = [13.90831, 12.53741, 14.38405, 9.97197, 6.77293]$$
$$Y_3 = [-4.47102, 1.63361, -3.70387, -10.67854, -16.28748]$$
$$Y_4 = [-22.08508, -15.19011, -20.72077, -21.38579, -10.84456]$$
$$Y_5 = [-13.13377, -8.80749, -2.46840, -2.00630, 5.28882]$$
$$Y_6 = [10.51205, 17.83545, 13.66968, 14.36949, 21.73026]$$
$$Y_7 = [20.13086, 16.86530, 17.62799, 10.40673, 3.08800]$$
$$Y_8 = [-1.19974, -1.67183, -10.02927, -16.06704, -9.46152]$$
$$Y_9 = [-17.68517, -14.90693, -18.84784, -14.06752, -10.23949]$$
$$Y_{10} = [-12.28761, -3.32288, 1.69639, 0.20420, 5.91938]$$

用模糊关系研究，其模糊等价关系矩阵为

$$\begin{bmatrix}
1.000 & 0.851 & 0.556 & 0.442 & 0.611 & 0.909 & 0.851 & 0.556 & 0.442 & 0.611 \\
0.851 & 1.000 & 0.556 & 0.442 & 0.611 & 0.851 & 0.902 & 0.556 & 0.442 & 0.611 \\
0.556 & 0.556 & 1.000 & 0.442 & 0.556 & 0.556 & 0.556 & 0.711 & 0.442 & 0.556 \\
0.442 & 0.442 & 0.442 & 1.000 & 0.442 & 0.442 & 0.442 & 0.442 & 0.582 & 0.442 \\
0.611 & 0.611 & 0.556 & 0.442 & 1.000 & 0.611 & 0.611 & 0.556 & 0.442 & 0.870 \\
0.909 & 0.851 & 0.556 & 0.442 & 0.611 & 1.000 & 0.851 & 0.556 & 0.442 & 0.611 \\
0.851 & 0.902 & 0.556 & 0.442 & 0.611 & 0.851 & 1.000 & 0.556 & 0.442 & 0.611 \\
0.556 & 0.556 & 0.711 & 0.442 & 0.556 & 0.556 & 0.556 & 1.000 & 0.442 & 0.556 \\
0.442 & 0.442 & 0.442 & 0.582 & 0.442 & 0.442 & 0.442 & 0.442 & 1.000 & 0.442 \\
0.611 & 0.611 & 0.556 & 0.442 & 0.870 & 0.611 & 0.611 & 0.556 & 0.442 & 1.000
\end{bmatrix}$$

分段平均模糊等价性系数集合为

$$U=[0.577, 0.52, 0.523, 0.586, 0.795, 0.573, 0.518, 0.526, 0.611]$$

并且

$$\delta u=0.277$$

图 5－14 是包含随机误差的周期趋势系统的关系图。

由 U 和图 5－14 可知，u_j 的变化呈“尖峰”状态。“尖峰”的个数和周期数的对应关系是：1 个“尖峰”对应 2 个周期，这样可以诊断出系统含有周期性系统误差。

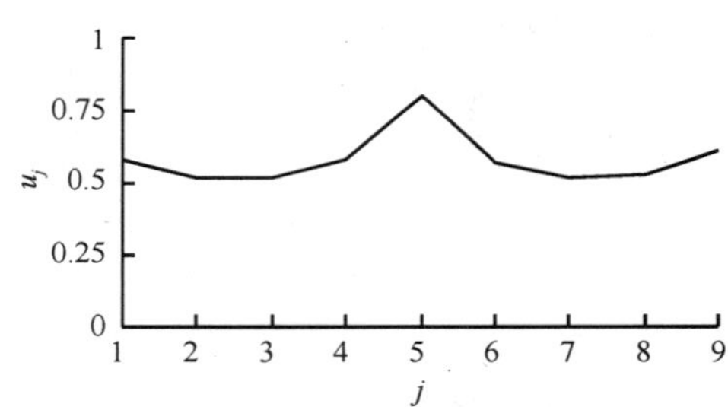

图 5－14　包含随机误差的周期趋势系统误差的关系图($m=10, n=5$)

很显然，这里的分析结果和上述无随机误差周期趋势系统的分析结果几乎完全一致，都诊断出系统含有周期性系统误差。但是这两个系统除了都具有周期性系统误差这一共性外，还有明显的差异，即一个含有随机误差，另一个不含有随机误差。

因此可以认为，所提出的系统误差的模糊诊断原理对随机误差具有滤波作用，能衰减随机误差的影响，突出周期性趋势系统误差的贡献。

5.3　测量误差的分离

5.3.1　误差分离基本原理

1. 趋势已知的误差分离原理

在工程问题研究中，对于一个系统的采样数据：

$$(x_i, y_i) \qquad (i=1,2,\cdots,n) \tag{5-35}$$

寻找连续变量 x 的一个函数：

$$y=g=g(x) \tag{5-36}$$

在特定准则下，从离散的采样数据中，提取出系统误差函数，即将系统误差从系统输出中分离出来，就叫做系统误差的分离。

误差分离的方法很多，采用不同的方法，可以得到不同的结果。用范数理论分离系统误差称为系统误差分离的范数理论。

定义误差为

$$\delta_i = g(x_i) - y_i \tag{5-37}$$

有误差向量为

$$\boldsymbol{\delta} = (\delta_1, \delta_2, \cdots, \delta_i, \cdots, \delta_n) \tag{5-38}$$

设函数 $g(x)$ 包含参数（常数）a_j，有

$$g(x) = g(x;\boldsymbol{a}) = g(x; a_0, a_1, \cdots, a_j, \cdots, a_m) \tag{5-39}$$

$$\boldsymbol{a} = (a_0, a_1, \cdots, a_j, \cdots, a_m) \tag{5-40}$$

误差分离时，应选择合适的误差函数 $g(x)$ 和参数向量 $\boldsymbol{a}$，使误差向量的范数 $\|\boldsymbol{\delta}\|$ 为最小。

在数学意义上，误差分离的主要内容有三个：

① 确定合适的误差函数 $g(x)$；

② 在特定的准则下计算出参数向量 $\boldsymbol{a}$；

③ 将系统误差从系统输出中分离出来。

误差分离的范数理论将误差向量范数 $\|\boldsymbol{\delta}\|_p$ 作为误差分离的准则，这里 $p=1,2,\infty$。

选取参数向量

$$\boldsymbol{a}^* = (a_0^*, a_1^*, \cdots, a_j^*, \cdots, a_m^*) \tag{5-41}$$

使以

$$g^* = g^*(x) = g(x;\boldsymbol{a}^*) \tag{5-42}$$

作为误差函数的误差

$$\delta_i^* = g^*(x_i) - y_i \tag{5-43}$$

满足向量范数为最小，即

$$Q_p = \min \|\boldsymbol{\delta}^*\|_p \tag{5-44}$$

也就是说，对于所有 g，都有不等式

$$\|\boldsymbol{\delta}^*\|_p \leqslant \|\boldsymbol{\delta}\|_p \tag{5-45}$$

成立。

对于范数 $\|\cdot\|_1$，有

$$Q_1 = \min\|\boldsymbol{\delta}^*\|_1 = \min_{\boldsymbol{a}} \sum_{i=1}^{n} |\delta_i| \tag{5-46}$$

对于范数 $\|\cdot\|_2$，有

$$Q_2 = \min\|\boldsymbol{\delta}^*\|_2 = \min_{\boldsymbol{a}} \sqrt{\sum_{i=1}^{n} \delta_i^2} \tag{5-47}$$

对于范数 $\|\cdot\|_\infty$，有

$$Q_\infty = \min\|\boldsymbol{\delta}^*\|_\infty = \min_{\boldsymbol{a}} \max_i |\delta_i| \tag{5-48}$$

当变量 x 直接具有时间 t 序列特征时，误差分离技术是针对时间序列的，即针对系统误差和时间变量之间的关系；当变量 x 无直接时间序列特征时，误差分离技术的应用更加广泛，可以研究系统中任何两个参数之间的关系，例如，制造系统的误差复映规律，纳米材料添加剂含

量对摩擦副摩擦性能的影响，滚动轴承振动与噪声的关系，圆度误差测量时的偏心分离等。

对于误差分离，可以用下式将误差分离出来：

$$z_i=z(x_i)=y_i-g^*(x_i) \tag{5-49}$$

式中，z 为经误差分离后，不含系统误差的系统输出数据。

具体计算时，一般工程问题的误差函数 $g(x;\boldsymbol{a})$ 关于向量 $\boldsymbol{a}$ 是非线性的，难以用显函数直接求出 $\boldsymbol{a}$。为了得到最好的结果，不要将 $g(x;\boldsymbol{a})$ 变换成线性函数直接求 $\boldsymbol{a}$，而应当保持 $g(x;\boldsymbol{a})$ 的原形，用数值方法，例如无约束优化中的单纯形方法求 $\boldsymbol{a}$。数值方法的计算误差一般要小于非线性变换对采样数据扭曲所带来的非线性扭曲误差。

误差函数的具体表达式与所研究的系统有关，可以由专业知识获取，也可以通过观察系统输出的数据确定；对难以确定的误差函数，一般可以用多项式表示。

例如，某系统输出数据的时间序列为

$$t=(t_1,t_2,\cdots,t_i,\cdots,t_n) \qquad (n=100) \tag{5-50}$$

$$y=y(t)=(y_1,y_2,\cdots,y_i,\cdots,y_n) \tag{5-51}$$

选取误差函数

$$g(t)=\sum_{j=0}^{m}a_jf_j(t) \qquad (m=3) \tag{5-52}$$

其中，

$$f_0(t)=1 \tag{5-53}$$

$$f_1(t)=\mathrm{e}^{-0.02t} \tag{5-54}$$

$$f_2(t)=1.5t+0.04\sin(0.001t) \tag{5-55}$$

$$f_3(t)=0.01t^{-0.088}-0.0007t^{0.021} \tag{5-56}$$

用误差向量范数 $\|\boldsymbol{\delta}\|_p$ 作为误差分离的准则，取 $P=\infty$，可以得到

$$g^*(t)=\sum_{j=0}^{m}a_j^*f_j(t) \qquad (m=3) \tag{5-57}$$

$$z_i=z(t_i)=y_i-g^*(t_i) \tag{5-58}$$

2. 趋势未知的误差分离原理

采用灰自助方法 GBM(1,1)分离未知误差，主要用到灰自助法的瞬时加权平均值、估计平均真值、估计真值变动量、动态估计区间、瞬态波动范围和平均波动范围等指标。

5.3.2 误差分离应用实例

1. 系统误差趋势已知的系统

例 5-7 具有线性系统误差的正态分布系统的标准差为 0.01，数学期望值为 0。设模型为

$$y(t)=10.5+0.8t+d(t) \tag{5-59}$$

式中，$d(t)$ 为正态分布误差。

误差函数取

$$g(t)=a_0+a_1t \tag{5-60}$$

取 $n=100$，采样数据如图 5-15 所示。

用系统误差分离的范数理论研究，计算结果如表 5-1 所列，可以看出 $\|\boldsymbol{\delta}\|_\infty$ 的效果比较差。

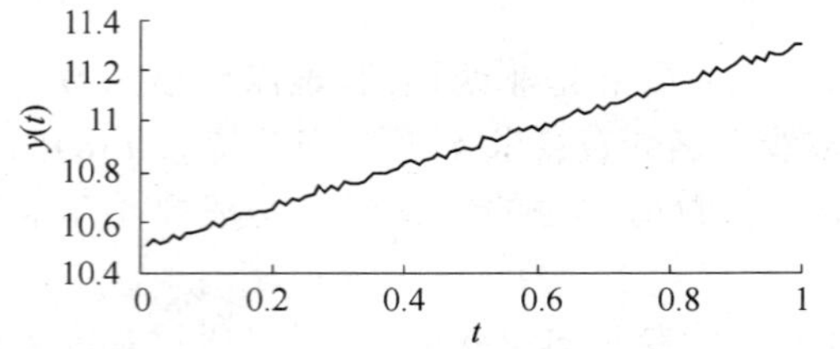

图 5-15 具有线性系统误差的正态分布采样数据

表 5-1 具有线性系统误差的正态分布系统计算结果

项 目	$\|\boldsymbol{\delta}\|_1$	$\|\boldsymbol{\delta}\|_2$	$\|\boldsymbol{\delta}\|_\infty$	真 值
a_0	10.49999	10.49999	10.47460	10.5
a_1	0.80000	0.80000	0.85344	0.8

例 5-8 具有周期性系统误差的正态分布系统的标准差为 0.01，数学期望值为 0。模型为

$$y(t)=10.5+8\times\sin(2\times3.14159t)+d(t) \tag{5-61}$$

式中，$d(t)$ 为正态分布误差。

误差函数取

$$g(t)=a_0+a_1\sin a_2 t \tag{5-62}$$

取 $n=100$，采样数据如图 5-16 所示。计算结果如表 5-2 所列。

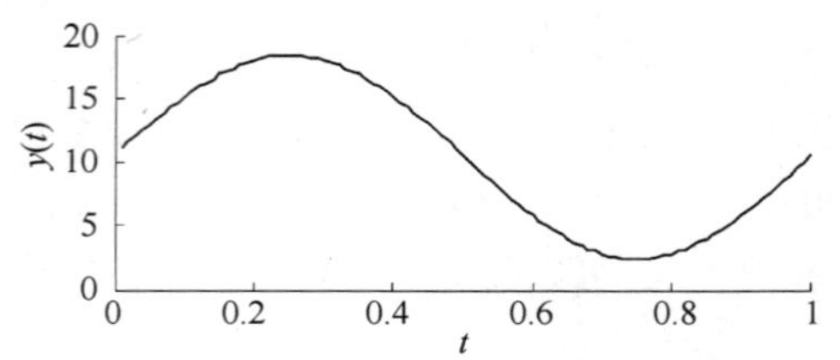

图 5-16 具有周期性系统误差的正态分布采样数据

表 5-2 具有周期性系统误差的正态分布系统计算结果

项 目	$\|\boldsymbol{\delta}\|_1$	$\|\boldsymbol{\delta}\|_2$	$\|\boldsymbol{\delta}\|_\infty$	真 值
a_0	10.49903	10.49903	10.50037	10.5
a_1	8.00076	8.00076	8.00007	8
a_2	6.28367	6.28367	6.28342	6.28318

例 5-9 具有周期性系统误差的均匀分布系统的区间为[0,0.01]，设模型为

$$y(t)=10.5+8\times\sin(2\times3.14159t)+d(t) \tag{5-63}$$

式中，$d(t)$ 为均匀分布误差。

误差函数取

$$g(t)=a_0+a_1\sin a_2 t \tag{5-64}$$

取 $n=100$，采样数据如图 5-17 所示。计算结果如表 5-3 所列，可以看出效果都比较好。

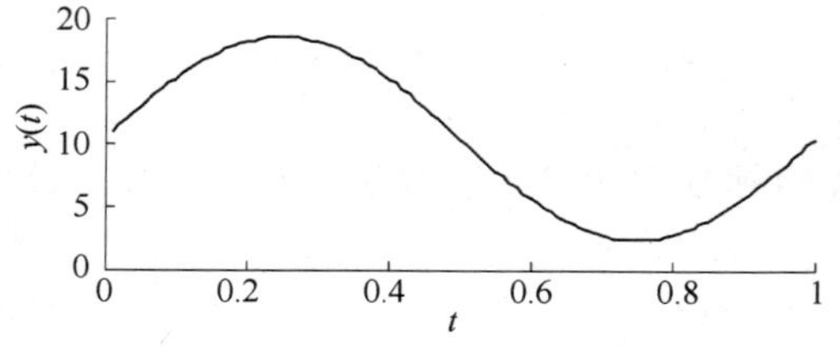

图 5-17 具有周期性系统误差的均匀分布采样数据

表 5-3 具有周期性系统误差的均匀分布系统计算结果

项 目	$\|\boldsymbol{\delta}\|_1$	$\|\boldsymbol{\delta}\|_2$	$\|\boldsymbol{\delta}\|_\infty$	真 值
a_0	10.50500	10.50501	10.50508	10.5
a_1	8.00000	7.99999	8.00110	8
a_2	6.28283	6.28283	6.28312	6.28318

2. 系统误差趋势未知的系统

例 5－10　某 30204 圆锥滚子轴承的噪声的动态评估。在某轴承制造厂生产现场按顺序随机抽取 $T=109$ 套 30204 圆锥滚子轴承，经测量获得噪声(用振动加速度表示，平均值，单位：dB)数据序列 X 如下：

40.00	40.67	45.00	46.33	39.33	45.67	41.67	43.33	46.33	41.67
47.00	49.67	48.00	47.33	49.67	46.33	49.00	50.33	45.67	50.33
49.00	45.67	48.67	48.67	50.00	46.00	49.00	45.33	44.33	50.67
45.67	46.00	46.00	48.67	49.33	44.00	45.33	46.00	50.67	49.33
47.00	50.67	49.33	49.33	50.33	49.67	50.67	45.67	46.00	44.67
47.33	50.67	46.33	51.00	49.33	48.00	45.00	50.00	50.67	47.67
45.00	48.00	49.00	46.33	46.00	48.67	45.33	50.00	48.67	45.33
44.67	45.67	45.67	51.00	48.00	48.33	46.00	48.67	49.67	45.33
50.00	50.00	45.33	45.00	45.00	44.33	48.67	49.67	46.33	50.33
45.67	50.33	43.67	48.33	44.33	49.67	50.00	49.33	46.00	43.00
50.00	49.00	50.00	42.00	49.67	47.33	49.67	41.33	44.67	

原始数据序列 X 及其评估结果$[X_L, X_U]$、X_0 和 U 列在图 5－18 中。

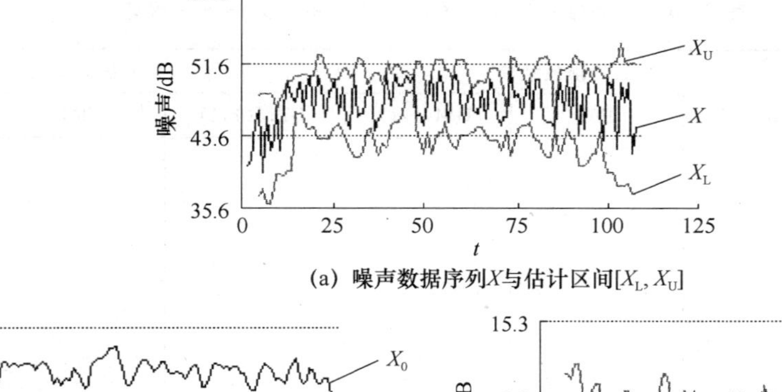

(a) 噪声数据序列X与估计区间$[X_L, X_U]$

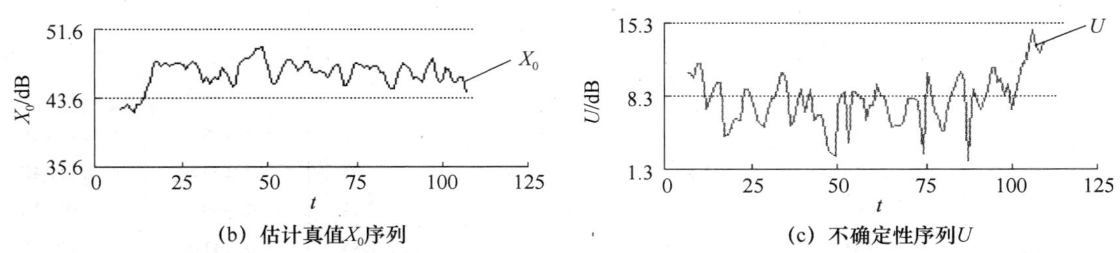

(b) 估计真值X_0序列　　(c) 不确定性序列U

图 5－18　轴承噪声的动态评估

计算时，取 $m=4$，$B=500$ 和 $P=70\%$，在 $p_B=100\%$的条件下，得到如下统计指标结果

$$U_{mean}=8.41$$

$$U_{min}=1.37$$

$$U_{max}=15.75$$

$$s_{mean}=3.53$$

$$X_{0mean}=47.44$$

$$dX_0 = 7.36$$

根据图 5-18(a)，当 $t<11$ 时，原始数据序列是一个低的噪声过程。随着 t 的增加，噪声数据序列 X 逐渐增加而变化范围逐渐减小。这是一个趋势项上升而不确定性下降的过程。

当 $10<t<80$ 时，是一个比较平稳的噪声过程。即噪声波动区间、趋势项和不确定性均处于平稳状态。

当 $t \geqslant 80$ 时，是一个波动量逐渐增大的噪声过程。即波动区间逐渐扩大，不确定性逐渐增大，而趋势项保持平稳状态。

上述噪声特征变化的随机过程可以通过参数$[X_L, X_U]$、X_0 和 U 描绘出来，如图 5-18 所示。具体地说，估计区间$[X_L, X_U]$描述了 X 的变化范围；估计真值追踪了 X 的总体发展趋势；动态波动范围 U 则表征了 X 的不确定性。

在这个实验中，随机函数和趋势项规律事先都是未知的，除了噪声数据序列 X 以外，再也没有任何其他先验信息。尽管信息如此不完备，但 GBM(1,1) 仍然较好地评估了噪声数据序列 X 隐含的非平稳随机过程的特征参数序列$[X_L, X_U]$、X_0 和 U 等。

例 5-11 滚动轴承制造误差的动态预报。

实验是在滚动轴承外圈沟道磨床上进行的，磨削的轴承型号是 6208，实验目的是动态预报沟道表面的圆度误差，以验证滚动 GBM(1,1) 的正确性，并与 BM、GM(1,1) 进行对比。在磨床上连续磨削 56 个套圈，原始数据序列 X 见表 5-4。

预报时取 $B=2000$，$m=7$，$P=100\%$，相关结果见表 5-4、表 5-5 和图 5-19～图 5-21。

表 5-4 滚动轴承制造误差的动态预报结果与预报误差

时刻 $t+1$	原始数据序列 X	3 种方法的预报结果			3 种方法的预报误差		
		GBM(1,1)	BM	GM(1,1)	GBM(1,1)	BM	GM(1,1)
1	0.58	—	—	—	—	—	—
2	0.67	—	—	—	—	—	—
3	0.53	—	—	—	—	—	—
4	0.51	—	—	—	—	—	—
5	0.50	—	—	—	—	—	—
6	0.45	—	—	—	—	—	—
7	0.42	—	—	—	—	—	—
8	0.42	0.53139	0.52659	0.37554	−0.11139	−0.10659	0.04446
9	0.63	0.49346	0.49332	0.39058	0.13654	0.13668	0.23942
10	0.54	0.48349	0.47955	0.52587	0.05651	0.06045	0.01413
11	0.35	0.49384	0.49103	0.57609	−0.14384	−0.14103	−0.22609
12	0.54	0.48280	0.47998	0.47473	0.05720	0.06002	0.06527
13	0.50	0.48004	0.47629	0.51244	0.01996	0.02371	−0.01244
14	0.58	0.49392	0.48971	0.49076	0.08608	0.09029	0.08924
15	0.39	0.51310	0.51042	0.50357	−0.12310	−0.12042	−0.11357
16	0.48	0.50663	0.50347	0.47376	−0.02663	−0.02347	0.00624
17	0.36	0.48215	0.47851	0.49954	−0.12215	−0.11851	−0.13954
18	0.38	0.47849	0.47335	0.37323	−0.09849	−0.09335	0.00678
19	0.57	0.46462	0.46160	0.34304	0.10538	0.10840	0.22696

续表 5 - 4

时刻 $t+1$	原始数据序列 X	3 种方法的预报结果			3 种方法的预报误差		
		GBM(1,1)	BM	GM(1,1)	GBM(1,1)	BM	GM(1,1)
20	0.50	0.46067	0.45432	0.43745	0.03933	0.04568	0.06255
21	0.48	0.45746	0.45248	0.53988	0.02254	0.02752	−0.05988
22	0.49	0.45742	0.45426	0.52621	0.03258	0.03574	−0.03621
23	0.54	0.46522	0.46173	0.55089	0.07478	0.07827	−0.01088
24	0.41	0.48036	0.47833	0.54793	−0.07036	−0.06833	−0.13793
25	0.60	0.49714	0.49544	0.43477	0.10286	0.10456	0.16523
26	0.52	0.50242	0.50099	0.53954	0.01758	0.01901	−0.01954
27	0.56	0.50742	0.50494	0.54818	0.05258	0.05506	0.01182
28	0.72	0.51620	0.51290	0.57019	0.20380	0.20710	0.14981
29	0.46	0.54382	0.53920	0.70443	−0.08382	−0.07920	−0.24443
30	0.60	0.55677	0.55185	0.60706	0.04323	0.04815	−0.00706
31	0.69	0.56451	0.56037	0.57468	0.12549	0.12963	0.11532
32	0.80	0.58622	0.58446	0.66667	0.21378	0.21554	0.13333
33	0.46	0.62116	0.61514	0.78208	−0.16116	−0.15514	−0.32208
34	0.56	0.63639	0.63162	0.60352	−0.07639	−0.07162	−0.04352
35	0.58	0.61448	0.60682	0.61201	−0.03448	−0.02682	−0.03201
36	0.56	0.61122	0.60584	0.53825	−0.05122	−0.04584	0.02175
37	0.50	0.62000	0.61228	0.49106	−0.12000	−0.11228	0.00894
38	0.56	0.59827	0.59214	0.46096	−0.03827	−0.03214	0.09904
39	0.68	0.56006	0.55775	0.56618	0.11994	0.12225	0.11382
40	0.96	0.55588	0.55510	0.62566	0.40412	0.40490	0.33434
41	0.55	0.61302	0.60700	0.93977	−0.06302	−0.05700	−0.38977
42	0.57	0.65135	0.63823	0.78333	−0.08135	−0.06823	−0.21333
43	0.67	0.64711	0.63609	0.69069	0.02289	0.03391	−0.02069
44	0.75	0.66047	0.65124	0.64743	0.08953	0.09876	0.10257
45	0.38	0.68819	0.68020	0.64533	−0.30819	−0.30020	−0.26533
46	0.43	0.68312	0.67195	0.44930	−0.25312	−0.24195	−0.01930
47	0.64	0.61273	0.60334	0.46816	0.02727	0.03666	0.17184
48	0.43	0.57404	0.56585	0.50139	−0.14404	−0.13585	−0.07139
49	0.60	0.57205	0.56089	0.40939	0.02795	0.03911	0.19061
50	0.80	0.55342	0.54521	0.49562	0.24658	0.25479	0.30438
51	0.46	0.55297	0.54181	0.83751	−0.09297	−0.08181	−0.37751
52	0.56	0.56328	0.55297	0.63799	−0.00328	0.00703	−0.07799
53	0.68	0.57785	0.57183	0.57111	0.10215	0.10817	0.10889
54	0.61	0.59119	0.58469	0.66780	0.01881	0.02531	−0.05780
55	0.53	0.60746	0.60330	0.59700	−0.07746	−0.07330	−0.06700
56	0.71	0.61781	0.61257	0.52953	0.09219	0.09743	0.18047
57	—	0.60340	0.59961	0.70524	—	—	—

表 5-5　滚动轴承制造误差的动态预报误差比较

项　目	GBM(1,1)	BM	GM(1,1)
最大误差值	0.40412	0.40490	0.38977
误差平方和	0.78117	0.77166	1.26141

可以看出，圆度误差原始数据序列 X 有一定的波动，而且开始时波动比较小，随后波动逐渐增大且数据整体有上升趋势，快结束时波动减小且数据整体略有下降。GBM(1,1)将这些细微的变化比较准确地预报出来。在图 5-19 中，预报真值 X_0 给出了各时刻数据整体的上升和下降趋势；预报区间$[X_L, X_U]$给出了各时刻数据波动范围的增大与缩小趋势，只是略有时间滞后，但预报效果很好，只有 2 个数据超出上边界值 X_U，可靠度 $p_B=95.91\%$。

圆度误差原始数据序列 X 整体上升与下降趋势，是一种变化的系统误差；而其波动范围的增大与缩小，则是随机误差变化范围的改变所致。

若用 BM 预报，如图 5-20 所示，效果比较差，可靠度 p_B 不足 80%。

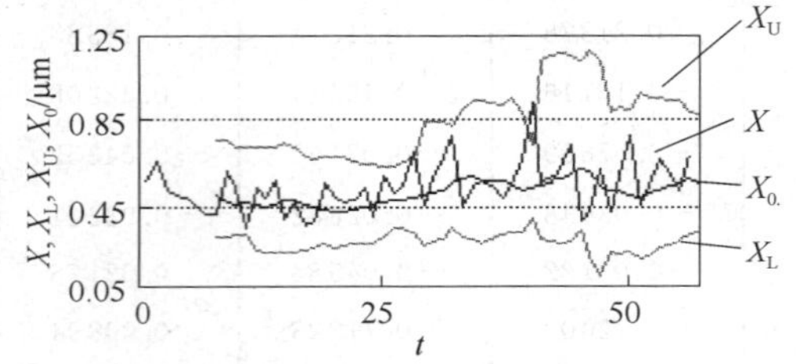

图 5-19　圆度误差的 GBM(1,1)预报趋势

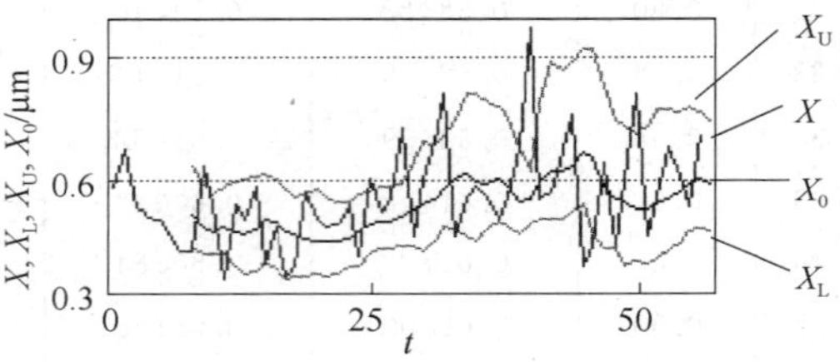

图 5-20　圆度误差的 BM 预报趋势

在本实验中，灰色系统理论的 GM(1,1)预报结果如图 5-21 所示。可以看出，GM(1,1)的预报值包含了系统误差和随机误差，即不能区分系统误差和随机误差，因而不具备 GBM(1,1)的预报功能。另外，GM(1,1)预报的时间滞后很明显。

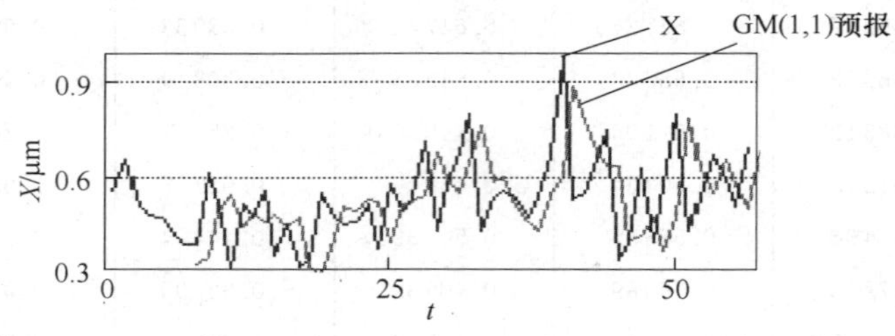

图 5-21　圆度误差的 GM(1,1)预报趋势

从预报误差来看，表 5-5 所列的三种方法预报的最大误差基本一致，约为 0.4；但从误差的平方和来看，GM(1,1)方法的预报效果不如 GBM(1,1)方法和 BM 方法。

综合分析后可知，在这三种方法中，GBM(1,1)方法的动态预报效果是最好的。

5.4　本章小结

讨论了精密仪器测量中误差溯源的方法，对于测量系统的分析研究具有重要意义。

在运用灰色系统理论诊断系统误差时，提出了灰关系和灰假设检验的概念，得到系统误差的灰色诊断原理，这是对灰色系统理论应用的扩展。在用模糊集合理论诊断系统误差时，用传递闭包的概念，定义了模糊等价性系数，得到了系统误差的模糊诊断原理，同时所定义的分段平均模糊等价性系数，可用于研究系统误差的特征。

对于系统误差分离，当误差趋势已知时，可以采用范数理论；当误差趋势未知时，可以采用灰自助方法。

本章提出的方法对数据的样本量及其概率分布无特殊要求。

第6章　精密仪器测量不确定度的小样本非统计评定

测量不确定度是精密测量仪器的一个重要技术指标，在小样本或未知分布的情形下，《测量不确定度表示指南》(简称 GUM)难以对其进行可靠的评定。本章对测量不确定度的起源、发展以及 GUM 的评定方法进行了综述，并以灰色系统理论、模糊集合理论、信息熵理论、贝叶斯理论等为基础，给出了小样本条件下测量不确定度的非统计评定方法，并通过应用实例进行了验证。

6.1　测量不确定度的基本问题

6.1.1　不确定度的起源与发展

科学始于测量，对自然界变化的研究必须借助于实验与测量。测量结果的质量如何要用测量不确定度来说明。按照 GUM 的定义，“测量不确定度是测量结果带有的一个参数，用于合理赋予被测量的值的分散性。”测量不确定度越小，测量结果的质量越高；测量不确定度越大，测量结果的质量越低。随着科学技术的飞速发展，对测量结果的准确性和可靠性提出了越来越高的要求，因此测量不确定度越来越受到重视。

“不确定度”一词起源于 1927 年德国物理学家海森堡(Heisenberg)在《量子力学》中提出的不确定度关系，又称测不准关系。1953 年，毕尔斯(Y. Beers)在 *Introduction to the Theory of Error*(《误差理论介绍》)一书中指出，当人们给出实验误差为 $\pm 0.000\,009\times10^{-10}$ 时，它实际上是估计的实验不确定度。1963 年，美国标准局(NBS)的 C. Eisenhart 在其《仪器校准系统的精密度与准确度估计》一文中，提出定量表示不确定度的建议。1970 年，英国校准机构(British Calibration Service)的 C. F. Dietrich 在《不确定度、校准和概率》一书中谈到，测量不确定度为一组测量的平均值任何一边的范围，当做了很大数目测量时，读数的给定部分位于该范围内。同年，一些计量学者及其他领域学者逐渐使用“不确定度”一词。

20 世纪 70 年代和 80 年代是现代不确定度理论形成与迅速发展的时期。1973 年，英国国家实验室(NPL)的 J. E. Burns 等学者在计量刊物 *Metrologia* 发表的论文《误差与不确定度》中正式提出：“当讨论测量结果的精确度时，宜用不确定度(Uncertainty)。”1974 年后，一些国家的机构和国际组织，如美国机械工程协会(ASME)、美国仪器仪表协会(ISA)、国际标准化组织(ISO)、美国国家科学研究委员会(NRC)等的标准和文献中开始使用自己制定的不确定度评定规范。1978 年，美国国际标准局(NBS)局长 E. Ambler 提请国际计量局(BIPM)注意不确定度的重要性，BIPM 随即向 32 个国家的计量机构、标准实验室和一些专家发出了征求意见书，在收回的 21 封答复中，几乎都认为需要一个一致的方法来表述和计算测量不确定度，国际计量局为此成立了工作组专门研究测量不确定度。1980 年 BIPM 召开会议，讨论了各国的意见，提出了著名的实验不确定度建议书 INC-1(1980)。尽管这个建议书篇幅很短，解释也不够详细，但它为后来的研究工作提供了一个坚实的基础。1981 年国际计量委员会在第 70 届会议上通过了 INC－1。1985 年中国计量科学研究院制定了《不确定度应用办法》，指出应该按照 INC－1 评定不确定度。1986 年国际计量委员会在第 75 届会议上决定推广 INC－1，还是在这一年，由国际标准化组织（ISO）、国际电工委员会（IEC）、国际计量委员会（CIPM）及国际法制计量组织（OIML）组成了国际不确定度工作组，负责制定用于计量、标准、质量、认证、科研和生产中的不确定度指南，我国代表也参加了 GUM 的起草与修订工作。

经过多年的研究、讨论和征求意见，国际标准不确定度工作组（ISO/TAG4/WG3）制定了 GUM。GUM 得到由国际标准化组织（ISO）、国际理论化学与应用化学联合会（IUPAC）、国际物理理论与应用物理联合会（IUPAP）、国际计量局（BIPM）、国际临床化学联合会（IFCC）及国际法制计量组织（OIML）的批准，1993 年由 ISO 正式出版。它代表了当前国际上的约定做法，使各国和不同地区，以及不同领域在表示测量结果和测量不确定度时，有了相互交流的依据。

作为国际组织的重要权威文献，国际不确定度工作组制定的 GUM，自 1993 年出版以来，在计量、工业、商业、卫生等社会生活的各个方面得到了广泛应用和推广。1995 年经勘误后重印，还被译成中文、法文和德文等多种语言，使各国和不同地区，以及不同领域在表示测量结果和测量不确定度时有了相互交流，取得一致的根据。中国计量科学研究院于 1996 年 11 月制定了《测量不确定度规范》，我国许多专家学者都给予了充分的研究和重视，出版了许多关于测量不确定度的著作。目前，GUM 在很多国家得到了执行。测量不确定度在全世界范围内的统一已是大势所趋。

经过几十年的研究和发展，测量不确定度已经形成较为完整的理论体系。它是集静态测量不确定度与动态测量不确定度、随机误差与系统误差、测量数据与测量方法及多种误差分布于一体的误差分析与数据处理理论，在理论上突破以统计学为基础的统计研究，并实现了不确定度理论与计算机应用技术的结合。

国际上，在不确定度评定的研究方面，Bjorn Karlsson 首先将模糊逻辑的思想引入工业回收品分类的不确定性分析中；针对小样本实验数据无法用 GUM 进行评定的问题，W. G. Steele 等学者提出，可以用相同实验条件下，大样本的先验信息来估计小样本下的不确定度。针对此类问题，K. Weise 等学者还将贝叶斯理论引入测量不确定度的评定，开创了不确定度评定的新局面。对于包含已知系统误差的测量数据，Steven D. Phillips 给出了一系列评定方法，针对 GUM 进行有益的补充，并建议应尽可能根据误差特征，对测量结果进行修正。

国内对测量不确定度的研究侧重于对 GUM 基本内涵的认识与理解，以及如何在各行各业中贯彻执行。不确定度的研究已经成为国内现代误差理论的前沿，并有很多相关文章发表和学术专著出版。1995 年，国家教委委托合肥工业大学举办了“现代误差与精度理论及其应用”高级研讨班，其中测量不确定度是研究的热点问题之一。1997 年，中国计量测试学会和中国宇航学会等组织联合发起召开了“全国现代误差理论与应用学术交流研讨会”，会上交流的大部分论文与测量不确定度有关。

由于《测量不确定度表示指南》发表已超过 10 年，它所规定的不确定度原理及评定方法在应用中出现了一些局限性，对不确定度评定进行补充与完善，已被学术界所共识。2001 年 4 月在北京召开了由王大珩院士等著名专家学者参加的有关中国《关于 GUM 和 VIM 建议修改草案》的讨论会,2001 年 8 月由合肥工业大学主持召开了“全国误差理论学术与教学交流研讨会”,同时为了更好地推动误差理论与不确定度研究及应用,与会专家学者经充分商讨,成立了全国测量误差与不确定度研究会。

2001 年 5 月和 11 月,在法国连续召开了两次“计量学指南联合委员会(JCGM)”工作会议,JCGM 已注意到了 GUM 95 所阐述的不确定度原理及评定方法在应用上具有一定的局限性。在这两次 JCGM 会议上,“由时间引起的不确定度”问题不仅仅被中国代表提出,丹麦 DIFM 代表 Dr. Lars Nitlstn 及美国 NIST 的代表 Dr. Charles Ehrlich 皆认为不确定度随时间漂移是一个比较普遍的问题,引起了一定反响,会议认为这一问题应引起足够的重视,并建议将其与多变量、多分布不确定度传播等问题列为未来 GUM 的研究内容,该建议得到会议的高度重视。

由于产生测量不确定度的因素是随着时间的推移在不断发生变化,以至测量不确定度也随之发生变化,所以对测量不确定度应进行动态评定。而动态测量不确定度的分析原理与评定技术则成为现代误差理论研究的核心问题,但 GUM 中尚无对动态测量的评定理论。通常采用“以静代动”或随机过程特征量参数等来评定动态测量结果,这些均是近似方法,与科学的不确定度理论和实际情况还有明显的差距。动态测量结果的不确定度不再是一个具体数值,而是一个时变量,再加上被测量的时变性、随机性、相关性,以及测量系统本身的动态性,使得动态测量不确定度的评定变得十分复杂。清华大学、北京理工大学以及上海理工大学等对动态不确定度的定义、评定指标、评定算法和不确定度验证进行了研究。合肥工业大学还提出了广义动态测量不确定度模型,并将不确定度原理引入测量系统分析,对测量系统不确定度的动态性进行探讨研究,提出基于灰色模型、时序分析和神经网络理论的精度损失函数的建模方法。这些基本上是对动态测量不确定度的初步探讨,未来的工作还有待于进一步开展。

近年来,非统计不确定度在动态测量中的影响,越来越多地引起国内外学术界的关注与重视。已有学者对该问题进行研究与探索。针对测量数据少、概率分布不易确定等难以用 GUM 评定的情形,有学者将灰色系统理论、模糊集合理论、信息熵、贝叶斯统计理论和神经网络理论等用于测量不确定度的评定,在非统计理论方面取得一些研究成果。而蒙特卡洛模拟法,作为 20 世纪对科学和工程计算发展和实践最具影响力的十大计算方法之一,已开始被用于研究不确定度的应用问题。在出版的 GUM 的补充内容中,也包括了用蒙特卡洛方法评定测量不确定度。这些新方法的引入,在理论上突破了以统计学理论为基础的传统方法,在一定程度上弥补了统计理论的不足;大量仿真及应用实例表明,这些方法具有较高的评定精度。因此,非统计评定方法的研究对于 GUM 将是一个有益的补充。

6.1.2 不确定度的评定方法

测量不确定度的表示方法有标准不确定度和扩展不确定度两种,无论是哪种方法,都需要获得标准差。下面介绍相关术语:

标准不确定度——用标准差表示的测量结果的不确定度,一般用符号 u 来表示。对于不确定度分量,常用下标进行表示,如 $u_1,u_2,\cdots,u_n$ 等。

合成标准不确定度——当测量结果由若干个其他量的值求得时,测量结果的合成标准不确定度等于这些量的方差或协方差加权和的正平方根,其中,权系数按测量结果随这些量变化的情况而定。合成标准不确定度用符号 u_c 表示。

扩展不确定度——规定了测量结果取值区间的半宽度，该区间包含了合理赋予被测量值的分布的大部分。用符号 U 表示。它可以是标准差或其倍数，或说明了置信区间的半宽度。

包含因子——为获得扩展不确定度，对合成标准不确定度所乘的倍数因子，常用符号 k 来表示，也称其为覆盖因子，其取值一般在 2～3 之间。

不确定度一般包含若干分量，按照评定方法的不同，被分为 A 类评定（又称为统计评定）和 B 类评定（又称非统计评定）。

统计评定是指对样本观测值用统计分析的方法进行不确定度评定，它用统计学的实验标准差或样本标准差表示。

非统计评定是指用不同于统计分析的其他方法进行不确定度评定。该方法主要用来解决测量数据样本少，难以确定测量数据分布类型的不确定度的评定。

该分类方法仅仅说明计算不确定度的两种不同途径，其实质并没有什么区别，它们都是基于某种概率分布，能够用方差或标准差定量表示。

6.2　标准不确定度的评定

6.2.1　现有评定方法

关于统计标准不确定度的评定，主要是通过一定的实验，对测量数据序列进行统计分析，以标准差的形式表征其量值。

1. 贝塞尔法

设对某被测量进行 n 次测量，得到的测量序列 L 为

$$L=\{l_1,l_2,\cdots,l_i,\cdots,l_n\}$$

若测量值 l_i 独立且服从平均值为 μ、标准差为 σ 的正态分布，即 $l_i \sim N(\mu,\sigma)$，$i=1,2,\cdots,n$，则其残差为

$$v_i = l_i - \bar{l} = l_i - \frac{1}{n}\sum_{i=1}^{n} l_i \tag{6-1}$$

由矩法估计，一次测量的方差 σ^2 估计为

$$s_{(1)}^2 = \frac{1}{n}\sum_{i=1}^{n}(l_i - \bar{l})^2 \tag{6-2}$$

因为

$$Es_{(1)}^2 = \frac{1}{n}E\left[\sum_{i=1}^{n}(l_i-\mu)^2 - n(\bar{l}-\mu)\right] = \frac{1}{n}n\sigma^2 - \frac{1}{n}\sigma^2 = \frac{n-1}{n}\sigma^2$$

故 $s_{(1)}^2$ 为 σ^2 的有偏估计，而

$$s^2 = \frac{n}{n-1}s_{(1)}^2 = \frac{1}{n-1}\sum_{i=1}^{n}(l_i-\bar{l})^2 = \sigma^2 \tag{6-3}$$

为 σ^2 的无偏估计。

称实验标准差公式

$$s=\sqrt{\frac{1}{n-1}\sum_{i=1}^{n}(l_i-\bar{l})^2}=\sqrt{\frac{1}{n-1}\sum_{i=1}^{n}v_i^2} \tag{6-4}$$

为贝塞尔公式，是最常见的用来计算标准差的公式。但是，s 并不是 σ 的无偏估计，当用 s 估计 σ 时存在系统偏差。

2. 极差法

在多次独立测得的数据中，选出最大值 $l_{\max}$ 和最小值 $l_{\min}$，计算它们的差值，称为极差

$$w_n=l_{\max}-l_{\min} \tag{6-5}$$

估计标准差为

$$s=\frac{w_n}{d_n} \tag{6-6}$$

式中的 d_n 值可以查表得到。

3. 最大误差法

若测量值 l_i 独立且服从平均值为 μ、标准差为 σ 的正态分布，即 $l_i\sim N(\mu,\sigma)$，$i=1,2,\cdots,n$，则其误差 $\delta_i=l_i-\mu$ 服从平均值为 0、标准差为 σ 的正态分布，即 $\delta_i\sim N(0,\sigma)$。从中找出绝对值最大的误差，即 $|\delta_i|_{\max}$，则估计标准差为

$$s=\frac{1}{k_i}|\delta_i|_{\max} \tag{6-7}$$

在 $n<10$ 时，这一估计量 s 有一定的准确度。特别是在一次新的实验中，它是唯一可用的方法。式(6-7)中的 k_i 可查表得到。

极差法和最大误差法的可靠性不仅与重复测量的次数有关，而且还与测量数据的概率分布的类型有关。一般而言，可靠评定的前提是大样本量和测量数据服从正态分布。上述公式中所用系数都是在假设测量值服从正态分布的条件下计算出来的。如果在偏离正态分布比较大时也照搬这些公式及其系数，则会影响估计的信赖程度。

6.2.2 非统计评定方法

以第 2 章的灰色分析方法为基础，下面介绍基于灰色理论的标准不确定度的非统计评定方法。

若在相同的测量条件下，对某一被测量重复测量 n 次，测量数据为 $x_1,x_2,\cdots,x_n$；样本平均值为

$$\bar{x}=\frac{\sum_{i=1}^{n}x_i}{n}$$

若用单次测量值 x_i 作为测量结果，则标准不确定度为

$$u_{x_i}=c\frac{\Delta_{\max}}{n} \tag{6-8}$$

若用平均值 $\bar{x}$ 作为测量结果，则标准不确定度为

$$u_{\bar{x}}=c\frac{\Delta_{\max}}{n\sqrt{n}} \tag{6-9}$$

6.3　测量不确定度的合成

6.3.1　基于 GUM 的合成方法

根据其他一些量值的测量结果的标准不确定度，求出被测量的测量结果的标准不确定度，称为合成标准不确定度。

若测量结果 y 取决于其他量 $x_i, i=1,2,\cdots,N$，N 为其他量个数，且

$$y=f(x_1,x_2,\cdots,x_N) \tag{6-10}$$

则 y 的合成标准不确定度 u_c 可由下式计算

$$u_c^2(y)=\sum_{i=1}^{N}\left(\frac{\partial f}{\partial x_i}\right)^2 u^2(x_i)+2\sum_{i=1}^{N-1}\sum_{j=i+1}^{N}\frac{\partial f}{\partial x_i}\frac{\partial f}{\partial x_j}r(x_i,x_j)u(x_i)u(x_j) \tag{6-11}$$

式中，$u(x_i)$为 x_i 的标准不确定度；$r(x_i,x_j)$为 x_i 与 x_j 不确定度的相关系数，可由统计分析法求得。

6.3.2　非统计合成方法

若被测量 y_1 由重复测量获得其初始估计 y_{01} 和不确定度 s_1^2，又已知由于影响量 y_2 的影响($a\leqslant y_2\leqslant b$)，被测量 y_1 必须进行修正，设被测量的估计为 z，则 $z=y_1-y_2$。这是一个典型的同时包含 A 类和 B 类不确定度的问题。下面用贝叶斯方法来对这两种不同类型不确定度进行合成。

令 $x=\{y_1,y_2,z\}$，由它们之间的关系可得其模型关系表达式为

$$z-y_1+y_2=0 \tag{6-12}$$

则联合分布 $f(x)$为

$$f(x)=C\cdot\exp\left[\frac{-(y_1-y_{01})^2}{2s_1^2}\right]\cdot H(y_2-a)\cdot H(b-y_2)\cdot\delta(z-y_1+y_2) \tag{6-13}$$

由

$$\iiint_{R^3} f(y_1,y_2,z)\mathrm{d}y_1\mathrm{d}y_2\mathrm{d}z=1 \tag{6-14}$$

有

$$\int_{-\infty}^{+\infty}\mathrm{d}z\int_{-\infty}^{+\infty}\exp\left[\frac{-(y_1-y_{01})^2}{2s_1^2}\right]\mathrm{d}y_1\int_{-\infty}^{+\infty}H(y_2-a)\cdot H(b-y_2)\cdot\delta(z-y_1+y_2)\mathrm{d}y_2=1 \tag{6-15}$$

$$c\int_{-\infty}^{+\infty}\mathrm{d}z\int_{z+a}^{z+b}\exp\left[\frac{-(y_1-y_{01})^2}{2s_1^2}\right]\mathrm{d}y_1=1 \tag{6-16}$$

作代换，令

$$\left.\begin{aligned} s&=z\\ t&=y_1-z \end{aligned}\right\} \tag{6-17}$$

有

$$c\int_{-\infty}^{+\infty}\mathrm{d}s\int_a^b\exp\left[\frac{-(t+s-y_{01})^2}{2s_1^2}\right]\mathrm{d}t=1 \tag{6-18}$$

$$c\int_a^b\mathrm{d}t\int_{-\infty}^{+\infty}\exp\left[\frac{-[s-(y_{01}-t)]^2}{2s_1^2}\right]\mathrm{d}s=1 \tag{6-19}$$

$$c\int_a^b\mathrm{d}t\cdot\sqrt{2\pi}s_1=1 \tag{6-20}$$

则

$$c=\frac{1}{(b-a)\sqrt{2\pi}s_1} \tag{6-21}$$

计算

$$E(z)=\int_{-\infty}^{+\infty}zf_Z(z)\mathrm{d}z=\iiint_{R^3}zf(y_1,y_2,z)\mathrm{d}y_1\mathrm{d}y_2\mathrm{d}z=$$

$$\frac{1}{b-a}\int_{-\infty}^{+\infty}z\mathrm{d}z\int_{z+a}^{z+b}\frac{1}{\sqrt{2\pi}s_1}\exp\left[\frac{-(y_1-y_{01})^2}{2s_1^2}\right]\mathrm{d}y_1 \tag{6-22}$$

按式(6-17)作代,则

$$E(z)=\frac{1}{b-a}\int_a^b\mathrm{d}t\int_{-\infty}^{+\infty}s\,\frac{1}{\sqrt{2\pi}s_1}\exp\left\{\frac{-[s-(y_{01}-t)]^2}{2s_1^2}\right\}\mathrm{d}s=$$

$$\frac{1}{b-a}\int_a^b\mathrm{d}t\cdot(y_{01}-t)=$$

$$y_{01}-\frac{a+b}{2} \tag{6-23}$$

计算

$$E(z^2)=\int_{-\infty}^{+\infty}z^2f_Z(z)\mathrm{d}z=\iiint_{R^3}zf(y_1,y_2,z)\mathrm{d}y_1\mathrm{d}y_2\mathrm{d}z=$$

$$\frac{1}{b-a}\int_{-\infty}^{+\infty}z^2\mathrm{d}z\int_{z+a}^{z+b}\frac{1}{\sqrt{2\pi}s_1}\exp\left[\frac{-(y_1-y_{01})^2}{2s_1^2}\right]\mathrm{d}y_1 \tag{6-24}$$

按式(6-17)作代换,则

$$E(z^2)=\frac{1}{b-a}\int_a^b\mathrm{d}t\int_{-\infty}^{+\infty}s^2\,\frac{1}{\sqrt{2\pi}s_1}\exp\left\{\frac{-[s-(y_{01}-t)]^2}{2s_1^2}\right\}\mathrm{d}s=$$

$$\frac{1}{b-a}\int_a^b\mathrm{d}t\cdot[s_1^2+(y_{01}-t)^2]=$$

$$s_1^2+y_{01}^2-(a+b)y_{01}+\frac{a^2+ab+b^2}{3} \tag{6-25}$$

$$\mathrm{var}(z)=E(z^2)-[E(z)]^2=$$

$$s_1^2+y_{01}^2-(a+b)y_{01}+\frac{a^2+ab+b^2}{3}-\left(y_{01}-\frac{a+b}{2}\right)^2=$$

$$s_1^2+\frac{(b-a)^2}{12} \tag{6-26}$$

则被测量的估计为 $y_{01}-\frac{a+b}{2}$，标准不确定度为 $\sqrt{s_1^2+\frac{(b-a)^2}{12}}$，还可计算出包含因子和扩展不确定度。

不难看出，A 类和 B 类不确定度通过贝叶斯评定理论被有效地综合到一起，获得了合理的评定结果。

6.4　扩展不确定度的评定

6.4.1　基于 GUM 的评定方法

在安全、保健等领域，为使不确定度包含概率更高，需将合成标准不确定度 u_c 乘以包含因子 $k(k>1)$ 得到扩展不确定度 U，即

$$U=ku_c \tag{6-27}$$

于是被测量 y 以包含概率 P 的可能性落在区间 $[y-U, y+U]$ 中。要想确切了解包含概率是多少并非易事，因为需要了解各测量值的概率分布，这些分布可能各不相同，但大多数可近似为正态分布，于是当 $k=2$ 时，包含概率约为 95%；当 $k=3$ 时，包含概率约 99%。

6.4.2　非统计评定方法

1. 模糊评定方法

以模糊分析方法为基础，下面介绍基于模糊理论的扩展不确定度的非统计评定方法。

隶属函数 $\mu(x)$ 描述了测量值 x_i 是如何符合集合 A 的。若取 $\lambda\in[0,1]$ 为 λ 水平，相应地，在 X 轴上的 X_0 两侧附近有两个区间 s_1 和 s_2，则 x 隶属于 A 的区间为

$$U_{F_\lambda}=s_1+s_2$$

$\mu_{A_\lambda}=\lambda$ 的值 $\mu(x)$ 称为 x 对 A 的隶属度。对于所有测量值 x_i，若给定 $\lambda=\lambda^*$ 值，则 $U_{F_\lambda}=U_{F_{\lambda^*}}$ 唯一确定，即测量值 x_i 相对真值 X_0 的分散范围为 $U_{F_{\lambda^*}}$。

区间 B 称为模糊区间，λ^* 为最优水平，$U_{F_{\lambda^*}}$ 称为 λ^* 水平下的模糊可用区间，可以用 $U_{F_{\lambda^*}}$ 来表征测量结果的扩展不确定度，$U_{F_{\lambda^*}}$ 的具体计算方法详见第 2 章。

2. 信息熵评定方法

以信息熵分析方法为基础，下面介绍基于信息熵的扩展不确定度的非统计评定方法。

随机变量 x 取值的离散程度越大，即不确定度越大，则其熵越大。熵是对不确定程度的唯一度量。结合扩展不确定度，若取包含因子 $k=A/2$，则相应的扩展不确定度为

$$U=\frac{e^{H(x)}}{2}=\frac{A}{2}\sigma_x=k\sigma_x \tag{6-28}$$

相应的包含概率 P 可按经验公式求取（对称分布类），其相对误差不大于 1%，公式如下：

$$P=0.9+\frac{\tau^2}{5.5} \tag{6-29}$$

式中，τ 为分布的反峰态系数，其计算公式为

$$\tau=\sqrt{\frac{\sigma^4}{\mu_4}} \tag{6-30}$$

式中，σ 为分布的均方根偏差；μ_4 为分布的四阶中心矩。

从式(6-29)可以看出，通过信息熵方法所确定的扩展不确定度，其包含概率可达 90%以上，这是一个适合很多工程应用场合的概率。

另外，也可采用第 2 章中的方法，求出基于最大熵方法的测量数据样本的概率密度函数 $\hat{p}(x)$，从而估计测量结果及其扩展不确定度。

测量结果可表示为

$$\hat{x}=\int_a^b x\hat{p}(x)\mathrm{d}x \tag{6-31}$$

测量结果的标准不确定度为

$$u=\sqrt{\int_a^b (x-\hat{x})^2\hat{p}(x)\mathrm{d}x} \tag{6-32}$$

设包含因子为 k，扩展不确定度可以表示为

$$U=ku \tag{6-33}$$

在对称分布下，包含概率 P 为

$$P=\int_{\hat{x}-ku}^{\hat{x}+ku}\hat{p}(x)\mathrm{d}x \tag{6-34}$$

同样，通过式(6-34)也可求出给定包含概率 P 下的包含因子 k。

对于非对称分布，包含概率 P 为

$$P=\int_{\hat{x}-(1+\alpha)ku}^{\hat{x}+(1-\alpha)ku}\hat{p}(x)\mathrm{d}x \tag{6-35}$$

式中，α 为不对称分布的不对称系数，由样本的偏态、峰态系数确定。

6.5 动态测量不确定度的评定

6.5.1 评定的流程

随着科学技术的发展，在工程技术领域中测量位移、振动、速度、加速度、应力、应变、压力等参量，以及光学、声学、热力学、电学中测量各种参量时，越来越重视动态测试及其不确定度评定。

动态测试数据中包含大量有关被测物理量及所用测量器具以及外界环境加入的干扰等方面的信息，正确分析和处理动态测试数据能得到很多反映动态被测量变化规律的有用信息。

与静态测量相比，动态测量有其特殊性。动态测量是对确定量的瞬时值及其随时间变化的值所进行的测量，即动态测量的被测量实际上是时间的函数。

动态测量数据处理一般采用传统的随机过程理论体系，要求测量数据具有典型的概率分布（如正态分布）和大量的测量数据，以便于进行概率论和统计意义上的数学处理。在小样本条件下，使用统计学和概率论的方法分析动态测量数据，其适用性需要斟酌。

动态测量数据表示为测试时间的函数，一般由三部分组成：被测量响应、系统误差和随机误差。其中，被测量响应和系统误差表现为期望函数，而随机误差表现为随机函数。动态测量数据处理是为了发现动态测量期望函数模型和不确定度函数模型。

使用比测量仪器的动态响应更"快"的标准动态信号作为激励源，对动态测量系统误差进行动态修正。动态修正过程归结为已知系统的输入和输出，求系统的响应特性，得到测量仪器的数学模型。将仪器的输出与仪器的脉冲响应函数进行消卷积运算，用于动态地修正系统误差。

在动态测量中，对某随时间 t 变化的输入量 $x(t)$ 进行测量，在消除系统误差后，得到确定的随时间变化的输出量 $y(t)$。动态测量数据是被测量的瞬时响应以及它随时间变化的随机误差值的和，公式如下：

$$y(t)=\hat{y}(t)+\varepsilon(t) \tag{6-36}$$

式中，$\hat{y}(t)$ 为 $x(t)$ 的动态响应，它是以时间为自变量的期望函数，表现为图 6－1 中动态测量真实曲线；$\varepsilon(t)$ 为随机误差，它是时间的随机函数，由于随机误差的存在，在每次重复测量时，动态测量实验曲线都不相同，如图 6－1 中曲线 1、2、3、4 所示。

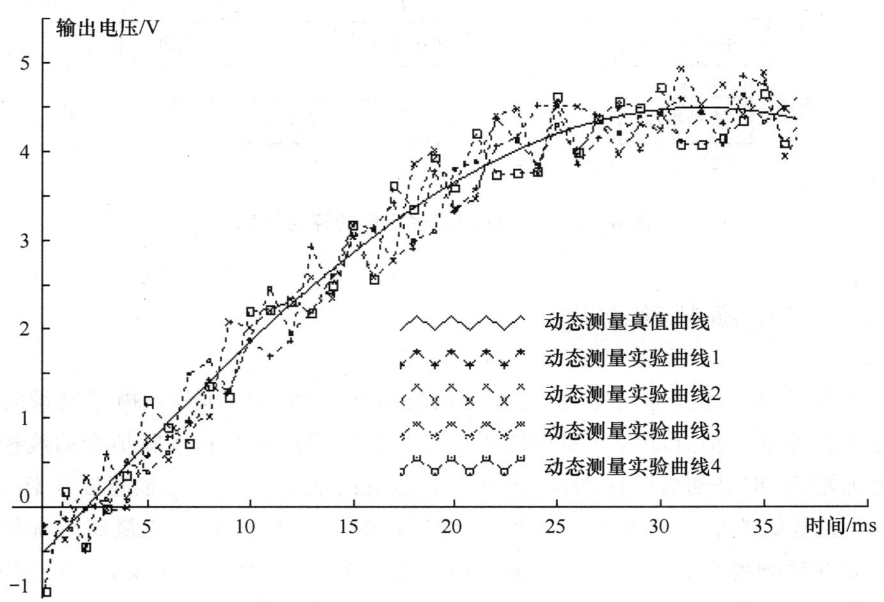

图 6－1 重复测量的小样本动态曲线

小样本是针对动态测量的重复测量次数而言的，小样本动态测量数据处理的原理是在消除系统误差后，对多次动态测量输出 $y_1(t),\cdots,y_h(t),\cdots,y_m(t)$ 进行采样，$h=1,\cdots,m$，m 为重复测量的次数，可得到离散化采样序列

$$\boldsymbol{Y}=\begin{bmatrix}Y_1\\ \vdots\\ Y_h\\ \vdots\\ Y_m\end{bmatrix}=\begin{bmatrix}y_1(1) & \cdots & y_1(k) & \cdots & y_1(n)\\ \vdots & & \vdots & & \vdots\\ y_h(1) & \cdots & y_h(k) & \cdots & y_h(n)\\ \vdots & & \vdots & & \vdots\\ y_m(1) & \cdots & y_m(k) & \cdots & y_m(n)\end{bmatrix}\qquad (k=1,\cdots,n) \tag{6-37}$$

式中,n 为在一次动态测量中样本的离散数据量。

由公式

$$\hat{y}(k)=\frac{1}{m}\sum_{h=1}^{m}y_h(k)\qquad (k=1,\cdots,n) \tag{6-38}$$

对各离散采样点的动态测量数据进行平均,得到 $\hat{y}(t)$的离散序列 $\hat{y}(1),\cdots,\hat{y}(k),\cdots,\hat{y}(n)$,然后按照正交多项式高阶数据拟合,求出 $\hat{y}(t)$期望函数的拟合曲线模型,并对各离散采样点的动态测量数据应用灰色系统理论进行累加生成处理,得到动态测量不确定度 $u(t)$。本节提出的评定方法将对动态测量在各离散采样点的小样本测量数据平均化,得到动态测量随采样点变化的均值序列,以动态测量的正交多项式数据拟合为出发点,结合灰色系统理论,评定出小样本条件下动态测量结果,如图 6-2 所示。

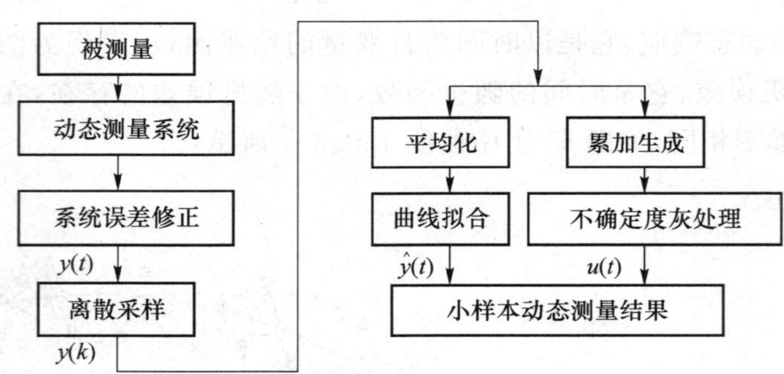

图 6-2 动态测量不确定度的评定流程

6.5.2 期望函数的求取

对于单次动态测量离散输出序列,如果用低阶函数模型(如二阶)来描述测量时间和输出值的关系是不合适的。拟合曲线与测量输出期望函数曲线的吻合程度随拟合曲线模型阶次增大而变得更加精确,但是随着阶次增加,最佳平方逼近的法方程的病态也越发显著,通常以 1,$w,w^2,\cdots,w^r$ 为基底的最小二乘法拟合很不理想,其中 w 为自变量,r 为最高阶次数。而正交多项式的基底在序列各离散点上得到的向量组线性无关,可克服病态现象,下面应用该曲线拟合的方法分析动态测量的期望函数曲线。

一般意义上,设 $\varphi_0(w),\varphi_1(w),\cdots,\varphi_r(w)$是区间$(a,b)$上带权$\rho(w)$的正交函数系,$r$ 为拟合曲线的最高阶次,w 为自变量,满足

$$(\varphi_i,\varphi_j)=\int_a^b\rho(w)\varphi_i(w)\varphi_j(w)\mathrm{d}w=0\qquad (i,j\in(0,r),i\neq j) \tag{6-39}$$

取 $\rho(w)=1$,根据曲线拟合最佳平方逼近问题的法方程组:

$$\begin{bmatrix} (\varphi_0,\varphi_0) & \cdots & (\varphi_0,\varphi_r) \\ \vdots & & \vdots \\ (\varphi_r,\varphi_0) & \cdots & (\varphi_r,\varphi_r) \end{bmatrix} \begin{bmatrix} c_0 \\ \vdots \\ c_r \end{bmatrix} = \begin{bmatrix} (f,\varphi_0) \\ \vdots \\ (f,\varphi_r) \end{bmatrix} \tag{6-40}$$

得到正交函数系的系数解为

$$c_i=\frac{(f,\varphi_i)}{(\varphi_i,\varphi_i)} \qquad (i=0,1,\cdots,r) \tag{6-41}$$

应用 Legendre 正交多项式最佳平方逼近 r 次函数：

$$L_0(w)\equiv 1 \quad L_i(w)=\frac{1}{2^i i!}\cdot\frac{\mathrm{d}^i[(\omega^2-1)^i]}{\mathrm{d}w^i} \qquad (i=1,2,\cdots,r) \tag{6-42}$$

可得

$$L_1(w)=w \quad L_2(w)=\frac{1}{2}(3w^2-1) \quad L_3(w)=\frac{1}{2}(5w^3-3w) \quad \cdots \tag{6-43}$$

若动态测量以 t 为自变量，设 $t\in(a,b)$，$\hat{y}(t)$ 为动态测量响应输出数据，Legendre 正交多项式 $L_i(w)$ 是区间 $(-1,1)$ 上权 $\rho(w)=1$ 的正交多项式，拟合数学模型时，可作变量代换：

$$w=\frac{2t-(a+b)}{b-a} \quad b=\max\{t\} \quad a=\min\{t\} \tag{6-44}$$

计算：

$$t_j=a+\frac{b-a}{n-1}\times j \tag{6-45}$$

$$L_{ij}=L_i(w_j)=L_i\left[\frac{2t_j-(a+b)}{b-a}\right] \qquad (j=0,\cdots,n-1) \tag{6-46}$$

$$(L_0,L_0)=\sum_{j=0}^{n-1}\rho(w)\times 1\times 1=n,\cdots,(L_i,L_i)=\sum_{j=0}^{n-1}L_{ij}L_{ij} \qquad (i=1,\cdots,r) \tag{6-47}$$

$$(y,L_0)=\sum_{j=0}^{n-1}\rho(w)y_j=\sum_{j=0}^{n-1}y_j,\cdots,(y,L_i)=\sum_{j=0}^{n-1}\rho(w)y_jL_{ij}=\sum_{j=0}^{n-1}y_jL_{ij} \qquad (i=1,\cdots,r) \tag{6-48}$$

式中，n 为离散采样数据点数；r 满足 $r+1\leqslant n$。

按照式(6-48)计算得到离散数据，再根据如下拟合公式

$$y(w)=\frac{(y,L_0)}{(L_0,L_0)}L_0+\frac{(y,L_1)}{(L_1,L_1)}L_1+\cdots+\frac{(y,L_r)}{(L_r,L_r)}L_r \tag{6-49}$$

可得到以 w 为自变量的最佳平方逼近 r 次函数，作变量回代，即

$$t=\frac{(b+a)}{2}+\frac{(b-a)}{2}w \tag{6-50}$$

可得到动态测量期望函数 $\hat{y}(t)$。

6.5.3　不确定度函数建模

对于在第 k 个离散采样点上的动态测量数据，假定不存在测量误差，则每次测量结果都是被测量的真值。设有 m 个测量数据组成的测量数列：

$$y_k^{(0)}=\{d_k,d_k,\cdots,d_k\} \qquad (k=1,2,\cdots,n)$$

式中，d_k 为第 k 个采样点被测量的真实值。

对 $y_k^{(0)}$ 作一次累加生成，即

$$y_k^{(1)}(h)=\sum_{l=1}^{h}y_k^{(0)}(l) \tag{6-51}$$

$$(h\in\{1,2,\cdots,m\},k\in\{1,\cdots,n\},l\in\{1,\cdots,h\})$$

可得到生成序列 $y_k^{(1)}=\{d_k,2d_k,\cdots,nd_k\}$。

由于没有测量误差，数据累加生成后为一条直线(作为参考累加直线)，其方程为

$$y_k^{(1)}(h)=d_kh \tag{6-52}$$

由于存在测量误差，使第 k 个离散采样点上动态测量数据都接近于但不等于被测量的真实值，测量数据按从小到大的顺序排列为

$$g_k^{(0)}=\{d_k+\delta_{k1},\cdots,d_k+\delta_{kh},\cdots,d_k+\delta_{km}\} \qquad (\delta_{k1}\leqslant\cdots\leqslant\delta_{kh}\leqslant\cdots\leqslant\delta_{km}) \tag{6-53}$$

式中，δ_{kh} 为第 k 个离散采样点对应动态测量列随机误差。

对 $g_k^{(0)}$ 作累加生成，得到测得值累加数列 $\{g_k^{(1)}(h)\}$。

$$\{g_k^{(1)}(h)\}=\left\{hd_k+\sum_{l=1}^{h}\delta_{kl}\right\}=\left\{d_k+\delta_{k1},2d_k+\delta_{k1}+\delta_{k2},\cdots,md_k+\sum_{l=1}^{m}\delta_{kl}\right\} \tag{6-54}$$

测量累加曲线与参考累加直线之间的距离为

$$\Delta_k(h)=\left|g_k^{(1)}(h)-y_k^{(1)}(h)\right| \tag{6-55}$$

根据最大距离值 $\Delta_{k\max}$ 和动态测量重复测量次数 m，可评定各离散采样点上的动态测量标准不确定度，若用标准差的形式表示，则测量结果的标准差为

$$\sigma_k=\frac{2.5\Delta_{k\max}}{m} \tag{6-56}$$

对各离散采样点对应的标准不确定度数据列作曲线拟合，可得到动态测量不确定度函数的数学模型 $u(t)$。

6.6 不确定度评定应用实例

6.6.1 非统计方法评定实例

1. 标准不确定度的灰色评定

例 6-1 在测长仪上对长度 l 为 150mm 的工件进行测量，假设按测长仪上给出的标准短标尺的修正值对测量结果进行修正后，其他不确定度分量均可忽略不计，主要研究测量结果的分散性为其测量不确定度。重复测量 20 次的测量结果如表 6-1 所列，并已知该测长仪给出的修正值 $K=0.06$ mm，试估计出测量结果及其标准不确定度。

表 6－1　测量结果

测量序号	l_i/mm	测量序号	l_i/mm
1	150.14	11	149.99
2	150.04	12	150.04
3	149.97	13	150.02
4	150.08	14	149.94
5	149.93	15	150.19
6	149.99	16	149.93
7	150.13	17	150.09
8	150.09	18	149.83
9	149.89	19	150.03
10	150.01	20	150.07

首先计算平均值：

$$\bar{l}=\frac{1}{20}\sum_{i=1}^{20}l_i=150.02\,\text{mm}$$

修正后的测量结果为

$$l=\bar{l}+K=(150.02+0.06)\,\text{mm}=150.08\,\text{mm}$$

由于测量条件不变，各次测量也可以认为是独立的，所以近似认为测量数据服从正态分布。采用贝塞尔公式评定上述测量结果的标准不确定度，结果为 0.02 mm；如果取 $c=2.5$，用灰色评定方法计算的标准不确定度为 0.02 mm。由此可见，二者的评定结果是吻合的。

2. 标准不确定度与扩展不确定度的信息熵评定

例 6－2　采用例 2－4 中正态分布的数据，由测量数据样本得

平均值 $\bar{x}=-0.0053$，可用它作为测量结果的估计。

标准差 $s=0.9248$，可用它作为标准不确定度的估计。

由例 2－4 知，测量数据样本的信息熵估计为 1.4048，则扩展不确定度 U 为

$$U=\frac{\mathrm{e}^{H(x)}}{2}=\frac{\mathrm{e}^{1.4048}}{2}=2.0374$$

包含因子为

$$k\approx\frac{U}{s}=\frac{2.0374}{0.9248}=2.2031$$

根据正态分布的性质，这样的包含因子对应的包含概率在 95％以上。

例 6－3　采用例 2－6 中满足正态分布的测量数据及式(2－110)，下面求出测量结果的估计、标准不确定度、给定包含因子下的扩展不确定度及给定包含概率下的包含因子等。

测量结果的估计为

$$\hat{x}=\int_{-3}^{3}x\exp(-0.8941-0.0123x-0.5312x^2-0.0275x^3+0.0025x^4+0.0032x^5)\mathrm{d}x=-0.478$$

测量结果的标准不确定度为

$s=\hat{x}=$

$\sqrt{\int_{-3}^{3}(x+0.0478)^2\exp(-0.8941-0.0123x-0.5312x^2-0.0275x^3+0.0025x^4+0.0032x^5)\mathrm{d}x}=$

0.9708

若令包含因子 $k=2$,则包含概率为 95.38%,扩展不确定度为

$$U=ks=2\hat{x}=0.9708x^2$$

若令包含概率为 95%,则包含因子为 $k=1.965$。

上述各估计值与标准正态分布各对应的理论值是非常接近的。

例 6-4 单个被测量重复测量过程的不确定度评定。

若已知被测量 x 的各次测量的估计值 x_i 及其标准不确定度 u_i。由最大熵原理可得,x_i 和 u_i^2 所确定的最大熵分布为高斯正态分布 $N(x_i,u_i^2)$,即

$$f(x|x_i,u_i)=\frac{1}{\sqrt{2\pi}u_i}\exp\left[-\frac{1}{2}\frac{(x-x_i)^2}{u_i^2}\right]\propto\exp\left[-\frac{1}{2}\frac{(x-x_i)^2}{u_i^2}\right]\tag{6-57}$$

所有样本的似然函数为

$$l(x|\boldsymbol{x},\boldsymbol{u})=\frac{1}{(\sqrt{2\pi}u_i)^n}\exp\left[-\frac{1}{2}\sum_{i=1}^{n}\frac{(x_i-x)^2}{u_i^2}\right]\propto\exp\left[-\frac{1}{2}\sum_{i=1}^{n}\frac{(x_i-x)^2}{u_i^2}\right]\tag{6-58}$$

根据贝叶斯理论,取 x 的先验为无信息常数先验,则 x 的后验分布为

$$f(x|\boldsymbol{x},\boldsymbol{u})\propto\exp\left[-\frac{1}{2}\sum_{i=1}^{n}\frac{(x_i-x)^2}{u_i^2}\right]\tag{6-59}$$

由后验分布可计算出

$$E(x|\boldsymbol{x},\boldsymbol{u})=u^2\sum_{i=1}^{n}\frac{x_i}{u_i^2}\tag{6-60}$$

$$\mathrm{var}(x|\boldsymbol{x},\boldsymbol{u})=u^2=\left(\sum_{i=1}^{n}\frac{1}{u_i^2}\right)^{-1}\tag{6-61}$$

故测量结果的估计为 $u^2\sum_{i=1}^{n}\frac{x_i}{u_i^2}$,标准不确定度为 $u=\sqrt{\left(\sum_{i=1}^{n}\frac{1}{u_i^2}\right)^{-1}}$,扩展不确定度可通过下式计算,即

$$U=ku\tag{6-62}$$

式中,包含因子 k 可由标准正态分布确定。

例 6-5 已知各次测量的估计及其误差限。

若已知被测量 x 的各次测量的估计 x_i 及其误差限 ε_i(不确定度信息未知)。由最大熵原理可得各样本的概率密度函数服从如下均匀分布

$$f(x|x_i,\varepsilon_i)\propto H(x-x_i+\varepsilon_i)H(x_i+\varepsilon_i-x)\tag{6-63}$$

将各样本的似然函数相乘得到所有样本的似然函数,即

$$l(x|\boldsymbol{x},\boldsymbol{\varepsilon})\propto H(x-\delta_{\mathrm{m}})H(\delta_{\mathrm{M}}-x)\tag{6-64}$$

式中,$\delta_{\mathrm{m}}=\max\{x_i-\varepsilon_i\}$,$\delta_{\mathrm{M}}=\min\{x_i+\varepsilon_i\}$。

取 x 的先验为无信息常数先验,则 x 的后验分布为

$$f(x|\boldsymbol{x},\boldsymbol{\varepsilon})\propto H(x-\delta_{\mathrm{m}})H(\delta_{\mathrm{M}}-x)\tag{6-65}$$

据此后验分布可得

$$E(x \mid \boldsymbol{x},\boldsymbol{\varepsilon})=\frac{\delta_{\mathrm{m}}+\delta_{\mathrm{M}}}{2} \tag{6-66}$$

$$\mathrm{var}(x \mid \boldsymbol{x},\boldsymbol{\varepsilon})=\frac{(\delta_{\mathrm{M}}-\delta_{\mathrm{m}})^2}{12} \tag{6-67}$$

故测量结果的估计为$\frac{\delta_{\mathrm{m}}+\delta_{\mathrm{M}}}{2}$，标准不确定度为$\sqrt{\frac{(\delta_{\mathrm{M}}-\delta_{\mathrm{m}})^2}{12}}$，扩展不确定度可通过下式计算，即

$$U=k\sqrt{\frac{(\delta_{\mathrm{M}}-\delta_{\mathrm{m}})^2}{12}} \tag{6-68}$$

式中，$k=\sqrt{3}P$；P 为包含概率。

3. 标准不确定度的贝叶斯评定

例 6-6　无测量数据的不确定度的评定。

一个影响量引起的系统误差，仅知其值在 a 和 b 之间，无具体数据样本，求其估计及其不确定度。

设该量的估计为 x，则根据已知条件得其模型关系式为

$$a \leqslant x \leqslant b \tag{6-69}$$

因没有测量数据，令数据先验及似然为常数，则 x 的分布为

$$f(x)=C \cdot H(x-a) \cdot H(b-x) \tag{6-70}$$

由归一化条件有

$$\int_{-\infty}^{+\infty} f(x)\mathrm{d}x = 1 \tag{6-71}$$

则

$$\int_a^b C \cdot H(x-a) \cdot H(b-x)\mathrm{d}x = \int_a^b C\,\mathrm{d}x = 1$$

可得

$$C=\frac{1}{b-a} \tag{6-72}$$

该量的期望值为

$$E(x) = \int_{-\infty}^{+\infty} xf(x)\mathrm{d}x = \int_a^b xC \cdot H(x-a) \cdot H(b-x)\mathrm{d}x =$$

$$C\int_a^b x\,\mathrm{d}x = \frac{C(b^2-a^2)}{2} = \frac{a+b}{2} \tag{6-73}$$

下面求取方差，由于

$$E(x^2) = \int_{-\infty}^{+\infty} x^2 f(x)\mathrm{d}x = C\int_a^b x^2\,\mathrm{d}x = \frac{C(b^3-a^3)}{3} = \frac{b^2+ab+a^2}{3} \tag{6-74}$$

故该量的方差为

$$\mathrm{var}(x) = E(x^2) - [E(x)]^2 = \frac{a^2+ab+b^2}{3} - \left(\frac{a+b}{2}\right)^2 = \frac{(a-b)^2}{12} \tag{6-75}$$

所求的估计为$\frac{a+b}{2}$，标准不确定度为$\sqrt{\frac{(a-b)^2}{12}}$。

这是一个典型的测量不确定度 B 类评定的实例，与 GUM 中给出的评定结果相同。

6.6.2 不同方法的综合比较

1. 不同分布的扩展不确定度模糊评定

例 6-7 研究 4 种典型的分布，正态分布、瑞利分布、三角分布和均匀分布。由计算机产生各分布的测量值 x_i。利用不确定度的模糊评定方法，求得相应的扩展不确定度 $U_{F_{\lambda^*}}$。

由于样本量较小，取 $\lambda^*=0.4$。

(1) 正态分布

若服从正态分布的测量数据 $x_i(n=10)$ 为

50.02170	50.04282	50.06641	49.92250	49.71110
50.00218	50.12576	50.03276	50.02137	49.91243

已知不确定度的理论值 $6\sigma=0.6$。

用模糊评定方法估计的不确定度为 $U_{F_{\lambda^*}}=U_{F_{0.4}}=0.574453$，估计的相对误差为

$$\Delta U=\frac{|0.57445-0.6|}{0.6}=4.26\%$$

用贝塞尔方法估计的不确定度为 $6\sigma_B=0.69054$，估计的相对误差为

$$\Delta U=\frac{|0.69054-0.6|}{0.6}=15.09\%$$

(2) 瑞利分布

若服从瑞利分布的测量值 $x_i(n=10)$ 为

1.6201	2.138	0.8592	1.54193	1.20955
1.74325	1.18994	1.52684	1.522	1.65953

已知不确定度的理论值为 $U=2\times2.636\sigma_R=1.72301$。

用模糊评定方法估计的不确定度为 1.842456，估计的相对误差为 6.932%。

用贝塞尔方法估计的不确定度为 $6\sigma_B=2.09777$，估计的相对误差为 21.75%。

(3) 三角分布

① 若测量值 $x_i(n=10)$ 为

5.54424	5.625905	5.7059	5.691365	5.801535
5.45576	5.374095	5.2941	5.308635	5.198465

已知不确定度的理论值为 1。

用模糊评定方法估计的不确定度为 1.069633，估计的相对误差为 6.96%。

用贝塞尔方法估计的不确定度为 $6\sigma_B=1.22555$，估计的相对误差为 22.56%。

② 若测量值 $x_i(n=8)$ 为

5.56117	5.59951	5.920055	5.58392
5.4883	5.40049	5.079945	5.41608

已知不确定度的理论值为 1。

用模糊评定方法估计的不确定度为 0.924679，估计的相对误差为 7.53%。

用贝塞尔方法估计的不确定度为 $6\sigma_B=1.41687$，估计的相对误差为 41.69%。

(4) 均匀分布

若测量值 $x_i(n=7)$ 为

5.050303　5.57313　5.33894　5.00067　5.3255　5.85851　5.42444

已知不确定度的理论值为 1。

用模糊评定方法估计的不确定度为 0.95879,估计的相对误差为 4.121%。

用贝塞尔方法估计的不确定度为 $6\sigma_B=1.77381$,估计的相对误差为 77.38%。

为便于比较分析,将上述 4 种分布的计算结果列于表 6-2 中。可以看出,扩展不确定度的模糊评定结果与理论值非常接近。

表 6-2　计算结果(6≤n≤10)

分布类型		正态分布	瑞利分布	三角分布	均匀分布
不确定度的理论值		0.6	1.72301	1.0	1.0
模糊方法	不确定度的估计值	0.574453	1.842456	1.069633 0.924679	0.95879
	估计的相对误差/(%)	4.26	6.932	6.96 7.53	4.121
贝塞尔方法	不确定度的估计值	0.69054	2.09777	1.22555 1.41687	1.77381
	估计的相对误差/(%)	15.09	21.75	22.56 41.69	77.38

不同样本量下的计算结果见表 6-3～表 6-5。计算结果表明,如果测量值服从正态分布,对不确定度的估计误差而言,模糊方法与贝塞尔方法评定结果相当,包含概率可达到 99.73%;如果测量值不服从正态分布,但是服从瑞利分布、三角分布、均匀分布等,那么用模糊方法估计不确定度时,估计的相对误差仍然很小,而用贝塞尔方法时,估计的相对误差是相当大的。

表 6-3　计算结果(n=4)

分布类型	正态分布	瑞利分布	三角分布	均匀分布
不确定度的真值	0.6	1.72301	1.0	1.0
不确定度的估计值	0.48001	1.41093	0.94380	0.82955
估计的相对误差/(%)	20	18.11	5.62	17.05

表 6-4　计算结果(n=20)

分布类型	正态分布	瑞利分布	三角分布	均匀分布
不确定度的真值	0.6	1.72301	1.0	1.0
不确定度的估计值	0.6057	1.69218	0.922221	0.96604
估计的相对误差/(%)	0.95	1.789	7.779	3.396

表 6-5 计算结果($n=5$)

分布类型	正态分布	瑞利分布	三角形分布	均匀分布
不确定度的真值	0.6	1.72301	1.0	1.0
不确定度的估计值	0.626	1.81250	1.10173	0.93266
估计的相对误差/(%)	4.333	5.194	10.173	6.734

可以看出,模糊评定方法可以允许测量值不服从正态分布,测量数据的个数最少可为 4。这种估计法能根据测量数据的离散特性自动构造隶属函数 $\mu(x)$,从而可以在分布条件未知的情况下得到与真值很接近的结果。

例 6-8 轴承噪声的扩展不确定度评定。

在测量轴承噪声的声压级时,为了确保测量精度,要求有标准的消声室、高质量的驱动装置和测量仪器。由于测量费用昂贵,不能像轴承振动那样全部检查。为此,只能随机抽样,通过样本来评价一批轴承的噪声质量。考虑到测量成本,样本的个数和对样本的测量次数越少越好,另外,关于轴承噪声的声压级概率分布问题的研究资料并不多见。因此在概率分布未知的条件下,如何通过很少的样本量和测量次数有效地评价轴承的噪声问题备受关注。

这实际上是一个轴承噪声的声压级扩展不确定度评定问题,属于非统计理论范畴。下面结合具体的实验,使用模糊评定原理解决这个问题。在研究中,用扩展不确定度 U^* 和真值 ζ_0 来描述一套轴承的噪声数据,用分布区间 ζ 和期望值 ζ_0(和真值使用了相同的符号)来描述一批轴承的噪声数据。

(1) 实验数据

在测量轴承噪声时,为了准确地评价一套轴承噪声的声压级,采用正反两面测量。每面测量 3 次,共得到 6 个数据。根据这 6 个数据,可以估计出这套轴承噪声的真值 ζ_0 及其扩展不确定度 U^*。

有一批稳定生产的 6201 电机轴承,从中随机抽取 6 套,进行噪声分析,测量数据如表 6-6 所列。

每一套轴承的 6 个数据都可以构成一个数据列:

$$\zeta_1,\zeta_2,\zeta_3,\cdots,\zeta_i,\cdots,\zeta_n \qquad (i=1,2,\cdots,n;n=6) \tag{6-76}$$

式中,i 为数据列序号。

由表 6-6 可知,声压级测量本身的读数误差使测量数据的有效位数很少;同时,一般不知道这类数据的概率分布,并且数据的个数比较少。

表 6-6 轴承噪声实验数据 dB

轴承序号 \ 测量序号	1	2	3	4	5	6
1	27	26	26.5	27	27	27
2	28	28	27.5	27.5	27.5	27.5
3	26.5	26	26.5	26.5	26	26
4	27	26.5	27.5	26	26	26.5
5	25.5	26	26	27	27	27
6	27.5	26.5	26.5	27.5	27.5	28

为了寻求数据的规律性，根据线性估计法，对于数据列 $\zeta_i(i=1,2,3,\cdots,n)$，从小到大排序，形成一个新数据列：

$$\zeta_\tau^* \leqslant \zeta_{\tau+1}^* \quad (\tau=1,2,3,\cdots,n-1) \tag{6-77}$$

将实际数据列 ζ_τ^* 和标准分布如正态分布、瑞利分布和均匀分布等进行比较，可以判断数据列 ζ_τ 和标准分布的接近程度。经过大量的计算和分析得到，大多数实际数据列和标准分布数据列是不同的。因此在数据分析时，不宜使用常规的统计方法，而应使用非统计方法。

(2) 一套轴承噪声的真值及其扩展不确定度估计

用 U^* 来表征测量值的扩展不确定度。借助 U^* 和 ζ_0 对研究对象 ζ_τ 进行估计：

$$\zeta=[\zeta_0-s_1 \quad \zeta_0+s_2] \tag{6-78}$$

式中，s_1 为关于 ζ_0 的上区间值，dB；s_2 为关于 ζ_0 的下区间值，dB；ζ 为测量值的分布区间，dB。

将表 6-6 测量值代入上述公式，可以估计出每一套轴承噪声的有关参数及扩展不确定度，如表 6-7 所列。

表 6-7　轴承噪声参数的估计结果　dB

噪声参数 \ 轴承序号	1	2	3	4	5	6
U^*	0.152	0.5	1.307	0.954	1	2.25
s_1	0.152	0	0.307	0	1	1.5
s_2	0	0.5	1	0.954	0	0.75
ζ_0	27	27.5	26	26	27	27.5

(3) 一批轴承噪声的期望值及其分布区间估计

根据 6 套轴承的数据，可以估计出本批轴承噪声的分布区间。

计算方法：将 U^* 和 ζ_0 看作两个数据序列，仿照计算 U^*、ζ_0、s_1 和 s_2 的方法，分别计算出表 6-7 中 U^* 和 ζ_0 的分布区间以及期望值。为了避免与 U^*、ζ_0、s_1、s_2 等符号重复，下面用 d、d_0、s_{dl} 和 s_{du} 分别表示表 6-7 中 U^* 的分布区间、期望值、上区间值和下区间值，用 e、e_0、s_{el} 和 s_{eu} 分别表示表 6-7 中 ζ_0 的分布区间、期望值、上区间值和下区间值。经计算得

$$d=[d_0-s_{dl} \quad d_0+s_{du}]=[0.954-1.2 \quad 0.954+1.108] \tag{6-79}$$

$$e=[e_0-s_{el} \quad e_0+s_{eu}]=[27-1.5 \quad 27+1.135] \tag{6-80}$$

用区间数运算规则，估计本批轴承噪声的期望值及其分布区间：

$$c=d+e=[c_0-s_{cl} \quad c_0+s_{cu}] \tag{6-81}$$

$$c_0=d_0+e_0=27.954 \tag{6-82}$$

$$s_{cl}=s_{dl}+s_{el}=2.7 \tag{6-83}$$

$$s_{cu}=s_{du}+s_{eu}=2.243 \tag{6-84}$$

式中，c 为本批轴承噪声的分布区间，dB；c_0 为本批轴承噪声的最大隶属度值，即期望值，dB；s_{eu} 为本批轴承噪声的上区间值，dB；s_{el} 为本批轴承噪声的下区间值，dB。

根据对抽样数据的计算结果，可以预测，本批轴承噪声的期望值约为 27.954 dB，其分布区间为[25.254,30.197]dB。

为了验证所估计分布区间的正确性，从本批轴承中分两次（每次15套）随机抽取30套测量噪声，具体数据如图6-3所示。可以看出，这30套轴承噪声的实际分布区间为[26.5,31.5]dB，只有序号为13的一套轴承的声压级超出了所估计的分布区间，估计的误差比较小，基本满足工程要求。13号轴承的声压级超出所估计的分布区间的原因，除了噪声测量等因素有误差外，还可能与该轴承清洁度，或其零件表面缺陷大小等有关。

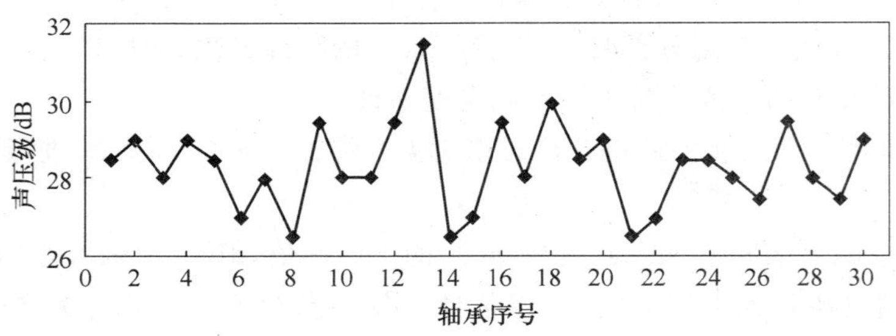

图 6-3 轴承噪声数据

(4) 与经典统计方法的比较

为了与经典统计方法进行比较，下面定义滚动轴承噪声的声压级分布区间的估计误差参数：

$$\Delta_L = \xi_L - \xi_L' \tag{6-85}$$

$$\Delta_U = \xi_U' - \xi_U \tag{6-86}$$

式中，Δ_L 为分布区间下限的估计误差，dB；Δ_U 为分布区间上限的估计误差，dB；ξ_L 为实际的分布区间下限值，dB；ξ_U 为实际的分布区间上限值，dB；ξ_L'为计算的分布区间下限值，dB；ξ_U'为计算的分布区间上限值，dB。

由式(6-85)～式(6-86)可知：

① 若 $\Delta_U \geqslant 0$ 且 $\Delta_L \geqslant 0$，则所采用的计算方法的误判率为0。

② 若 $\Delta_U < 0$ 且 $\Delta_L < 0$，则所采用的计算方法的误判率不为0；此时，若 Δ_U 和 Δ_L 越小，则所采用的计算方法的误判率越高。

③ 若 Δ_L 和 Δ_U 从大于0的方向越接近0，则计算出的分布区间和实际分布区间的吻合性越好，估计误差也越小；否则，估计误差越大。

可以用以上3点来分析不同计算方法的估计误差和误判率，比较好的计算方法是估计误差小且误判率低。

表6-8给出了用非统计的模糊评定方法的结果，以及几种典型概率分布的统计分析结果。从表6-8可以看出，在经典统计方法中，按瑞利分布计算所得结果比较接近实际情况；与经典统计方法比较，非统计的模糊评定方法的计算结果更接近实际情况。这说明经典统计方法要求概率分布已知，同时需要的测量数据也很多，而当测量数据少时，其计算结果误差较大；由于非统计方法无上述要求，其计算结果的误差较小，更加符合滚动轴承噪声的声压级内在规律。

表 6-8　轴承噪声的估计结果及其分析

计算方法	非统计方法（模糊方法）	传统的统计方法			
		正态分布	瑞利分布	三角分布	均匀分布
分布区间/dB	[25.254,30.197]	[24.659,28.924]	[26.592,30.031]	[25.050,28.533]	[25.562,28.021]
Δ_L/dB	1.246	1.841	−0.092	1.45	0.938
Δ_U/dB	−1.301	−2.574	−1.469	−2.967	−3.479
误判率/(%)	3.33	33.33	13.33	33.33	50.00

使用非统计方法估计一套轴承噪声的真值及其扩展不确定度，允许的测量数据可以少至 6 个数据。若估计一批轴承噪声的期望值及其分布区间，则需要的测量对象数量也可以少至 6 套轴承。

非统计的模糊评定方法允许轴承噪声的概率分布、标准差和包含因子未知，通过这种估计法，可以自动寻找轴承噪声的隶属函数，直接估计出轴承噪声的期望值及其分布区间。

使用非统计方法评价轴承噪声的质量，其成本低，效率高且预测误差比较小。

2. 不同方法评定不确定度的对比分析

例 6-9　对一标准的正弦电压信号 $x=10\sin 2\pi t$ 进行动态测量，重复 4 次，进行采样离散化（每周期采样 128 个点），得到 4 次动态测量数据和标准被测量如表 6-9 所列。

表 6-9　重复 4 次动态测量的采样数据　V

采样点	第 1 次测量	第 2 次测量	第 3 次测量	第 4 次测量	标准被测量
1	0.0097	0.0012	−0.0127	0.0253	0
2	0.5112	0.4843	0.4774	0.4735	0.4906
3	0.9815	1.0134	0.9903	0.9807	0.9801
4	1.4249	1.4537	1.4258	1.4200	1.4673
5	1.9305	1.9396	1.9118	1.9851	1.9509
6	2.4382	2.3962	2.4333	2.3990	2.4298
7	2.8776	2.9041	2.9056	2.8975	2.9028
8	3.3590	3.3853	3.3863	3.3270	3.3689
9	3.7783	3.8743	3.8160	3.8312	3.8268
10	4.2693	4.3181	4.2565	4.2667	4.2755
11	4.6671	4.7599	4.7316	4.7498	4.7139
12	5.1685	5.1078	5.1871	5.1456	5.1410
13	5.5638	5.5376	5.5883	5.5827	5.5557
14	5.9656	5.9995	6.0060	5.9953	5.9569
15	6.3492	6.3638	6.3859	6.3351	6.3493

① 应用动态测量的灰色方法进行不确定度评定。

• 求动态测量的期望函数 $\hat{y}(t)$

根据式(6-38)得

$$\begin{cases} \hat{y}(1)=\dfrac{1}{4}\sum\limits_{h=1}^{4}y_h(1) \\ \quad\vdots \\ \hat{y}(k)=\dfrac{1}{4}\sum\limits_{h=1}^{4}y_h(k) \qquad (k=1,\cdots,15) \\ \quad\vdots \\ \hat{y}(15)=\dfrac{1}{4}\sum\limits_{h=1}^{4}y_h(15) \end{cases}$$

进行正交多项式六阶拟合,可得离散形式的拟合曲线为

$$\hat{y}(k)=0.0005k^6-0.007k^5+0.0555k^4-0.2571k^3+0.6587k^2-0.345k-0.0881$$

其中 $k=1,\cdots,15$,取 $t=\dfrac{1}{128}k$,则

$$\hat{y}(t)=(2.1990\times10^9)t^6+(-2.4052\times10^8)t^5+(1.4898\times10^7)t^4+(-5.3918\times10^5)t^3+(1.0792\times10^4)t^2-44.16t-0.0881 \qquad (t\in(0,0.1172))$$

• 测量不确定度的灰评定

$k\in\{1,\cdots,15\}$,$m=4$,$h\in\{1,2,3,4\}$,$l\in\{1,2,3,h\}$,对各采样点上的动态测量数据,即

$$g_k^{(0)}=\{d_k+\delta_{k1},\cdots,d_k+\delta_{kh},\cdots,d_k+\delta_{k4}\}$$

作累加生成,可得测得值累加数列 $g_k^{(1)}(h)$,累加曲线为

$$\{g_k^{(1)}(h)\}=\left\{hd_k+\sum_{l=1}^{h}\delta_{kl}\right\}=\left\{d_k+\delta_{k1},2d_k+\delta_{k1}+\delta_{k2},\cdots,4d_k+\sum_{l=1}^{4}\delta_{kl}\right\}$$

参考累加直线方程为

$$y_k^{(1)}(h)=\frac{h}{4}\sum_{h=1}^{4}y_h(k)$$

测量累加曲线与参考累加直线之间的距离为

$$\Delta_k(h)=|g_k^{(1)}(h)-y_k^{(1)}(h)| \qquad (h=1,2,3,4)$$

根据最大距离值 $\Delta_{k\max}$ 和动态测量重复测量次数,评定各离散采样点上动态测量标准不确定度

$$\sigma_k=\frac{2.5\Delta_{\max}}{m}=\frac{2.5\Delta_{\max}}{4}$$

对各离散采样点对应的标准不确定度数据列作曲线拟合,可得动态测量不确定度函数的数学模型 $u(t)$。

动态测量不确定度为

$$u_G(k)=0.0007k^4-0.0061k^3+0.0254k^2-0.0463k+0.0420$$

因 $t=\dfrac{1}{128}ks$,且 $t\in(0,0.1172s)$,经计算得

$$u_G(t)=187\,905t^4-12\,792.6t^3+416.154t^2-5.9264t+0.0420$$

② 参考相关文献,使用蒙特卡洛方法所评定的动态测量不确定度为

$$u_M(t)=2\,237\,890t^4-2\,012.22t^3+0.699\,59t^2$$

③ 使用贝塞尔方法所评定的动态测量不确定度为

$$u_B(t)=214\,748t^4-13\,002.3t^3+411.238t^2-13\,002.3t+0.041\,9t$$

三种方法所评定的动态测量不确定度如图 6-4 所示。

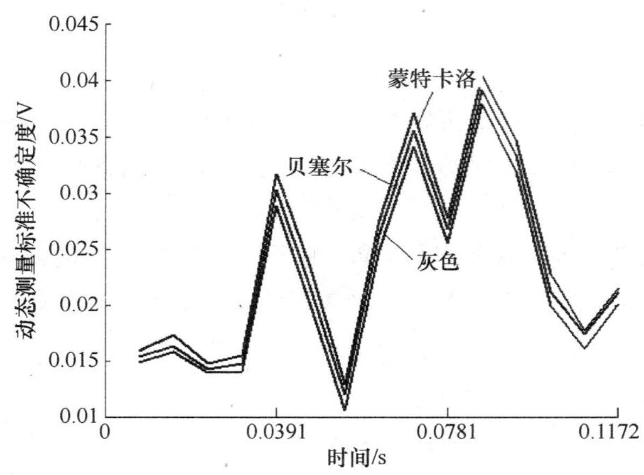

图 6-4　三种方法评定动态测量结果比较

图 6-4 中的灰色方法、贝塞尔方法和蒙特卡洛方法的动态测量不确定度评定结果在各离散采样点达到了很好的一致性。选用其他的采样点进行分析，灰色方法评定结果同样与前两种方法结果吻合。

6.6.3　综合应用实例

例 6-10　精密测量系统的非统计调整与误差预测。

测量不确定度是计量学领域的一个重要概念，但其应用不仅仅局限于计量学领域。例如，在工程应用中，也可以使用不确定度的概念进行参数估计和性能预测等。

1. 非统计调整的基本原理

精密测量过程中，初始调整是保证其良好运行的首要环节，目前经常采用的调整方法是统计调整法。由于精密测量系统调整和误差预测是同步进行的，因此统计调整法是以概率论和统计理论为基础的，一般要求精密测量系统的输出服从正态分布，而且标准差和包含因子事先已知。对于非正态分布或者一个新的精密测量系统以及对原精密测量系统改造后而言，关于概率分布与标准差的信息一般都是未知的或者是不全的，这为精密测量系统的统计调整带来一系列问题。例如，为了准确获得这些信息，需要进行大量的实验与统计工作，必然会带来时间与成本等方面的问题。另外，统计调整法对调整精度要求很高，增加了精密测量系统调整的难度。

一个精密测量系统在运行之前，为了确保运行可靠，必须进行调整。调整的方法一般是，输出少量数据，预测系统能否正常运行，即精密测量系统将来运行时的输出是否在事先规定的区间内。用不同的方法处理这些数据和预测系统的输出，就形成了不同的调整方法。非统计调整属于非统计理论的范畴。在处理数据时，仅仅根据精密测量系统输出的少量数据，自动识别系统内部特征，估计出系统的整体参数信息。

非统计调整原理主要采用了区间数的模糊运算、灰色运算和测量不确定度的模糊评定等原理，研究精密测量系统的非统计调整问题。所研究精密仪器系统输出数据的概率分布为对称分布如正态分布、均匀分布和三角分布等，或非对称分布如瑞利分布和威布尔分布等，假设输出仅包含随机误差。

2. 区间数的处理

在常见精密测量系统中，长度与直径尺寸、角度尺寸等尺寸误差一般属于对称分布。在其他精密测量系统研究中，也有很多对称分布问题如化学分析等；此外还有很多非对称分布问题如产品寿命等。

在调整某精密测量系统时，测量 n 个工件，为了得到比较准确的测量结果，一般要求对一个工件参数多次测量，得到多个值。例如测量工件直径时，将工件旋转一圈，可以得到工件直径的最大值和最小值。于是 n 个工件的参数测量结果为

$$H=(H_1,H_2,\cdots,H_i,\cdots,H_n)=$$
$$([H_{1\min},H_{1\max}],[H_{2\min},H_{2\max}],\cdots,[H_{i\min},H_{i\max}],\cdots,[H_{n\min},H_{n\max}]) \tag{6-87}$$

如果可以获得每一个工件参数的最大值和最小值两个数据，那么就可以对其形成一个区间数；如果每一个工件只能获得一个数据如圆度误差等，就无法形成区间数。解决方法是，将随机排序或按系统输出顺序排序的相临两个工件看作一个工件，就可以得到两个数据，再将这两个数据从小到大排序，也可形成一个区间数。

在调整精密测量系统时，如果输出数据服从对称分布，n 可以取得小些，如 $n=4\sim6$；如果输出数据服从非对称分布，n 可以取得大些，如 $n=6\sim10$。

n 个工件的参数测量结果 H_i 实际上构成了一个区间数序列。对区间数序列的处理可以采用模糊集合理论或灰色系统理论的区间数处理方法，定义区间数 H_i 的平均值：

$$\overline{H}=\{\overline{H}_i\}=\{(H_{i\min}+H_{i\max})/2;i=1,2,\cdots,n\} \tag{6-88}$$

和极差：

$$R=\{R_i\}=\{H_{i\max}-H_{i\min};i=1,2,\cdots,n\} \tag{6-89}$$

通过对 n 个区间数平均值的模糊处理，可以得到关于平均值的 N 个工件参数的模糊期望及其分散区间，设为

$$A=[\overline{A}-\delta_{A1},\overline{A}+\delta_{A2}]=\overline{A}_{-\delta_{A1}}^{+\delta_{A2}}=\left(\overline{A}+\frac{\delta_{A2}-\delta_{A1}}{2}\right)\pm\frac{\delta_{A2}+\delta_{A1}}{2}=A_0\pm\frac{\delta_{A0}}{2} \tag{6-90}$$

式中，$\overline{A}$ 为关于平均值的 N 个工件参数的模糊期望；δ_{A1} 为关于平均值的 N 个工件参数的下偏差；δ_{A2} 为关于平均值的 N 个工件参数的上偏差。

通过对 n 个区间数极差的模糊处理，可以得到关于极差的 N 个工件参数的平均值及其分散区间，设为

$$B=[\overline{B}-\delta_{B1},\overline{B}+\delta_{B2}]=\overline{B}_{-\delta_{B1}}^{+\delta_{B2}}=\left(\overline{B}+\frac{\delta_{B2}-\delta_{B1}}{2}\right)\pm\frac{\delta_{B2}+\delta_{B1}}{2}=B_0\pm\frac{\delta_{B0}}{2} \tag{6-91}$$

式中，$\overline{B}$ 为关于极差的 N 个工件参数的模糊期望；δ_{B1} 为关于极差的 N 个工件参数的下偏差；δ_{B2} 为关于极差的 N 个工件参数的上偏差。

等待输出的 N 个工件参数的模糊区间（分散区间）为

$$X=\overline{x}_{-\delta_x}^{+\delta_s}=[X_x,X_s]=A+B=[\overline{A}-\delta_{A1}+\overline{B}-\delta_{B1},\overline{A}+\delta_{A2}+\overline{B}+\delta_{B2}]=$$

$$(\overline{A}+\overline{B})_{-\delta_{A1}-\delta_{B1}}^{+\delta_{A2}+\delta_{B2}}=(A_0+B_0)\pm\frac{\delta_{A0}+\delta_{B0}}{2}=X_0\pm\frac{\delta_{X_0}}{2} \quad (6-92)$$

输出误差为

$$\hat{\delta}=X_s-X_x=\delta_{A2}+\delta_{B2}+\delta_{A1}+\delta_{B1}=\delta_{A0}+\delta_{B0}=\delta_{X_0} \quad (6-93)$$

式中，δ_x 为等待输出的 N 个工件参数的下偏差的模糊估计；δ_s 为等待输出的 N 个工件参数的上偏差的模糊估计；X_s 为等待输出的 N 个工件参数最大值的模糊估计；X_x 为等待输出的 N 个工件参数最小值的模糊估计；$\hat{\delta}$ 为等待输出的 N 个工件参数误差的模糊估计。

式(6-87)～式(6-93)中所进行的一系列变换是为了方便后续问题的研究。

对于输出数据服从对称分布的精密测量系统，一般按分布中心和公差带中心相重合来调整精密测量系统。假设按数学期望为 ζ_0 值的要求调整精密测量系统，则本次的调整误差为

$$\Delta=X_0-\zeta_0 \quad (6-94)$$

一般 $X_0=\zeta_0$，即 $\Delta=0$，表明精密测量系统的输出处于理想状态，否则需进行一次微量的补充调整，使 $\Delta=0$。

3. 分散区间与数学期望的模糊估计

为叙述方便，用 ζ_i 统一表示 $\overline{H}_i$ 和 R_i，用 ζ_β 统一表示 $\overline{A}$ 和 $\overline{B}$，用 s_1 统一表示 δ_{A1} 和 δ_{B1}，用 s_2 统一表示 δ_{A2} 和 δ_{B2}。

设 n 个数据构成一个数据序列：

$$\zeta_1,\zeta_2,\zeta_3,\cdots,\zeta_i,\cdots,\zeta_n \quad (6-95)$$

在很多情况下，区间数 H_i 平均值 $\overline{H}_i$ 的概率分布与极差 R_i 的概率分布是不同的，若用经典统计理论处理数据，就必须在已知概率分布的条件下分别对待 $\overline{H}_i$ 和 R_i。另外，数据的个数比较少，由于经典数理统计理论要求数据的概率分布已知且大样本量，因此不宜用统计方法处理。运用模糊集合理论分析，可以不必考虑研究对象的概率分布，统一对待 $\overline{H}_i$ 和 R_i，同时允许数据的个数较少。

用扩展不确定度 U^* 来表征精密测量系统输出值的区间。借助 U^* 和 ζ_0 可以对研究对象 ζ_τ 作出最后估计：

$$\zeta=[\zeta_0-s_1,\zeta_0+s_2] \quad (6-96)$$

式中，s_1 为关于 ζ_0 的上区间值；s_2 为关于 ζ_0 的下区间值；ζ 为制造系统输出值的分散区间。

4. 理想精密测量系统研究

(1) 正态分布

正态分布属于对称分布。

一个精密测量系统，输出 210 个数据，这些数据服从标准差为 0.01、数学期望为 0 的正态分布，前 10 个数据作为调整时得到的 5 个区间数，后 200 个数据用于验证预测效果，即有 $n=5,\zeta_0=0,N=200$。这 210 个数据为

−0.01156	0.01055	−0.01709	−0.00148	−0.00262	−0.01352	−0.00116	−0.00555
0.00331	−0.02758	−0.01222	−0.00661	0.00925	0.00136	−0.00628	−0.00067
−0.00181	0.0073	−0.00035	0.01526	0.01413	−0.00677	−0.0014	0.01421
0.01006	0.00217	−0.00547	0.00014	0.009	−0.00189	0.01047	−0.01392
0.00494	−0.01595	0.00941	0.00502	0.00087	−0.01701	−0.00465	0.00095
−0.00018	−0.01108	0.01128	−0.01311	0.01575	−0.00514	0.00722	−0.00717
0.01169	0.0138	0.00616	0.00177	−0.00238	0.00974	−0.00791	−0.0123
0.00656	0.00567	−0.01197	−0.00636	−0.0075	0.01461	−0.01303	0.00258
−0.01156	0.01055	−0.01709	−0.00148	−0.00262	−0.01352	−0.00116	−0.00555
0.00331	−0.02758	−0.01222	−0.00661	0.00925	0.00136	−0.00628	−0.00067
−0.00181	0.0073	−0.00035	0.01526	0.01413	−0.00677	−0.0014	0.01421
0.01006	0.00217	−0.00547	0.00014	0.009	−0.00189	0.01047	−0.01392
0.00494	−0.01595	0.00941	0.00502	0.00087	−0.01701	−0.00465	0.00095
−0.00018	−0.01108	0.01128	−0.01311	0.01575	−0.00514	0.00722	−0.00717
0.01169	0.0138	0.00616	0.00177	−0.00238	0.00974	−0.00791	−0.0123
0.00656	0.00567	−0.01197	−0.00636	−0.0075	0.01461	−0.01303	0.00258
−0.01156	0.01055	−0.01709	−0.00148	−0.00262	−0.01352	−0.00116	−0.00555
0.00331	−0.02758	−0.01222	−0.00661	0.00925	0.00136	−0.00628	−0.00067
−0.00181	0.0073	−0.00035	0.01526	0.01413	−0.00677	−0.0014	0.01421
0.01006	0.00217	−0.00547	0.00014	0.009	−0.00189	0.01047	−0.01392
0.00494	−0.01595	0.00941	0.00502	0.00087	−0.01701	−0.00465	0.00095
−0.00018	−0.01108	0.01128	−0.01311	0.01575	−0.00514	0.00722	−0.00717
0.01169	0.0138	0.00616	0.00177	−0.00238	0.00974	−0.00791	−0.0123
0.00656	0.00567	−0.01197	−0.00636	−0.0075	0.01461	−0.01303	0.00258
−0.01156	0.01055	−0.01709	−0.00148	−0.00262	−0.01352	−0.00116	−0.00555
0.00331	−0.02758	−0.01222	−0.00661	0.00925	0.00136	−0.00628	−0.00067
−0.00181	0.0073						

将前 10 个数据按前后顺序两两配对，再从小到大排序，可以构成区间数序列：

$$H=([-0.01156,0.01055],[-0.01709,-0.00148],[-0.01352,-0.00262],[-0.00555,-0.00116],[-0.02758,0.00331])$$

计算后得到平均值序列为

$$\overline{H}=(0.000505,-0.009285,-0.00807,-0.003355,-0.012135)$$

极差序列为

$$R=(0.02211,0.01561,0.0109,0.00439,0.03089)$$

取 $\lambda^*=0.4$，可以得到

$$A=-0.00929^{+0.00665}_{-0.00451}=-0.00822\pm0.00558=[-0.0138,-0.00264]$$

$$B=0.0109^{+0.02060}_{-0.01067}=0.01587\pm0.01564=[0.00023,0.0315]$$

$$X=A+B=X_0\pm\frac{\delta_{X_0}}{2}=(-0.00822+0.01587)\pm(0.00558+0.01564)=$$

$$0.00765\pm0.02122=[-0.01357,+0.02887]$$

本次调整误差为

$$\Delta = X_0 - \zeta_0 = 0.00765 - 0 = 0.00765$$

在本次调整的基础上，按 Δ 对该精密测量系统作微量调整，以消除调整误差 Δ。最终预测的数据分散区间为[−0.02122，+0.02122]，极差的估计值为

$$\hat{\delta} = \delta_{X_0} = 0.04244 \approx 0.042$$

极差的实际值，即数据中最大值 0.01575 与最小值 −0.02785 之差为

$$\delta = 0.01575 - (-0.02785) = 0.04333 \approx 0.043$$

因此，极差估计的绝对误差为 $|0.042 - 0.043| = 0.001$。

最终预测的极差小于实际极差。

数学期望的实际值为 $-0.0006253 \approx 0$。

在上述 $N=200$ 个数据中，有 3 个 −0.02785 超出最终预测的数据分散区间[−0.02122，+0.02122]，因此预测的误判率仅为 3/200=1.5%，准确率高达 98.5%。

(2) 均匀分布

均匀分布属于对称分布。

一个精密测量系统，输出 210 个服从均匀分布的数据，分布区间为[−0.03，+0.03]，前 10 个数据作为调整时得到的 5 个区间数，后 200 个用于验证预测效果，即有 $n=5$，$\zeta_0=0$，$N=200$。这 210 个数据为

0.02776	0.00561	0.00175	−0.01947	−0.02614	−0.00886	−0.01129	0.02408
0.02498	0.02747	−0.01435	−0.02962	0.02964	0.01779	0.01681	0.00554
−0.02671	−0.00552	0.0188	−0.02157	0.01302	0.01504	−0.02717	0.02418
−0.01278	0.01307	−0.00811	0.00259	0.02027	0.02416	0.00293	−0.02847
0.00223	0.00686	−0.01595	0.01546	−0.01645	−0.02139	−0.02329	0.02879
−0.01529	−0.01333	−0.00714	−0.00565	0.00097	−0.02594	−0.0028	−0.02316
0.022	0.02049	0.02431	0.01123	0.0066	−0.00166	0.01088	0.00626
−0.00763	0.02352	0.00285	0.02278	−0.01958	0.02148	0.01766	0.02731
0.01503	0.02811	−0.01863	0.02036	−0.02164	0.0257	−0.01911	−0.00006
0.00012	−0.02616	−0.00883	−0.00001	−0.01772	−0.0246	−0.02264	0.0238
−0.02126	−0.02256	0.01202	−0.00757	−0.01	0.02717	−0.0127	0.00821
0.01289	0.00286	0.00211	−0.02691	−0.01476	0.0198	−0.01564	0.00218
−0.01446	0.01123	−0.01193	0.01208	0.02768	−0.01574	0.02564	−0.01559
−0.00941	−0.00916	−0.02503	0.00419	−0.01705	−0.00632	−0.01831	0.01329
0.00287	−0.0128	−0.02369	−0.0011	−0.02741	0.01343	−0.01353	0.01691
0.02815	0.01299	−0.01596	−0.00961	−0.01591	−0.00898	−0.0126	0.00302
0.01314	0.01809	−0.00146	0.00751	0.02088	0.00617	0.01532	0.02907
−0.00452	−0.02045	−0.00137	0.02381	0.01233	0.00079	−0.02546	−0.0078
0.01377	−0.00836	−0.02845	−0.01249	0.02375	−0.01103	−0.02724	0.01924
0.01752	−0.00423	0.00302	−0.02845	−0.01364	0.02699	−0.00885	0.0167
0.01719	−0.00943	0.00715	0.02352	0.02734	0.00332	−0.02568	0.00079
−0.00582	0.00186	−0.00348	0.01572	0.01982	0.0286	−0.01971	0.00739

−0.00918	−0.00737	−0.00788	−0.02486	−0.02715	−0.01432	−0.02945	0.00207
0.02039	0.01307	−0.00659	−0.00656	0.00141	−0.0204	0.02	−0.02989
−0.02292	−0.00945	0.00827	0.01699	−0.00357	0.00756	−0.013	0.00645
0.02606	−0.00037	0.02301	−0.00318	0.01479	−0.01102	0.02333	−0.01426
−0.0266	−0.00794						

将前 10 个数据按前后顺序两两配对，再从小到大排序，构成区间数序列：

$$H=([0.00561,0.02776],[-0.01947,0.00175],[-0.02614,-0.00886],[-0.01129,0.02408],[0.02498,0.02747])$$

计算后得到平均值序列为

$$\overline{H}=(0.016685,-0.00886,-0.0175,0.006395,0.026225)$$

极差序列为

$$R=(0.02215,0.02122,0.01728,0.03537,0.00249)$$

取 $\lambda^*=0.4$，可以得到

$$A=-0.0175_{0}^{+0.033065}=-0.000968\pm0.01653=[-0.0175,+0.015565]$$

$$B=0.02122_{-0.017499}^{+0.018959}=0.02195\pm0.018229=[+0.003721,+0.040179]$$

$$X=A+B=X_0\pm\frac{\delta_{X0}}{2}=(-0.000968+0.02195)\pm(0.01653+0.018229)=$$

$$0.020983\pm0.034762\approx0.02098\pm0.03476$$

本次调整误差为

$$\Delta=X_0-\zeta_0=0.02098-0=0.02098$$

在本次调整的基础上，按 Δ 对系统作微量调整，以消除调整误差 Δ。最终预测的数据分散区间为[−0.03476，+0.03476]，极差的估计值为

$$\hat{\delta}=\delta_{X_0}=0.06952$$

极差的实际值为

$$\delta=0.02964-(-0.02989)=0.05953$$

因此，极差估计的绝对误差为|0.05953−0.06952|=0.00999≈0.01。

最终预测的极差大于实际极差。

数学期望的实际值为−0.00030635≈0。

上述 $N=200$ 个数据全部落在最终预测的数据分散区间[−0.03476，+0.03476]内，因此预测的误判率为 0/200=0%，准确率为 100%。

(3) 正态分布与均匀分布的混合

上述正态分布和均匀分布都是典型的概率分布，比较简单。下面研究比较复杂的混合分布的情形。

假设某精密测量系统输出数据所服从的分布是正态分布与均匀分布混合起来的一种对称分布。为此，将前面的正态分布和均匀分布的各 210 个数据作为精密测量系统的输出。分别将两种分布的前 5 个数据取出，作为调整时得到的数据，其他 410 个数据用于验证预测效果，即有 $n=5,\zeta_0=0,N=410$。

所取出的数据为以下两个序列：

−0.01156　0.01055　−0.01709　−0.00148　−0.00262　（正态分布的前 5 个数据）

0.02776　0.00561　0.00175　−0.01947　−0.02614　（均匀分布的前 5 个数据）

为了得到更复杂的分布，将取出的两个序列的数据顺序配对，再从小到大排序，构成区间数序列：

$$H=[-0.01156,0.02776],[0.00561,0.01055],[-0.01709,0.00175],[-0.01947,-0.00148],[-0.02614,-0.00262])$$

计算后得到平均值序列为

$$\overline{H}=[0.0081,0.00808,-0.00767,-0.010475,-0.01438]$$

极差序列为

$$R=(0.03932,0.00494,0.01884,0.01799,0.02352)$$

取 $\lambda^*=0.4$，可以得到

$$A=-0.001428\pm0.009635$$

$$B=0.020375\pm0.020206$$

$$X=X_0\pm\frac{\delta_{X_0}}{2}=0.018947\pm0.029842$$

本次调整误差为

$$\Delta=X_0-\zeta_0=0.018947-0=0.018947$$

在本次调整的基础上，按 Δ 对系统作微量调整，以消除调整误差 Δ。最终预测的数据分散区间为[−0.029842，+0.029842]，极差的估计值为

$$\hat{\delta}=\delta_{X_0}=0.059684\approx0.05968$$

极差的实际值为

$$\delta=0.02964-(-0.02989)=0.05953$$

因此，极差估计的绝对误差为$|0.05968-0.05953|=0.00015$。

最终预测的极差大于实际极差。

数学期望的实际值为 0.00031895≈0。

在上述混合分布的 $N=410$ 个数据中，只有一个数据−0.02989 超出最终预测的误差分散区间[−0.029842，+0.029842]，因此预测的误判率仅为 1/410＝0.244％，准确率高达99.756％。

（4）瑞利分布

瑞利分布属于非对称分布。

一个精密测量系统，输出 200 个数据，这些数据服从标准差为 0.01 的瑞利分布，前 20 个数据作为调整时得到的 10 个区间数，后 180 个用于验证预测效果，即有 $n=10$，$N=180$。这 200 个数据为

0.02407	0.01928	0.02299	0.02252	0.01968	0.01712	0.02364	0.02498	0.01909	0.02242
0.02067	0.02421	0.03164	0.01841	0.03007	0.03192	0.02363	0.02548	0.01565	0.01815
0.02914	0.02942	0.01871	0.02014	0.02138	0.02111	0.02461	0.02524	0.03099	0.03292
0.02391	0.01822	0.02407	0.01928	0.02299	0.02252	0.01968	0.01712	0.02364	0.02498
0.01909	0.02242	0.02067	0.02421	0.03164	0.01841	0.03007	0.03192	0.02363	0.02548
0.01565	0.01815	0.02914	0.02942	0.01871	0.02014	0.02138	0.02111	0.02461	0.02524

0.03099	0.03292	0.02391	0.01822	0.02407	0.01928	0.02299	0.02252	0.01968	0.01712
0.02364	0.02498	0.01909	0.02242	0.02067	0.02421	0.03164	0.01841	0.03007	0.03192
0.02363	0.02548	0.01565	0.01815	0.02914	0.02942	0.01871	0.02014	0.02138	0.02111
0.02461	0.02524	0.03099	0.03292	0.02391	0.01822	0.02407	0.01928	0.02299	0.02252
0.01968	0.01712	0.02364	0.02498	0.01909	0.02242	0.02067	0.02421	0.03164	0.01841
0.03007	0.03192	0.02363	0.02548	0.01565	0.01815	0.02914	0.02942	0.01871	0.02014
0.02138	0.02111	0.02461	0.02524	0.03099	0.03292	0.02391	0.01822	0.02407	0.01928
0.02299	0.02252	0.01968	0.01712	0.02364	0.02498	0.01909	0.02242	0.02067	0.02421
0.03164	0.01841	0.03007	0.03192	0.02363	0.02548	0.01565	0.01815	0.02914	0.02942
0.01871	0.02014	0.02138	0.02111	0.02461	0.02524	0.03099	0.03292	0.02391	0.01822
0.02407	0.01928	0.02299	0.02252	0.01968	0.01712	0.02364	0.02498	0.01909	0.02242
0.02067	0.02421	0.03164	0.01841	0.03007	0.03192	0.02363	0.02548	0.01565	0.01815
0.02914	0.02942	0.01871	0.02014	0.02138	0.02111	0.02461	0.02524	0.03099	0.03292
0.02391	0.01822	0.02407	0.01928	0.02299	0.02252	0.01968	0.01712	0.02364	0.02498
0.01909	0.02242	0.02067	0.02421	0.03164	0.01841	0.03007	0.03192	0.02363	0.02548
0.01565	0.01815	0.02914	0.02942	0.01871	0.02014	0.02138	0.02111	0.02461	0.02524

将前20个数据按前后顺序两两配对，再从小到大排序，构成区间数序列：

$H=([0.01928,0.02407],[0.02252,0.02299],[0.01712,0.01968],[0.02364,0.02498],$
$[0.01909,0.02242],[0.02067,0.02421],[0.01841,0.03164],[0.03007,0.03192],$
$[0.02363,0.02548],[0.01565,0.01815])$

区间数的平均值为

$$0.021675,0.022755,0.0184,0.02431,0.020755,$$
$$0.02244,0.0025025,0.0030995,0.0024555,0.00169$$

区间数的极差为

0.00479,0.00047,0.00256,0.00134,0.00333,0.00354,0.01323,0.00185,0.00185,0.0025

经计算得到

$$A=[0.010215,0.033391]$$
$$B=[0.000303,0.011183]$$

因此预测的数据分散区间为

$$X=A+B=[0.010215,0.033391]+[0.000303,0.011183]=[0.010518,0.044574]$$

实际分散区间为[0.01565,0.03292]，极差的估计值为

$$\hat{\delta}=\delta_{X_0}=0.034056\approx0.03406$$

极差的实际值为

$$\delta=0.03292-0.01565=0.01727$$

因此，极差估计的绝对误差为$|0.03406-0.01727|=0.01679$。

最终预测的极差与实际极差比较接近。

在上述瑞利分布的 $N=180$ 个数据中，没有一个数据超出最终预测的数据分散区间[0.01565,0.03292]，因此预测的误判率为0/180=0%，准确率为100%。

可见非统计原理对精密测量系统输出的估计误差很小，准确率很高。

6.7　本章小结

本章介绍了测量不确定度的起源、发展及统计评定方法，并以精密仪器小样本非统计分析的基本原理为基础，论述了不确定度的非统计评定方法，给出了不确定度非统计评定的应用实例。

精密仪器测量不确定度的小样本非统计评定原理可以用一种方法研究正态分布、均匀分布、瑞利分布以及各种混合分布等多种分布问题，分布可以是典型的，也可以是非典型的。在计算中，不必知道所研究系统的标准差和包含因子等特征参数，直接估计出系统输出的参数分散区间，因此能够更加全面、准确地描述测量误差的变化对动态系统精度的影响。

6.7 本章小结

[illegible]

[illegible]

第四篇
工程应用实例

本篇包括第 7 章和第 8 章两章内容，主要研究精密仪器小样本非统计分析方法在工程应用中的一些典型例子。

第 7 章为精密仪器测量系统的性能分析实例，讨论了仪器仪表轴承的摩擦力矩分析、滚动轴承振动的灰自助动态评估分析、多传感器系统的动态性能分析、微小尺寸宽度测量系统的性能分析和自由空间激光通信系统的性能分析等具体非统计分析方法。

第 8 章为精密仪器的误差分析与不确定度评定实例，讨论了谐波与圆度测量中的误差分析、表面形貌误差的评定基准分析、虚拟仪器的误差分析与不确定度评定、布氏硬度计的误差分析与不确定度评定等非统计分析方法。

第7章　精密仪器测量系统的性能分析

本章讨论了精密仪器系统性能分析的应用实例，主要是运用小样本非统计分析的基本原理，对典型精密仪器组件的特征参数、传感器与测量系统性能进行分析研究。内容主要包括仪器仪表轴承的摩擦力矩分析、滚动轴承振动的灰自助动态评估分析、多传感器系统的动态性能分析、微小尺寸宽度测量系统的性能分析和自由空间激光通信系统的性能分析等内容。

7.1　仪器仪表轴承的摩擦力矩分析

仪器仪表的轴承运转灵活性直接影响到系统信号传递的准确性，以及系统工作的稳定性与可靠性。摩擦力矩是用来评价轴承运转灵活性的重要指标，可以描述轴承在工作中的摩擦与润滑状态。因此，轴承摩擦力矩的研究一直受到相关工程与学术界的重视。研究表明，启动摩擦力矩的理论计算值与实验值有显著差异，特别是动态摩擦力矩仍然难以准确计算。原因是，在动态测量过程中，摩擦力矩具有不确定的强烈波动和趋势变化，属于概率分布与趋势规律都未知的系统。这阻碍了对摩擦力矩的个体（小样本）分析与总体（统计学中的无限多个）把握。本节根据最大熵原理，从小样本入手建立轴承摩擦力矩的概率密度函数，并通过自助法对摩擦力矩总体分布参数进行统计推断，为轴承摩擦力矩的预报奠定基础。

7.1.1　概率密度函数的确定

长期以来，经典统计学是轴承摩擦性能数据分析的有力工具，概率密度函数是其重要基础，这需要大批量的数据样本。但实际工程问题常常难以得到大批量的数据样本，特别是一些新型仪器仪表轴承，品种很多但每个品种每次只有十几套或几套的极小批量，能用于实验研究的更少，也几乎没有该种轴承摩擦性能的概率分布先验信息，只能通过极少的样本实验来推断总体的摩擦性能，并将推断结果作为后续研究的先验知识。这就要用到最大熵原理。

最大熵原理认为，在只掌握部分信息的情况下要对系统状态进行推断，应该取符合约束条件且熵值最大的状态作为一种合理状态，这是唯一不偏不倚的选择，而且熵最大的概率分布出现的概率最大。对于轴承摩擦力矩这种只有少量测量数据样本的情况，没有充足理由选择其他解析函数形式，应该用信息熵分析方法确定概率分布函数的形式及其特征参数。

根据信息熵分析方法，最无主观偏见的概率密度函数应满足熵最大，即

$$H=-\int_R p(x)\ln p(x)\mathrm{d}x \rightarrow \max \tag{7-1}$$

约束条件为各阶原点矩

$$\int_R x^k p(x)\mathrm{d}x = m_k \qquad (k=0,1,\cdots,m;m_0=1) \tag{7-2}$$

式中，x 为连续随机变量；$p(x)$ 为概率密度函数；R 为积分空间；k 为原点矩数；m_k 为第 k 阶原点矩；m 为所用到的最高原点矩的阶次。

在约束条件下，调节 $p(x)$ 可使熵最大，这是一个约束优化问题，用拉格朗日乘子法可以求出 $p(x)$ 的表达式

$$p(x) = \exp\left(\sum_{k=0}^{m} c_k x^k\right) \tag{7-3}$$

式中，c_k 为第 k 个拉格朗日乘子，$k=0,1,\cdots,m$，共有 $m+1$ 个。

第一个乘子 c_0 为

$$c_0 = -\ln\left[\int_R \exp\left(\sum_{k=1}^{m} c_k x^k\right) \mathrm{d}x\right] \tag{7-4}$$

其他 m 个乘子满足下式

$$g_k = g(c_k) = 1 - \frac{\int_R x^k \exp\left(\sum_{j=1}^{m} c_j x^j\right) \mathrm{d}x}{m_k \int_R \exp(c_k x^k) \mathrm{d}x} = 0 \qquad (k = 1,2,\cdots,m) \tag{7-5}$$

将式(7-5)用向量表示为

$$\boldsymbol{G} = \boldsymbol{G}(\boldsymbol{c}) = \{g_k; k=1,2,\cdots,m\}^{\mathrm{T}} = 0 \tag{7-6}$$

$$\boldsymbol{c} = \{c_k; k=1,2,\cdots,m\}^{\mathrm{T}} \tag{7-7}$$

式中，$\boldsymbol{c}$ 为拉格朗日乘子向量。

拉格朗日乘子向量可以用牛顿法求解，即

$$\boldsymbol{c}^{j+1} = \boldsymbol{c}^j - \boldsymbol{G}'(\boldsymbol{c}^j)^{-1} \boldsymbol{G}(\boldsymbol{c}^j) \qquad (j=0,1,\cdots) \tag{7-8}$$

式中，$\boldsymbol{G}'(\boldsymbol{c}^j)$ 为迭代到第 j 步的雅可比矩阵。

迭代的收敛准则为

$$\| \boldsymbol{G}^{j+1} - \boldsymbol{G}^j \|_1 \leqslant \varepsilon \tag{7-9}$$

式中，ε 为收敛精度。

上述求解中，第 k 阶原点矩 m_k 值由摩擦力矩的实际测量数据确定。

将连续的摩擦力矩 x 离散为 x_i，设有 n 套轴承，通过测量得到每一套轴承的 N 个摩擦力矩原始数据

$$X = \{x_i; i=1,2,\cdots,N\} \tag{7-10}$$

根据统计学，将 x_i 从小到大排序，并分成 $Q-2$ 组，画直方图得到第 q 组的组中值 ξ_q 和频率 P_q，$q=2,3,\cdots,Q-1$。再将直方图扩展成 Q 组，即 $q=1,2,\cdots,Q$，并令 $P_1=P_Q=0$。

为便于牛顿法求解，将原始数据无量纲化地映射到区间$[-\mathrm{e},\ \mathrm{e}]$中，如下所示：

$$\begin{gathered} t = ax + b \Rightarrow x = \frac{t}{a} - \frac{b}{a} \\ \mathrm{d}x = \mathrm{d}t/a \end{gathered} \tag{7-11}$$

式中，$\mathrm{e}=2.718\,282$；$a=2\mathrm{e}/(\xi_Q-\xi_1)$；$b=\mathrm{e}-a\xi_Q$。

第 k 阶原点矩 m_k 值为

$$m_k = \sum_{q=1}^{Q} t_q^k P_q \qquad (k = 0,1,\cdots,m; m_0 = 1) \tag{7-12}$$

显然积分区间 R 被映射为$[-\mathrm{e},\ \mathrm{e}]$。再设 $\alpha \in [0,1]$，一套轴承摩擦力矩值在 t 时的置信概率为

$$P = \int_{-e}^{t} p(t)\mathrm{d}t \tag{7-13}$$

在置信概率 P 下，该套轴承摩擦力矩波动区间为

$$[X_1, X_2] = [x_{\alpha/2}, x_{1-\alpha/2}] \tag{7-14}$$

式中，$x_{\alpha/2}$ 为对应 $P=\alpha/2$ 的 x；$x_{1-\alpha/2}$ 为对应 $P=1-\alpha/2$ 的 x；X_1 为区间估计的下界值；X_2 为区间估计的上界值。

因摩擦力矩总大于零，故当 $X_1<0$ 时，取 $X_1=0$。

该套轴承摩擦力矩波动的平均值 X_0 为

$$X_0 = \frac{1}{a}\int_{-\mathrm{e}}^{\mathrm{e}} p(t)\mathrm{d}t - \frac{b}{a} \tag{7-15}$$

X_0 和 $[X_1, X_2]$ 称为每一套轴承摩擦力矩的概率分布特征参数。

如果对轴承的摩擦力矩要求很高，计算时可取 $\alpha=0$，即置信概率为 100%；对一般轴承，可以取 $\alpha=0.05$ 或 0.01，对应的置信概率分别为 95% 或 99%。

7.1.2 总体分布参数的推断

上述研究得到了每一套轴承摩擦力矩的概率密度函数和特征参数，并不能代表摩擦力矩总体的概率分布和特征参数，因而不能直接用于统计推断，即摩擦力矩总体的预报。也就是说，各套轴承的原始数据不同，会导致不同的特征参数，但是，由贝叶斯理论可知，它们的特征参数都可以看作随机变量。这些随机变量虽然不等于总体分布特征参数的真值，而只是总体真值的一个随机实现，但隐含着总体真值的一些信息。因此可以利用这些信息，推断出总体分布特征参数的真值和真值的变化区间。考虑到小样本问题，可以用自助法进行研究。

设 n 套轴承摩擦力矩的分布特征参数用矩阵 $\boldsymbol{X}$ 表示为

$$\boldsymbol{X} = \{X_i; i=1,2,\cdots,n\} = \{X_{ih}; h=0,1,2\} = \begin{bmatrix} X_{10} & X_{20} & \cdots & X_{i0} & \cdots & X_{n-1,0} & X_{n0} \\ X_{11} & X_{21} & \cdots & X_{i1} & \cdots & X_{n-1,1} & X_{n1} \\ X_{12} & X_{22} & \cdots & X_{i2} & \cdots & X_{n-1,2} & X_{n2} \end{bmatrix}^{\mathrm{T}} \tag{7-16}$$

式中，X_i 为第 i 套轴承的分布特征参数；X_{ih} 为第 i 套轴承的第 h 个特征参数。

设所有 n 套轴承的第 h 个特征参数组成数据序列向量 $\boldsymbol{d}$

$$\boldsymbol{d} = (X_{1h}, X_{2h}, \cdots, X_{ih}, \cdots, X_{nh}) \tag{7-17}$$

现在用 n 套轴承的第 h 个特征参数 $\boldsymbol{d}$ 对总体的第 h 个特征参数真值与真值的分布区间作出自助推断。从 $\boldsymbol{d}$ 中等概率地随机抽取 1 个数据，抽取 n 次后得到第一个自助样本，它有 n 个数据。抽取数据是可以再放回的，即无论抽取多少次，$\boldsymbol{d}$ 中信息总保持抽样前状态。这样连续地重复 B 次，就可以得到 B 个自助再抽样样本，用向量表示为

$$\boldsymbol{Y}_{\text{Bootstrap}} = (\boldsymbol{Y}_1, \boldsymbol{Y}_2, \cdots, \boldsymbol{Y}_b, \cdots, \boldsymbol{Y}_B) \tag{7-18}$$

式中，$\boldsymbol{Y}_b$ 为第 b 个自助样本，且有

$$\boldsymbol{Y}_b = \{y_b(i); i=1,2,\cdots,n; b=1,2,\cdots,B\} \tag{7-19}$$

式中，$y_b(i)$ 为 $\boldsymbol{Y}_b$ 中第 i 个自助再抽样数据，其平均值为

$$\bar{y}_b = \frac{1}{n}\sum_{i=1}^{n} y_b(i) \tag{7-20}$$

得到

$$\overline{\boldsymbol{Y}}=\{\overline{y_1},\overline{y_2},\cdots,\overline{y_b},\cdots,\overline{y_B}\} \tag{7-21}$$

由于 B 可以是很大的数，因此将 $\overline{\boldsymbol{Y}}$ 中的 B 个数据从小到大排序，如前所述建立直方图，得到自助分布。设分组数为 W，第 w 组的组中值为 y_w，频数为 P_w。总体的第 h 个特征参数的估计真值 $\hat{X}_h$ 按加权平均值计算出

$$\hat{X}_h=\sum_{w=1}^{W}y_wP_w \qquad (h=0,1,2) \tag{7-22}$$

在置信概率 P 下，总体的第 h 个特征参数真值的估计区间为

$$[X_{hL},X_{hU}]=[y_{\alpha/2},y_{1-\alpha/2}] \qquad (h=0,1,2) \tag{7-23}$$

式中，$y_{\alpha/2}$ 为对应 $P=\alpha/2$ 的 y_w；$y_{1-\alpha/2}$ 为对应 $P=1-\alpha/2$ 的 y_w；X_{hL} 为估计区间下界值；X_{hU} 为估计区间上界值。

因摩擦力矩值总大于零，故当 $X_{hL}<0$ 时，取 $X_{hL}=0$。

这样，在置信概率 P 下，仪器仪表轴承摩擦力矩总体的平均值为 $\hat{X}_0$，平均值的波动区间为 $[X_{0L},X_{0U}]$；瞬时摩擦力矩 x 的波动区间为 $[X_{1L},X_{2U}]$。因摩擦力矩越小越好，故仅考核三个指标：平均值（推断平均值的平均值）$\hat{X}_0$、平均值波动上界（平均值上界）X_{0U} 和瞬时值上界（推断的最大瞬时值）X_{2U}。

7.1.3 摩擦力矩的实验研究

摩擦力矩的实验方案如表 7-1 所列（摩擦力矩单位按设定量纲单位），样本个数是指轴承套数，样本含量是指对每套轴承采集的摩擦力矩数据个数。对两种轴承，都用前 $n=5$ 套轴承的实验数据建立模型，即计算 $\hat{X}_0$、X_{0U} 与 X_{2U}，用剩余 $10-n=5$ 套轴承的实验数据检验模型的正确性。

表 7-1 摩擦力矩的实验方案

序号	轴承代号	样本个数	样本含量	测试条件
1	HKTA	10	2048	测量仪 M9908A 转速 5 r/min 轴向载荷 15 N
2	HKTB	10	2048	

在计算概率密度函数时，取 $m=8$，$Q=10$，$\varepsilon=10^{-12}$，有关拉格朗日乘子的计算结果如表 7-2和表 7-3 所列，部分轴承的摩擦力矩时域信息（原始数据）及其概率密度信息如图 7-1和图 7-2 所示。在计算特征参数时，取 $\alpha=0$，$B=2000$，$W=10\sim12$，前 5 套轴承摩擦力矩特征参数的计算结果如表 7-4 所列。用前 5 套轴承的特征参数推断出的总体的特征参数情况如表 7-5 和表 7-6 所列（仍然取 $\alpha=0$）。为便于对比分析，表 7-5 和表 7-6 还列出了剩余 5 套轴承的相关实验结果。由表 7-5 和表 7-6 可以直接获得推断结果和实验结果之间的误差情况，误差分析结果列在表 7-7 中。

表 7-2　HKTA 轴承(编号 1～5)的拉格朗日乘子计算结果

轴承序号 i / 乘子 c	1	2	3	4	5
c_0	0.4611	0.8266	−0.9565	0.2059	0.5558
c_1	−0.8514	−0.1836	−0.7353	−0.4344	−0.6453
c_2	0.3538	−0.9900	3.2194	1.0779	−0.0083
c_3	0.6280	−0.5993	0.6048	0.1867	−0.1783
c_4	−0.6103	0.0958	−2.4470	−1.2038	−0.2725
c_5	−0.2131	0.1651	−0.1784	−0.1277	0.1044
c_6	0.1693	−0.0295	0.6644	0.3413	0.0690
c_7	0.0199	−0.0112	0.0098	0.0161	−0.0122
c_8	−0.0172	0.0019	−0.0634	−0.0324	−0.0081

表 7-3　HKTB 轴承(编号 1～5)的拉格朗日乘子计算结果

轴承序号 i / 乘子 c	1	2	3	4	5
c_0	−0.4878	0.0200	0.0701	−0.0457	1.5700
c_1	−2.6606	−0.1248	−7.9285	−1.7676	−0.2723
c_2	2.1626	2.2570	−8.5813	4.7430	−0.8944
c_3	−2.5519	0.5519	2.7660	0.4150	−1.0034
c_4	−5.0958	−2.0356	6.2522	−5.1485	0.0972
c_5	1.7665	−0.2023	−0.1386	0.0584	0.4331
c_6	1.9507	0.6577	−1.5259	1.6938	0.0995
c_7	−0.2386	0.0209	−0.0123	−0.0155	−0.0471
c_8	−0.2128	−0.0670	0.1118	−0.1692	−0.0190

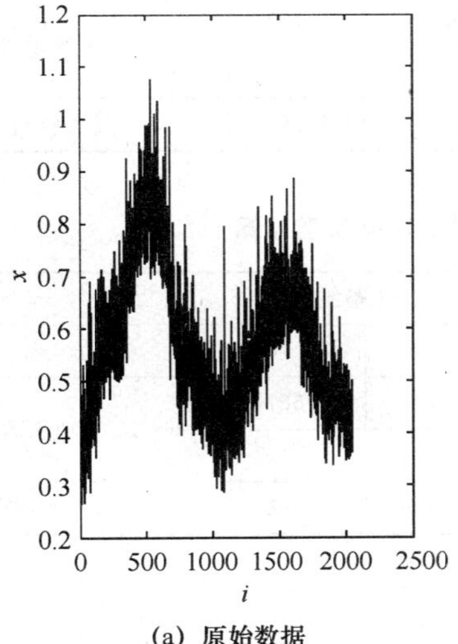

(a) 原始数据

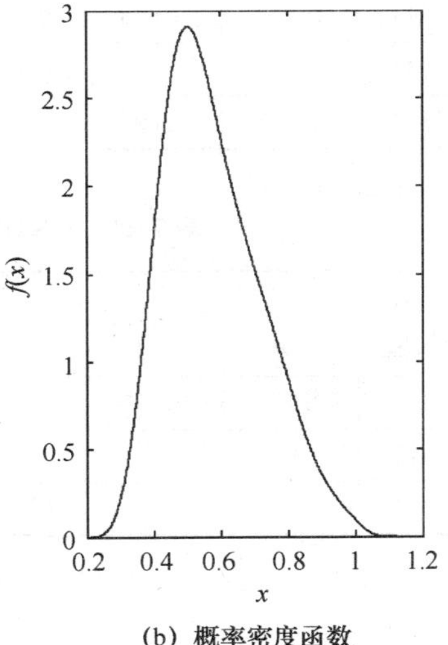

(b) 概率密度函数

图 7-1　HKTA 第 5 套轴承摩擦力矩原始数据与概率密度函数

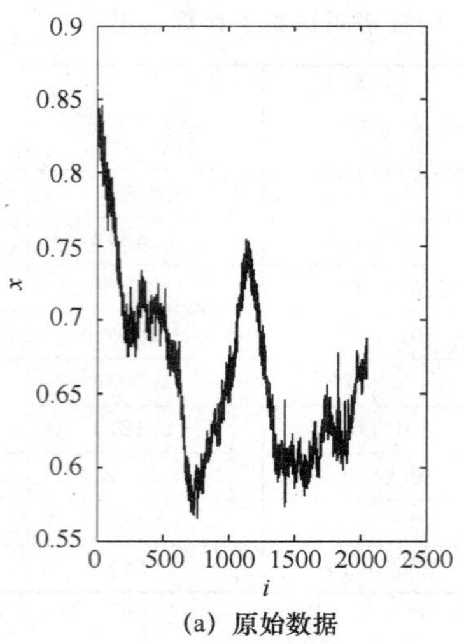

(a) 原始数据

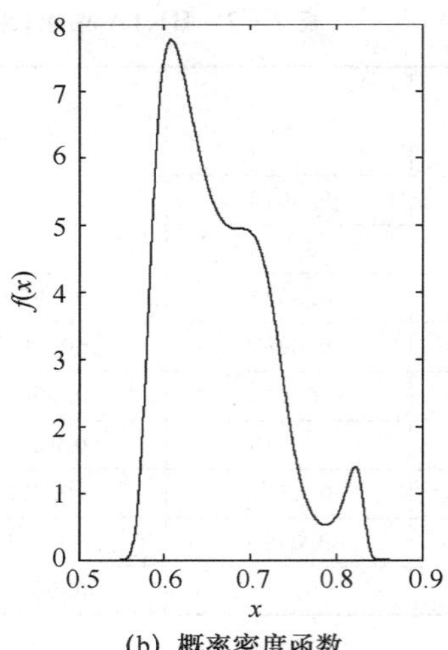

(b) 概率密度函数

图 7-2　HKTB 第 5 套轴承摩擦力矩原始数据与概率密度函数

表 7-4　序号 1～5 轴承的分布特征参数计算结果

轴承代号	分布特征参数	1 号	2 号	3 号	4 号	5 号
HKTA	X_0	0.4841	0.4797	0.5287	0.6240	0.5964
	X_U	1.0231	1.0771	1.2948	1.0934	1.1224
HKTB	X_0	0.3602	0.5309	0.2884	0.3082	0.6716
	X_U	0.8712	0.7391	0.6439	0.5138	0.8521

表 7-5　HKTA 轴承的推断与实验结果

摩擦力矩的特征参数	总体推断结果	实验结果					
		6 号	7 号	8 号	9 号	10 号	备　注
平均值	0.543	0.582	0.638	0.593	0.583	0.638	6～10 号轴承的平均值:0.607
平均值上界	0.638	0.638					
瞬时值上界	1.322	1.101	1.099	1.291	1.204	1.297	最大瞬时值: 1.297

表 7-6　HKTB 轴承的推断与实验结果

摩擦力矩的特征参数	总体推断结果	实验结果					
		6 号	7 号	8 号	9 号	10 号	备　注
平均值	0.410	0.170	0.159	0.281	0.483	0.687	6～10 号轴承的平均值: 0.356
平均值上界	0.648	0.687					
瞬时值上界	0.903	0.309	0.273	0.373	0.618	0.798	最大瞬时值: 0.798

表 7-7　推断结果和实验结果之间的误差分析

轴承代号	特征参数的误差项目					
	平均值		平均值上界		瞬时值上界	
	相对误差/(%)	绝对误差	相对误差/(%)	绝对误差	相对误差/(%)	绝对误差
HKTA	11.78	0.064	0	0	1.89	0.025
HKTB	13.17	0.054	6.02	0.039	13.15	0.105

由图 7-1(a)和图 7-2(a)可知，在测量过程中，随着轴承的转动(原始数据序号 i 从 1 增加到 2048)，摩擦力矩的时域信息具有明显的随机波动和趋势变化特征，可见摩擦力矩的时域信息很复杂。这是其总体时域信息的一个随机实现。由图 7-1(b)和图 7-2(b)可知，摩擦力矩的概率密度函数呈现非对称的单峰型或多峰型，这是随机波动和趋势变化共同作用的结果，可见摩擦力矩的概率分布信息也很复杂。这是其总体概率分布信息的一个随机实现。这些复杂信息实际上隐含着总体真值的一些特征，这些特征可以用表 7-2 和表 7-3 的拉格朗日乘子描述。

由表 7-5 和表 7-6 中总体分布特征的推断结果可知，HKTA 和 HKTB 两种轴承摩擦力矩的平均值很接近，约为 0.5 个设定单位；平均值上界也很接近，约为 0.6 个设定单位；但瞬时值上界差异比较大，HKTA 轴承摩擦力矩的瞬时值上界比 HKTB 的约大了 0.6 个设定单位。这表明 HKTB 轴承摩擦力矩的分散性比 HKTA 轴承好。

由表 7-7 可知，推断结果和实验结果在数值上很接近，二者之间的误差很小。HKTB 轴承摩擦力矩平均值的相对误差最大，也仅为 13.17%；从量纲上看，绝对误差也很小，最大绝对误差仅为 0.105 个设定单位，约为设定单位的 1/10。因此推断结果的误差可以满足工程要求。这也证实了所提出的方法是合理与可行的，基本上可以真实描述所研究的仪器仪表轴承摩擦力矩的总体统计特征。

上述总体推断研究为轴承的摩擦性能预报奠定了基础。

本节建立了基于最大熵原理的仪器仪表轴承摩擦力矩的概率密度函数。摩擦力矩的最大熵概率密度函数呈现非对称的单峰型或多峰型，这是其时域信息的随机波动和趋势变化共同作用的结果，也是其总体概率分布信息的一个随机实现。这显示了仪器仪表轴承摩擦力矩不确定的强烈波动和趋势变化特征。

本节以最大熵概率分布函数为基础，提出了分布特征参数的自助推断方法，仅用很少的样本就可以对仪器仪表轴承摩擦力矩总体分布参数进行推断，而且推断结果和实验结果在数值上很接近，满足工程要求，从而为仪器仪表轴承摩擦性能预报奠定了基础。

7.2　滚动轴承振动的灰自助动态分析

滚动轴承的振动特性对航天航空推进系统动态特性、工作寿命及可靠性等有重大影响。由美国 NASA 组织实施的航天航空推进仿真系统涉及滚动轴承的振动特性，许多研究也致力于轴承振动的机理、影响因素以及控制方法等分析，并取得许多进展。为了从总体上把握轴承振动的基本特性，目前的研究主要涉及动态测量与评估等问题。由于轴承制造与装配系统是一个动态的概率分布不确定的随机过程，并伴随着许多已知和未知的系统误差干扰，从而使轴承振动产生许多难以预测的复杂变化，给动态评估与控制带来难度。本节研究轴承振动的灰自助动态估计与诊断问题。

7.2.1 估计方法的有关说明

为方便与轴承制造过程诊断结合起来研究，先给出随机误差与系统误差的有关说明。

随机误差指影响随机振动的制造与装配过程中产生的误差。例如，在正常情况下，轴承零件加工表面的圆度误差和锥度误差等都属于随机误差，其大小和方向没有明显的时间规律性，但内含某种统计规律。随机误差的大小用估计区间和不确定度来度量。

系统误差包括定值系统误差和变值系统误差。定值系统误差与时间无关，是常数，这里指轴承的与结构有关的固有振动速度有效值(又称估计真值)。变值系统误差是呈某种趋势变化的误差，与时间有关，这里指振动速度有效值的趋势变化规律(估计真值的变化)。

随机误差的扰动不会使真值变化，即振动速度有效值的平均值(估计的平均真值)变化很小；而变值系统误差会使振动速度有效值发生变化，其变化量用系统误差测度(估计真值的变动量)表示。

在全自动生产模式下，将连续的时间变量 t 离散化，在设定时间间隔下，按一个时刻一套轴承，采集到滚动轴承振动的数据序列 X。从 X 中抽取与时刻 t 紧邻的前 m 个数据(包括时刻 t 的数据)，构成时刻 t 的动态估计子序列向量 X_m。动态估计的含义是：用 t 时刻前的 X_m 估计时刻 t 的振动的状态。在时刻 t，从 X_m 中等概率地随机抽取 1 个数据，共抽取 m 次，得到第一个自助(Bootstrap)样本，它包含 m 个数据。抽取数据是可以再放回的，即无论抽取多少次，X_m 中信息不会减少或变化，总保持抽样前状态。这样连续重复 B 次，得到 B 个 Bootstrap 再抽样样本。以此为基础，可以用 GBM(1,1)灰自助方法对滚动轴承振动进行动态估计，涉及的动态参数指标如下：

在 t 时刻的估计真值用加权平均值 $X_0=X_0(t+1)$ 表示，又称为在 t 时刻系统误差的瞬时值(实际上，参数 X_0 是从振动的输出信息中分离出来的系统误差)。

在 t 时刻，在置信概率 P 下，对振动真值的估计区间为 $[X_L,\ X_U]=[X_L(t+1),\ X_U(t+1)]$。$X_L$ 和 X_U 分别描述振动在 t 时刻瞬态波动的极小值和极大值。

在置信概率 P 下，t 时刻轴承振动的瞬态波动范围为 $U=U(t+1)=X_U(t+1)-X_L(t+1)$。

设研究的总时间单位数为 T，如果有 h 个实际的振动值位于估计区间 $[X_L,\ X_U]$ 之外，则对真值估计的可靠度为 p_B。

平均波动范围 U_{mean} 实际上是一个统计量，可以作为轴承振动随机波动状态的统计评价指标。最合适的估计结果是在 $p_B=100\%$ 的条件下，U_{mean} 得到最小值。U_{mean} 越小，振动的波动范围越小，振动就越稳定。

平均真值 X_{0mean} 也是一个统计量，可以作为轴承振动量值大小的统计评价指标。

估计真值变动量即系统误差测度 dX_0。

7.2.2　轴承振动的动态估计

轴承振动用径向振动速度有效值表示，单位为 μm/s，实验用轴承代号为 HKRB，测量要求按相关标准。轴承安装在测试仪器的驱动轴上，驱动轴以 1 800 r/min 转速带动轴承内圈转动；80 N 的轴向载荷作用于轴承外圈端面；速度传感器安装在轴承外圈半径方向提取轴承的径向振动速度信号。研究中忽略测量过程中各种误差的影响。

轴承制造与装配的不同的误差因素对不同频率振动值的影响不同，据此可以对影响振动的误差实施有针对性的控制。因此轴承振动速度的估计被划分为 3 个频段：低频振动速度 L 的频段为 50～300 Hz，中频振动速度 M 的频段为 300～1 800 Hz，高频振动速度 H 的频段为 1 800～10 000 Hz。100 套实验轴承的有关数据如图 7-3 和图 7-4 所示。通过计算，得到了满足平均波动范围 U_{mean} 为最小的参数及整体估计结果，如表 7-8 所列。由表 7-8 可知，所研究的滚子轴承的低频振动和中频振动比较差，而高频振动比较好。

表 7-8　轴承振动的整体估计（$p_B=100\%$，$m=4$，$B=2\,500$）

频　段	$P/(\%)$	$U_{mean}/(\mu m\cdot s^{-1})$	$X_{0mean}/(\mu m\cdot s^{-1})$	$dX_0/(\mu m\cdot s^{-1})$
低频段	77	155.5	194.9	88.9
中频段	75	149.4	183.9	70.4
高频段	69	81.4	91.7	23.6

图 7-3～图 7-5 给出 3 个频段中轴承振动速度的动态估计结果。

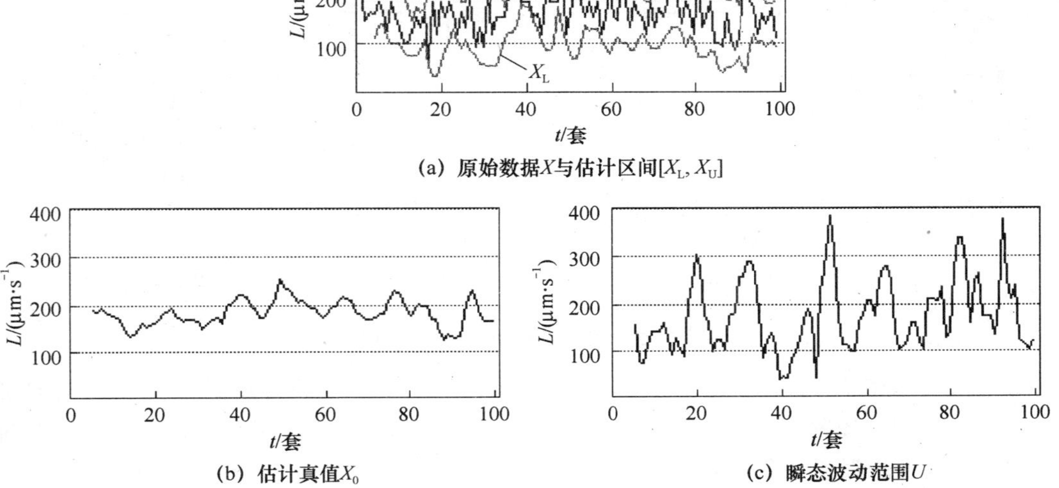

图 7-3　低频段振动速度动态评估

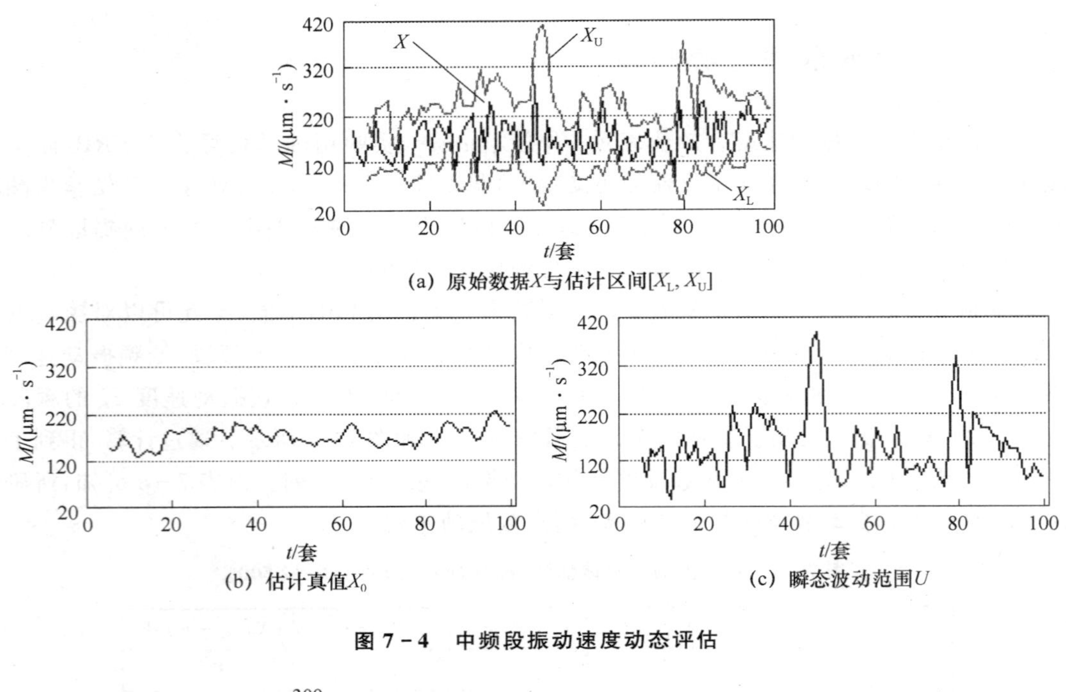

图 7-4　中频段振动速度动态评估

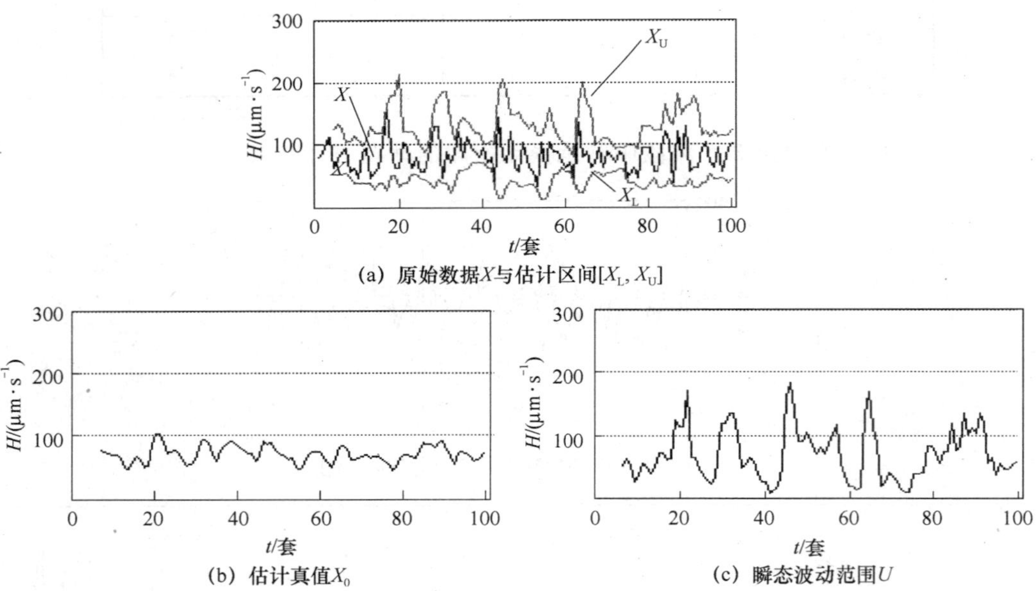

图 7-5　高频段振动速度动态评估

图 7-3(a)、图 7-4(a)和图 7-5(a)是估计区间$[X_L, X_U]$对原始数据 X 随机波动的动态描述。$[X_L, X_U]$比较紧密地从外部包络了 X 的随机波动轨迹，这表明 GBM(1,1)较好地描述了轴承振动速度的瞬态变化状态。

图 7-3(b)、图 7-4(b)和图 7-5(b)是估计真值 X_0 对 X 的趋势变化的动态描述。在图 7-3(a)的低频段，从整体上看，X 呈现先下降，然后上升，再下降的变化过程，这个过程在图 7-3(b)中被 X_0 基本反映出来，系统误差比较大(见表 7-8，$dX_0=88.9$)。在图 7-4(a)的

中频段，X 呈现整体上升的变化趋势，这个过程在图 7－4(b)中被 X_0 反映出来，即整体上 X_0 呈现逐渐上升的状态，系统误差比较大($dX_0=70.4$)。在图 7－5(a)的高频段，从整体上看，X 几乎没有变化趋势规律，在图 7－5(b)中 X_0 可以近似为一条水平线，即系统误差比较小($dX_0=23.6$)。这意味着 GBM(1,1)可以动态地估计系统误差对瞬时振动值的影响。

图 7－3(c)、图 7－4(c)和图 7－5(c)是对 X 的瞬态波动范围 U 的动态描述。X 的随机波动越大，U 值越大；反之 U 值越小，与 X_0 的变化无关。这意味着 GBM(1,1)可以动态分离系统误差，使随机振动的估计结果 U 和$[X_L, X_U]$不受系统误差的影响，因而 GBM(1,1)不需要系统误差的任何先验知识。

从以上分析可知，该轴承低频和中频振动值 X_{0mean} 大的原因是系统误差大，而高频振动值 X_{0mean} 小的原因是系统误差小；低频和中频振动平均波动范围 U_{mean} 大的原因是随机振动大，而高频振动平均波动范围 U_{mean} 小的原因是随机振动小。

7.2.3　影响因素与实验分析

为了确认系统误差对低频段和中频段振动造成的影响，并诊断影响振动速度的因素，按顺序从时刻 $t=1\sim50$ 的 50 套轴承中取出 30 套，依次序编号为 1～30。将取出的轴承拆套，测量套圈各加工表面的所有误差(即制造过程中的误差项目)，发现系统误差主要来源于外圈滚道圆度误差 δ_e、内圈滚道圆度误差 δ_i、内圈滚道锥度误差 C_i 和斜挡边粗糙度 R_a 等，有关结果如图 7－6 和图 7－7 所示。

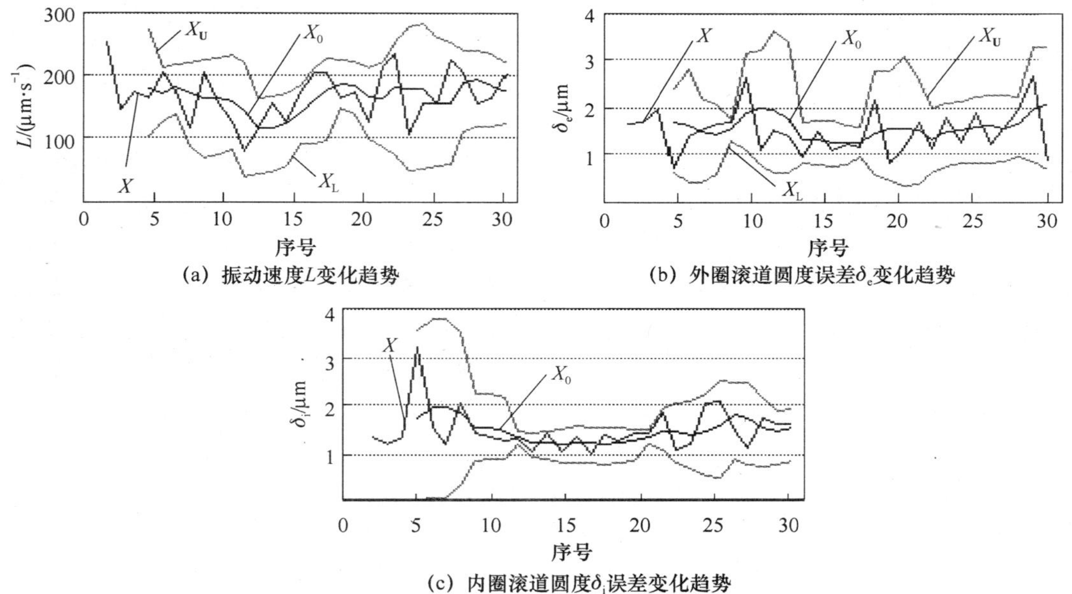

(a) 振动速度L变化趋势　(b) 外圈滚道圆度误差δ_e变化趋势

(c) 内圈滚道圆度δ_i误差变化趋势

图 7－6　低频段质量分析

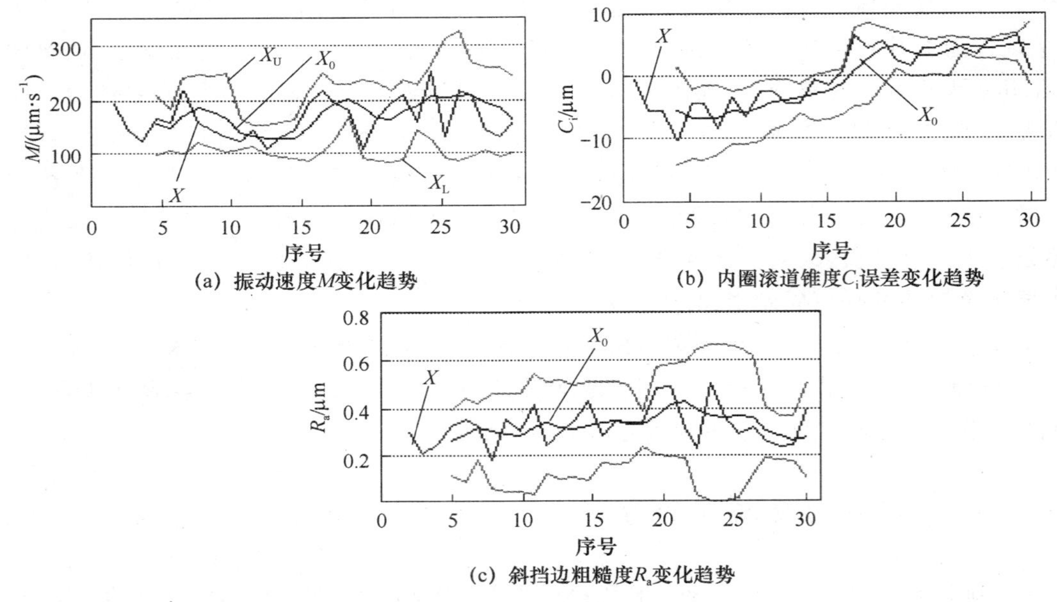

(a) 振动速度M变化趋势

(b) 内圈滚道锥度C_i误差变化趋势

(c) 斜挡边粗糙度R_a变化趋势

图 7-7 中频段质量分析

图 7-6(a)是 30 套轴承的低频段振动速度数据和动态估计结果，原始数据 X 和估计真值 X_0 整体变化趋势仍保持图 7-3(a)和(b)时间段 $t=1\sim50$ 中先下降然后上升的趋势。图 7-6(b)和(c)分别是轴承外圈和内圈滚道圆度误差的原始数据 X 与估计真值 X_0 变化趋势图，从整体上可以看出，它们和低频段振动速度几乎有一致的规律。因此，影响低频段振动的系统误差就是外圈和内圈滚道的圆度误差。这些误差随时间 t 有规律地变化，属于变值系统误差，与制造过程有关。对它们的整体估计结果如表 7-9 所列，系统误差测度 dX_0 约为 0.9，达到平均真值 X_{0mean} 的 50%以上，比较大，是造成低频段振动速度差的主要原因。

图 7-7(a)是 30 套轴承的中频段振动速度数据和动态估计结果，X 和 X_0 整体变化趋势仍保持图 7-4(a)和(b)时间段 $t=1\sim50$ 中先上升再下降的趋势。图 7-7(b)和(c)分别是轴承内圈滚道锥度和斜挡边粗糙度误差的 X 与 X_0 变化趋势图，从整体上可以看出，它们和中频段振动速度有一致的先上升再下降的趋势规律。因此，影响中频段振动的系统误差就是内圈滚道锥度和斜挡边粗糙度误差。这些误差与制造过程有关，随时间 t 有规律地变化，属于变值系统误差。对它们的整体估计结果如表 7-9 所列，内圈滚道锥度的 dX_0 高达 11.97，远远超过 X_{0mean}；斜挡边粗糙度的 dX_0 为 0.18，达到 X_{0mean} 的 50%以上，也比较大。这两个误差造成中频段振动速度变差。

表 7-9 轴承零件制造质量的整体估计($p_B=100\%$)

项　目	$P/(\%)$	$U_{mean}/\mu m$	$X_{0mean}/\mu m$	$dX_0/\mu m$
外圈滚道圆度误差 δ_e	85	1.70	1.67	0.85
内圈滚道圆度误差 δ_i	85	1.68	1.22	0.90
内圈滚道锥度误差 C_i	85	7.95	1.29	11.97
斜挡边粗糙度 R_a	85	0.42	0.3	0.18

上述理论与实验研究表明，灰自助动态估计方法通过 6 个估计参数（即估计真值、估计区间、瞬态波动范围、平均波动范围、平均真值和系统误差测度等）动态地估计滚动轴承振动的基本特征，为实施滚动轴承振动的总体估计与生产质量控制奠定了基础。

7.3　多传感器系统的动态性能分析

7.3.1　问题的提出

多传感器测量系统的动态性能分析以数据融合技术为基础。数据融合技术可以有机地综合多个传感器的数据，更合理地估计观测结果，在遥感、医学、地质灾害等信息处理中得到广泛应用。常用的最优估计方法有最大似然法、极大后验估计、加权平均法和最小方差法等。这些方法是以统计理论为基础的，要求典型的概率分布和很多的数据，难以解决概率分布未知同时数据个数很少的不确定性融合问题。这是一个信息不确定性的系统分析问题，在信息科学与系统科学领域具有重要的理论意义和实用价值。

随着科学技术的发展，出现了许多新的数据融合方法。例如，文献[19]的研究涉及不确定信息的融合问题；文献[20]的分类融合研究使用了贝叶斯数据还原方法；文献[21]研究了自组织信息融合问题；文献[22]提出了统一的信息融合稳定状态卡尔曼滤波方法，可以解决滤波、平滑与预测融合问题；文献[23]探讨了数据融合的性能预报问题；文献[24-25]采用多模型融合技术，从滑坡体多个检测序列中提取滑坡综合检测信息的数学方法；文献[26]利用数据自身蕴涵的信息，避免了数据融合时的门限预先设定问题；文献[27]的模糊传感器数据融合降低了融合过程中的信息损失；文献[28]的多源信息粗糙集融合方法，能够方便地分析不完整数据，并显著地提高融合速度；基于均匀分布等典型概率分布，文献[29]解决了不同精度冗余数据的融合问题。

上述新方法从不同侧面拓宽了数据融合的条件限制，丰富与发展了数据融合理论。但目前仍然没有很好地解决数据融合的假设检验问题，主要包括融合结果的置信概率问题，以及为了得到合适的置信概率如何充分利用已有的信息进行融合的问题。其中，在概率分布未知同时数据个数很少条件下的数据融合与融合性检验问题尤为重要。本节从多传感器非平稳随机过程角度给出解决这个问题的方法。

在目前所提出的非平稳随机过程预测模型中，如山体滑坡的预测模型，一般只能依据某一个监测点的监测数据进行预报。为了掌握非平稳随机过程的空间分布特征和总体变形状况，监测时应当在研究对象的不同部位布置多个监测点，形成分布式多传感器系统，同时获取研究对象不同部位的时间序列数据，得到其演化过程的信息。因此本节的研究还涉及非平稳随机过程的瞬态变形的概率分布特征和变形的整个演变过程。

7.3.2　动态性能分析

设检测对象和 m 个传感器形成一个检测系统，共检测了 n 个时间单位，检测到的时间序列数据构成一个 m 行 n 列的矩阵，矩阵的列向量是各个传感器在某时刻检测的 m 个滑坡数据，行向量是某一个传感器检测的 n 个数据。该矩阵是一个多变量的非平稳随机过程，一般称为非线性过程。

如果数据个数 m 很小，数据融合可以根据这些数据寻找出一个有代表性的数据，即融合数据或融合值。根据经典统计理论，这 m 个数据可以被看作随机变量，它们在某时刻的具体数值被认为是随机变量的一个实现，隐含着检测系统的某些特征信息。由于检测系统特征的最理想描述是概率分布函数，因此，首先基于这 m 个数据的信息，用自助法和最大熵原理建立该时刻系统的概率密度函数；然后计算出加权平均值。这个加权平均值蕴涵着检测系统的特征信息，最有权作为 m 个数据的代表即该时刻的融合数据。这样就得到 n 个时刻的融合值，从而构成整个时间序列的融合序列。

m 个传感器的时间序列是随机过程的一个实现，融合序列蕴涵了整个随机过程的信息，是整个随机过程的综合表征。但所得到的融合序列能否作为整个时间序列的代表，即是否能与 m 个传感器时间序列具有很好的相容性，需要进行假设检验。

矩阵有 m 个行向量即时间序列，设融合序列为第 j 个时间序列，它们都有 n 个数据。必须注意，这些时间序列的概率分布可能是非典型的或未知的，因此经典的统计假设检验在这里不适用。

本节方法涉及多传感器时间序列数据的自助融合与融合性的灰假设检验，因此简称为自助融合与灰检验。

7.3.3 自助融合与检验

在检测系统输出变化时，m 个传感器获得的时间序列数据称为原始时间序列，构成的矩阵为

$$\boldsymbol{Y}=\{y_q(k)\} \qquad (k=1,2,\cdots,n;\quad q=1,2,\cdots,m) \tag{7-24}$$

式中，q 为第 q 个传感器；$y_q(k)$ 为第 q 个传感器获得的第 k 个数据；k 为时间序号，称时刻 k 或在时间 k；n 为数据个数。

在时刻 k，m 个传感器获得的数据是矩阵 $\boldsymbol{Y}$ 的第 k 列列向量

$$\boldsymbol{Y}_k^{\mathrm{T}}=\{y_1(k),y_2(k),\cdots,y_q(k),\cdots,y_m(k)\} \tag{7-25}$$

将式(7-25)看作初始样本，根据自助法，从 $\boldsymbol{Y}_k^{\mathrm{T}}$ 中等概率地随机抽取 m 次，每次抽取 1 个数据，就得到第一个自助样本，它有 m 个数据。抽取数据是可以再放回的，即无论抽取多少次，$\boldsymbol{Y}_k^{\mathrm{T}}$ 中信息不会减少或变化，总保持抽样前状态。这样连续重复 B 次，就得到 B 个自助仿真样本，又叫自助再抽样样本，用矩阵 $\boldsymbol{Y}_{k\mathrm{Bootstrap}}$ 表示为

$$\boldsymbol{Y}_{k\mathrm{Bootstrap}}=\{y_{k,b}(\tau)\} \qquad (\tau=1,2,\cdots,m;b=1,2,\cdots,B;k=1,2,\cdots,n) \tag{7-26}$$

式中，$y_{k,b}(\tau)$ 为时刻 k 的第 b 个自助样本中的第 τ 个数据。

求矩阵 $\boldsymbol{Y}_{k\mathrm{Bootstrap}}$ 中各列的平均值序列，用向量表示为

$$\overline{\boldsymbol{Y}}_{k\mathrm{Bootstrap}}=\left\{\frac{1}{m}\sum_{u=1}^{m}y_{k,b}(\tau)\right\} \qquad (k=1,2,\cdots,n;b=1,2,\cdots,B) \tag{7-27}$$

由于 B 可以是很大的数，因此在时刻 k，将 $\overline{\boldsymbol{Y}}_{k\mathrm{Bootstrap}}$ 中的 B 个数据从小到大排序，并按一定的间隔共分 T 组，建立直方图，其中第 t 组的组中值为 Y_t，频率为 P_t

$$P_t = \frac{n_t}{B} \qquad (t=1,2,\cdots,T) \tag{7-28}$$

式中，n_t 为第 t 组的数据个数。

用连续变量 x 代替式(7-25)中的离散值 $y_q(k)$，根据最大熵原理，可得到最大熵概率密度函数 $p(x)$，即自助分布

$$p(x) = \exp\left(\lambda_0 + \sum_{i=1}^{m_A}\lambda_i x^i\right) \tag{7-29}$$

式中，λ_i 为第 i 个拉格朗日乘子，$i=0,1,\cdots,m_A$；m_A 为原点矩的最高阶数，一般取 $m_A=5\sim8$。

需用数值方法求解自助分布中的拉格朗日乘子 λ_i，且要保证收敛精度 $\varepsilon\leqslant10^{-10}$。

在时刻 k，m 个传感器数据的融合值用数学期望表示为

$$y_j(k) = \int_R xp(x)\mathrm{d}x \tag{7-30}$$

式中，R 为积分区间。

式(7-30)可以用离散形式表示加权平均值

$$y_j(k) = \sum_{t=1}^{T} Y_t P_t \tag{7-31}$$

于是对 m 个传感器数据来说，融合值 $y_j(k)$ 构成一个时间序列向量，称为自助融合序列向量 $\boldsymbol{Y}_j$，表示为

$$\boldsymbol{Y}_j = \{y_j(k)\} \qquad (k=1,2,\cdots,n) \tag{7-32}$$

根据灰假设检验原理，假设 H_0 为 $\boldsymbol{Y}_i$ 和 $\boldsymbol{Y}_j$ 两序列具有相同的属性，灰否定域为

$$f_{ij} < 0.5 \tag{7-33}$$

若 f_{ij} 计算值未落入否定域，则假设 H_0 为真，$\boldsymbol{Y}_i$ 和 $\boldsymbol{Y}_j$ 具有相同的属性；若 f_{ij} 计算值落入否定域，则假设 H_0 为假，$\boldsymbol{Y}_i$ 和 $\boldsymbol{Y}_j$ 不具有相同的属性。

7.3.4　实验研究

在山体滑坡问题的实验研究中，取 $m_A=5$，求解自助分布时，收敛精度为 10^{-12}。为了具有可比性，本方法与文献[24]的多模型跟踪法将进行对比分析。在4个检测点观察某正在变形的滑坡体的4个部位的位移状态，4个检测点(滑坡体的4个部位)的传感器得到的时间序列数据 $Y_1\sim Y_4$ 列在表7-10中，表7-10中 Y_5 是多模型跟踪法得到的融合序列。

首先进行数据融合对比分析。在本试验中，$m=4$，$n=13$，$Y=\{Y_1, Y_2, Y_3, Y_4\}$。取 $B=100\,000$，$T=10$，通过式(7-24)～式(7-32)得到自助融合序列，设为 Y_6，也列在表7-10中。

根据表7-10，Y_6 和 Y_5 的对应数据很接近，都可以综合反映这个非平稳随机过程的演化状况。但哪一个效果更好，更能作为代表，则需要进行置信概率检验。时间序列的数据融合技术很少涉及置信概率问题，故下面的分析采用灰假设检验方法。

因山体滑坡不具可逆性，即

$$y_h(k)\leqslant y_h(k+1) \qquad (k=1,2,\cdots,n-1; h=i,j)$$

为了考察多个非平稳随机的分布状态是否具有相同的属性，故用排序假设检验方法。

这是分别检验 Y_5、Y_6 与 $Y=\{Y_1, Y_2, Y_3, Y_4\}$ 的属性是否相同，即相容性假设检验问题。

先假设属性权重 $f_{ij}=0.5$，即假设 Y_5、Y_6 都与 $Y=\{Y_1, Y_2, Y_3, Y_4\}$ 的属性相同，然后令 $Y_j=Y_5$，逐一计算 Y_5 与 Y_1、Y_2、Y_3 以及 Y_4 相容的置信概率 P；同样，令 $Y_j=Y_6$，得到 Y_6 与 Y_1、Y_2、Y_3 以及 Y_4 相容的置信概率 P，结果列在表 7-11 中。

表 7-10　基于工程应用的原始时间序列与融合序列

时间 k	4 个传感器的原始时间序列（某滑坡体的 4 个部位的变形数据）				Y_1～Y_4 的算术平平均值融合序列	多模型跟踪法融合序列	自助融合序列
	Y_1/cm	Y_2/cm	Y_3/cm	Y_4/cm	Y_m/cm	Y_5/cm	Y_6/cm
1990 年	15	1	6	2	6.00	6.0000	5.2114
1991 年	49	16	10	3	19.50	19.5000	17.4879
1992 年	52	20	18	5	23.75	25.0140	21.9700
1993 年	66	20	23	6	28.75	29.1088	25.6783
1994 年	70	20	28	6	31.00	31.3546	28.4111
1995 年	96	24	28	12	40.00	39.0988	35.8799
1996 年	106	33	28	12	44.75	44.9741	40.4665
1997 年	108	33	28	12	45.25	46.0871	40.7543
1998 年	117	86	52	12	66.75	58.8486	59.8323
1999 年	127	97	52	23	74.75	74.1204	74.7966
2000 年	132	100	52	23	76.75	78.5377	77.0740
2001 年	139	100	52	23	78.50	79.3112	77.7057
2002 年	139	100	52	23	78.50	78.8043	77.6813

表 7-11　基于工程应用的融合序列的灰置信概率($f_{ij}=0.5$)

序　列	多模型跟踪法融合序列 Y_5 的灰置信概率 P/(%)	Y_1～Y_4 的算术平均值融合序列 Y_m 的灰置信概率 P/(%)	自助融合序列 Y_6 的灰置信概率 P/(%)
Y_1	96	96	95
Y_2	94	94	95
Y_3	99	99	100
Y_4	94	94	95

根据表 7-11，多模型跟踪法融合序列 Y_5 的最高灰置信概率 $P\approx99\%$，最低灰置信概率 $P\approx94\%$；自助融合序列 Y_6 的最高灰置信概率 $P\approx100\%$，最低灰置信概率 $P\approx95\%$。若取 $P=90\%$ 考核融合序列对原始序列的相容性，则自助融合序列 Y_6 和多模型跟踪法融合序列 Y_5 的效果一致；若取 $P=95\%$ 考核融合序列对原始序列的相容性，则自助融合序列 Y_6 优于多模型跟踪法融合序列 Y_5，亦即在多传感器滑坡时间序列融合方面，自助融合技术比多模型跟踪法融合技术更好。

事实上，对于滑坡预测模型而言，多模型跟踪法克服了输入交互和变维滤波等传统方法中利用机动检测器所带来的滞后性，特别是根据牛顿第二定律描述滑坡变形，考虑了滑坡本身内在的变形演化以及外界环境扰动所造成的不可预测变形。但在滑坡的匀速变形阶段，假设变形加速度属于正态分布的平稳随机序列，并在实验验证中认为各个检测点受到的随机干扰相同，令各个检测模型的检测噪声方差均为 1。这就是说，在时刻 k，数据值的大小比数据的分布状态更重要。像传统方法一样，这种假设带来了一定的检测误差。自助融合没有这些假设，可以自动适应任何概率分布和不同检测点的不同的随机干扰，重点考虑的是数据的分布状态，而不是数据值的大小，因而检测误差比较少。

为方便分析，图 7-8 描述了所涉及的序列。从表 7-10、图 7-8(a)和(b)可以看出，多模型跟踪法融合序列 Y_5 和自助融合序列 Y_6 的变化趋势几乎一致，且在 $k=1990$ 和 $k=1998\sim2002$ 之间，Y_5 和 Y_6 几乎重合。但在 $k=1991\sim1997$ 之间，Y_6 位于 Y_5 的下方，亦即与 Y_5 相比较，Y_6 更接近 Y_2、Y_3 和 Y_4，而与 Y_1 距离稍远。这意味着在融合时，自助融合考虑的是各个检测点数据的分布状态。而多模型跟踪法不是这样，Y_5 的位置几乎总是在 Y_1 和 Y_4 的中间稍偏下位置。这意味着多模型跟踪法重点考虑的数据值的大小，而不是数据的分布状态，即重点考虑了 Y_1(数据值最大)和 Y_4(数据值最小)的影响，较少考虑 Y_2 和 Y_3 的影响。这是自助融合技术比多模型跟踪法融合技术更好的原因之一，理由是从统计学的观点看，数据的分布密度才是随机过程特征的最本质刻画。

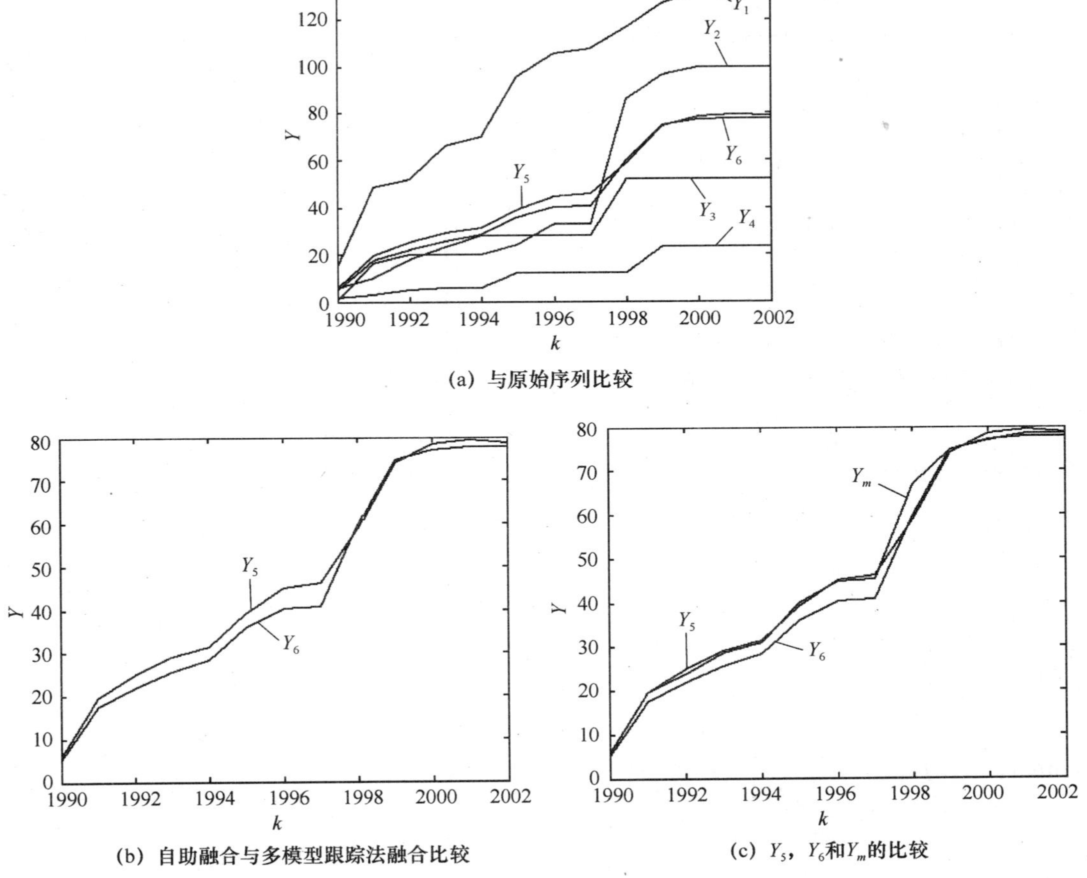

(a) 与原始序列比较

(b) 自助融合与多模型跟踪法融合比较

(c) Y_5，Y_6和Y_m的比较

图 7-8 原始序列和融合序列

设 Y_m 是 $Y_1\sim Y_4$ 的算术平均值融合序列，即

$$Y_m=(Y_1+Y_2+Y_3+Y_4)/4 \tag{7-34}$$

Y_m 的数据列在表 7－10 中，灰置信概率列在表 7－11 中。

为了进一步比较 Y_5 和 Y_6 的差异，将 Y_m、Y_5 和 Y_6 画在图 7－8(c)中。可以看出，在 $k=$ 1990～1997 之间，Y_5 和 Y_m 几乎完全重合(由表 7－11 还可以看到二者的灰置信概率也完全一样)，而 Y_6 和 Y_m 差异比较大。如果因为多模型跟踪法与算术平均值融合算法的结果一致，所以认为效果就好，这是不合适的。因为现有文献的研究表明，算术平均值融合结果与真值的偏离最大，效果不理想。

另外，图 7－9 给出了 4 个时刻的自助分布(滑坡部位 4 个部位的变形位移的最大熵概率密度函数)，可以体现整个滑坡非平稳随机过程的演变历程。可以看出，在 $k=1990$ 时刻，属于单峰偏态分布，峰略偏左；在 $k=1994$ 时刻，单峰偏态很明显，峰偏左；在 $k=1997$ 时刻，偏态比较复杂；在 $k=2002$ 时刻，近似正态分布。各时刻自助分布的加权平均值就构成了整个自助融合序列。因此从图 7－9 演变历程可以领会到自助融合序列比较真实地刻画了多传感器原始时间序列的内在特征，而其他融合技术难以如此细微地描述非平稳随机过程的整个演变历程。

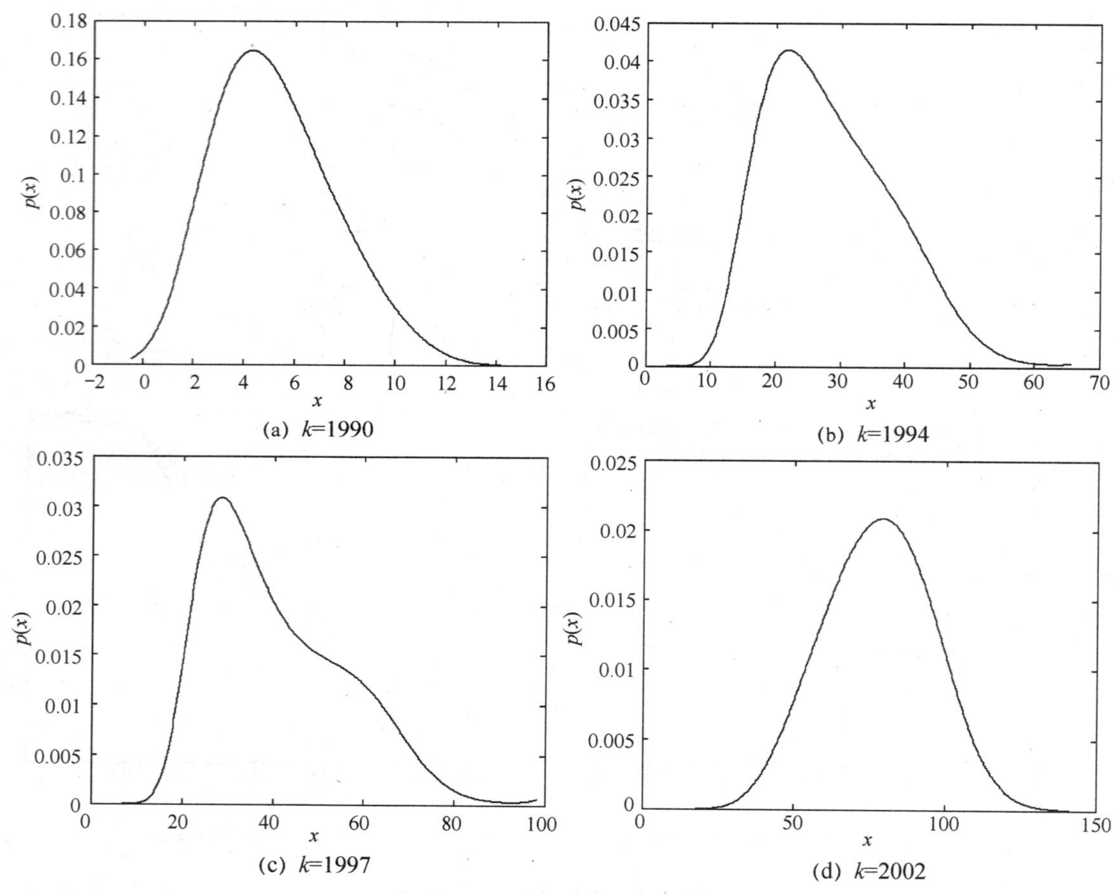

(a) k=1990 (b) k=1994 (c) k=1997 (d) k=2002

图 7－9 滑坡体非平稳随机过程的自助模拟

7.3.5　讨　论

所提出的自助融合与灰检验方法的理论基础不再是大数定律和中心极限定理，而是自助原理、最大熵原理和灰色系统理论，允许研究对象的概率分布未知（对概率分布无任何要求），也允许数据个数很少。从统计理论角度看，自助融合与灰检验既适用于随机现象，也适用于平稳随机过程，还适用于非平稳随机过程。因此，自助融合与灰检验有广泛的工程应用范围。

在本研究方法中没有设定趋势项的变化规律，这意味着自助融合与灰检验允许趋势项的变化规律未知。

自助融合允许只有 2 个时间序列即（$m=2$），这等价于求平均值，但更好的融合效果一般要求$m\geqslant 3$。

根据图 7－8 和图 7－9，在不同时刻，自助融合充分利用已经出现的数据，模仿出该时刻的概率分布，从而综合地描述了整体滑坡过程的瞬间特征，是该过程最本质的刻画，因而自助融合序列与原始时间序列有很好的相容性。

数据融合有很多规则，目的是获得最能代表原始数据的融合数据，但计算结果随规则的不同而有所差异。灰假设检验可以对这些结果进行评估与决策，选择出最好的融合序列。

在非平稳随机过程的数据处理中，需要注意信号去噪问题。在自助融合时，采用了最大熵分布加权平均值估计方法。这实际上是一种新的去噪技术，可以自动识别信源噪声的概率分布，进而有效地消除噪声对估计结果的影响。

若各个传感器的性能不同，例如有不同的测量噪声等，则最好考虑加权再抽样；若各个传感器输出数据类型不匹配或维数不同，则可以用模糊集合理论或灰色系统理论对原始数据做必要的预处理。

自助融合与灰检验法对概率分布无任何要求，允许趋势规律未知和数据个数很少，可以解决随机现象、平稳随机过程以及非平稳随机过程的多传感器滑坡时间序列的数据融合与融合性检验问题。

自助融合技术充分利用已经出现的数据，通过再抽样，模仿出不同时刻的概率分布，因而自助融合序列与原始时间序列有很好的相容性。

根据来自滑坡体不同部位的分布式多传感器系统的时间序列信息，自助融合与灰检验可以用最大熵概率分布来模拟整个滑坡体的瞬时状态和整体演化过程。

采用最大熵概率分布加权平均值估计技术，自助融合与灰检验法可以识别信源噪声的概率分布，减少噪声，进而削弱噪声对估计结果的影响。

7.4　微小尺寸宽度测量系统的性能分析

在科学研究和工程实践中，经常遇到几何量的精密测量问题。根据被测对象的尺寸特征，可以将几何量测量分为大尺寸测量、常规尺寸测量和微小尺寸测量。微小尺寸宽度测量是微小尺寸测量的组成部分之一，它通常是工程构件或机械零件等产品质量评定的重要依据。本节将视觉测量和嵌入式系统相结合，建立便携式微小尺寸宽度测量系统。通过图像采集获得包含微小尺寸的数字图像，并应用图像分析和处理的方法提取微小尺寸特征。微小尺寸宽度的视觉测量能够在保证测量精度的前提下，有效地提高测量效率，从而解决微小尺寸宽度测量中测量精度和测量效率之间的矛盾。

7.4.1 测量系统的建模

目前，系统建模主要采用统计分析的方法，它是以大样本量和典型概率分布为前提的，在应用中具有很大的局限性，不能满足小样本情况下微小尺寸宽度精密测量的要求。本节提出了基于灰色动态模型序列的非统计建模方法。

1. 非统计动态模型的建立

采用随时间变化的新陈代谢 GM(1,1) 模型序列来描述测量系统。随着时间的变化，模型序列中新数据代替旧数据，新模型参数代替旧模型参数，而模型的形式始终保持不变。

设系统输出序列为 $x^{(0)}=\{x^{(0)}(1),\ x^{(0)}(2),\cdots,x^{(0)}(n)\}$，随着时间的推移，系统不断获得新的测量数据。将系统的输出序列按时刻划分为若干子序列，设第 m 时刻的子序列为

$$x_m^{(0)}=\{x_m^{(0)}(1),x_m^{(0)}(2),\cdots,x_m^{(0)}(n)\}=\{x^{(0)}(m+1),\ x^{(0)}(m+2),\cdots,x^{(0)}(m+n)\}$$

则有 m 时刻系统的时间响应序列为

$$\hat{x}_m^{(1)}(k)=\left(x_m^{(0)}(1)-\frac{b_m}{a_m}\right)\mathrm{e}^{-a_m(k-1)}+\frac{b_m}{a_m}\qquad(k=1,2,\cdots,n)\tag{7-35}$$

其还原值序列为

$$\hat{x}_m^{(0)}(k+1)=\hat{x}_m^{(1)}(k+1)-\hat{x}_m^{(1)}(k)\qquad(k=1,2,\cdots,n-1)\tag{7-36}$$

式(7-35)和式(7-36)为测量系统的新陈代谢 GM(1,1)，模型引入新数据，去掉旧数据，跟踪反映系统的瞬时状态。

2. 动态模型序列的合成

动态模型序列的主要特征是将系统的原始测量序列按照不同时刻划分为若干个时刻子序列，并对每一时刻的子序列分别进行灰色建模。由于采用模型序列描述系统，所以对原始序列中任意一个数据都可能有多个灰色模型与之对应。这种一个系统对应多个模型的系统描述方式给系统整体性能的分析和评价带来很大不便。为了获得一对一的系统描述方式，可以将灰色模型序列进行合成，合成的方法包括模型接续法和模型算术平均法两种方法。

(1) 模型接续法

该方法首先将原始序列按照时刻划分成时刻子序列，并分别建立相应的时刻模型。时刻模型的第一位数据与原始序列的第一位数据相同，则将原始序列的第一位数据与其他各个时刻模型的第二位数据依次连接，构成合成序列，合成序列为

$$\hat{x}'_k=\begin{cases}x^{(0)}(1) & k=1\\ \hat{x}_{k-2}^{(0)}(2) & k>1\end{cases}\tag{7-37}$$

式中，k 为合成序列中数据的序号。

(2) 模型算术平均法

模型算术平均法也是首先对原始序列按照时刻划分成时刻子序列，并分别建立相应的时刻模型。然后去掉每个时刻模型的第一位数据，计算原始序列相同位置上不同时刻模型数据

的算术平均值，作为合成序列的模型数据。

合成序列可描述为

$$\overline{\hat{x}^{(0)}}(k)=\begin{cases}\dfrac{1}{T_k}\sum\limits_{m=0}^{T_k-1}\hat{x}_m(k-m) & 1\leqslant k<n\\ \dfrac{1}{T_k}\sum\limits_{m=k-n}^{k-n+T_k-1}\hat{x}_m(k-m) & n\leqslant k\end{cases}\tag{7-38}$$

$$T_k=\begin{cases}1 & k=1\\ k-1 & 1<k\leqslant n\\ n-1 & k>n\end{cases}\tag{7-39}$$

式中，k 为合成序列中数据的序号；T_k 为有效的时刻模型的个数；M 为时刻；N 为时刻序列长度。

模型接续法实际上是选择多个时刻模型数据中的一个来构建合成序列，实现一对多到一对一的转化。模型算术平均法则是计算多个时刻模型数据的算术平均值来生成合成序列。模型接续法生成的合成序列具有较好的动态特性，适合描述波动特性显著的测量系统，而模型算术平均法由于计算算术平均值，对测量数据具有较强的平滑效果，适合描述缓慢变化的测量系统。

3. 实例分析

分别采用新陈代谢 GM(1,1)和自适应神经模糊推理系统(Adaptive Network-based Fuzzy Inference System ，ANFIS)对混沌时间序列进行仿真建模。设测量系统的输出信号是长度为 1000 的混沌时间序列，如图 7-10 所示。该混沌时间序列具有非周期、非收敛的特征，可以看作是时变量和不确定量的综合。

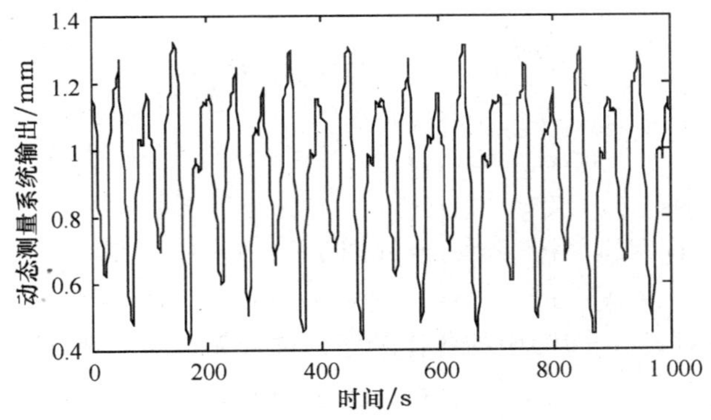

图 7-10　原始混沌时间序列

新陈代谢 GM(1,1)取时刻序列长度等于 4，并采用模型接续法生成总体模型。ANFIS 用前 500 个数据进行训练，并用后 500 个数据进行检验，以描述系统特性。如图 7-11 所示，新陈代谢 GM(1,1)的模型残差小于 ANFIS 的模型残差，并且其残差的波动性也小于 ANFIS。虽然 ANFIS 模型具有良好的自适应、自组织和自学习能力，能较好地描述混沌时间序列，但它建立在样本学习的基础上，模型精度受样本量和典型性限制，存在建模过程复杂、计算量大的不足，不宜用于时变的测量系统建模。

新陈代谢 GM(1,1)通过少数据的生成序列建模，建模过程简单，计算量小，能更快速、平稳、准确地描述系统特性。

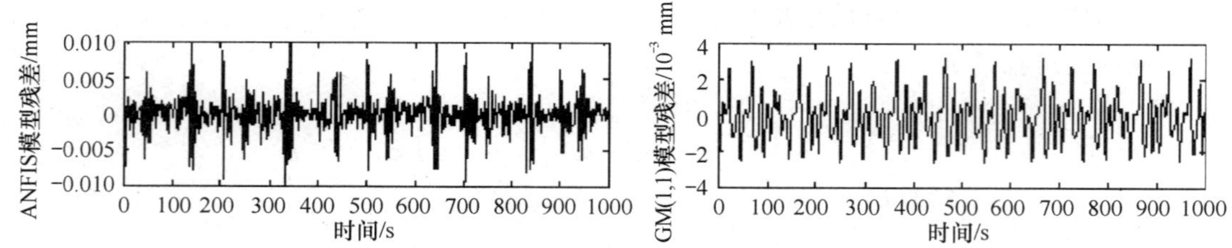

图 7-11 模型残差对比

7.4.2 图像处理的方法

1. 图像预处理中的灰色自适应滤波法

微小尺寸宽度测量系统通过视觉测量的方法获得被测信息，图像预处理是视觉测量的前提和基础。目前，常用的图像预处理方法有平均值滤波和中值滤波等方法。平均值滤波器主要用来抑制高斯噪声，而中值滤波器则主要用来抑制冲激噪声，但当噪声概率分布不明确或者噪声为非加性混合噪声时，上述两种基于统计规律的滤波方法都不能达到满意的预处理结果。文献[31]提出了一种基于灰色关联度的自适应加权平均值滤波方法，对高斯噪声、冲激噪声或混合噪声均具有较好的抑制能力。

设原始图像为 $\boldsymbol{I}=\{x(i,j)\}_{H\times W}$，灰色自适应加权平均值滤波的过程如下：

① 以像素(i,j)为中心，滤波窗口的大小为$(2r+1)\times(2r+1)$，将滤波窗口中的所有元素作为比较序列，则有$(2r+1)^2$ 个比较序列，且每个比较序列均只有一个元素。比较序列可描述为

$$\left.\begin{aligned}
x_{i-r,j-r}^{(0)}&=x(i-r,j-r)\\
x_{i-r,j-r+1}^{(0)}&=x(i-r,j-r+1)\\
&\vdots\\
x_{i,j}^{(0)}&=x(i,j)\\
&\vdots\\
x_{i+r-1,j+r}^{(0)}&=x(i+r-1,j+r)\\
x_{i+r,j+r}^{(0)}&=x(i+r,j+r)
\end{aligned}\right\}\tag{7-40}$$

② 采用平均值法对式(7-40)中的各比较序列进行无量纲处理，即

$$\left.\begin{aligned}
x_{i-r,j-r}^{(1)}&=\frac{x(i-r,j-r)}{\bar{x}(i,j)}\\
x_{i-r,j-r+1}^{(1)}&=\frac{x(i-r,j-r+1)}{\bar{x}(i,j)}\\
&\vdots\\
x_{i,j}^{(1)}&=\frac{x(i,j)}{\bar{x}(i,j)}\\
&\vdots\\
x_{i+r-1,j+r}^{(1)}&=\frac{x(i+r-1,j+r)}{\bar{x}(i,j)}\\
x_{i+r,j+r}^{(1)}&=\frac{x(i+r,j+r)}{\bar{x}(i,j)}
\end{aligned}\right\}\tag{7-41}$$

式中，$\bar{x}(i,j)=\frac{1}{(2r+1)^2}\sum_{m=i-r}^{i+r}\sum_{n=j-r}^{j+r}x(m,n)$ 。

③ 参考序列为仅有一个元素的序列，该参考元素为 1。

④ 计算灰色关联系数：

$$\xi_{m,n}=\frac{\min\limits_{m,n}|1-x_{m,n}^{(1)}|+\xi\max\limits_{m,n}|1-x_{m,n}^{(1)}|}{|1-x_{m,n}^{(1)}|+\xi\max\limits_{m,n}|1-x_{m,n}^{(1)}|} \tag{7-42}$$

$$(m=i-r,i-r+1,\cdots,i+r;n=j-r,j-r+1,\cdots,j+r)$$

式中，ξ 为分辨系数，通常取 0.5。

⑤ 将式(7-42)求得的灰色关联系数作为平均值滤波的权值，滤波窗口中心点(i,j)处的滤波输出为

$$y(i,j)=\frac{\sum\limits_{m=i-r}^{i+r}\sum\limits_{n=j-r}^{j+r}\varepsilon_{m,n}\cdot x(m,n)}{\sum\limits_{m=i-r}^{i+r}\sum\limits_{n=j-r}^{j+r}\varepsilon_{m,n}} \tag{7-43}$$

⑥ 在整个原始图像范围内，重复步骤①～⑤，求得自适应平均值滤波输出。

灰色关联系数可以获得序列间的差异信息，建立和计算差异信息的比较测度。式(7-43)通过计算灰色关联系数，实现了原始图像的自适应加权滤波。该滤波器应用非统计原理对高斯噪声、冲激噪声或混合噪声均有较好的抑制能力。但将灰色关联系数应用于图像的自适应滤波存在两点不足：一是分辨系数取值具有一定的主观性，不同分辨系数引起关联系数不唯一；二是序列中的极大、极小值点影响灰色关联系数计算。序列中的极大或极小值点通常对应于图像的噪声点，因此图像的噪声点影响灰色关联系数的计算，限制了该方法的噪声抑制能力。

为了改进灰色自适应加权平均值滤波器的性能，采用灰色绝对关联系数代替灰色关联系数，进行图像消噪预处理。设比较序列为 $x_k=\{x_k(1),x_k(2),\cdots,x_k(n)\}$，参考序列为 $x_0=\{x_0(1),x_0(2),\cdots,x_0(n)\}$，则灰色绝对关联系数为

$$\gamma(x_0(i),x_k(i))=\frac{1}{1+|(x_0(i+1)-x_0(i))-(x_k(i+1)-x_k(i))|}\qquad(i=1,2,\cdots,n) \tag{7-44}$$

将式(7-44)应用于原始图像的自适应加权平均值滤波，通常需要将原始图像序列转换为一维序列，这种转换将使灰色绝对关联系数的计算损失一定的空间信息。因此将式(7-44)进行推广，获得二维灰色绝对关联系数。

二维灰色绝对关联系数为

$$\gamma(x_0(i,j),x_k(i,j))=\frac{1}{1+|\Delta_1|+|\Delta_2|} \tag{7-45}$$

$$(m=i-r,i-r+1,\cdots,i+r;n=j-r,j-r+1,\cdots,j+r)$$

其中

$$\Delta_1=[x_0(m+1,n)-x_0(m,n)]-[x_k(m+1,n)-x_k(m,n)]$$

$$\Delta_2=[x_0(m,n+1)-x_0(m,n)]-[x_k(m,n+1)-x_k(m,n)]$$

式(7-45)求得的二维灰色绝对关联系数，直接从二维矩阵计算差异信息的比较测度，保

证了原始图像的空间信息。

将式(7-45)求得的二维灰色绝对关联系数代入式(7-43)，即为改进的灰色自适应加权平均值滤波器输出。改进的灰色滤波方法继承了原有方法的优点，不要求噪声服从典型分布，对高斯噪声、冲激噪声或混合噪声均有较好的抑制能力。另外，根据二维灰色绝对关联系数的性质，灰色关联系数仅由比较矩阵和参考矩阵决定，避免了灰色关联系数的不唯一，同时也保证了矩阵行列的距离无关性。

2. 基于灰色关联分析的区域生长方法

图像分割是根据图像的某些特征将图像分成若干区域，为微小尺寸特征的提取和目标识别做准备。在微小尺寸宽度的测量过程中，由于目标区域微小，图像分割算法应该紧紧围绕目标区域，避免对非目标区域进行不必要的计算。基于灰色关联分析的区域生长是应用灰色关联分析生成灰色关联度图像，并在灰色关联度图像内进行区域生长的图像分割方法。

(1) 灰色关联度图像的生成

设参考像素矩阵为 $\boldsymbol{x}_0=\{x_0(i,j)\}_{m\times n}$，比较矩阵为 $\boldsymbol{x}_k=\{x_k(i,j)\}_{m\times n}$，则二维灰色绝对关联度为

$$\gamma(x_0,x_k)=\frac{1}{(m-1)(n-1)}\sum_{i=1}^{m-1}\sum_{j=1}^{n-1}\gamma(x_0(i,j),x_k(i,j)) \tag{7-46}$$

式中，$\gamma(x_0(i,j),x_k(i,j))$ 为二维灰色绝对关联系数，可由式(7-45)求得。

取元素全为 1 的 $m\times n$ 矩阵作为参考矩阵，与原始图像中的所有的 $m\times n$ 像素邻域矩阵计算二维灰色绝对关联度，生成原始图像的二维灰色绝对关联度图像。二维灰色绝对关联度图像体现了比较邻域矩阵与参考矩阵的相似程度。关联度大则说明像素邻域内的灰度值变化小，为非边缘区域；反之为边缘区域。

(2) 基于最佳阈值分割的种子像素生成

一般的种子像素生成方法所生成的种子像素为单点像素，单点像素导致聚类判定和区域生长等后续操作的计算量大。为了简化后续计算，应该将尽可能多的像素包含到生成的种子像素中。因此，采用改进的最佳阈值分割方法对图像进行“过分割”来生成种子像素。所谓的“过分割”是使背景像素错分为目标像素的概率为零，且目标像素错分为背景像素的概率最小的分割。这种分割使得目标像素错分为背景像素的概率增大，但它却能够严格保证背景区域不会被错分到目标区域。因此，可以将“过分割”所得的目标区域作为区域生长的种子像素。

为了简化计算，采用式(7-47)代替最佳阈值分割中的阈值计算公式，通过迭代方法实现“过分割”，生成种子像素。

$$T^{k+1}=\lambda\mu_{\mathrm{A}}+(1-\lambda)\mu_{\mathrm{B}} \tag{7-47}$$

式中，λ 为“过分割”相关系数，$\lambda\in[0.5,1)$，当 $\lambda=0.5$ 时与最佳阈值分割中的计算公式相同。

式(7-47)中的“过分割”相关系数 λ 使得 μ_{A} 在新阈值的生成过程中占优势，从而降低背景像素错分为目标像素的概率，实现“过分割”最佳阈值的搜索。图 7-12 所示为表面缺陷图像，图 7-13 和图 7-14 所示分别为原始图像的最佳阈值分割和最佳阈值“过分割”，其中“过分割”相关系数 λ 取值为 0.8。最佳阈值“过分割”有效降低了背景像素错分为目标像素的概率，实现了种子像素的生成。

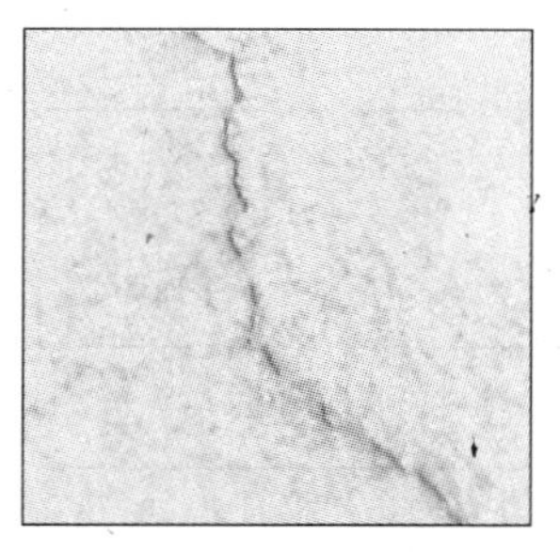
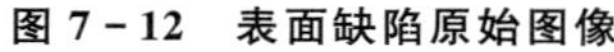

图 7－12　表面缺陷原始图像

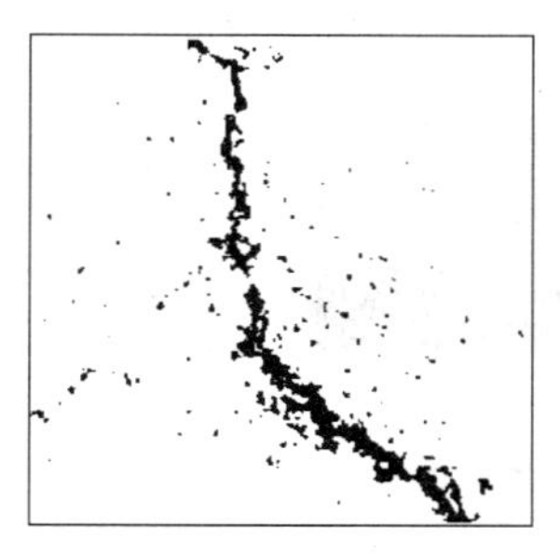

图 7－13　最佳阈值分割后的二值图像

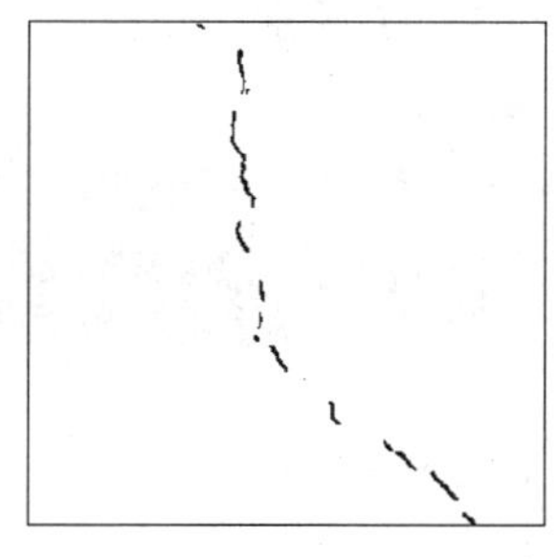

图 7－14　最佳阈值“过分割”后的二值图像

(3) 区域生长

从种子像素出发，依据像素聚类判定准则在关联度图像中进行的二维搜索，从而实现区域生长。设区域生长过程中，k 时刻的微小尺寸特征像素集合为 R_m^k，其关联度平均值 $\bar{\gamma}_m^k$ 和标准差 σ_m^k 分别为

$$\bar{\gamma}_m^k = \frac{1}{N_m^k} \sum_{(i,j) \in R_m^k} \gamma(i,j) \tag{7-48}$$

$$\sigma_m^k = \sqrt{\frac{1}{N_m^k} \sum_{(i,j) \in R_m^k} [\gamma(i,j) - \bar{\gamma}_m^k]^2} \tag{7-49}$$

式中，N_m^k 为像素集合 R_m^k 内的像素点数；$\gamma(i,j)$ 为关联度值。

假定搜索像素 (i_t, j_t) 并入目标区域的相似像素聚类判定准则为

$$|\gamma(i_t, j_t) - \bar{\gamma}_m^k| \leqslant 3\sigma_m^k \tag{7-50}$$

当搜索像素的关联度满足判定准则时，搜索像素被并入种子像素集合，并重新计算种子像素集合的关联度平均值和标准差；当搜索像素的关联度不满足判定准则时，搜索像素不被并入种子像素集合。

为了避免重复计算，区域生长分别按照水平和竖直方向进行。首先从种子像素出发按照水平方向搜索，将满足判定准则的像素并入种子像素集合，并获得当前行的左右边界。采用同样的方法进行竖直方向搜索，获得当前列的上下边界；然后对新并入种子像素集合的种子像素依次进行水平和竖直搜索。在水平搜索过程中，当新种子像素的横坐标在其所在行的左右边界之内，则不进行水平搜索；反之则进行新的水平搜索，同时获得新的左右边界。在竖直搜索过程中，当新种子像素的纵坐标在其所在列的上下边界之内，则不进行竖直搜索；反之则进行新的竖直搜索，同时获得新的上下边界。最终当没有新的种子像素生成时，结束区域生长，所获种子像素的集合为完整的微小尺寸特征。

(4) 实例分析

为了验证基于区域生长和灰色关联分析的图像分割方法的有效性，编制了相应的微小缺陷提取程序。图 7－15 所示为微小缺陷图像及其提取结果。图 7－15 (a)为微小缺陷的原始图像，图 7－15 (b)为对应的二维灰色绝对关联度图像，其中包含原始图像中的高频信息，即缺陷边缘和背景噪声。图 7－15 (c)为经过关联度阈值处理和区域标记后的缺陷边缘图像以及种子像素，关联度阈值 $T_r = 0.9$。如图 7－15(c)所示，阈值处理可以有效地去除强背景噪声的干扰。其中关联度阈值的选取原则是最大限度地抑制背景噪声，即使存在部分边缘误判也不

会影响种子像素的正确生成。图 7－15(d)为区域生长后的缺陷区域。

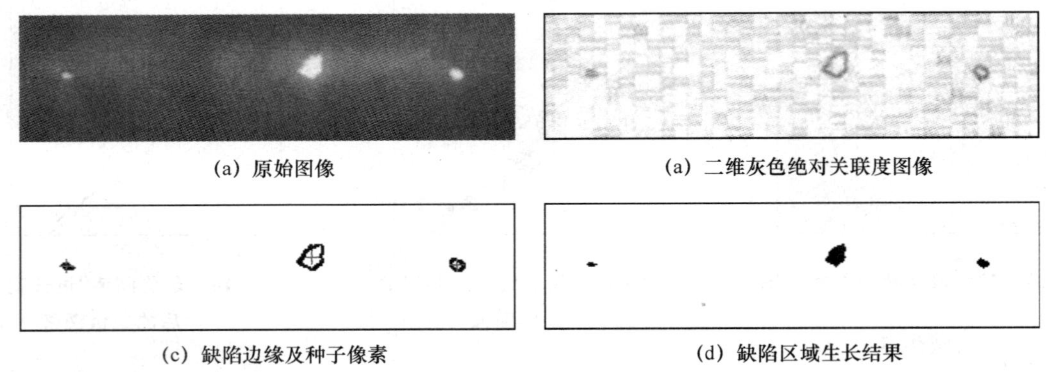

(a) 原始图像 (a) 二维灰色绝对关联度图像

(c) 缺陷边缘及种子像素 (d) 缺陷区域生长结果

图 7－15 微小缺陷及提取

为了进一步说明本算法的有效性，将其缺陷提取结果与阈值法的提取结果进行比较。图 7－16(a)为采用固定阈值时阈值法提取的缺陷图像，其灰度阈值为 140；其中包含非缺陷信息，说明该方法未能有效地抑制噪声干扰。图 7－16(b)为采用全局阈值时阈值法提取的缺陷图像。全局阈值由文献[32]中的迭代法获得，其灰度值为 116。虽然全局阈值有效地抑制了噪声干扰，但却造成了缺陷形状的变化。与图 7－16(a)和(b)相比，图 7－15(d)的缺陷提取结果不包含非缺陷信息，并且缺陷形状与原始图像基本吻合。

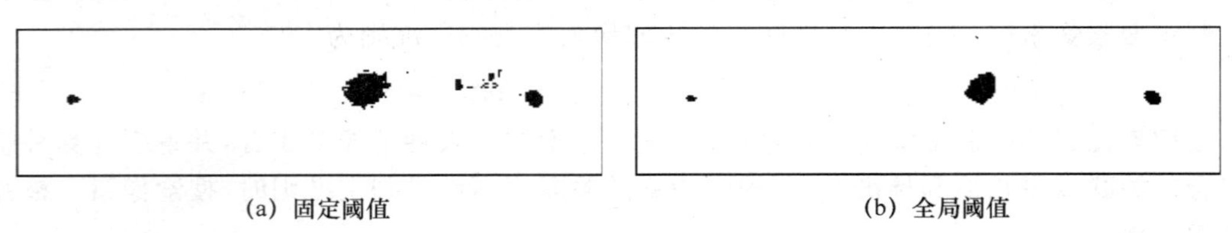

(a) 固定阈值 (b) 全局阈值

图 7－16 微小缺陷的阈值法提取

3. 基于灰色关联分析的亚像素边缘提取

边缘是图像的基本特征，边缘提取必须从压缩数据量、抑制噪声和提取精度三个方面考虑。然而现有的微分边缘检测算子、一阶灰度矩法、拟合法和空间矩法等边缘提取方法在抑制噪声、提取精度、鲁棒性和运算量等方面都存在着一定的局限性，尚不能很好地解决亚像素边缘提取的问题。

灰色关联分析能够将原始图像转换为灰色关联度图像，通过一定的阈值处理，可以进一步转化为只包含边缘区域的关联度图像。由于灰色关联度代表图像序列间的差异信息，因此灰色关联度图像能够有效地消除高斯噪声、冲激噪声或混合噪声的影响。

为了提高边缘提取的精度，可以将灰色关联分析方法与拟合法相结合，实现亚像素的边缘提取。

该方法的具体步骤如下：

(1) 灰色关联分析

设原始图像的灰度矩阵为 $\boldsymbol{I}=\{x(i,j)\}_{H\times W}$，其中 $x(i,j)$ 为像素 (i,j) 的灰度值，H 和 W

分别为整幅图像的高度和宽度值，$i=1,2,\cdots,H;j=1,2,\cdots,W$。像素$(i,j)$的邻域矩阵和参考矩阵分别为 $\boldsymbol{x}_{i,j}=\{x_{i,j}(p,q)\}_{m\times n}$和$\boldsymbol{x}_0=\{x_0(p,q)\}_{m\times n}$，其中 m 和 n 分别为邻域矩阵与参考矩阵的行数和列数，二者的初始化矩阵分别为 $\boldsymbol{y}_{i,j}=\left\{\dfrac{x_{i,j}(p,q)}{x_{i,j}(1,1)}\right\}_{m\times n}$ 和 $\boldsymbol{y}_0=\left\{\dfrac{x_0(p,q)}{x_0(1,1)}\right\}_{m\times n}$，则邻域矩阵和参考矩阵的二维灰色绝对关联度可由式(7-46)求得。

在整个图像范围内，取参考矩阵

$$\boldsymbol{x}_0=\{x_0(p,q)=c\}_{m\times n}$$

式中，c 为常数。

由式(7-46)求得二维灰色绝对关联度的集合构成的灰色关联度图像，即

$$\boldsymbol{R}_0=\{\gamma(i,j)\}_{H\times W} \tag{7-51}$$

对于原始图像中的阶跃边缘，二维灰色绝对关联度先减小再增大，在灰色关联度图像中表现为线条边缘，且二维灰色绝对关联度极小值点的集合对应原始图像的边缘；对于原始图像中的线条边缘，可以将其看作双阶跃边缘，则在灰色关联度图像中表现为双线条边缘，因此灰色关联分析将原始图像中的阶跃边缘和线条边缘统一为灰色关联度图像中的线条边缘。

(2) 阈值处理

二维灰色绝对关联度极小值点的集合与原始图像的边缘相对应，因此对灰色关联度图像进行阈值处理，仅保留数值上小于或等于给定阈值的二维灰色绝对关联度数据。通过迭代获得二维灰色绝对关联度的最佳分割阈值 T_γ，经阈值处理后的灰色关联度图像为

$$\boldsymbol{R}=\begin{cases}\gamma(i,j) & \gamma(i,j)\leqslant T_\gamma \\ 1 & \gamma(i,j)>T_\gamma\end{cases} \tag{7-52}$$

式中，$\gamma(i,j)\in\boldsymbol{R}_0$。

阈值处理去掉了噪声干扰，使得灰色关联度图像仅包含边缘信息。阈值处理的具体步骤如下：

① 由迭代法获得灰色关联度图像 $\boldsymbol{R}_0$ 的最佳分割阈值 T_γ。

② 当像素(i,j)的二维灰色绝对关联度小于或等于 T_γ 时，二维灰色绝对关联度的数值保持不变。

③ 当像素(i,j)的二维灰色绝对关联度大于 T_γ 时，二维灰色绝对关联度的数值为 1。

④ 在整个灰色关联度图像 $\boldsymbol{R}_0$ 内遍历所有像素点，重复步骤②和③，获得新的灰色关联度图像 $\boldsymbol{R}$。

(3) 多项式拟合

在灰色关联度图像 $\boldsymbol{R}$ 中的小块图像区域 $\boldsymbol{R}_{u\times v}$ 内，进行二维灰色绝对关联度的三次多项式拟合，并通过最小二乘法获得拟合参数。拟合函数的表达式为

$$\gamma(x,y)=k_1+k_2x+k_3y+k_4x^2+k_5xy+k_6y^2+k_7x^3+k_8x^2y+k_9xy^2+k_{10}y^3 \tag{7-53}$$

式中，$(x,y)\in R_{u\times v}$，$u<H$，$v<W$；$k_s(s=1,2,\cdots,10)$为拟合参数。

当图像区域 $R_{u\times v}$ 内的像素个数 $u\times v>10$ 时构建超定方程组，其矩阵形式为

$$\boldsymbol{Ak}=\boldsymbol{z} \tag{7-54}$$

式中

$$\boldsymbol{A}=\begin{pmatrix}1 & x_1 & y_1 & \cdots & y_1^3\\ 1 & x_2 & y_2 & \cdots & y_2^3\\ \vdots & \vdots & \vdots & & \vdots\\ 1 & x_{u\times v} & y_{u\times v} & \cdots & y_{u\times v}^3\end{pmatrix}$$

$$\boldsymbol{k}=(k_1,k_2,\cdots,k_{10})^{\mathrm{T}}$$

$$\boldsymbol{z}=(z_1,z_2,\cdots,z_{u\times v})^{\mathrm{T}}$$

采用最小二乘法求解超定方程组，拟合参数的最小二乘解满足方程

$$\boldsymbol{A}^{\mathrm{T}}\boldsymbol{A}\boldsymbol{k}=\boldsymbol{A}^{\mathrm{T}}\boldsymbol{z} \tag{7-55}$$

当超定方程组中的矩阵 $\boldsymbol{A}^{\mathrm{T}}\boldsymbol{A}$ 为非奇异时，拟合参数的最小二乘解 k^* 为

$$k^*=(\boldsymbol{A}^{\mathrm{T}}\boldsymbol{A})^{-1}\boldsymbol{A}^{\mathrm{T}}\boldsymbol{z} \tag{7-56}$$

(4) 计算亚像素边缘

将拟合参数的最小二乘解代入式(7—53)，由拟合函数在梯度方向上的一阶和二阶导数获得亚像素边缘。拟合函数的一阶和二阶导数分别为

$$\left.\begin{aligned}\frac{\partial\gamma(x,y)}{\partial x}&=k_2^*+2k_4^*x+k_5^*y+3k_7^*x^2+2k_8^*xy+k_9^*y^2\\ \frac{\partial\gamma(x,y)}{\partial y}&=k_3^*+k_5^*x+2k_6^*y+k_8^*x^2+2k_9^*xy+3k_{10}^*y^2\\ \frac{\partial^2\gamma(x,y)}{\partial x^2}&=2k_4^*+6k_7^*x+2k_8^*y\\ \frac{\partial^2\gamma(x,y)}{\partial x\partial y}&=k_5^*+2k_8^*x+2k_9^*y\\ \frac{\partial^2\gamma(x,y)}{\partial y^2}&=2k_6^*+2k_9^*x+6k_{10}^*y\end{aligned}\right\} \tag{7-57}$$

拟合函数的梯度方向角为

$$\theta(x,y)=\arctan\left[\frac{\dfrac{\partial\gamma(x,y)}{\partial y}}{\dfrac{\partial\gamma(x,y)}{\partial x}}\right] \tag{7-58}$$

拟合函数在梯度方向上的一阶导数为

$$\frac{\partial\gamma(x,y)}{\partial\theta}=\frac{\partial\gamma(x,y)}{\partial x}\cos\theta+\frac{\partial\gamma(x,y)}{\partial y}\sin\theta \tag{7-59}$$

拟合函数在梯度方向上的二阶导数为

$$\frac{\partial^2\gamma(x,y)}{\partial\theta^2}=\frac{\partial^2\gamma(x,y)}{\partial x^2}\cos^2\theta+\frac{\partial^2\gamma(x,y)}{\partial x\partial y}\sin2\theta+\frac{\partial^2\gamma(x,y)}{\partial y^2}\sin^2\theta \tag{7-60}$$

对于线条边缘，若有

$$\left.\frac{\partial\gamma(x,y)}{\partial\theta}\right|_{(x_0,y_0)}=0\qquad\left.\frac{\partial^2\gamma(x,y)}{\partial\theta^2}\right|_{(x_0,y_0)}\neq0 \tag{7-61}$$

则(x_0,y_0)为所求的亚像素边缘点。

以视觉传感器拍摄的二维数字图像作为分析对象，应用该方法进行二维图像的亚像素边缘提取。二维数字图像如图 7-17 所示。对该图像进行灰色关联分析和阈值处理得到灰色关

联度图像，如图 7－18 所示。对灰色关联度图像进行二维灰色绝对关联度的三次多项式拟合，并计算拟合函数的一阶导数过零点求取亚像素边缘。图 7－19 所示为叠加了亚像素边缘的局部原始图像。说明本方法在保证鲁棒性的前提下，较好地抑制了噪声干扰，提高了边缘提取的精度。

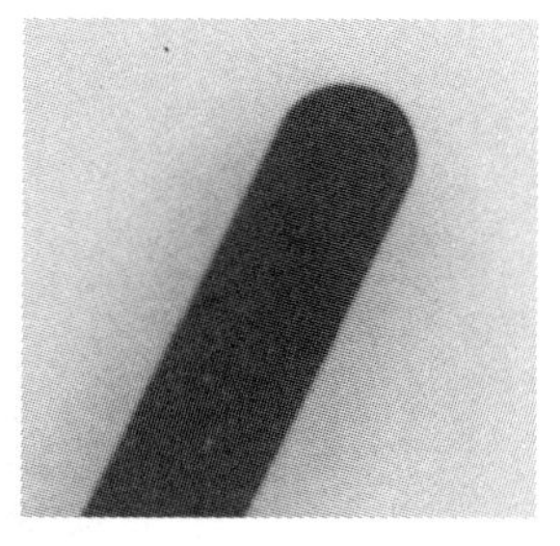

图 7－17　二维数字图像

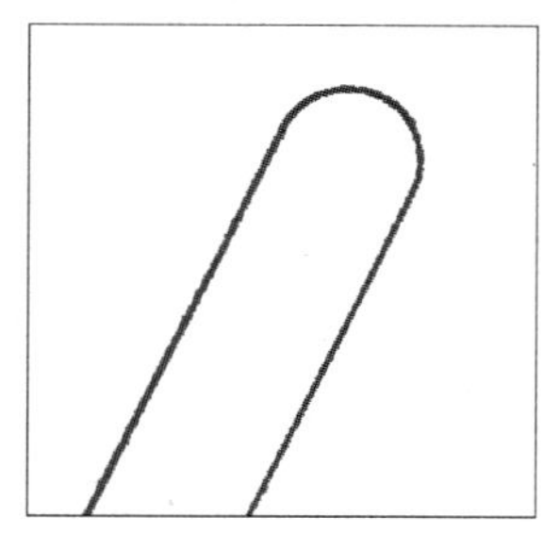

图 7－18　灰色关联度图像

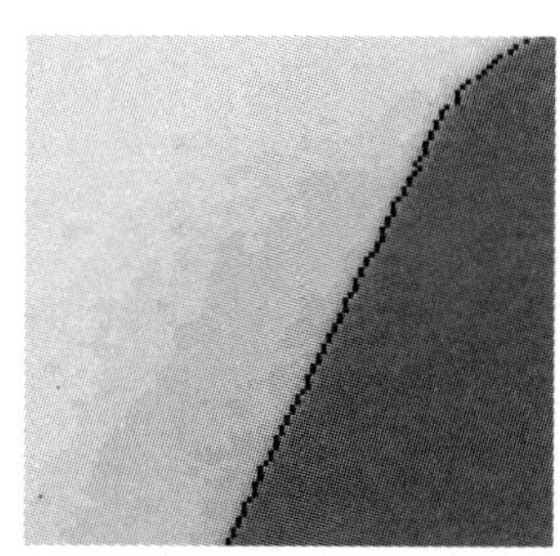

图 7－19　叠加亚像素边缘的局部原始图像

7.4.3　系统设计与实现

1. 测量系统的设计

图 7－20 所示为微小尺寸宽度测量系统框图，由视觉传感器、液晶显示器(Liquid Crystal Display, LCD)、触摸屏、海量存储器和嵌入式系统等组成。其中，视觉传感器主要用于采集包含微小尺寸宽度信息的数字图像；LCD 和触摸屏用于实现人机交互；海量存储器用于保存微小尺寸的数字图像；嵌入式系统是微小尺寸宽度信息提取的软、硬件平台，主要用于控制视觉传感器工作，实现微小尺寸的识别和尺寸宽度的读取。

图 7－20　微小尺寸宽度测量系统框图

如图 7－21 所示，视觉传感器的主要机械部件包括套筒、支架、镜头组、图像采集模块、卡环、盖板以及照明光源等。套筒为传感器的外壳；支架固定在套筒之中，用于固定镜头组、图像采集模块和照明光源；镜头组通过螺钉安装在支架的中央内孔中；图像采集模块和支架之间采用紧定螺栓固接；照明光源由 6 只发光二极管构成，平均分布在支架的左端面上。图像采集模块为照明光源供电，为图像采集的视场区域提供均匀的照明，避免外界杂散光的干扰。卡环通过螺纹旋入套筒的内孔，将支架和图像采集模块固定在套筒之中，图像采集模块的输出通过安装在盖板上的接线端子引出。盖板通过螺纹安装在套筒的右端部位，起到封闭视觉传感器的作用。套筒的左端面为微小尺寸宽度测量的基准平面，透镜组将贴在基准平面上的微小尺寸特征投影到 CMOS 图像传感器的感光面上。由于测量的基准面已经确定，在进行微小尺寸宽度测量时，不需要再外加载物台平面作为辅助基准，从而消除了载物台在空间上的限制，为在大型工程构件或机械零件表面上的微小尺寸测量提供了方便。

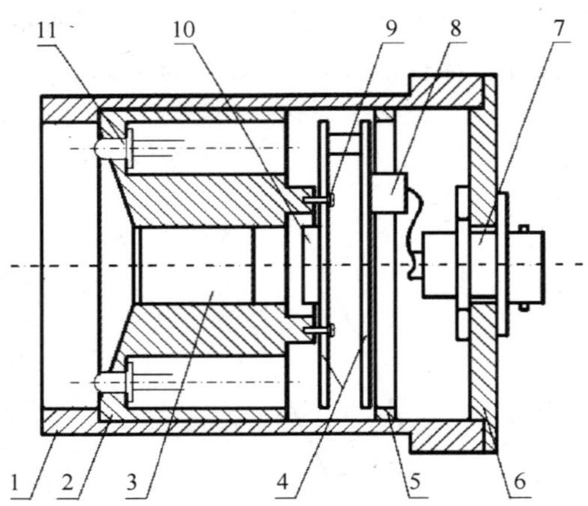

1—套筒；2—支架；3—镜头组；4—图像采集模块；5—卡环；6—盖板；
7—接线端；8—接插件；9—紧定螺栓；10—CMOS图像传感器；11—照明光源

图 7-21　视觉传感器的剖视图

2. 算法的设计与实现

微小尺寸宽度测量算法用于实现微小尺寸特征的智能识别和尺寸宽度的自动测量，测量算法的好坏直接影响微小尺寸宽度的测量结果，是微小尺寸宽度测量系统的关键与核心。为了克服人为因素对测量结果的影响，保证宽度测量有较高的灵活性，微小尺寸宽度测量系统设计了自动宽度测量和人机交互宽度测量两种测量模式。在自动测量模式下，嵌入式应用程序自动提取微小尺寸特征，获得宽度最大的尺寸位置，并自动判断最大尺寸宽度的起止位置，从而计算出微小尺寸的最大宽度值。在人机交互模式下，操作人员通过人机交互的方式输入某一特定位置，嵌入式应用程序根据输入情况自动判断尺寸宽度的起止位置，并计算出微小尺寸的宽度值。自动测量模式下获得的是微小尺寸的最大宽度，因此自动测量模式适合微小尺寸的总体评价。人机交互模式下获得的是操作人员较关心位置的尺寸宽度，易于实现操作人员与仪器的互补。

（1）自动宽度测量算法的设计与实现

自动测量模式下，尺寸宽度的自动测量主要包括微小尺寸特征的提取、尺寸最大宽度位置的确定、最大宽度方向的确定以及尺寸宽度起止位置的确定。微小尺寸特征可以采用基于灰色关联分析的区域生长方法进行提取，尺寸宽度起止位置可以通过基于灰色关联分析的亚像素边缘提取算法来确定。微小尺寸宽度测量系统的嵌入式系统虽然具有 203 MHz 的处理器和 64 M 的 SDRAM 存储器，但是与 PC 机相比它的速度和资源还是非常有限的。因此在设计自动测量算法时，从嵌入式系统的速度和资源出发，将上述方法的设计思想移植到嵌入式系统中，而不是直接应用该方法。

为了提高测量的实时性，尺寸宽度的自动测量按照粗测和精测两个过程完成。粗测实现对微小尺寸特征进行像素级的提取，并在微小尺寸特征中确定尺寸最大宽度的位置和方向。精测则用于在最大宽度的位置和方向上，应用基于灰色关联分析的亚像素边缘提取方法，确定尺寸宽度的亚像素级起止位置，进而计算出尺寸的最大宽度。

尺寸宽度自动测量的粗测步骤如下：

① 采用最佳阈值“过分割”方法将原始图像分割为微小尺寸特征区域和背景区域。

② 根据最佳阈值“过分割”的结果，遍历整个微小尺寸特征，获得微小尺寸各个位置的像素级宽度信息，并确定尺寸最大宽度的位置和方向。

尺寸宽度自动测量的精测步骤如下：

① 根据粗测获得的尺寸最大宽度位置和方向从原始图像中提取一维像素序列，并将该一维序列向其两侧做适当的延伸。

② 对该一维像素序列应用基于灰色关联分析的亚像素边缘提取方法获得微小尺寸的亚像素边缘，即尺寸宽度的起止位置，并计算出尺寸的最大宽度。

在嵌入式系统有限的资源下，通过粗测和精测两个过程实现了尺寸宽度的自动测量。该算法虽然没有直接应用基于灰色关联分析的区域生长方法和亚像素边缘提取方法，但是却取得了同样的测量效果，并且有效地保证了尺寸宽度自动测量的实时性。

(2) 人机交互宽度测量算法的设计与实现

在人机交互模式下，人为给定了尺寸的位置，嵌入式应用程序根据尺寸的位置情况自动判断尺寸宽度的起止位置，并计算出微小尺寸的宽度值，其测量步骤如下：

① 采用最佳阈值“过分割”将原始图像分割为微小尺寸特征区域和背景区域。

② 根据给定的尺寸位置，确定尺寸的宽度方向。

③ 根据尺寸的位置和方向从原始图像中提取一维像素序列。

④ 对该一维像素序列应用基于灰色关联分析的亚像素边缘提取方法获得微小尺寸的亚像素边缘，即尺寸宽度的起止位置，并计算出尺寸的最大宽度。

3. 测量系统的性能分析

微小尺寸宽度测量系统将视觉测量和嵌入式系统相结合，采用基于人机交互的宽度测量算法对宽度为 1.500 mm 的标准物进行像素级的宽度测量，结果如表 7-12 所列。

表 7-12　标准物宽度的像素级测量结果　　mm

序　号	L=1.500	序　号	L=1.500	序　号	L=1.500	序　号	L=1.500
1	1.494	6	1.517	11	1.496	16	1.504
2	1.498	7	1.500	12	1.488	17	1.492
3	1.497	8	1.495	13	1.520	18	1.490
4	1.523	9	1.495	14	1.523	19	1.497
5	1.523	10	1.495	15	1.509	20	1.488

注：平均值为 1.502；标准差为 0.012。

采用相同的方法对于宽度分别为 0.25 mm、0.40 mm、0.75 mm、1.00 mm、2.00 mm 的标准物进行同样的像素级宽度测量，得到的宽度平均值分别为 0.255 mm、0.401 mm、0.769 mm、0.997 mm和 2.007 mm，标准差分别为 0.011 mm、0.011 mm、0.009 mm、0.014 mm 和 0.013 mm。根据误差理论中的 3σ 准则，微小尺寸像素级宽度测量的扩展不确定度为 0.042 mm。

为了验证微小尺寸宽度亚像素级测量的实际性能，同样采用基于人机交互的宽度测量算法对宽度为 1.500 mm 的标准物进行亚像素级的宽度测量，结果如表 7-13 所列。

表 7-13 标准物宽度的亚像素级测量结果 mm

序 号	L=1.500	序 号	L=1.500	序 号	L=1.500	序 号	L=1.500
1	1.496	6	1.502	11	1.496	16	1.502
2	1.502	7	1.502	12	1.502	17	1.502
3	1.502	8	1.507	13	1.502	18	1.507
4	1.496	9	1.502	14	1.507	19	1.502
5	1.502	10	1.50	215	1.502	20	1.502

注：平均值为 1.502；标准差为 0.003。

采用相同的方法对于宽度分别为 0.25 mm，0.40 mm，0.75 mm，1.00 mm 和 2.00 mm 的标准物进行同样的亚像素级宽度测量，得到的宽度平均值分别为 0.254 mm，0.398 mm，0.769 mm，0.996 mm和 2.004 mm，标准差分别为 0.004 mm，0.004 mm，0.003 mm，0.004 mm 和0.003 mm。根据误差理论中的 3σ 准则，微小尺寸亚像素级宽度测量的扩展不确定度为 0.012 mm。

7.5 自由空间激光通信系统及其性能分析

随着激光通信事业的发展，各种新型的激光通信系统和装置不断出现，实际的工程和决策部门需要不同激光通信系统的评价和分析方法。自由空间光互连和自由空间光通信是激光通信领域的两个重要分支，它们的相同点在于都采用激光作为信息载体进行通信，不同点在于前者采用激光器阵列组成光通道，而后者一般采用单束激光建立光连接。在自由空间光互连系统和自由空间光通信系统的性能分析方法中，都存在多个评价指标，需要综合考虑所有指标进行定量评价。此外，部分指标具有模糊性和相对性，需要对其进行量化之后评价。利用非统计方法，可在多指标以及部分指标非量化的条件下，对系统的性能进行分析。

7.5.1 自由空间光互连系统的性能指标

在自由空间光互连系统中，存在着信噪比和互连容量等性能指标，各指标不能同时达到最优，而应当在一定的评价标准下达到综合最优。本节提出一种基于灰色关联度法和灰色聚类法的性能评价方法，以探测器阵列参数为变量，研究了不同参数配置情况下的信噪比和互连容量，并进行了综合评价，在分析评价结果的基础上选择了最佳的参数配置。

1. 自由空间光互连系统的组成

如图 7-22 所示，自由空间光互连系统主要由激光器阵列、探测器阵列和光束控制元件组成，图中实线代表光束的传播方向。光束控制元件的作用是减小光束的发散角，从而增加光通道的密度。不失一般性，假设图 7-22 所示的系统中的光束控制元件为全息图，它就可以将激光器发出的光束变换为发散角很小的光束。在理想状态下，激光器阵列中发出的任一光束的中心都和探测器阵列中相应的探测器中心准确对齐，每个探测器所接收到的相应光束能量也达到最大化。如图 7－23 所示，由于相邻通道的光束之间存在着重叠，每个探测器主要接收其对应通道的光束能量，但也难以避免部分接收到相邻通道的部分光束能量。

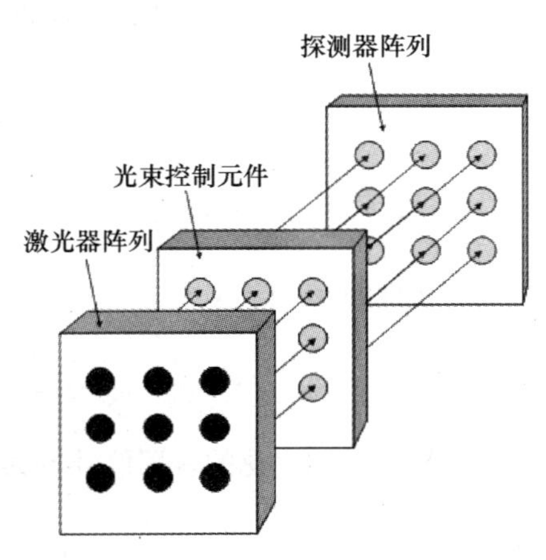

图 7－22　自由空间光互连系统示意图

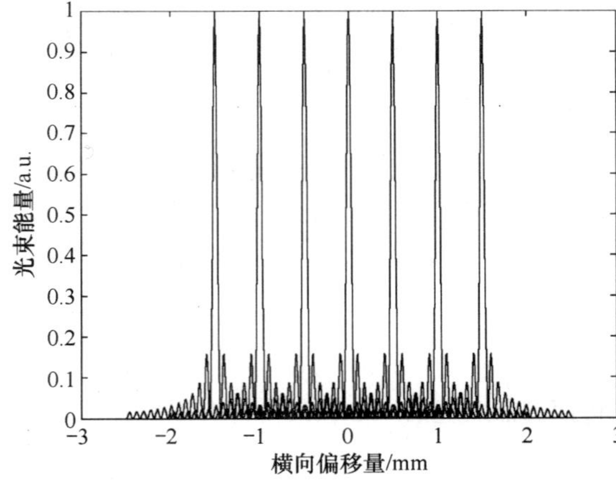

图 7－23　光束阵列的光强分布示意图

2. 自由空间光互连系统的性能指标

分析自由空间光互连系统的性能，常常用到信噪比(SNR)的概念。文献[33]和[34]都以信噪比为性能指标，对光互连系统做了分析。此外，针对自由空间光互连系统，文献[34]还以信噪比为指标研究了系统的性能，提出可通过改变探测器阵列的尺寸参数来进行系统性能优化。与此同时，互连容量 IC(Interconnects Capacity)也是光互连系统的重要指标，它由带宽和通道密度共同决定，增大通道密度或者带宽都可以增大互连容量。

激光器阵列和探测器阵列的示意图如图 7－24 所示。d 为探测器的半径，d_s 为探测器间距，也就是相邻光束之间的距离。定义某一通道上的互扰为相邻光束在该探测器上引起的功率。

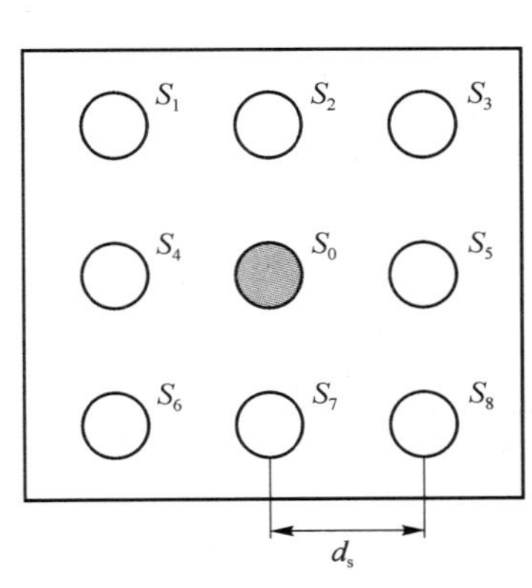

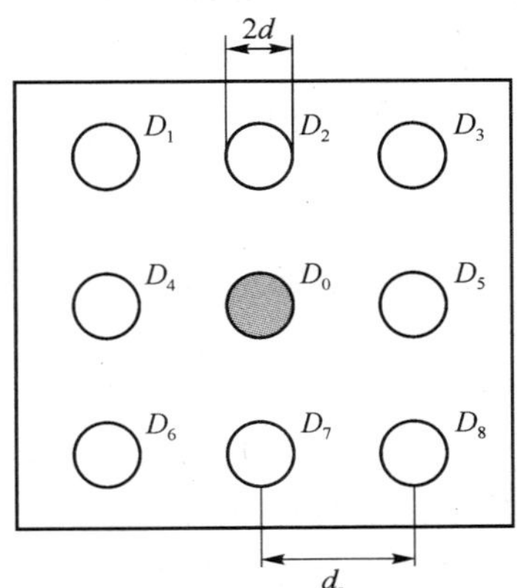

图 7－24　激光器阵列和探测器阵列的示意图

例如，在图 7－24 中，中心光斑位于 $D_1 \sim D_8$ 上的光束，其旁瓣引起了 D_0 上的互扰。设相邻通道的互扰为 C，如果探测器平面上的光强分布 $I(x,y)$ 为贝塞尔分布，用 $J_0(\cdot)$ 表示，则有

$$I(x,y)=AJ_0^2(\alpha\sqrt{x^2+y^2}) \tag{7-62}$$

式中，α 为径向波数，它与光束的中心光斑宽度 ω 相关，$\omega=3\pi/(2\alpha)$；x，y 为探测器平面的坐标；A 为归一化的能量常数。

互扰为

$$\begin{aligned} C &= \iint_{D_{1-8}} I\mathrm{d}x\mathrm{d}y = 4\iint_{D_1} I\mathrm{d}x\mathrm{d}y + 4\iint_{D_2} I\mathrm{d}x\mathrm{d}y = \\ & 4A\int_{-d}^{d}\int_{-\sqrt{(d^2-x^2)}}^{\sqrt{(d^2-x^2)}} J_0^2(\alpha\sqrt{(d_s+x)^2+(d_s-y)^2})\mathrm{d}x\mathrm{d}y + \\ & 4A\int_{-d}^{d}\int_{-\sqrt{(d^2-x^2)}}^{\sqrt{(d^2-x^2)}} J_0^2(\alpha\sqrt{x^2+(d_s-y)^2})\mathrm{d}x\mathrm{d}y \end{aligned} \tag{7-63}$$

将探测器对应的中心光束作为有用信号，因此探测器 D_0 所接收到的归一化的有用信号 S 为

$$S = A\int_{-d}^{d}\int_{-\sqrt{(d^2-x^2)}}^{\sqrt{(d^2-x^2)}} J_0^2(\alpha\sqrt{x^2+y^2})\mathrm{d}x\mathrm{d}y \tag{7-64}$$

信噪比 SNR 可用下式计算

$$\mathrm{SNR}=\frac{P_tS}{P_tC+P_{\mathrm{DN}}} \tag{7-65}$$

式中，S 为有用信号；C 为互扰；P_t 为第 t 个通道的光转换能量；P_{DN} 为第 N 个探测器前置放大器的热噪声。

P_{DN} 可表示为

$$P_{\mathrm{DN}}=\mathrm{NEP}\sqrt{B} \tag{7-66}$$

式中，B 为通道带宽，它由探测器的种类所决定；NEP 为等价噪声能量。

通常情况下，NEP、B、P_{DN}、P_t 都为固定值。由式(7－65)可知，探测器间距、探测器尺寸、每个通道的光转换能量以及带宽共同决定了 SNR。实际上，光转换能量 P_t 是由硬件来决定的，通常不对其进行选择，带宽是噪声的带宽，也无法进行选择。通常只对探测器间距和探测器尺寸进行选择。

互连容量 IC 可由下式计算

$$\mathrm{IC}=\frac{B}{d_s^2} \tag{7-67}$$

由式(7－65)～式(7－67)可得

$$\mathrm{IC}=\frac{1}{\mathrm{NEP}^2 d_s^2}\left(\frac{P_tS}{\mathrm{SNR}}-P_tC\right)^2 \tag{7-68}$$

分析式(7－68)可知，IC 的增大意味着 SNR 的减小，二者不可能同时达到最大值，因此在进行系统优化时需要综合考虑这两种性能指标。

首先选定一系列的探测器阵列参数，计算出每种参数配置下的系统性能，即 IC 和 SNR，之后用灰色方法对每种参数配置下的系统性能进行综合分析，得到最优的参数配置。

设光的波长 $\lambda=0.85\,\mu\mathrm{m}$，中心光斑的宽度为 $120\,\mu\mathrm{m}$(相应的 $\alpha=400\,\mathrm{cm}^{-1}$)，光互连距离 $L=10\,\mathrm{mm}$；设光转换能量 $P_t=50\,\mu\mathrm{W}$，带宽 $B=100\,\mathrm{MHz}$，$\mathrm{NEP}=0.1\,\mathrm{nW}/\sqrt{\mathrm{Hz}}$。该条件下的

仿真结果如图 7-25 所示，最大的 SNR 出现在探测器尺寸为 28～40 μm 的区间。通常光互连系统的 SNR 最小目标值为 8，满足该条件的探测器间距至少为 1.2 mm。因此，选择探测器的各级尺寸为 28，32，36，40 μm；探测器的各级间距为 1.2，1.5，1.8，2.0 mm。各级参数可以组合成 16 种情况，见表 7-14。相应参数配置下的系统性能见表 7-15。

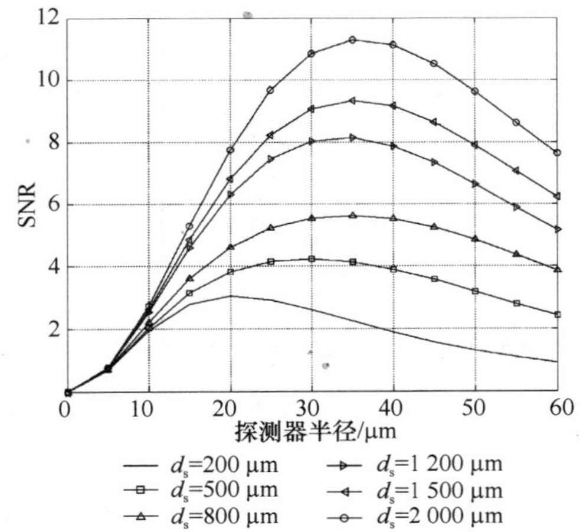

图 7-25　当探测器间距变化时，SNR 与探测器半径的对应关系

表 7-14　探测器阵列参数及各参数级别

参　数	Level 1	Level 2	Level 3	Level 4
探测器半径/μm	28	32	36	40
探测器间距/mm	1.2	1.5	1.8	2.0

表 7-15　各种参数配置下的系统性能

仿真序号	探测器半径/μm	探测器间距/mm	SNR	IC /(MHz · mm^{-2})
1	28	1.2	7.86	69.44
2	28	1.5	8.80	44.44
3	28	1.8	10.49	30.86
4	28	2.0	10.46	25.00
5	32	1.2	8.13	69.44
6	32	1.5	9.22	44.44
7	32	1.8	11.01	30.86
8	32	2.0	11.10	25.00
9	36	1.2	8.11	69.44
10	36	1.5	9.33	44.44
11	36	1.8	11.05	30.86
12	36	2.0	11.30	25.00
13	40	1.2	7.87	69.44
14	40	1.5	9.15	44.44
15	40	1.8	10.70	30.86
16	40	2.0	11.13	25.00

7.5.2　自由空间光互连系统的性能分析

1. 系统性能的灰色关联度分析

采用灰色关联度法分析自由空间光互连系统的性能，将性能序列作为分析对象，将最佳的性能指标组成理想序列，通过计算灰色关联系数和灰色关联度比较不同参数配置下的指标序列与理想序列的相似程度。在计算灰色关联系数之前，需要对参与计算的数据进行归一化处理，使数据均位于 0 到 1 之间，方便不同种类的数据进行比较。

在本光互连系统性能分析中，有 IC 和 SNR 两个性能指标。显然，它们属于“越大越好”的类型，即这些指标的理想值为无穷大。可用下式进行归一化处理

$$x_i^*(k)=\frac{x_i^0(k)-\min x_i^0(k)}{\max x_i^0(k)-\min x_i^0(k)} \tag{7-69}$$

式中，$x_i^0(k)$为原始数据的序列；$x_i^*(k)$为经过归一化处理的序列；$\max x_i^0(k)$为 $x_i^0(k)$的最大值；$\min x_i^0(k)$为 $x_i^0(k)$的最小值。

经过归一化处理之后，所有的数据均位于 0 到 1 之间，见表 7－16。

表 7－16 各种参数配置下的系统性能(归一化)

仿真序号	SNR	IC/(MHz・mm^{-2})	仿真序号	SNR	IC/(MHz・mm^{-2})
1	0.0000	1.0000	9	0.0727	1.0000
2	0.2733	0.4374	10	0.4273	0.4374
3	0.7645	0.1319	11	0.9273	0.1319
4	0.7558	0.0000	12	1.0000	0.0000
5	0.0785	1.0000	13	0.0029	1.0000
6	0.3953	0.4374	14	0.3750	0.4374
7	0.9157	0.1319	15	0.8256	0.1319
8	0.9419	0.0000	16	0.9506	0.0000

$\Delta_{0i}(k)(i=1,2,\cdots,16,k=1,2)$、$\Delta_{\max}(k)$以及$\Delta_{\min}(k)$等方差的定义如下：

$$\left.\begin{aligned}\Delta_{0i}(k)&=\|x_0^*(k)-x_i^*(k)\|\\ \Delta_{\max}(k)&=\max_{\forall j\in i}\max_{\forall k}\|x_0^*(k)-x_j^*(k)\|\\ \Delta_{\min}(k)&=\min_{\forall j\in i}\min_{\forall k}\|x_0^*(k)-x_j^*(k)\|\end{aligned}\right\}\qquad(7-70)$$

各方差的计算结果见表 7－17。

表 7－17 比较序列与理想序列之间的方差

偏差序列	$\Delta_{0i}(1)$	$\Delta_{0i}(2)$	偏差序列	$\Delta_{0i}(1)$	$\Delta_{0i}(2)$
1	1.0000	0.0000	9	0.9273	0.0000
2	0.7267	0.5626	10	0.5727	0.5626
3	0.2355	0.8681	11	0.0727	0.8681
4	0.2442	1.0000	12	0.0000	1.0000
5	0.9215	0.0000	13	0.9971	0.0000
6	0.6047	0.5626	14	0.6250	0.5626
7	0.0843	0.8681	15	0.1744	0.8681
8	0.0581	1.0000	16	0.0494	1.0000

由表 7－17 可知，$\Delta_{\max}(k)$和$\Delta_{\min}(k)$分别为

$$\Delta_{\max}=\Delta_{01}(1)=\Delta_{04}(2)=\Delta_{08}(2)=\Delta_{012}(2)=\Delta_{016}(2)=1.0000$$

$$\Delta_{\min}=\Delta_{012}(1)=\Delta_{01}(2)=\Delta_{05}(2)=\Delta_{09}(2)=\Delta_{013}(2)=0.0000$$

在此认为 IC 和 SNR 两种指标的权重ξ是相同的，即ξ都可以取为 0.5。由式(7－71)和式(7－72)可计算灰色关联系数$\gamma(x_0(k),x_i(k))$与灰色关联度γ_{0i}，分别为

$$\gamma(x_0(k),x_i(k))=\frac{\Delta_{\min}+\xi\cdot\Delta_{\max}}{\Delta_{0i}(k)+\xi\cdot\Delta_{\max}}\qquad(7-71)$$

$$\gamma_{0i}=\frac{1}{n}\sum_{k=1}^{n}\gamma(x_0(k),x_i(k))\qquad(7-72)$$

表 7－18 列出了所有参数配置下的灰色关联系数和灰色关联度。

表 7-18　所有参数配置下的灰色关联系数和灰色关联度及其排序

仿真序号	灰色关联系数		灰色关联度	排　序	仿真序号	灰色关联系数		灰色关联度	排　序
	SNR	IC/(MHz·mm^{-2})				SNR	IC/(MHz·mm^{-2})		
1	0.3333	1.0000	0.6666	4	9	0.3503	1.0000	0.6752	2
2	0.4076	0.4705	0.4391	15	10	0.4661	0.4705	0.4683	12
3	0.6798	0.3655	0.5226	10	11	0.8731	0.3655	0.6193	6
4	0.6719	0.3333	0.5026	11	12	1.0000	0.3333	0.6666	4
5	0.3517	1.0000	0.6758	1	13	0.3340	1.0000	0.6670	3
6	0.4526	0.4705	0.4616	13	14	0.4444	0.4705	0.4575	14
7	0.8557	0.3655	0.6106	8	15	0.7414	0.3655	0.5535	9
8	0.8959	0.3333	0.6146	7	16	0.9101	0.3333	0.6217	5

从表 7-18 中可知，仿真序号为 5 的参数配置具有对理想性能最大的灰色关联度，它是最佳的参数配置。因此在之前假定的参数环境下，探测器尺寸为 32 μm 且探测器间距为 1.2 mm 的参数配置为本节所探讨的光互连系统的最佳参数配置。

2. 系统性能的灰色聚类分析

观察表 7-15 可知，每 4 种具有相同探测器间距的参数配置之中，存在一个相对最优的配置情况，因此最优的配置应当从这 4 种相对最优的配置（即第 5,10,11,12 种参数配置）中产生。这 4 种参数配置以及各自情况下的系统性能如表 7-19 所列，可采用灰色聚类法进行系统的性能分析和参数优化。

表 7-19　相对最优的 4 种参数配置及相应配置下的系统性能

仿真序号	探测器半径/μm	探测器间距/mm	SNR	IC/(MHz·mm^{-2})
5	32	1.2	8.13	69.44
10	36	1.5	9.33	44.44
11	36	1.8	11.05	30.86
12	36	2.0	11.30	25.00

设有 d_{ij} 为第 i 个聚类对象对于第 j 个聚类指标的样本。为了方便比较，首先对表 7-19 中的数据按照式(7-73)进行归一化，归一化的结果见表 7-20。

$$d_{ij}^{*}=\frac{d_{ij}}{\max d_{ij}} \tag{7-73}$$

式中，d_{ij}^{*} 为归一化的样本值；$\max d_{ij}$ 为 d_{ij} 的最大值。

显然，如果将每个参数配置看作一个对象，由于只有 4 个分析对象，所以 4 个灰类就可以把它们区分开。第 1 类代表最优的参数配置，第 4 类代表最差的参数配置。

将 d_{ij}^{*} 对每一列按大小排序，记为 d'_{ij}。按照式(7-74)计算白化阈值 δ_{jk}，结果见表 7-21。

$$\delta_{jk}\approx\begin{cases}d'_{1j}\\(d'_{k-1,j}+d'_{kj}+d'_{k+1,j})/3\\d'_{Nj}\end{cases} \tag{7-74}$$

表 7-20 归一化结果

d_{ij}^* \ j / i	1	2
5	0.72	1.00
10	0.83	0.64
11	0.98	0.44
12	1.00	0.36

表 7-21 指标的白化阈值

δ_{jk} \ j / k	1	2
1	1.00	1.00
2	0.94	0.69
3	0.84	0.48
4	0.72	0.36

利用式(7-75)～式(7-77)计算 4 种参数配置下的白化权函数 $f_{jk}(d_{ij})$，结果分别见表 7-22～表 7-25。

表 7-22 第 5 种参数配置的白化权函数

$f_{jk}(d_{5j})$ \ j / k	1	2
1	0.72	1.00
2	0.77	0.55
3	0.86	0.00
4	1.00	0.00

表 7-23 第 10 种参数配置的白化权函数

$f_{jk}(d_{10j})$ \ j / k	1	2
1	0.83	0.64
2	0.88	0.93
3	0.99	0.67
4	0.85	0.22

表 7-24 第 11 种参数配置的白化权函数

$f_{jk}(d_{11j})$ \ j / k	1	2
1	0.98	0.44
2	0.96	0.64
3	0.83	0.92
4	0.64	0.78

表 7-25 第 12 种参数配置的白化权函数

$f_{jk}(d_{12j})$ \ j / k	1	2
1	1.00	0.36
2	0.94	0.52
3	0.81	0.75
4	0.61	1.00

如果灰类$\otimes \in [X_1, X_2, \infty)$，则白化权函数为

$$f_{jk}(d_{ij}) = \begin{cases} \dfrac{d_{ij} - X_1}{X_2 - X_1} & d_{ij} \in [X_1, X_2] \\ 1 & d_{ij} \in [X_2, \infty) \end{cases} \tag{7-75}$$

如果灰类$\otimes \in [0, X_1, X_2]$，则白化权函数为

$$f_{jk}(d_{ij}) = \begin{cases} 1 & d_{ij} \in [0, X_1] \\ \dfrac{X_2 - d_{ij}}{X_2 - X_1} & d_{ij} \in [X_1, X_2] \end{cases} \tag{7-76}$$

如果灰类$\otimes \in [X_1, X_2, X_3]$，则白化权函数为

$$f_{jk}(d_{ij}) = \begin{cases} \dfrac{d_{ij} - X_1}{X_2 - X_1} & d_{ij} \in [X_1, X_2] \\ \dfrac{X_3 - d_{ij}}{X_3 - X_2} & d_{ij} \in [X_2, X_3] \\ 0 & d_{ij} \notin [X_1, X_3] \end{cases} \tag{7-77}$$

根据 $\zeta_{ik}=\sum_{j=1}^{M}f_{jk}(d_{ij})\eta_j$（其中，$\eta_j$ 为指标的权值，在本节中认为各指标的重要性相同，故各权值应相等，且 $\sum_{j=1}^{M}\eta_j=1$），计算出灰色聚类系数 ζ_{ik}，结果见表 7－26。

对应各种参数配置的灰色聚类向量分别为

$$\zeta_5=[0.86,\ 0.66,\ 0.43,\ 0.50]$$

$$\zeta_{10}=[0.74,\ 0.91,\ 0.83,\ 0.54]$$

$$\zeta_{11}=[0.71,\ 0.80,\ 0.88,\ 0.71]$$

$$\zeta_{12}=[0.68,\ 0.73,\ 0.78,\ 0.81]$$

根据各灰色聚类向量判断，第 5 种参数配置属于第 1 种灰类，第 10，11，12 种参数配置分别属于第 2，3，4 种灰类。因此，参数配置的排序为：第 5 种，第 10 种，第 11 种，第 12 种。其中，第 5 种参数配置是最优的参数配置。图 7－26 更清晰地表明了分析结果，每条曲线的峰值位置表明了其对应的灰类。

表 7－26　聚类系数

ζ_{ik}　k / i	1	2	3	4
5	0.86	0.66	0.43	0.50
10	0.74	0.91	0.83	0.54
11	0.71	0.80	0.88	0.71
12	0.68	0.73	0.78	0.81

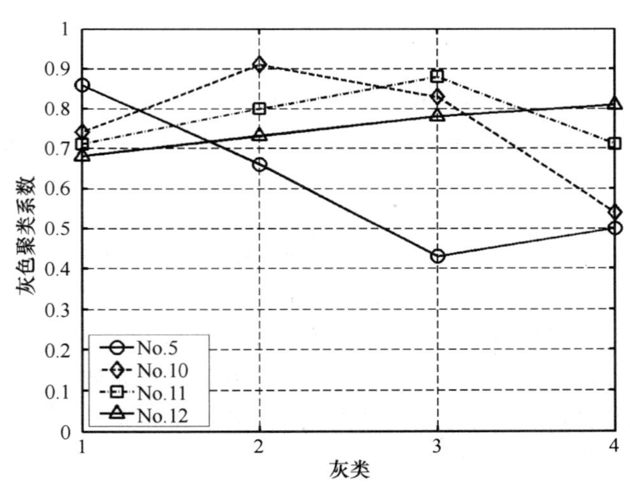

图 7－26　不同参数配置下的灰色聚类系数

通过观察表 7－20 和图 7－26 还可以发现，如果 $\frac{d_{p1}}{\max d_{i1}}+\frac{d_{p2}}{\max d_{i2}}>\frac{d_{q1}}{\max d_{i1}}+\frac{d_{q2}}{\max d_{i2}}$ 成立（p 和 q 均为任意值），则第 p 种相对于第 q 种参数配置的灰色聚类系数的峰值就更靠近相对高级的灰类，因此也就越可能属于相对高级的灰类。

对比灰色关联度分析和灰色聚类分析的结果可知，对于相同的系统，虽然得到的最优参数配置是相同的，但是两个方法所得到的全部参数配置的排序并不完全相同。使用灰色关联度法得到的排序为：第 5 种，第 12 种，第 11 种，第 10 种，而使用灰色聚类法得到的相应结果为：第 5 种，第 10 种，第 11 种，第 12 种。产生这种区别的原因是：灰色关联度法采用式(7－69)对原始数据进行归一化处理，并且利用式(7－71)进行了后续处理，而灰色聚类法则仅采用式(7－73)进行了归一化处理。

设 d_{i1} 代表第 1 种指标，d_{i2} 代表第 2 种指标，则有

$$x_i^0(1)=d_{i1} \tag{7-78}$$

$$x_i^0(2)=d_{i2} \tag{7-79}$$

并且有

$$\max x_i^0(1)=\max d_{i1} \tag{7-80}$$

$$\min x_i^0(1)=\min d_{i1} \tag{7-81}$$

$$\max x_i^0(2)=\max d_{i2} \tag{7-82}$$

$$\min x_i^0(2)=\min d_{i2} \tag{7-83}$$

在灰色关联度法中，根据式(7-72)，如果第 p 种参数配置的灰色关联度比第 q 种高，可以推出 $\gamma_p>\gamma_q$。在表 7-17 中可以发现，$\Delta_{\max}=1$ 且 $\Delta_{\min}=0$，根据式(7-78)～式(7-83)以及式(7-72)可以得到

$$\frac{0.25}{\left(1-\dfrac{d_{p1}-\min d_{i1}}{\max d_{i1}-\min d_{i1}}\right)+0.5}+\frac{0.25}{\left(1-\dfrac{d_{p2}-\min d_{i2}}{\max d_{i2}-\min d_{i2}}\right)+0.5}>$$
$$\frac{0.25}{\left(1-\dfrac{d_{q1}-\min d_{i1}}{\max d_{i1}-\min d_{i1}}\right)+0.5}+\frac{0.25}{\left(1-\dfrac{d_{q2}-\min d_{i2}}{\max d_{i2}-\min d_{i2}}\right)+0.5}$$

但是，在这种情况下不能一定满足

$$\frac{d_{p1}}{\max d_{i1}}+\frac{d_{p2}}{\max d_{i2}}>\frac{d_{q1}}{\max d_{i1}}+\frac{d_{q2}}{\max d_{i2}}$$

因此，就不能保证第 p 种参数配置所属的灰类一定比第 q 种的高。从这个角度看，使用这两种方法所得到的系统性能的排序一般是不同的，因而也不一定得到相同的最佳参数配置。本例使用这两种方法得到的最佳配置均为第 5 种参数组合，这仅仅是一种巧合。

7.5.3 自由空间光通信系统的性能分析

自由空间光通信系统的结构如图 7-27 所示。激光器发出的光束由调制器按照信息流进行调制，之后由发射机进行发射，发射机首先使用信标光与接收机进行对准，对准之后用信号光代替信标光建立持续的连接，接收到的光信号经过光电转换、滤波器、放大器、解码器等处理，得到还原的信息。

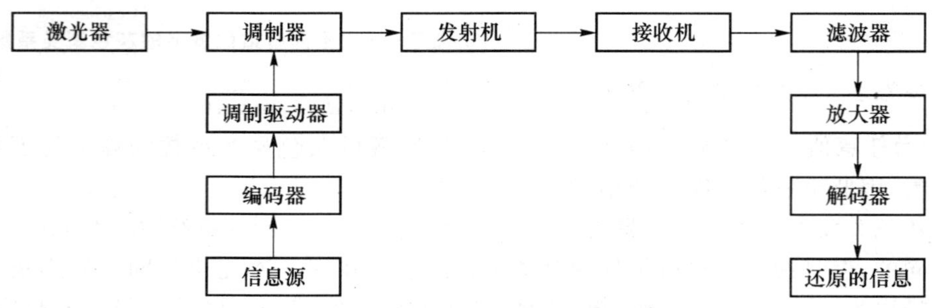

图 7-27 自由空间光通信系统结构

在决定自由空间光通信系统性能的有关因素中，有些因素是明确的，例如通信距离、通信带宽等，从灰色系统的角度看，可当作白化量；有些因素是不明确的，或者是模糊的，仅能定性描述的，例如抗干扰性能、系统维护难度等。这些不明确的量可看作灰量。面对评价指标的多样性和部分指标的模糊性，要分析系统的总体性能，从总体上进行系统之间的比较，需要将具有模糊性和相对性的指标转换为具有可计算性或可测量性的形式，然后对所有的指标进行数学分析与处理，才能定量分析出系统的总体性能。对于自由空间光通信系统来说，所有反映其

特征的指标构成指标序列。下面利用灰色系统理论研究该系统的指标序列。

1. 系统性能指标

自由空间光通信系统的指标模型如图 7-28 所示，将系统的评价指标分为两级，第一级指标实际是一个指标类，每个第一级指标里又分为若干个第二级指标。为了说明灰色聚类分析算法在自由空间光通信系统评价中的运用过程，这里列出某三种自由空间光通信系统的性能指标，见表 7-27。

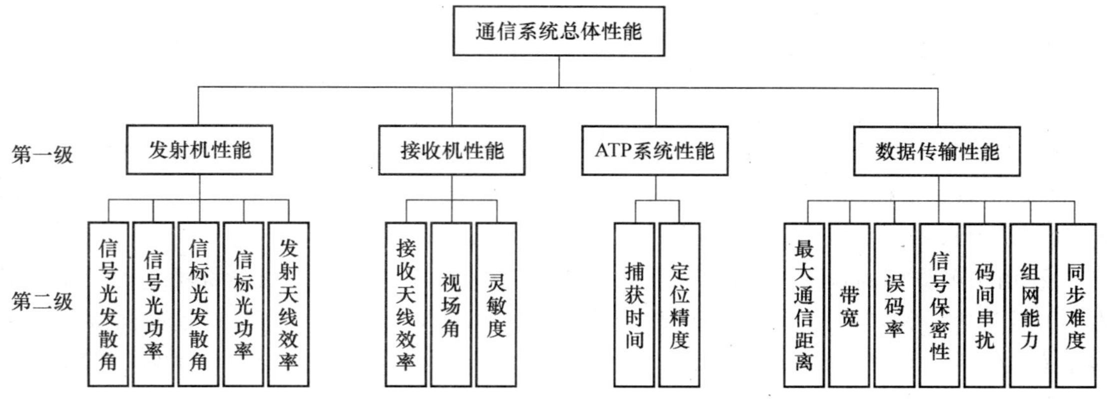

图 7-28　自由空间光通信系统指标

表 7-27　指标矩阵

指标名称	通信系统 Ⅰ	通信系统 Ⅱ	通信系统 Ⅲ
最大通信距离/km	10	4	4
带宽/(Mb·s^{-1})	622	1024	622
误码率	10^{-6}	10^{-9}	10^{-8}
信号保密性	中	弱	强
码间串扰	弱	较强	中
组网能力	强	弱	中
同步难度	中	易	难
信号光发散角/μrad	16	30	10
信标光发散角/μrad	750	600	700
信号光功率/mW	60	183	90
信标光功率/mW	700	1000	750
发射天线效率	0.5	0.4	0.4
视场角/mrad	0.4	0.2	2
灵敏度/dBm	15	63.7	50
接收天线效率	0.3	0.2	0.5
定位精度/μrad	2	2	4
捕获时间/s	240	360	100

需要指出的是：

① 所列数据及定性指标未必与实际系统的所有指标完全一致，但每项的具体值是在该指标的实际量值范围内的，其目的在于说明灰色聚类方法的运用。

② 有些指标是某些系统有，而另一些系统没有，因此只列出共有的指标。

由表 7－27 可见，三种通信系统可以得到三个指标序列，这些序列中的元素有些具有明确的数值，如定位精度、信号光功率等；有些是不明确的，如同步难度、组网能力等，可以将不明确的指标视为灰色量。

2. 系统性能的灰色聚类评价

对自由空间光通信系统的性能进行灰色聚类评价，步骤如下：

① 将各种不同系统指标中的灰量（如强、弱、中等）进行白化，得到其白化值。用 i 表示第 i 个系统；j 表示指标模型中第一级指标的次序；l 表示第一级指标所属的第二级指标的次序；$d_{ij}(l)$ 表示对应指标值或灰量的白化值，$1\leqslant i\leqslant N$，$1\leqslant j\leqslant M$，$l\geqslant 1$。

② 由于各指标的量纲不同，需要将指标序列归一化，并计算第一级指标类的综合值。若 $d_{1j}(l)$ 不为零，令 $d'_{ij}(l)=d_{ij}(l)/d_{1j}(l)$，$i=1,2,\cdots,N$，则得到归一化序列 $d'_j(l)=\{d'_{1j}(l),d'_{2j}(l),\cdots,d'_{Nj}(l)\}$；若 $d_{1j}(l)=0$，则用各个 $d_{ij}(l)$ 除以 $d_{ij}(l)$ 中某个不为零的值。记 d_{ij} 为第 i 个系统、第一级中第 j 个指标类的综合值。设 $d_{ij}=\sum\limits_{l\geqslant 1}\alpha_{jl}d'_{ij}(l)$，式中 α_{jl} 为相应第二级指标的权值。假设各个第二级指标的重要性相同，则各指标权值应相等，设 $\sum\limits_{l\geqslant 1}\alpha_{jl}=1$。

③ 确定灰类的白化权函数。由于共有 N 个系统，故将灰类分为 N 级，就足够将所有的系统区分开来。假定灰类 1 最好，灰类 2 次之，…，灰类 N 最差。记 δ_{jk} 为第一级第 j 个参数对于灰类 k 的阈值。将 d_{ij} 对每一列按大小排序，记为 d'_{ij}。δ_{jk} 由式(7－74)求得。

④ 确定系统 i 对灰类 k 的聚类系数。$\zeta_{ik}=\sum\limits_{j=1}^{M}f_{jk}(d_{ij})\eta_j$，$f_{jk}(d_{ij})$ 按照式(7－75)～式(7－77)计算。其中 η_j 为相应第一级指标的权值。假设各第一级指标的重要性相同，故各权值应相等，设 $\sum\limits_{j=1}^{M}\eta_j=1$。

⑤ 构造系统 i 的聚类向量 $\boldsymbol{\zeta}_i=\{\zeta_{i1},\zeta_{i2},\cdots,\zeta_{iN}\}$。

⑥ 判断、比较及结论。由于 $\zeta'_{ik}=\max\limits_{k}\{\zeta_{ik}\}$，则该聚类对象为 k' 灰类，故可比较各系统之间性能的优劣。

针对表 7－27 列出的三种通信系统，采用灰色聚类法进行评价，其步骤如下：

① 将灰量白化。所有灰色指标均按照四个等级，以从优到劣的顺序进行白化，结果为

- 信号保密性　强 1；中 0.75；弱 0.5；差 0.25。
- 码间串扰　弱 1；中 0.75；较强 0.5；强 0.25。
- 组网能力　强 1；中 0.75；弱 0.5；差 0.25。
- 同步难度　易 1；中 0.75；较难 0.5；难 0.25。

② 序列归一化，并计算 d_{ij} 的值，结果见表 7－28。

③ 确定灰类的白化权函数，阈值 δ_{jk} 的计算结果如表 7－29 所列。

表 7-28　指标类的样本

d_{ij} （i \ j）	1	2	3	4
1	0.886	0.347	0.710	0.714
2	0.632	0.500	0.640	0.700
3	0.906	0.930	0.750	0.536

表 7-29　指标的白化权阈值

δ_{jk} （k \ j）	1	2	3	4
1	0.906	0.930	0.750	0.714
2	0.808	0.592	0.700	0.650
3	0.632	0.347	0.640	0.536

各通信系统的白化权函数的计算结果见表 7-30～表 7-32。

④ 确定系统 i 对灰类 k 的聚类系数，见表 7-33。

表 7-30　系统 Ⅰ 的白化权函数

$f_{jk}(d_{1j})$ （k \ j）	1	2	3	4
1	0.978	0.373	0.947	1.000
2	0.903	0.586	0.986	0.902
3	0.598	1.000	0.891	0.668

表 7-31　系统 Ⅱ 的白化权函数

$f_{jk}(d_{2j})$ （k \ j）	1	2	3	4
1	0.698	0.538	0.853	0.980
2	0.782	0.845	0.914	0.923
3	1.000	0.559	1.000	0.694

表 7-32　系统 Ⅲ 的白化权函数

$f_{jk}(d_{3j})$ （k \ j）	1	2	3	4
1	1.000	1.000	1.000	0.751
2	0.879	0.429	0.929	0.825
3	0.566	0.000	0.828	1.000

表 7-33　聚类系数

ζ_{ik} （i \ k）	1	2	3
1	0.825	0.844	0.789
2	0.767	0.866	0.813
3	0.937	0.766	0.599

⑤ 构造聚类向量

$\zeta_1=[0.825, 0.844, 0.789]$；$\zeta_2=[0.767, 0.866, 0.813]$；$\zeta_3=[0.937, 0.766, 0.599]$

⑥ 判断和比较。通信系统Ⅰ属于灰类 2，通信系统Ⅱ也属于灰类 2，而通信系统Ⅲ则属于灰类 1。由此可见，通信系统Ⅲ在这三种系统中是性能最佳的。

自由空间光通信系统的许多指标，例如天线效率、工作带宽、同步方式等，都从不同方面反映系统的性能，需要综合考虑多个指标进行性能评价。将灰色聚类法引入自由空间光通信系统的定量评价，以分析系统的优劣。聚类对象就是自由空间光通信系统，聚类指标就是系统的性能评价指标。将聚类对象对于不同的聚类指标所用的白化权函数，按不同的灰类进行归纳，通过计算所有指标的综合效果，判断聚类对象所属的类型，进而做出不同系统的性能排序。

7.6　本章小结

通过对仪器仪表轴承的摩擦力矩分析、滚动轴承振动的灰自助动态估计分析、多传感器系统的动态性能分析、微小尺寸宽度测量系统的性能分析和自由空间激光通信系统的性能分析等多个应用实例的具体分析与计算表明，采用小样本非统计分析的基本原理，可以对精密仪器的特征参数、模型建立与性能分析等问题进行分析研究。

因此精密仪器小样本非统计分析的基本原理在科学研究与生产实践中具有广泛的应用前景。

第8章 精密仪器的误差分析与不确定度评定

本章讨论了精密仪器的测量误差分析与测量不确定度评定方法在工程实践中的一些应用实例，主要运用误差和不确定度的小样本非统计分析及评定等基本原理，对谐波与圆度测量中的误差分析、表面形貌误差的评定基准分析、虚拟仪器的误差分析与不确定度评定、布氏硬度计的误差分析与不确定度评定等问题进行讨论。研究方法主要涉及范数理论、灰色系统理论、神经网络理论和蒙特卡洛理论等数学理论。

8.1 谐波与圆度测量误差分析

谐波分析技术在精密机械中已有广泛应用，圆度误差的诊断就是通过谐波分析，提取工件表面复杂信号的各次谐波分量来寻找误差来源，进而采取相应的控制策略。当用圆度仪采集信号时，调整误差将使工件相对圆度仪主轴存在人为偏心分量。谐波分析与圆度误差评价都要求滤掉测量信号中的人为偏心分量，而保留工件表面的真实信号，方法有最小二乘法和卡尔曼滤波法。无论何种方法都应将人为偏心和一次谐波区分开，并注意数学模型的非线性；否则研究结果将失真。这种失真就是现有谐波与圆度误差评价中的误区。

本节分析人为偏心与一次谐波在概念上的区别，这也是实施谐波诊断与控制的基础性问题。

8.1.1 人为偏心与一次谐波

含有一次谐波分量 a_1 和 b_1 的真实信号可描述为

$$\left.\begin{aligned}&r=r_0+\Delta r\\&\Delta r=a_1\cos\theta+b_1\sin\theta+\Sigma\\&\Sigma=\sum_{i=2}^{\infty}(a_i\cos i\theta+b_i\sin i\theta)\end{aligned}\right\}\tag{8-1}$$

式中，r_0 为相对名义半径，μm；θ 为角度变量，rad，$\theta\in[0,2\pi]$；r 为关于 θ 的相对半径真实信号，μm。

另外，还有

$$a_n=\frac{1}{\pi}\int_0^{2\pi}r\cos n\theta\,\mathrm{d}\theta\quad b_n=\frac{1}{\pi}\int_0^{2\pi}r\sin n\theta\,\mathrm{d}\theta\quad r_0=\frac{1}{2\pi}\int_0^{2\pi}r\,\mathrm{d}\theta\qquad(n=1,2,\cdots,\infty)\tag{8-2}$$

含有人为偏心分量 e_x 和 e_y 的测量信号可构造为

$$r'=\{[(r_0+a_1\cos\theta+b_1\sin\theta+\Sigma)\cos\theta+e_x]^2+[(r_0+a_1\cos\theta+b_1\sin\theta+\Sigma)\sin\theta+e_y]^2\}^{1/2}\tag{8-3}$$

在谐波分析和圆度误差评价中，设各估计参数的正确值为

$$\hat{e}=e_x\quad \hat{e}_y=e_y\quad \hat{r}=r_0\quad \hat{a}_n=a_n\quad \hat{b}_n=b_n\qquad(n=1,2,\cdots,\infty)\tag{8-4}$$

式中，a_1 和 b_1 为工件表面固有的真实信号分量，可由式(8-2)评价得出；e_x 和 e_y 为由于安放工件造成的偏心分量。

这两种分量的意义不同，并且以非线性组合影响 r'。

8.1.2 谐波与圆度误差测量

1. 人为偏心与一次谐波的组合误差

最小二乘法和卡尔曼滤波法在评价圆度误差时采用的近似测量信号方程为

$$r''=r_0+e_x\cos\theta+e_y\sin\theta+\Delta r \tag{8-5}$$

这种近似构成了人为偏心与一次谐波的组合误差，因为将式(8-1)代入式(8-5)有

$$r''=r_0+(e_x+a_1)\cos\theta+(e_y+b_1)\sin\theta+\Sigma \tag{8-6}$$

这样，用最小二乘法对 e_x 和 e_y 的偏导实质上就成为对 e_x+a_1 和 e_y+b_1 的偏导。由此所得参数估计结果为

$$\left.\begin{aligned}\hat{a}&=\hat{a}(e_x,a_1)=\hat{e}_x+k_1 \qquad (a_1\neq\hat{e}_x)\\ \hat{b}&=\hat{b}(e_y,b_1)=\hat{e}_y+k_2 \qquad (b_1\neq\hat{e}_y)\end{aligned}\right\} \tag{8-7}$$

式中，k_1 和 k_2 为滤波权系数。

与最小二乘法相比，卡尔曼滤波法不直接对 e_x+a_1 和 e_y+b_1 求偏导，所以参数估计中的 k_1 和 k_2 较小，滤波的效果更好。

2. 真实信号与测量信号的谐波分析差异

在谐波分析时，对真实信号进行处理，所得结果是精确的。

传统观念常将一次谐波误认为人为偏心，而直接对测量信号进行谐波分析，试图提取人为偏心分量，所得结果有误差，即按照

$$\left.\begin{aligned}\hat{a}&=\frac{1}{\pi}\int_0^{2\pi}r'\cos\theta\mathrm{d}\theta=\hat{a}(a,e_x) \quad (\hat{a}\neq a_1,\hat{a}\neq e_x)\\ \hat{b}&=\frac{1}{\pi}\int_0^{2\pi}r'\sin\theta\mathrm{d}\theta=\hat{b}(b,e_y) \quad (\hat{b}\neq b_1,\hat{b}\neq e_y)\end{aligned}\right\} \tag{8-8}$$

进行计算时，若认为结果 $\hat{a}=a_1$(或 $\hat{a}=e_x$)，$\hat{b}=b_1$(或 $\hat{b}=e_y$)，则会导致比较大的误差。

3. 现有圆度误差评价中的准则误差

圆度误差属形状误差范畴，形状误差是物体表面的实际形状相对理想形状的变动量，而理想形状的方向和位置由最小条件准则确定。最小条件准则指出：理想形状应与实际表面相接触，并使二者之间的最大距离为最小。

最小二乘法的基本模型为

$$Q=\sum_{j=1}^{N}\omega_j=\sum_{j=1}^{N}[r''(\theta_j)-r_0-e_x\cos\theta_j-e_y\sin\theta_j]^2 \tag{8-9}$$

求导得

$$\partial Q/\partial e_x=0 \quad \partial Q/\partial e_y=0 \quad \partial Q/\partial r_0=0$$

这等价于 2-范数规则

$$\min\|\omega_j\|_2^2 \tag{8-10}$$

卡尔曼滤波法的评价准则是参数估计误差的均方差为最小，即选取校正增益矩阵 $\boldsymbol{K}_k$，使下式成立

$$\boldsymbol{K}_k=E(\alpha_k\alpha_k^{\tau})=\|\alpha_k\|_2\rightarrow\min \tag{8-11}$$

式中，$\alpha_k=(\hat{a}-e_x,\hat{b}-e_y,\hat{r}_0-r)$。

不难看出，式(8－9)至式(8－11)的评价准则与上述最小条件准则是不相符的。

4. 非线性舍去误差

将构造的测量信号式(8－3)用级数展开，有

$$r'=r[1+2(e_x\cos\theta+e_y\sin\theta)/r+(e_x^2+e_y^2)/r^2]^{1/2}=$$
$$r+e_x\cos\theta+e_y\sin\theta+(e_x^2+e_y^2)/(2r)+\varepsilon_2 \tag{8-12}$$

式中，ε_2 为级数的高价分量之和。

将式(8－1)代入式(8－12)，有

$$r'=r_0+e_x\cos\theta+e_y\sin\theta+\eta \tag{8-13}$$

式中，$\eta=(e_x^2+e_y^2)/(2r)+\varepsilon_2+\Delta r$。

比较式(8－13)和式(8－5)可知，式(8－5)中忽略了非线性分量 ε_2 和$(e_x^2+e_y^2)/(2r)$，而认为 $\eta\approx\Delta r$。这种近似的目的显然是为了满足最小二乘法和卡尔曼滤波的线性要求，但这种近似应当考虑非线性分量的数值大小。

在式(8－13)中，设非线性分量为 λ，则有

$$\lambda=|(e_x^2+e_y^2)/2r+\varepsilon_2| \tag{8-14}$$

因为 $r>0$，$\varepsilon_2\leqslant 1$，所以有

$$\lambda\leqslant e^2/2r \tag{8-15}$$

式中，$e^2=(e_x^2+e_y^2)$。

式(8－15)就是式(8－5)的非线性舍去误差。

考虑到式(8－12)的展开条件为

$$\mu=|2(e_x\cos\theta+e_y\sin\theta)/r+(e_x^2+e_y^2)/r2|\leqslant 1 \tag{8-16}$$

并注意

$$\mu\geqslant|(e/r)^2-2e/r| \tag{8-17}$$

就有

$$|(e/r)^2-2e/r|\leqslant 1 \tag{8-18}$$

若有

$$(e/r)^2-2e/r\geqslant 0 \tag{8-19}$$

则有

$$e\leqslant(1+2^{0.5})r \tag{8-20}$$

在获取测量信号时，人为因素应满足式(8－20)。应注意 r 不是工件表面的真实宏观半径，而是一个数量级很小的变量。在评价圆度误差时，若式(8－20)满足，则非线性误差可用式(8－15)描述；否则式(8－15)不成立，所得结果必有较大失真。非线性舍去误差为

$$\lambda\geqslant(1+2^{0.5})e/2 \tag{8-21}$$

8.1.3 最大模范数分析方法

因研究对象主要是圆度误差，故应以圆度误差的标准定义来估计参数。这里提出一种新的研究方法，即最大模范数最小法。

定义最大模范数

$$\| \Delta r_j \|_{\infty} = \| r_j - r \|_{\infty} \qquad \Delta r_j \in R^n \tag{8-22}$$

式中，r_j 为用圆度仪测量工件表面的径向测量信号离散值，μm；j 为表示第 j 个测量信号离散值，$j=1,2,\cdots,N$。

选定理想要素 r 包容 $r_{j\min}$，就有

$$\| \Delta r_j \|_{\infty} = \| r_j - r_{j\min} \|_{\infty} = \max | r_j - r_{j\min} | = r_{j\max} - r_{j\min} \tag{8-23}$$

在 n 维实向量空间 R^n 上，若式(8-23)定义的最大模范数取最小值，则定义的圆度误差 δ 为

$$\delta = \min_{e_x, e_y} \| \Delta r_j \|_{\infty} \tag{8-24}$$

选定

$$r_j = [(x_j - e_x)^2 + (y_j - e_y)^2]^{1/2} \tag{8-25}$$

式中，x_j 和 y_j 为测量信号 r'_j 的两个正交分量，μm。

又有

$$r'_j = (x_j^2 + y_j^2)^{1/2} \tag{8-26}$$

理想半径为

$$r_0 = (r_{j\max} + r_{j\min})/2 \tag{8-27}$$

用无约束优化方法可得满足式(8-24)的各参数估计，分别为

$$\hat{\delta}_0 = \delta_0 \qquad \hat{e}_x = e_x \qquad \hat{e}_y = e_y \qquad \hat{r}_0 = r_0$$

最大模范数最小法的特征：无非线性舍去误差；在估计 e_x 和 e_y 时不干扰 a_1 和 b_1，这就严格区分了人为偏心和一次谐波；精确满足圆度误差定义和最小条件准则，参数估计为真。

在用 FFT 技术分析谐波前，应按下式消除人为偏心

$$r_j(\theta_j) = \{[r'_j(\theta_j)\cos\theta_j - e_x]^2 + [r'_j(\theta_j)\sin\theta_j - e_y]^2\}^{1/2} \tag{8-28}$$

式中，e_x 和 e_y 由式(8-24)和式(8-25)定义，$r'_j(\theta_j)$ 由圆度仪采集信号定义，$r_j(\theta_j)$ 可认为是不含人为偏心的真实信号。

8.1.4 仿真实验研究

最大模范数最小法基于形状误差的最小条件准则，与向量的正交性无关，并以式(8-24)进行参数估计，因此实际要素的误差性质和类型几乎不影响参数估计，如表 8-1 所列。

表 8-1 不同方法的参数估计误差对比 μm

误差类型	参 数	最小二乘法	卡尔曼滤波法	最大模范数最小法
均匀分布白噪声	e_x	0.005 26	0.005 26	0.006 28
	e_y	0.099 91	0.099 91	0.099 80
	r_0	0.101 32	0.101 32	0.100 00
2 次谐波	e_x	0.006 28	0.006 28	0.006 28
	e_y	0.099 80	0.099 80	0.099 80
	r_0	0.100 00	0.100 02	0.100 00
1.5 次谐波	e_x	0.021 52	0.008 15	0.005 79
	e_y	0.098 84	0.098 83	0.098 95
	r_0	0.104 24	0.097 55	0.100 49
2.4 次谐波	e_x	0.012 23	0.006 20	0.006 28
	e_y	0.100 22	0.100 20	0.099 80
	r_0	0.102 45	0.099 44	0.100 00
真值参数	e_x=0.006 28　e_y=0.099 80　r_0=0.100 00			

表 8-2 给出不同评价方法的计算机仿真结果，表中各种方法的参数估计情况与表 8-1 相同。

表 8-2 不同评价方法的圆度误差结果评价精度对比 μm

误差类型	最小二乘法	卡尔曼滤波法	最大模范数最小法	圆度误差真值
均匀分布白噪音	0.04061	0.04061	0.04001	0.040000
2 次谐波	0.03992	0.03992	0.04000	0.040000
1.5 次谐波	0.02994	0.03788	0.04001	0.040000
2.4 次谐波	0.04454	0.04062	0.04000	0.040000

根据表 8-1 和表 8-2 的仿真结果可以看出：最大模范数最小法相对真值的收敛性最好，结果的评价精度以及对各种类型误差的抑制能力最强，参数估计误差对结果的评定精度几乎没有影响。

为了进一步说明这些结论，在更大范围内的谐波阶次下进行仿真，所得结果如表 8-3 所列。表 8-3 指出：对高次的、低次的、奇次的、偶次的以及非整次的谐波而言，最大模范数最小法具有很高的评价精度。

表 8-3 更大范围内的谐波阶次下仿真结果 μm

谐波阶次	e_x	e_y	r_0	圆度误差
3	0.00628	0.09980	0.10000	0.04000
3.3	0.00628	0.09980	0.10000	0.04000
16	0.00628	0.09980	0.10002	0.04000
16.5	0.00628	0.09980	0.09998	0.03999
真值	0.00628	0.09980	0.10000	0.04000

表 8-4 给出了不同参数下圆度误差的真值为 0.04000，谐波阶次为 1.5 的仿真结果。可以看出：用最大模范数最小法评价圆度误差，理想要素和测量要素的大小对评价结果的影响很小。这表明最大模范数最小法具有很宽的应用范围。

表 8-4 不同估计参数值下的仿真结果 μm

序　号	e_x	e_y	r_0	圆度误差
1	0.00000	0.00000	0.10000	0.03999
2	10.00000	10.00000	0.10000	0.03999
3	0.00628	0.09980	500000	0.04187

8.2 表面形貌误差评定基准分析

表面形貌误差是指工件在加工过程中由于诸多因素综合作用而残留在表面的各种形貌和尺寸的几何特征，包括形状误差、表面波纹度及表面粗糙度等，如图 8-1 所示。表面形貌误差不仅直接影响工件的耐磨性、耐腐蚀性、接触刚度和抗疲劳能力，而且对机械设备的工作性能及使用寿命具有很大影响。因此从工程应用出发对表面形貌误差进行测量和评定，不仅是研究它与使用性能关系的基础，也是正确识别、监视、控制其工艺过程的依据。

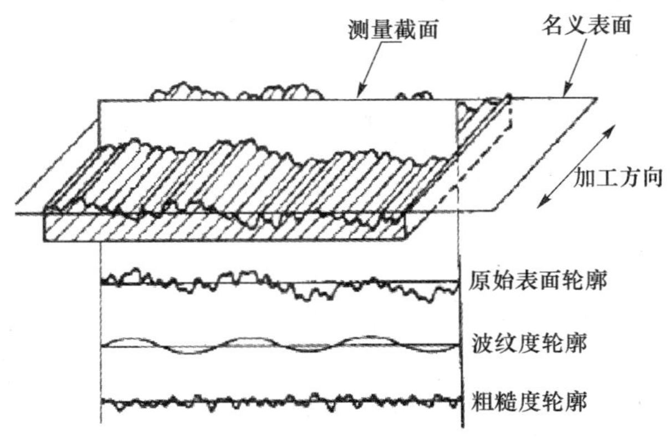

图 8－1　表面形貌各轮廓成分

8.2.1　表面形貌误差的分离

表面形貌各误差成分的形成原因和特性，以及它们与工件的各种性能的因果关系均不相同，因此必须对工件表面形貌误差进行分离然后分别予以评定。目前，常用的表面形貌误差分离方法主要有最小二乘法、高斯滤波法、小波频谱法、分形法及 Motif 法等。最小二乘法将被测表面表示为多项式函数，利用最小二乘原理确定多项式系数，从而给出评定基准，其优点是原理简单，易于实现。高斯滤波法将被测表面假定为正态随机过程，利用高斯滤波器通过一次滤波过程提取表面粗糙度和波纹度信息，高斯滤波器的最大优点是其线性相位特性，能够有效地分离表面成分，不产生相位失真。小波频谱法利用小波变换将表面形貌误差分解到不同的尺度空间，进而分离和提取各种误差成分，具有良好的时频局域化性能。分形法提出了只用一个尺度敏感参数即分形维数表征工件表面形貌的可能性。用分形函数表征随机轮廓，可以有效地表征被测工件表面形貌的复杂和细腻程度。Motif 法以宽度阈值代替取样长度，利用合并准则选取轮廓的重要特征，能够较真实地匹配轮廓的局部特性，评定参数少。

上述方法虽然能够比较有效地对表面形貌各误差成分进行分离，但都存在一定的局限性。例如，最小二乘法中的多项式函数是对表面低频信号的近似拟合，拟合精度受函数形式和多项式阶次的限制。高斯滤波法要求表面微观形貌由不同波长的谐波叠加而成，但实际工件表面不仅包含特定频率的正弦波，还包括无频率周期的特征信号，因此高斯滤波法并不是普遍适用的；而且高斯滤波器存在边缘效应，不能在原始数据的全部长度内进行误差分离。小波频谱法的分解次数由分解波长和采样间距决定，对于不同精度的工件表面，分解波长和采样间距不同，导致小波分解次数的选择具有某种随意性，致使误差分离的结果具有一定的不确定性。由于实际应用中并非所有的工件表面都具有分形特征，因此分形法也不是一种普遍适用的方法，而且分形维数能否完全表征实际表面的形貌尚有待进一步研究。Motif 法的四个合并准则来自于法国汽车业二十多年的实践经验，缺乏理论依据，具有一定的局限性。

本节将灰色误差理论应用到表面形貌误差的分离中，提出表面形貌误差的灰色分离法。通过对工件表面原始轮廓数据进行灰色动态滤波，有效地分离出表面形貌的各误差成分。

1. 灰色分离法的基本原理

设 $x(t)$为工件表面形貌误差，为表面粗糙度、表面波纹度及形状误差等成分的总和，数学模型可表示为

$$x(t)=r(t)+w(t)+s(t) \tag{8-29}$$

式中，$r(t)$为表面粗糙度，属于高频成分；$w(t)$为表面波纹度，频率介于粗糙度与形状误差之间；$s(t)$为形状误差，属于低频成分。

由于表面形貌误差具有上述的频谱分布特征，因此通常采用滤波的方法对被测表面进行误差分离，通过不同的滤波器将表面形貌误差分离为形状误差、表面波纹度和表面粗糙度三项之和。这些滤波器的传输特性相同，但截止波长不同。表面粗糙度是对表面综合形貌误差采用 λ_c 滤波器抑制长波成分以后形成的微观轮廓；表面波纹度是连续应用 λ_f 和 λ_c 两个滤波器以后所形成的轮廓；而形状误差则是应用了 λ_f 滤波器以后所得到的低频成分。在实际应用中，表面波纹度通频带的极限由滤波器的长波段截止波长 λ_f 与短波段截止波长 λ_c 之比 $\lambda_f:\lambda_c=10:1$ 所确定。另外，应用滤波法进行表面形貌误差分离时，截止波长与取样长度可以采用相同的数值。

对于加工后的工件表面而言，表面形貌误差 $x(t)$可以看成是叠加在工件表面轮廓形状上的随机量。灰色动态滤波以灰色建模为基础，能够在获得低频趋势项的同时，突出有效的高频成分。应用灰色动态滤波对被测工件表面进行误差分离时，分别在不同的取样长度内，对表面形貌原始数据进行灰色建模，从而达到对表面综合形貌误差进行分离的目的。

应用灰色动态滤波对表面综合形貌误差进行分离的数学模型可表示为

$$x(t)=r(t)+w(t)+s(t)=\mathrm{GM}_{\lambda_c}(x(t))+\mathrm{GM}_{\lambda_{f-c}}(x(t))+\mathrm{GM}_{\lambda_f}(x(t)) \tag{8-30}$$

式中，$\mathrm{GM}_{\lambda_c}(x(t))$为在 λ_c 所对应的取样长度内对 $x(t)$进行的灰色建模；$\mathrm{GM}_{\lambda_f}(x(t))$为在 λ_f 所对应的取样长度内对 $x(t)$进行的灰色建模；$\mathrm{GM}_{\lambda_{f-c}}(x(t))$为连续在 λ_f 和 λ_c 所对应的取样长度内对 $x(t)$进行的灰色建模。

2. 表面形貌误差的灰色分离

在应用灰色动态滤波对表面形貌误差进行分离时，首先将被测表面原始轮廓数据序列按时刻划分为若干子序列，分别建立相应的 GM(1,1)模型，构成动态模型序列。然后将模型序列进行合成，并将合成序列作为被测表面形貌误差的低频成分。

设评定长度内被测表面原始轮廓数据序列为 $s=\{s_1,s_2,\cdots,s_N\}$，其中 N 为评定长度内采样点数。设序列 s 中第 k 个采样点开始的子序列为 $s^{(k)}=\{s_k,s_{k+1},\cdots,s_{k+n-1}\}$，其中 n 为采样长度，$k=1,2,\cdots,N-n+1$。该子序列的 GM(1,1)模型可由式(8-30)求得，对应的模型序列为 $\hat{s}^{(k)}=\{\hat{s}_k,\hat{s}_{k+1},\cdots,\hat{s}_{k+n-1}\}$。对于序列 s，共可获得 $N-n+1$ 个 GM(1,1)模型，这些模型曲线可以看作随着 k 值的变化，沿着表面轮廓滑动。对于序列 s 中的第 k 个采样点，共有 $T^{(k)}$ 个模型可以描述该点的轮廓位置，采用算术平均值法对这 $T^{(k)}$ 个 GM(1,1)模型进行合成。序列 s 由有限个元素组成，则合成序列可描述为

$$\overline{\hat{s}_k}=\begin{cases}\hat{s}_1^1 & k=1\\ \dfrac{1}{T^{(k)}}\displaystyle\sum_{m=0}^{T^{(k)}-1}\hat{s}_k^{(k-m-1)} & 1<k<n\\ \dfrac{1}{T^{(k)}}\displaystyle\sum_{m=0}^{T^{(k)}-1}\hat{s}_k^{(k-n+1+m)} & n\leqslant k\leqslant N\end{cases} \tag{8-31}$$

其中

$$T^{(k)}=\begin{cases}1 & k=1\\ k-1 & 1<k\leqslant n\\ n-1 & n<k\leqslant N-n+2\\ N-k+1 & N-n+2<k\leqslant N\end{cases}\qquad (k=1,2,\cdots,N)$$

连接所有$\overline{\hat{s}_k}$的光滑曲线即为通过灰色动态滤波后得到的表面形貌误差的低频成分。由于采用模型算术平均法合成模型序列的过程中需要计算各采样点所对应的模型数据的算术平均值，因此对表面形貌数据具有较强的平滑作用，能够很好地抑制表面形貌中的高频成分，从而有效地提取低频成分。

3. 实例分析

为了说明表面形貌误差灰色分离法的有效性，分别编制了灰色动态滤波算法和高斯快速滤波算法，对同一表面轮廓进行误差分离。其中滤波器的截止波长 λ_c 和 λ_f 分别为 2.5 mm 和 25 mm，分辨力为 0.125 mm，被测表面在评定长度内的原始采样数据的个数 $N=1000$。

图 8－2 所示为被测表面形貌误差，图 8－3～8－5 分别给出了应用两种方法分离出的形状误差、表面波纹度和表面粗糙度。可见高斯滤波方法损失了部分原始数据，而灰色分离法几乎未损失原始数据，能够在原始数据的全部长度内给出误差分离结果。

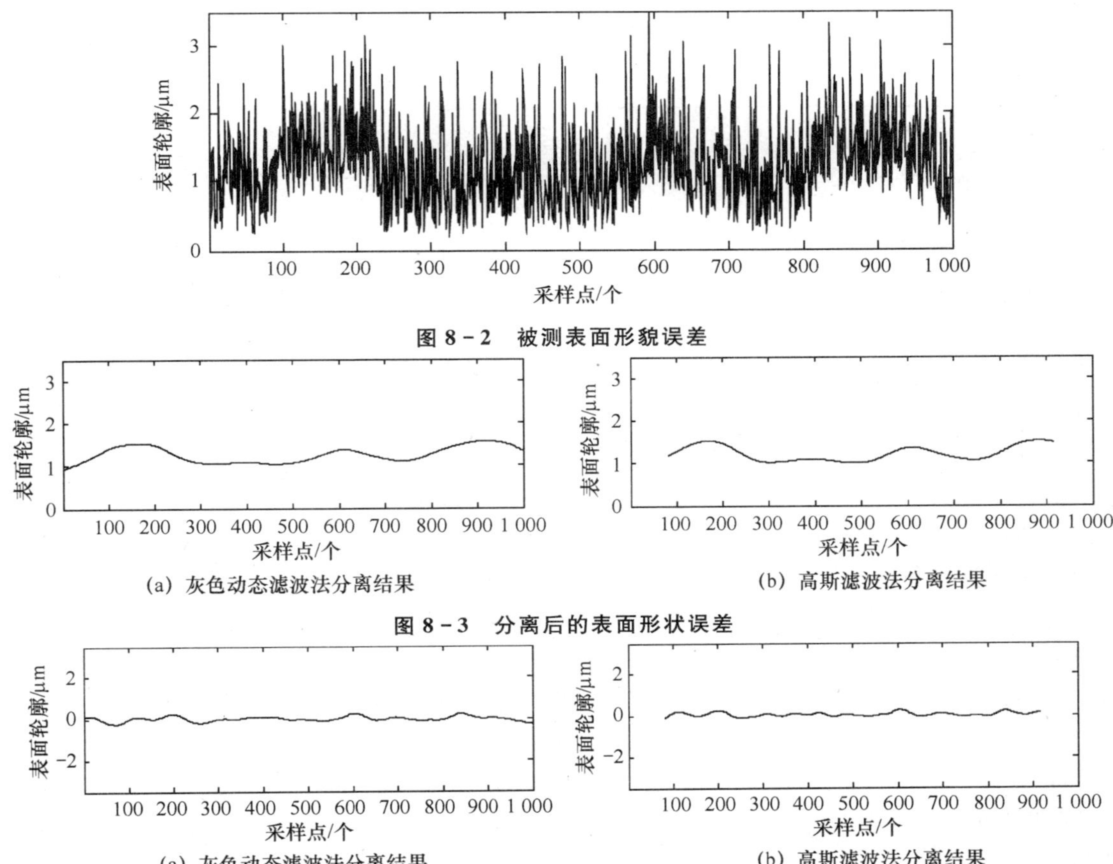

图 8－2　被测表面形貌误差

图 8－3　分离后的表面形状误差

图 8－4　分离后的表面波纹度误差

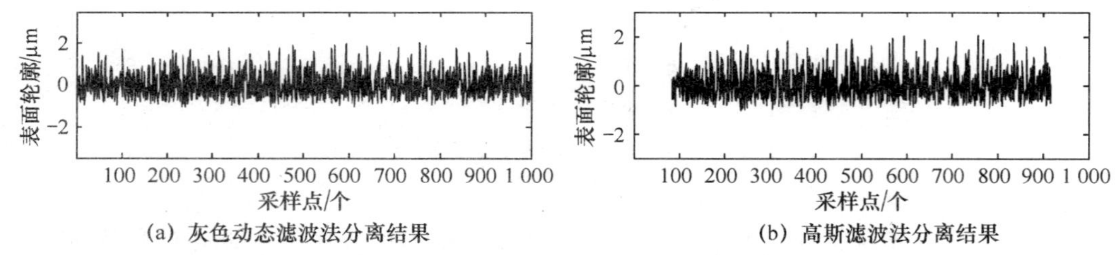

图 8-5　分离后的表面粗糙度误差

下面对灰色分离法与高斯滤波法作进一步的对比分析。由于应用高斯滤波法进行误差分离会损失部分原始数据，因此仅对两种方法共同的评定范围内的分离结果进行比较。

图 8-6 给出了两种方法所分离出的形状误差之差、表面波纹度之差和表面粗糙度之差。由此可见，两种方法进行表面形貌误差分离的结果具有良好的一致性，二者分离出的形状误差、表面波纹度和表面粗糙度的最大差值分别为 0.0202 μm，0.0209 μm 和 0.0533 μm，最大相对误差分别为 1.91%，2.94%，2.63%。

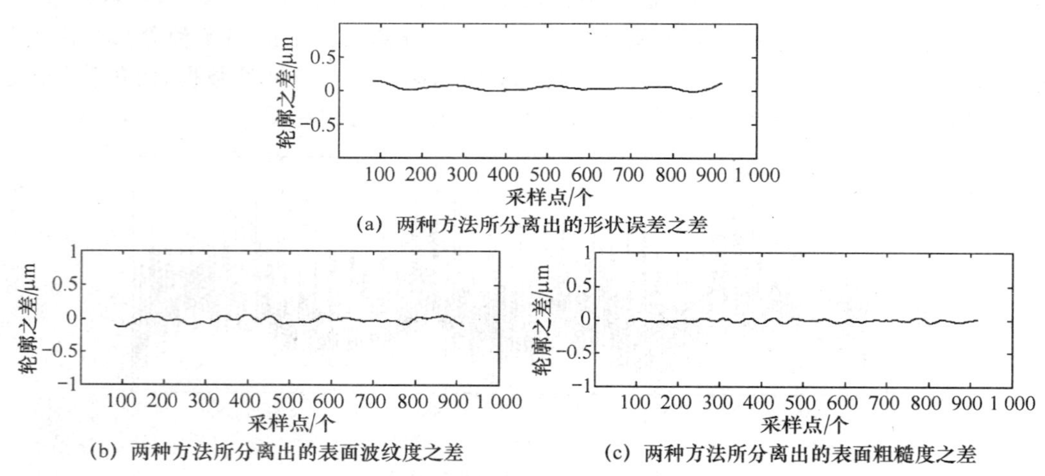

图 8-6　两种方法分离结果比较

4. 讨　论

通过上述分析可知，表面形貌误差灰色分离法具有如下优点：

① 通过灰色动态滤波对表面形貌误差进行分离时，不要求被测表面原始采样数据服从高斯分布等典型分布。

② 由于灰色方法非常适合解决少数据、贫信息和不确定问题，最少只需要 4 个原始数据就可以对生成数据进行灰色建模，因此灰色动态滤波可用于少数据表面轮廓的误差分离。

③ 利用灰色动态滤波对被测表面形貌误差进行分离时，不存在边缘效应，两端数据无损失，因此能够在原始数据的全部长度内给出误差分离结果。

④ 采用新陈代谢动态模型进行建模，随着表面轮廓趋势的变化，参与建模的数据不断更新，保证模型对被测表面轮廓的趋势具有很好的跟随作用，能够有效地分离出表面形貌误差的低频成分。

8.2.2　二维表面粗糙度基准

现行国家标准 GB/T 3505—2000 推荐使用轮廓最小二乘中线作为二维表面粗糙度评定的基准线。最小二乘基准线可在应用最小二乘法进行表面形貌误差分离的过程中自动产生，是对理想基准线的一种拟合。利用该基准线进行表面粗糙度评定时计算简便、实用性较强，但其中也存在一些不足之处：

① 从表面的加工属性来看，轮廓的基准线是一条光滑的曲线；但在某个评定长度内，最小二乘基准线在相邻采样长度的交界处可能出现间断，导致整个评定长度内的轮廓基准线可能成为一条不光滑的折线。

② 利用最小二乘基准线对表面粗糙度进行评定时，评定结果在很大程度上依赖于采样长度，采样长度太长或太短都会使表面粗糙度评定失真。

现行国际标准 ISO 11562 中规定二维表面粗糙度评定基准线为高斯基准线，高斯基准线可在应用高斯滤波法对表面形貌进行误差分离时自动产生，不会出现相位失真。但利用高斯基准线进行表面粗糙度评定一般要具备三个前提：

① 原始轮廓数据必须去除形状误差，否则高斯基准线会在边缘处偏离轮廓；

② 假设原始轮廓数据是由一系列谐波组成；

③ 表面粗糙度服从高斯分布。

另外，由于高斯滤波器本身存在边缘效应，导致高斯滤波算法在实施的过程中会损失一部分原始数据（二倍于离散高斯权函数的宽度），应用高斯基准线进行表面粗糙度评定，必须保证在评定长度内有足够多的原始数据。

针对上述两基准线存在的问题，提出了一种建立二维表面粗糙度评定基准线的新方法。在利用灰色动态滤波进行表面形貌误差分离的过程中，将滤波器的截止波长取为 λ_c，即在表面粗糙度对应的采样长度内进行灰色动态滤波，获得轮廓的模型曲线，并利用式(8－31)，将评定长度内各采样长度所对应的模型曲线进行合成，得到一条光滑的轮廓曲线。将此轮廓曲线作为二维表面粗糙度评定的轮廓基准线。

为了验证灰色基准线对表面粗糙度评定的有效性，分别利用灰色基准线和高斯基准线对平面磨削表面粗糙度标准样板进行了评定。该样板 R_a 的标称值为 0.2 μm，取样长度为 0.08 mm，评定长度为 5 个取样长度，在整个评定长度内的采样点个数 $N=675$。

图 8－7(a)所示为粗糙度标准样板的灰色基准线和高斯基准线，图 8－7(b)所示为两基准线提取的粗糙度结果。如图 8－7 所示，在共同的评定范围内，灰色基准线与高斯基准线具有良好的一致性。比较而言，灰色基准线能够在整个评定长度内描述表面轮廓，而高斯基准线存在边缘效应，损失了部分原始数据。利用灰色基准线和高斯基准线对该标准样板进行评定，评定结果 R_a 分别为 0.194 6 μm 和 0.194 8 μm，前者对于后者的相对误差仅为－0.103％。

表 8－5 给出了利用灰色基准线和高斯基准线对具有不同 R_a 值的 5 个平面磨削表面粗糙度标准样板进行评定的结果。样板的标称值 R_a 见表 8－5 的第 1 列，利用两基准线进行粗糙度评定的结果分别见表 8－5 的第 2 列和第 3 列。由表 8－5 可知，两基准线的评定结果基本一致。对比 5 个样板的评定结果可知，利用高斯基准线进行评定所得的 R_a 均略大于利用灰色基准线进行评定所获得的结果。这说明利用高斯基准线进行表面粗糙度评定，并未将表面形貌误差各成分完全分离，其粗糙度轮廓数据中仍包含有其他低频成分。相比之下，灰色基准线能够更有效地描述二维表面轮廓。

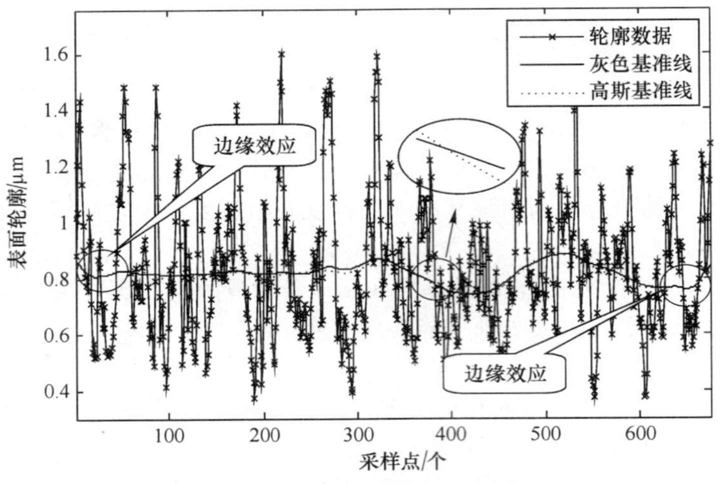

(a) 灰色基准线和高斯基准线

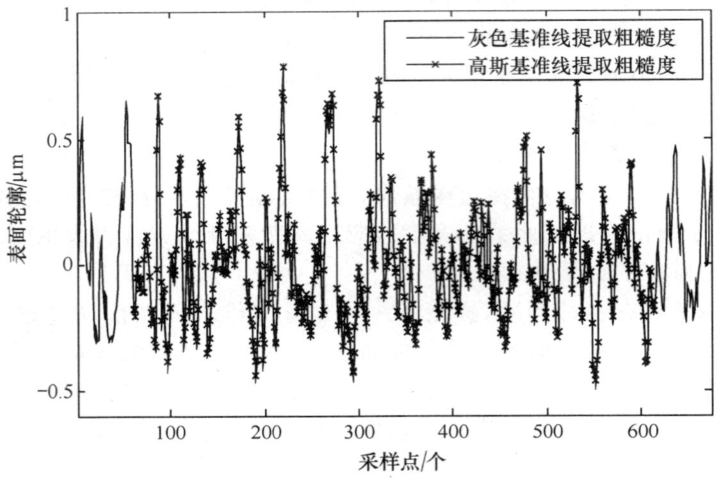

(b) 两种基准线提取的粗糙度

图 8－7 标准样板的表面粗糙度灰色基准线和高斯基准线比较

表 8－5 两基准线粗糙度评定结果比较 μm

标称值 R_a	灰色基准线	高斯基准线	相对误差/(%)
0.1	0.0969	0.0972	−0.309
0.2	0.1946	0.1948	−0.103
0.4	0.3917	0.3925	−0.204
0.8	0.7901	0.7909	−0.101
1.6	1.5902	1.5910	−0.050

综合以上分析可知，灰色基准线克服了最小二乘中线不连续的缺点，可以作为现行高斯基准线的一种补充。

8.2.3　三维表面粗糙度基准

以二维参数为主的评定方法只能给出某一法向截面所对应轮廓线的粗糙度信息。相比较而言，三维表面粗糙度能够从整体上全面地反映表面轮廓的微观几何形貌特征。

关于三维表面粗糙度的评定，国内外学者提出了多种建立粗糙度评定基准面的方法，如最小二乘法和高斯滤波法等。最小二乘基准面与最小二乘基准线一样，都是基于最小二乘拟合法的基本原理，因此具有与最小二乘基准线相类似的优点和缺点。由于应用高斯滤波建立三维表面粗糙度评定基准面仍必须具备类似于高斯基准线评定的三个前提，因此对于非典型分布或少数据的表面轮廓，高斯滤波的方法具有一定的局限性。

本节将灰色关联分析方法应用到三维表面粗糙度评定中，通过对被测表面形貌的原始采样数据实施灰色自适应加权平均值滤波，有效地分离出表面形貌各误差成分，得到三维表面粗糙度评定的灰色基准面。该方法无须假设评定基准具有一定的函数表达式，不仅适合于大样本量、典型分布的普通表面粗糙度的提取，而且对少数据、非典型分布的表面轮廓同样适用。

1. 方法原理

三维表面轮廓可以用二维函数来描述，其中包括表面粗糙度、表面波纹度及表面形状误差等成分。在三维表面粗糙度评定中，将表面波纹度和轮廓形状误差等低频成分的总和作为粗糙度评定的基准面，因此与二维表面粗糙度评定类似，可以采用将被测表面原始轮廓通过一个二维低通滤波器的方法获得粗糙度评定基准面。设 $e(x,y)$ 和 $r(x,y)$ 分别表示评定基准面和表面粗糙度，则三维表面粗糙度评定的数学模型可表示为一个二维函数 $s(x,y)$：

$$s(x,y)=e(x,y)+r(x,y) \tag{8-32}$$

一旦合理地给出评定基准面 $e(x,y)$，就能准确地分离出表面粗糙度 $r(x,y)$，从而获得正确的粗糙度评定结果。

在三维表面粗糙度评定的过程中，被测表面轮廓 $s(x,y)$ 经采样和离散后可以用矩阵的形式表示，即

$$\boldsymbol{s}=\begin{bmatrix} s(1,1) & s(1,2) & \cdots & s(1,v) & \cdots & s(1,N) \\ s(2,1) & s(2,2) & \cdots & s(2,v) & \cdots & s(2,N) \\ \vdots & \vdots & & \vdots & & \vdots \\ s(u,1) & s(u,2) & \cdots & s(u,v) & \cdots & s(u,N) \\ \vdots & \vdots & & \vdots & & \vdots \\ s(M,1) & s(M,2) & \cdots & s(M,v) & \cdots & s(M,N) \end{bmatrix} \tag{8-33}$$

式中，(u,v)为采样点的空间坐标，$u=1,2,\cdots,M$，$v=1,2,\cdots,N$，坐标(u,v)所对应的值 $s(u,v)$ 为被测表面在该采样点处的轮廓值。

由式(8-33)可知，被测表面轮廓 $s(x,y)$由若干个具有特定位置和轮廓值的元素组成，从这个意义上讲，可以将被测表面轮廓作为二维数字信号来处理，表面粗糙度处于信号的高频部分，而评定基准面处于信号的低频部分。因此可以利用数字信号处理中常用的加权平均值滤波的方法对表面轮廓的高频部分和低频部分进行分离，在建立评定基准面 $e(x,y)$的同时，提取表面粗糙度 $r(x,y)$。

将被测表面轮廓原始采样数据等同为二维数字信号，利用被测表面各采样点的空间位置

信息和轮廓值的相关性，应用灰色关联分析的方法对传统加权平均值滤波中的权值进行优化。权值是通过滤波窗口内各采样点的轮廓值与窗口中的所有采样点轮廓平均值的灰色关联系数来确定，以灰色关联系数的大小确定该采样点在此次计算中的权重，用滤波窗口的加权平均值代替窗口中心采样点的轮廓值，在建立粗糙度评定基准面的同时，突出轮廓中的高频成分。

2. 基准面的建立过程

建立三维表面粗糙度评定灰色基准面的流程如图 8-8 所示，其具体步骤如下：

① 采集或从数据文件中载入表面轮廓数据，根据被测表面的实际情况选取合适的取样区域和评定区域。

② 根据选定的取样区域和评定区域，截取轮廓数据。在一个评定区域内，截取到被测表面轮廓的原始采样数据用矩阵形式表示为

$$\boldsymbol{s}^{(0)}=\begin{bmatrix} s^{(0)}(1,1) & s^{(0)}(1,2) & \cdots & s^{(0)}(1,n) \\ s^{(0)}(2,1) & s^{(0)}(2,2) & \cdots & s^{(0)}(2,n) \\ \vdots & \vdots & & \vdots \\ s^{(0)}(m,1) & s^{(0)}(m,2) & \cdots & s^{(0)}(m,n) \end{bmatrix} \tag{8-34}$$

式中，m 为评定区域内 x 轴方向上的采样点数；n 为评定区域内 y 轴方向上的采样点数。

③ 若一个取样区域内 x 轴和 y 轴方向上采样点的个数均为$(2r+1)$，其中 r 为正整数，其值小于$\frac{m-1}{2}$和$\frac{n-1}{2}$中的最小者，取大小为$(2r+1)\times(2r+1)$的滤波窗口，使其在整个评定区域内移动。

④ 利用上述窗口对式(8-34)的数据序列实施改进的灰色自适应加权平均值滤波，求出各采样点处的滤波结果作为对应点处的表面轮廓值 $\hat{s}^{(0)}(i,j)$。连接所有 $\hat{s}^{(0)}(i,j)$的光滑曲面即为三维表面粗糙度评定的灰色基准面。

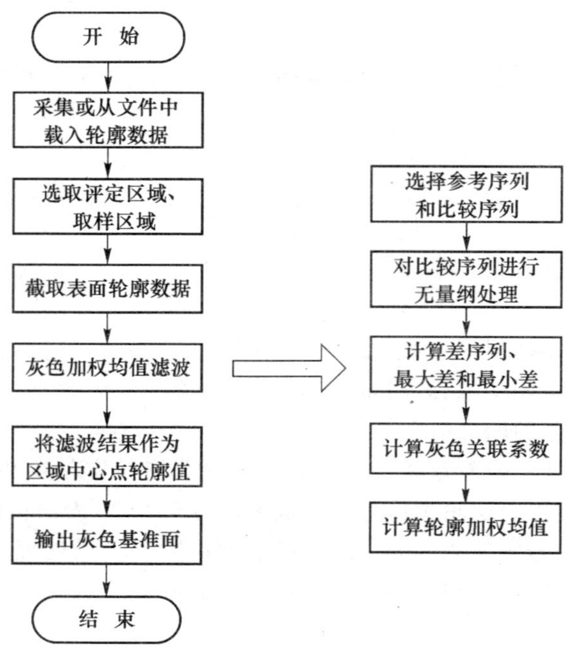

图 8-8　三维表面粗糙度评定灰色基准面的流程

3. 实例分析

分别编制了高斯滤波算法和灰色自适应加权平均值滤波算法，对同一个三维表面轮廓进行粗糙度评定。在本例中，评定区域取为 7.5 mm×10 mm，评定区域内原始采样数据个数为 $m \times n = 180 \times 240$，取样区域内采样数据个数为 $(2r+1)\times(2r+1)=35\times35$，图 8-9 所示为被测表面原始轮廓。利用两种算法建立的粗糙度评定基准面、两基准面之差及粗糙度提取结果分别如图 8-10～图8-12所示。由图 8-10 和图 8-11 可知，灰色基准面与高斯基准面在整个评定区域内有较好的一致性，两基准面之间的最大相对误差仅为 0.05%。由图 8-12 可知，在二者共同的评定范围内，两种方法提取的表面粗糙度非常接近。

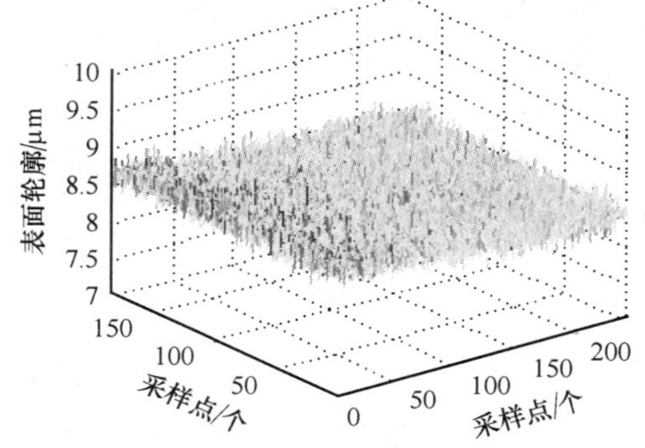

图 8-9　原始轮廓曲面

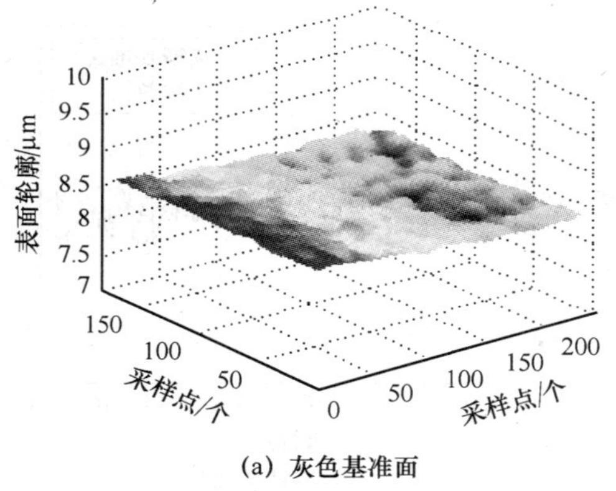

(a) 灰色基准面

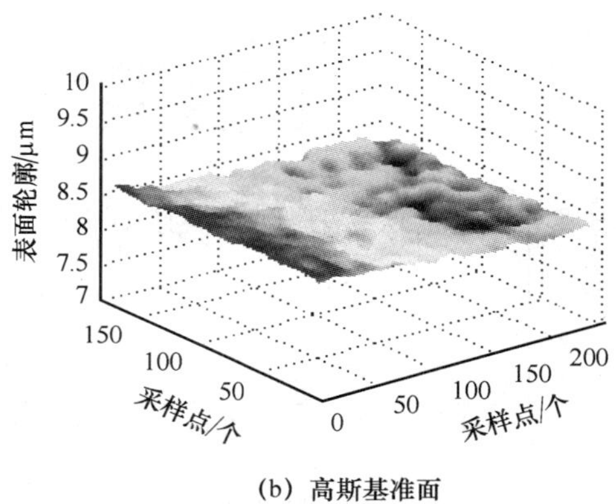

(b) 高斯基准面

图 8-10　粗糙度评定基准面

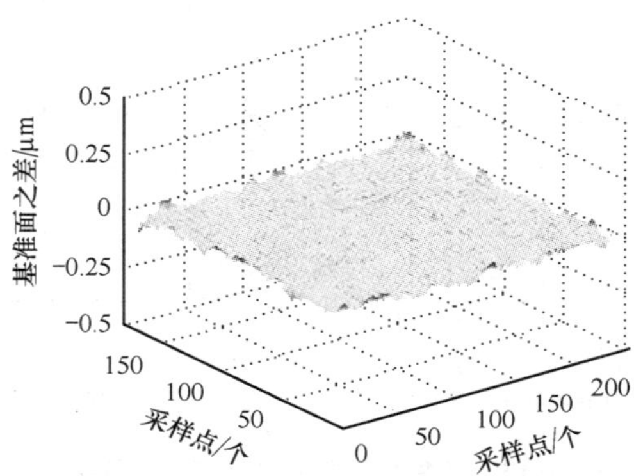

图 8-11　灰色基准面与高斯基准面之差

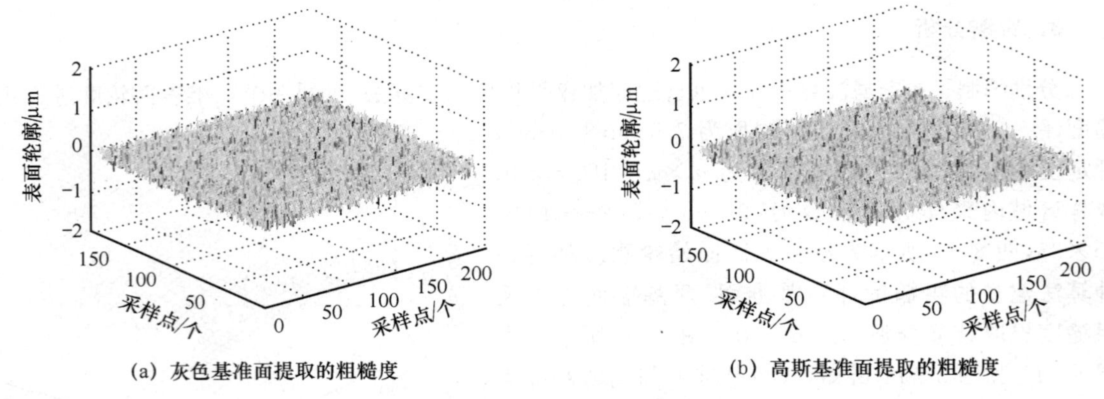

(a) 灰色基准面提取的粗糙度 (b) 高斯基准面提取的粗糙度

图 8-12 粗糙度提取结果

为了进一步说明灰色自适应加权平均值滤波方法的有效性，图 8-13 给出了某一截面上二维表面粗糙度的评定结果。在该截面上，利用高斯滤波法求得的 $R_a=0.0571\ \mu m$，利用灰色自适应加权平均值滤波方法求得的 $R_a=0.0568\ \mu m$，后者对前者的相对误差仅为 -0.53%。

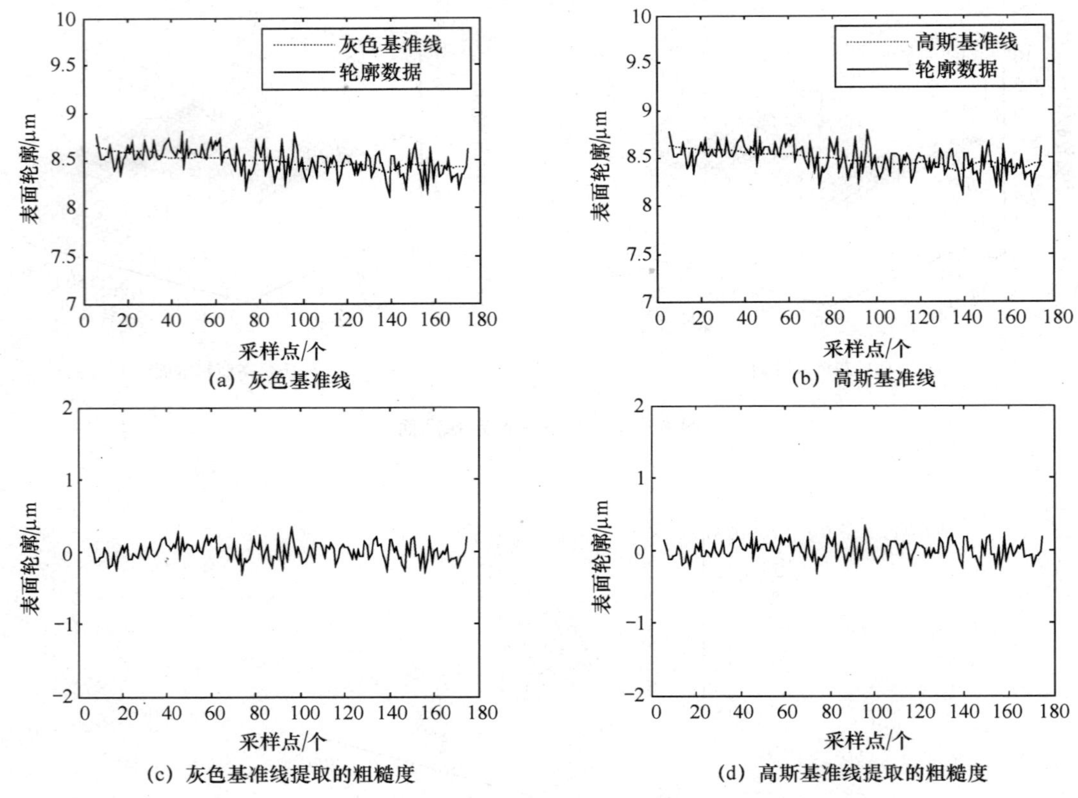

(a) 灰色基准线 (b) 高斯基准线

(c) 灰色基准线提取的粗糙度 (d) 高斯基准线提取的粗糙度

图 8-13 某截面基准线和粗糙度提取结果

4. 讨 论

应用灰色自适应加权平均值滤波法建立的粗糙度评定基准面具有以下优点：

① 由于灰色关联分析根据因素之间的发展态势的相似或相异程度来衡量因素之间的关联程度，因此在利用灰色自适应加权平均值滤波建立轮廓基准面时，不要求原始轮廓数据服从典型分布。

② 灰色方法非常适合解决少数据、贫信息和不确定问题，因此应用改进的灰色自适应加权平均值滤波方法建立的轮廓基准面尤其适合于难以获得大量采样数据的表面轮廓的评定。

③ 灰色自适应加权平均值滤波通过滤波窗口中各采样点的轮廓值与窗口中所有采样点轮廓平均值的关联程度来确定滤波权值，随着滤波窗口在整个评定区域内滑动，滤波权值自适应地改变。因此即使未事先剔除滤波窗口内采样数据的异常值，也不会对滤波效果产生明显的影响。

④ 由评定实例可以看出，灰色基准面不仅在整个评定区域内光滑自然，而且与高斯基准面具有良好的一致性，应用两基准面进行粗糙度评定的结果非常吻合。

8.3 虚拟仪器误差分析与不确定度评定

随着虚拟仪器测量技术的成熟，传统的仪器正在向计算机化的方向发展。以软件技术代替硬件技术和非虚拟仪器虚拟化逐渐成为测量领域的热点。与传统仪器不同，这种新兴的虚拟仪器测量技术主要基于数据采集、模/数转换、数字信号处理、软件和个人计算机，是日益发展的计算机硬件、软件和总线技术在向其他技术领域密集渗透的过程中，与测试技术、仪器技术密切结合共同孕育出的新成果。虚拟仪器对被测量的处理和计算可以更复杂，速度更快，测试结果的表达方式更加丰富多样，能更方便地存储和交换测试数据，价格低并且技术更新更快。虚拟仪器在测量任务需要改变时具有更大的灵活性，随着虚拟仪器测量技术的广泛的推广，虚拟仪器精密测量系统的分析理论和方法正成为一个新兴的技术领域。

虚拟仪器是以计算机为核心，充分利用计算机强大的数据处理能力、总线吞吐能力和图形界面，提供对测量信号分析处理、测量结果表达与输出等功能。虚拟仪器以其良好的开放性全面适应信息时代对仪器的要求，代表了未来仪器技术的发展方向。虚拟仪器使仪器生产厂家定义仪器功能的方式转变为由用户自行定义仪器功能的方式，适应性更好。

下面讨论虚拟仪器测量模型的建立方法。

8.3.1 测量模型的建立

1. 测量系统组成

虚拟仪器测量链由传感器、信号调理模块、数据采集卡、计算机硬件和软件所组成，如图 8－14 所示。传感器模块拾取被测信号，信号调理模块实现测量信号的放大、滤波与整形；数据采集卡实现模拟量向数字量的转换以及时钟信号发生等。而对测量数据的处理分析和显示等功能则由计算机软件完成，软件通常包括数据采集驱动程序、数字信号处理程序和用户接口程序等。

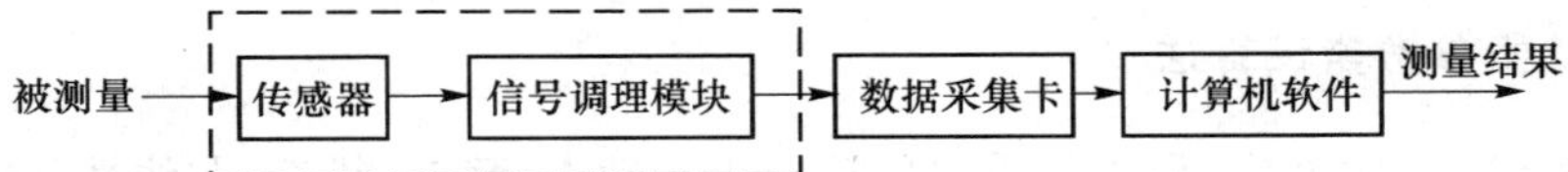

图 8－14　虚拟仪器测量系统的组成

2. 测量模型建立

在理想情况下，虚拟仪器测量的过程可用微分方程描述为

$$\frac{d^n y(t)}{dt^n}+a_1\frac{d^{n-1}y(t)}{dt^{n-1}}+\cdots+a_{n-1}\frac{dy(t)}{dt}+a_n y(t)=b_1\frac{d^{n-1}u(t)}{dt^{n-1}}+\cdots+b_{n-1}\frac{du(t)}{dt}+b_n u(t) \quad (8-35)$$

式中，n 为微分方程的最高阶次。

模拟信号在输入端经过采样，上述连续过程被离散化，可得到等价的离散型结构形式

$$y(k)+\alpha_1 y(k-1)+\cdots+\alpha_{n-i}y(k-n+i)+\cdots+\alpha_n y(k-n)=$$
$$\beta_1 u(k-1)+\cdots+\beta_{n-i}u(k-n+i)+\cdots+\beta_n u(k-n) \quad (8-36)$$

式中，k 为各离散采样点。

最简单的虚拟仪器测量是一个单输入单输出过程，它的离散型结构可视之为“黑箱”结构，如图 8－15 所示，在已知输入和输出时，可以对系统进行离散 Z 域分析。

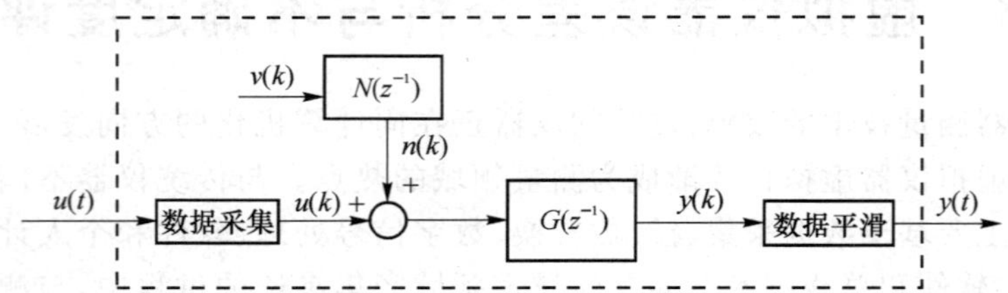

图 8－15 虚拟仪器动态测量系统 Z 域分析

假定测量过程的确定性模型为

$$G(z^{-1})=\frac{B(z^{-1})}{A(z^{-1})}=\frac{b_1 z^{-1}+b_2 z^{-2}+\cdots+b_n z^{-n}}{1+a_1 z^{-1}+a_2 z^{-2}+\cdots+a_m z^{-m}} \quad (n<m) \quad (8-37)$$

虚拟仪器动态测量过程除了受输入因素的作用外，还受到其他一些不确定因素的影响，通常把这些不确定因素的影响归结为附加噪声 $n(k)$。当 $\{n(k)\}$ 是平稳的随机序列且平均值为零、谱密度为 $\cos w$ 的有理函数时，$n(k)$ 可以表示为

$$n(k)=N(z^{-1})v(k) \quad (8-38)$$

式中，$v(k)$ 为白噪声；$N(z^{-1})$ 为噪声模型，$N(z^{-1})$ 通常可以表示为

$$N(z^{-1})=\frac{D(z^{-1})}{C(z^{-1})}=\frac{1+d_1 z^{-1}+d_2 z^{-2}+\cdots+d_s z^{-s}}{1+c_1 z^{-1}+c_2 z^{-2}+\cdots+c_t z^{-t}} \quad (s<t) \quad (8-39)$$

式中，s 和 t 分别为差分方程分子与分母的最高阶次。

参数建模的目的是求出上述模型中传递系数的值，从而得到虚拟仪器动态测量系统的传递模型。

8.3.2 测量系统参数辨识

1. 最小二乘参数辨识算法

在系统参数辨识领域中，最小二乘法广泛应用于动态、静态、线性、非线性系统的分析。对于虚拟仪器动态测量系统，使用最小二乘法将测量差分方程转化为相应的最小二乘形式为

$$\left.\begin{aligned}&\boldsymbol{h}(k)=[h_1(k),h_2(k),\cdots,h_N(k)]^{\mathrm{T}}=[-y(k-1),\cdots,-y(k-n),u(k-1),\cdots,u(k-m)]^{\mathrm{T}}\\&\boldsymbol{\theta}=[\theta_1,\theta_2,\cdots,\theta_N]^{\mathrm{T}}=[a_1,a_2,\cdots,a_n,b_1,b_2,\cdots,b_m]^{\mathrm{T}}\end{aligned}\right\}\tag{8-40}$$

式中，$\boldsymbol{h}(k)$为离散输入，$k=1,2,\cdots,L$；L 为数据长度；$\boldsymbol{\theta}=[a,b]^{\mathrm{T}}$ 为待辨识参数。

因此，虚拟仪器动态测量系统的输出可以表示为

$$y(k)=h_1(t)\theta_1+h_2(k)\theta_2+\cdots+h_N(k)\theta_N+\varepsilon(k)\tag{8-41}$$

式中，$\varepsilon(k)$为噪声 $n(k)$引起的输出分量。

最小二乘法取误差的平方和为最小，即

$$\min\left\{J(\boldsymbol{\theta})=\sum_{k=1}^{N}[\boldsymbol{Y}(k)-\boldsymbol{h}^{\mathrm{T}}(k)\cdot\boldsymbol{\theta}]^2\right\}\tag{8-42}$$

式中，$\boldsymbol{Y}(k)=[y(1),y(2),\cdots,y(L)]^{\mathrm{T}}$。

此时的待辨识参数 $\hat{\boldsymbol{\theta}}$ 即为参数 $\boldsymbol{\theta}$ 的最小二乘评估值。

将式(8-41)写成矩阵形式为

$$\boldsymbol{Y}_L=\boldsymbol{H}_L\boldsymbol{\theta}+\boldsymbol{\varepsilon}_L\tag{8-43}$$

式中，$\boldsymbol{Y}_L=[y(1),y(2),\cdots,y(L)]^{\mathrm{T}}$，$\boldsymbol{\varepsilon}_L=[\varepsilon(1),\varepsilon(2),\cdots,\varepsilon(L)]^{\mathrm{T}}$，

$$\boldsymbol{H}_L=\begin{bmatrix}h^{\mathrm{T}}(1)\\h^{\mathrm{T}}(2)\\\vdots\\h^{\mathrm{T}}(L)\end{bmatrix}=\begin{bmatrix}-y(0)&\cdots&-y(1-m)&u(0)&\cdots&u(1-n)\\-y(1)&\cdots&-y(2-m)&u(1)&\cdots&u(2-n)\\\vdots&&\vdots&\vdots&&\vdots\\-y(L-1)&\cdots&-y(L-m)&u(L-1)&\cdots&u(L-n)\end{bmatrix}\tag{8-44}$$

按最小二乘法，为求 $\min\{J(\boldsymbol{\theta})\}$，在数据的可信度未知而令加权因子 $\rho(k)=1$ 时，可以根据

$$\frac{\partial J(\boldsymbol{\theta})}{\partial\boldsymbol{\theta}}=\boldsymbol{0}^{\mathrm{T}}$$

得到

$$\left.\frac{\partial J(\boldsymbol{\theta})}{\partial\boldsymbol{\theta}}\right|_{\hat{\theta}}=\frac{\partial}{\partial\boldsymbol{\theta}}(\boldsymbol{Y}_L-\boldsymbol{H}_L\boldsymbol{\theta})^{\mathrm{T}}(\boldsymbol{Y}_L-\boldsymbol{H}_L\theta)\Big|_{\hat{\boldsymbol{\theta}}}=\boldsymbol{0}^{\mathrm{T}}\tag{8-45}$$

所以

$$\hat{\boldsymbol{\theta}}=(\boldsymbol{H}_L^{\mathrm{T}}\boldsymbol{H}_L)^{-1}\boldsymbol{H}_L^{\mathrm{T}}\boldsymbol{Z}_L\tag{8-46}$$

确定评估参数 $\boldsymbol{\theta}$ 后，可进一步评估噪声大小，$\boldsymbol{\varepsilon}_L$ 的方差评估值为

$$\hat{\boldsymbol{\sigma}}^2=\frac{\boldsymbol{v}_L^{\mathrm{T}}\boldsymbol{v}_L}{L-n+m}\tag{8-47}$$

式中，$\boldsymbol{v}_L$ 为输出残差，即

$$\boldsymbol{v}_L=\boldsymbol{Y}_L-\boldsymbol{H}_L\hat{\boldsymbol{\theta}}\tag{8-48}$$

这种一次完成的最小二乘法对矩阵求逆困难。特别对高维矩阵求逆更难。因此，在计算机上用高斯消元法求解时占用内存大，不能在线实时对参数评估，下面考虑改进参数辩识算法。

2. 递推改进参数辨识算法

按观测次序由 $k-1$ 次到 k 次，对虚拟仪器动态测量系统参数辨识的最小二乘法进行递推改进，可以避免最小二乘法在矩阵求逆方面的不足。

按观测次序的最小二乘参数评估递推算法原理，每获得一个新的观测数据就修正一次参数评估量，即

$$\text{新}\,\boldsymbol{\theta}\,\text{值}=\text{原}\,\boldsymbol{\theta}\,\text{值}+\text{修正项} \tag{8-49}$$

评估参数 $\boldsymbol{\theta}$ 的正则方程为

$$\hat{\boldsymbol{\theta}}=(\boldsymbol{H}_L^{\mathrm{T}}\boldsymbol{\rho}_L\boldsymbol{H}_L)^{-1}\boldsymbol{H}_L\boldsymbol{\rho}_L\boldsymbol{Y}_L=\left[\sum_{i=1}^{L}\rho(i)h(i)h^{\mathrm{T}}(i)\right]^{-1}\left[\sum_{i=1}^{L}\rho(i)h(i)Y(i)\right] \tag{8-50}$$

$$\boldsymbol{h}(k)=[-y(k-1),\cdots,y(k-m),u(k-1),\cdots,u(k-n)]^{\mathrm{T}} \tag{8-51}$$

式中，$\boldsymbol{\rho}_L$ 为根据数据的可信度而引入的加权因子向量组。

为避免矩阵求逆，故用下面的演变式递推

$$\left.\begin{aligned}&\hat{\boldsymbol{\theta}}(k)=\hat{\boldsymbol{\theta}}(k-1)+\boldsymbol{K}(k)[\boldsymbol{Y}(k)-\boldsymbol{h}^{\mathrm{T}}(k)\hat{\boldsymbol{\theta}}(k-1)]\\&\boldsymbol{K}(k)=\boldsymbol{P}(k-1)\boldsymbol{h}(k)\left[\boldsymbol{h}^{\mathrm{T}}(k)\boldsymbol{P}(k-1)\boldsymbol{h}(k)+\frac{1}{\boldsymbol{\rho}(k)}\right]^{-1}\\&\boldsymbol{P}(k)=[\boldsymbol{I}-\boldsymbol{K}(k)\boldsymbol{h}^{\mathrm{T}}(k)]\boldsymbol{P}(k-1)\end{aligned}\right\} \tag{8-52}$$

式中，$\hat{\boldsymbol{\theta}}(k)$为新 $\boldsymbol{\theta}$；$\hat{\boldsymbol{\theta}}(k-1)$为原 $\boldsymbol{\theta}$；$\boldsymbol{K}(k)[\boldsymbol{Y}(k)-\boldsymbol{h}^{\mathrm{T}}(k)\hat{\boldsymbol{\theta}}(k-1)]$为修正项。

定义符号

$$\boldsymbol{P}^{-1}(k)=\sum_{i=1}^{k}\boldsymbol{h}^{\mathrm{T}}(i)\boldsymbol{\rho}(i)\boldsymbol{h}(i) \tag{8-53}$$

$$\boldsymbol{K}(k)=\boldsymbol{P}(k)\boldsymbol{h}^{\mathrm{T}}(k) \tag{8-54}$$

上述递推算法的开始，需要初始条件 $\hat{\boldsymbol{\theta}}(0)$和 $\boldsymbol{P}(0)$，它们来源于：

① 根据首批数据(L_0 较短)，一次计算出

$$\boldsymbol{P}(L_0)=(\boldsymbol{H}_{L_0}^{\mathrm{T}}\boldsymbol{\rho}_{L_0}\boldsymbol{H}_{L_0})^{-1} \tag{8-55}$$

$$\hat{\boldsymbol{\theta}}(L_0)=\boldsymbol{P}(0)\boldsymbol{H}_{L_0}^{\mathrm{T}}\boldsymbol{\rho}_{L_0}\boldsymbol{Y}_{L_0} \tag{8-56}$$

② 最小二乘参数评估的改进算法的递推停止标准为

$$\max\left|\frac{\hat{\boldsymbol{\theta}}(k)-\hat{\boldsymbol{\theta}}(k-1)}{\hat{\boldsymbol{\theta}}(k-1)}\right|<|\boldsymbol{\varepsilon}| \tag{8-57}$$

式中，$\boldsymbol{\varepsilon}$ 为由充分小的正实数构成的向量，例如 $\boldsymbol{\varepsilon}=10^{-3}\boldsymbol{I}$，其中 $\boldsymbol{I}$ 为单位向量。

在计算过程中，$\hat{\boldsymbol{\theta}}(0)$为充分小的向量；$\boldsymbol{P}(0)=a^2\boldsymbol{I}$，其中 a 为充分大的实数。例如，可以取 $\hat{\boldsymbol{\theta}}(0)=10^{-5}\boldsymbol{I}$，$\boldsymbol{P}(0)=10^6\boldsymbol{I}$。

8.3.3　测量误差的来源分析

测量链中的所有组成部分引入的误差来源(简称误差源)，均会对虚拟仪器的测量不确定度产生影响；从误差传播的角度看，各误差源按照不确定度的传播法则，对虚拟仪器的测量不确定度均做出贡献。

虚拟仪器测量误差源分析如图 8-16 所示。

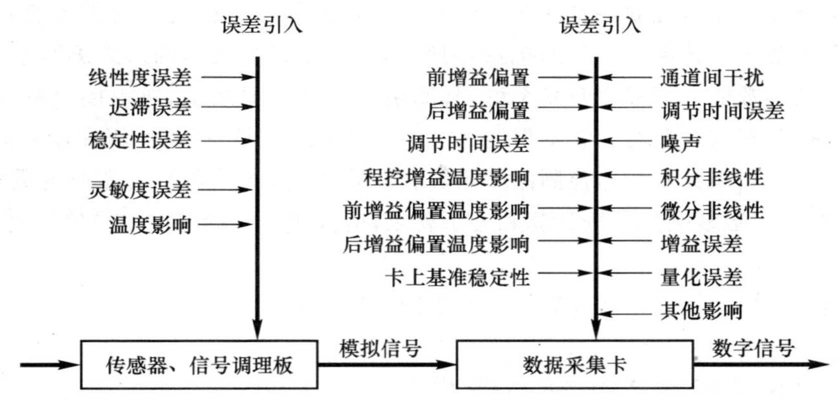

图 8－16　虚拟仪器测量误差源分析

1. 传感器引入的误差源分析

在虚拟仪器的测量过程中，传感器(常常集成了信号调理模块)拾取被测信号，信号调理模块实现测量信号的放大、滤波与整形，引入的误差源有线性度误差、迟滞误差、稳定性误差、灵敏度误差和温度误差等。

根据大量的误差标定实验，可知传感器引入的误差源是服从均匀分布的、在规定区间的随机变量。有些传感器技术手册并没有提供详细的不确定度来源数据，仅仅给出了传感器静态误差。它是一项综合性误差指标，基本上囊括了非线性、迟滞、重复性和灵敏度误差，通过标定，利用所获得的全部测量状态下的输入输出数据与拟合直线上对应的残差，计算出其标准差。

2. 数据采集卡引入的误差源分析

数据采集卡实现模拟量向数字量的转换以及时钟信号发生等功能，引入的误差源的具体大小依赖于数据采集卡的型号、环境温度和量程范围等因素，可以由高精度仪表标定获得。

数据采集卡的误差源归纳起来主要有：

① 前置增益失调及其温度漂移和后置增益失调及其温度漂移，这些误差源可以认为是服从均匀分布的随机变量。

② 程控放大增益失调及其温度漂移、卡内标定参考的长时间稳定性以及温度漂移是相对误差指标，这些误差源可以认为是服从均匀分布的随机变量与采样值的乘积。

③ 积分非线性、微分非线性以及量化误差是以采样分辨率为单位，这些误差源可以认为是服从均匀分布的随机变量与最小分辨电压的乘积。

④ 噪声可以认为是服从正态分布的随机变量，在多通道测量时，通道间干扰会对虚拟仪器测量不确定度产生影响。

⑤ 调节时间误差表征将一个信号放大到一定值并稳定在一定精度范围所需要的最短时间，数据采集模块的最大采样率就是依据该值，定义为在满刻度条件下，实际信号到达放大器的一段时间后，信号稳定在一定范围之内，可以认为是服从正态分布的随机变量与采样信号变化率的乘积。

3. 测量软件引入的误差源分析

软件是虚拟仪器测量技术中最重要的部分。

常用的标准图形化编程软件是用图标代码来代替编程语言创建应用程序的开发工具，使用数据流编程方法来描述测量程序的执行，用图标和连线代替文本的形式编写程序。它也是一种带有扩展库函数的通用程序开发系统，其库函数包括数据采集、通用接口总线、串口仪器控制、数据显示、分析与存储等。它不但能完成一般的数学运算、逻辑运算和输入输出功能，还带有专门的用于数据采集和仪器控制的库函数和开发工具，尤其还带有专业的数学分析程序包，可以满足绝大多数复杂的工程计算和分析要求，所提供众多的开发工具使得复杂的测量变得简单易行。

已有的研究成果表明测量软件通常不产生测量误差。

8.3.4 不确定度的神经网络评定

虚拟仪器作为一台测量仪器应具有仪器的全部属性，其测量结果中应该包括测量结果不确定度的信息，所以虚拟仪器测量结果的不确定度评定是虚拟仪器研究的重要内容之一。

由于测量机理的复杂性、误差源的多样性及其与量程范围和使用温度之间的复杂关系，虚拟仪器测量不确定度的评定正成为精密测量领域中的关键问题之一。

S. Nuccio 应用蒙特卡洛方法研究了虚拟仪器测量不确定度的评定，但蒙特卡洛方法只是一种仿真算法，其效果因随机数产生质量的不同而存在一定的差异。K. Chrzanowski 指出 GUM 可评定虚拟仪器的测量不确定度，即按测量链的组成机理，分析所有误差源，按制造厂商提供的技术说明书，考虑所有不确定度的 B 类分量，再按照不确定度传播法则合成得到虚拟仪器的测量不确定度。E. Ghiani 认为虚拟仪器测量链各误差源的不确定度传播系数不满足 GUM 所设定的显式解析、可导和近线性的适用条件，难以利用微积分方法进行定量计算。尤其在小样本测量条件下，各误差源相关系数不适于用经典统计方法进行计算。

1. 评定原理

利用径向基函数神经网络(RBF)建立虚拟仪器测量模型，用差分方程计算不确定度传播系数，并应用灰色系统理论解决各误差源相关系数的计算问题，以克服虚拟仪器测量不确定度评定中的问题，实现虚拟仪器测量不确定度的合理评定。

根据 GUM，测量结果标准不确定度的合成公式为

$$u(y)=\sqrt{\sum_{i=1}^{N}\left(\frac{\partial f}{\partial e_i}\right)^2 u^2(e_i)+2\sum_{i=1}^{N-1}\sum_{s=i+1}^{N}\frac{\partial f}{\partial x_i}\frac{\partial f}{\partial x_s}u(e_i)u(e_s)r(e_i,e_s)} \tag{8-58}$$

式中，y 为测量结果；$u(y)$ 为合成标准不确定度。

应用式(8－58)的前提为不确定度合成函数是显式、解析的，同时可以计算出各误差源之间的相关性。但在虚拟仪器测量过程中，测量模型往往是未知的，不确定度合成函数关系不一定具有显式、解析的属性，相关系数的计算也难以用统计方法实现。

虚拟仪器测量不确定度的神经网络评定原理如图 8－17 所示，步骤如下：

① 根据厂家提供的产品说明书，确定影响虚拟仪器测量结果所有误差源的种类及其概率分布区间，并计算标准不确定度分量 $u(e_i)$。

② 被测量经虚拟仪器 m 次重复测量后，得到的测量结果为$\{y_j\}$，$j=1,\cdots,m$，利用高精度

仪表标定第 j 次测量过程中所有误差源引起的测量误差 e_{ij}。

③ 利用数据 $\{y_j, e_{ij}\}$，由 RBF 神经网络确定虚拟仪器的测量模型，由差分方程确定所有误差源的不确定度传播系数 $\partial f/\partial e_i$，再根据灰色系统理论确定所有误差源之间的相关系数 $r(e_i, e_s)$。

④ 由 $u(e_i)$、$\partial f/\partial e_i$ 和 $r(e_i, e_s)$，结合虚拟仪器测量结果标准不确定度的合成公式，得到虚拟仪器测量不确定度评定结果。

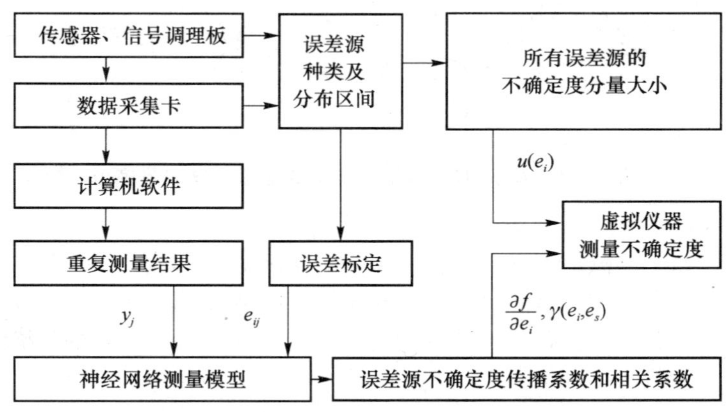

图 8-17　虚拟仪器测量不确定度神经网络评定原理

2. 标准不确定度分量计算

所有误差源的标准不确定度分量 $u(e_i)$ 的计算，可根据产品技术说明书提供的误差源概率分布信息。

误差源 e_i 在区间 $(e_i - a_i, e_i + a_i)$ 内若服从均匀分布，其中 a_i 为区间半宽，则

$$u_{e_i} = a_i/\sqrt{3} \tag{8-59}$$

若服从三角分布，则

$$u_{e_i} = a_i/\sqrt{6} \tag{8-60}$$

若服从正态分布，则

$$u_{e_i} = a_i/3 \tag{8-61}$$

3. 建立虚拟仪器测量模型

神经网络具有很强的容错性，对这种信息源含糊、不确定、有假象的复杂情况可以通过不断地学习做出合理的判断与决策，给出有效的预测和估计。通过基于 RBF 神经网络的非参数测量模型，利用对训练样本的聚类结果来确定基函数的中心，可保证在小样本条件下获得较高的评定精度。

RBF 神经网络是一种两层前传网络，建立基于 RBF 神经网络的非参数虚拟仪器测量模型如图 8-18 所示。

隐层执行的是一种固定不变的非线性变换，将输入空间映射到一个新的空间，输出层在新的空间中实现线性组合，从而实现 $f: X = \{\bar{x}, e_1, \cdots, e_N\} \rightarrow Y = \{y, u(y)\}$ 的非线性映射，可调节的参数就是该线性组合器的权。

在图 8-18 中，隐层各单元的输出为

$$R_t = \phi(\| X - c_t \|) \qquad (t = 1, \cdots, r) \tag{8-62}$$

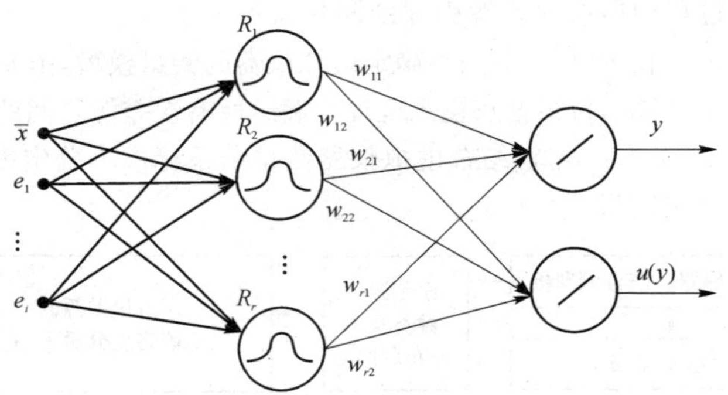

图 8-18 基于 RBF 网络的非参数虚拟仪器测量模型

式中，$\phi(\cdot)$为网络隐层节点高斯基函数，取

$$\phi(v)=\exp(-v^2\cdot\ln 2) \quad v\in\{\|X-c_t\|\} \tag{8-63}$$

R_t 为隐层第 t 个单元的输出；X 为输入模式；c_t 为隐层第 t 个单元基函数的中心；r 为隐层节点数。

设 w_{tl} 为第 t 个隐层单元到第 l 个输出层单元的连接权值，则图 8-18 的网络输出可以表示为

$$y=\sum_{t=1}^{r}w_{t1}R_t \quad u(y)=\sum_{t=1}^{r}w_{t2}R_t \tag{8-64}$$

4. 神经网络学习训练

RBF 神经网络的学习就是根据训练样本，确定隐层节点基函数中心 c_t 及权值 w_t。

当隐层单元基函数的中心确定以后，隐层单元的输出依据 2.5.2 小节介绍的方法求出，网络的连接权值就可以通过求解线性方程组来确定。

5. 不确定度传播系数计算

因神经网络模型为非线性模型，故各误差源的不确定度传播系数无法用求偏导数的方式求出，可用差商公式计算

$$\frac{\partial f}{\partial e_i}=\frac{f(\bar{e}_1,\cdots,(\bar{e}_i+\Delta e_i),\cdots,\bar{e}_N)-f(\bar{e}_1,\cdots,\bar{e}_i,\cdots,\bar{e}_N)}{\Delta e_i} \tag{8-65}$$

式中，$f(\cdot)$为 RBF 神经网络所辨识的测量模型。

误差源 e_i 的算术平均值为

$$\bar{e}_i=\frac{1}{m}\sum_{j=1}^{m}e_{ij} \tag{8-66}$$

6. 相关系数计算

对于小样本虚拟仪器测量而言，因为缺乏概率分布的相关信息，不适合使用统计理论的一元、多元或非线性回归分析的方法进行因素之间的相关分析。而灰关联分析模型的构造，每个序列少到只需 4 个数据，可以有效地解决相关系数的计算问题。

对于误差源序列$\{e_i\}=(e_{i1},\cdots,e_{ij},\cdots,e_{im})$和$\{e_s\}=(e_{s1},\cdots,e_{sj},\cdots,e_{sm})$，计算

$$\Delta_{is}(j)=|e_i(j)-e_s(j)| \tag{8-67}$$

$$\Delta_{\min}(j)=\min_i\min_s|e_i(j)-e_s(j)| \tag{8-68}$$

$$\Delta_{\max}(j)=\max_i\max_s|e_i(j)-e_s(j)| \tag{8-69}$$

数据序列 $\{e_i\}$ 与 $\{e_s\}$ 之间的灰色关联系数为

$$\gamma(x_i(j), x_s(j)) = \frac{\Delta_{\min}(j) + \xi\Delta_{\max}(j)}{\Delta_{is}(j) + \xi\Delta_{\max}(j)} \tag{8-70}$$

灰色关联度公式为

$$\gamma_{is} = \frac{1}{m}\sum_{j=1}^{m}\gamma(x_i(j), x_s(j)) \tag{8-71}$$

式中，ξ 为分辨系数，$\xi \in (0,1]$，一般取 $\xi=0.5$。ξ 越大分辨力越高；反之越低。

把灰色关联度作为相关系数来考虑，即 $\gamma_{is}=r(e_i,e_s)$，求出各误差源的 $u(e_i)$、不确定度传播系数 $\partial f/\partial e_i$ 和相关系数后，按式(8-58)所示的合成方法，可求出虚拟仪器测量的合成标准的合成不确定度 $u(y)$。

7. 实例分析

用虚拟仪器测量恒定压强 50 kPa，集成传感器由满量程压强为 75 kPa 的 MPX12 离子注入式 X 型硅压强传感器和信号调理板 AD522B 组成，供电电压为 5 V，数据采集卡采用 12 位的 PCI-6024E，如图 8-19 所示。

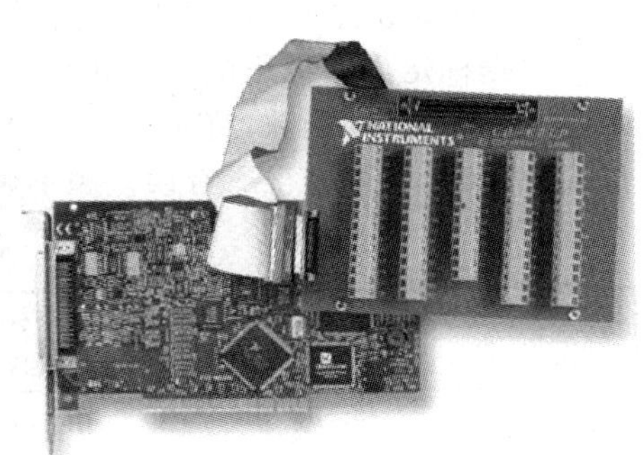

图 8-19　PCI-6024E 数据采集卡

由产品技术手册可得误差源的概率分布范围和类型。为了建立虚拟仪器的测量模型，利用高精度仪器对所有的误差源进行标定，得到 4 次标定的各误差源对测量真值影响数据和虚拟仪器测量结果，并用做 RBF 神经网络训练的样本，如表 8-6 所列。

表 8-6　误差源信息(被测压强 50 kPa，供电电压 5 V，环境温度 20℃)

组　件	符号	误差源	手册数据	误差分布类型	标定误差源影响/kPa			
					1	2	3	4
传感器、信号调理板	e_1	线性误差	$\pm 0.1\% V_{FSS}$	均匀	0.0151	0.0572	0.0675	0.0643
	e_2	压力迟滞	$\pm 0.1\% V_{FSS}$	均匀	0.0325	0.0241	0.0181	0.0564
	e_3	温度迟滞	$\pm 0.05\% V_{FSS}$	均匀	0.0052	0.0053	0.0271	0.0058
	e_4	满量程温度系数	$\pm 0.02\% V_{FSS}$/℃	均匀	0.0014	0.0046	0.0093	0.0021
	e_5	稳定性误差	$\pm 0.05\% V_{FSS}$	均匀	0.0321	0.0311	0.0119	0.0183
	e_6	灵敏度误差	$\pm 0.1\% V_{FSS}$	均匀	0.0073	0.0031	0.0153	0.0160
数据采集卡	e_7	前增益偏置	$\pm 12\,\mu$V	均匀	0.0000	0.0000	0.0000	0.0000
	e_8	后增益偏置	$\pm 500\,\mu$V	均匀	0.0012	0.0015	0.0025	0.0003
	e_9	前增益偏置温度系数	$\pm 15\,\mu$V/℃	均匀	0.0008	0.0017	0.0004	0.0035
	e_{10}	后增益偏置温度系数	$\pm 240\,\mu$V/℃	均匀	0.0019	0.0041	0.0062	0.0051
	e_{11}	程控增益偏差	$\pm 200\times10^{-6}$	均匀	0.0011	0.0007	0.0012	0.0001
	e_{12}	程控增益温度系数	$\pm 20\times10^{-6}$/℃	均匀	0.0005	0.0004	0.0006	0.0005
	e_{13}	卡上基准温度系数	$\pm 5\times10^{-6}$/℃	均匀	0.0001	0.0001	0.0001	0.0000
	e_{14}	卡上基准稳定性	$\pm 30\times10^{-6}$	均匀	0.0002	0.0001	0.0002	0.0001
	e_{15}	积分非线性	±0.5LSB	均匀	0.0019	0.0011	0.0006	0.0021
	e_{16}	微分非线性	±0.7LSB	均匀	0.0713	0.0315	0.0275	0.0573
	e_{17}	量化误差	±0.5LSB	均匀	0.0521	0.0241	0.0341	0.0470
	e_{18}	噪声	±0.1LSB	正态	0.0002	0.0004	0.0002	0.0001
	e_{19}	调节时间误差	±1LSB	均匀	0.0023	0.0019	0.0003	0.0012
	e_{20}	道间干扰	−60 dB	均匀	0.0072	0.0031	0.0257	0.0163
虚拟仪器测量结果					50.252	50.367	50.149	50.266

具体评定步骤如下：

(1) 计算各误差源不确定度分量大小

对于表 8-6 中误差源 e_1、e_2、e_3、e_5、e_6、e_7 和 e_8 可直接根据式(8-59)计算；计算误差源 e_4、e_9 和 e_{10} 时，要将误差范围乘以实际温度与参考温度 25 ℃之间的差值；计算误差源 e_{11} 和 e_{14} 时，要将误差范围乘以实际的采样值；计算误差源 e_{12} 和 e_{13} 时，要将误差范围乘以实际的采样值后再乘以实际温度与参考温度 25 ℃之间的差值，根据式(8-59)计算；误差源 e_{15}、e_{16}、e_{17}、e_{18} 和 e_{19} 的具体数值与输入信号范围有关，其中 LSB 表示理想 ADC 的最小量化间隔，再根据式(8-59)计算；根据式(8-61)计算误差源 e_{18}；误差源 e_{20} 表征多通道采样时的通道间干扰，在单通道采样时无效。

各误差源不确定度分量大小计算结果见表 8-7 第 2 列。

(2) 计算误差源不确定度传播系数

根据标定误差源影响数据和被测恒定压强值，建立 RBF 神经网络，其中隐层的传递函数采用 tan-sigmoid 函数，将 4 次标定误差影响数据全部用于训练网络，确定虚拟仪器测量模型，按式(8-65)计算可得所有误差源不确定度传播系数 $\partial f/\partial e_i$，结果见表 8-7 第 3 列。

表 8-7 各误差源不确定度及其传播系数

符 号	不确定度大小/Pa	传播系数	符 号	不确定度大小/Pa	传播系数
$u(e_1)$	43.302	0.8239	$u(e_{11})$	1.4434	1.2461
$u(e_2)$	43.302	0.6511	$u(e_{12})$	0.7217	0.3121
$u(e_3)$	21.651	0.9210	$u(e_{13})$	0.1804	0.6355
$u(e_4)$	43.302	1.4264	$u(e_{14})$	0.2165	0.8429
$u(e_5)$	21.651	0.5744	$u(e_{15})$	4.4060	0.4219
$u(e_6)$	43.302	0.8314	$u(e_{16})$	6.1684	1.8462
$u(e_7)$	0.0865	1.2430	$u(e_{17})$	4.4060	0.2576
$u(e_8)$	3.6085	0.9916	$u(e_{18})$	0.5087	0.9124
$u(e_9)$	0.5413	2.3516	$u(e_{19})$	8.8121	0.6839
$u(e_{10})$	8.6605	0.6127	$u(e_{20})$	28.868	1.2493

(3) 计算相关系数

取分辨系数 $\xi=0.5$，按式(8-67)~式(8-71)计算出相关系数 $r(e_i,e_s)$。

(4) 计算合成不确定度

利用第(3)步计算结果，代入式(8-58)合成后得到虚拟仪器的合成不确定度，即

$$u(y)=216.72\,\mathrm{Pa}$$

针对不同样本空间的标定误差源数据，利用蒙特卡洛方法进行校验，两种方法计算出的不确定度结果基本吻合，如图 8-20 所示。

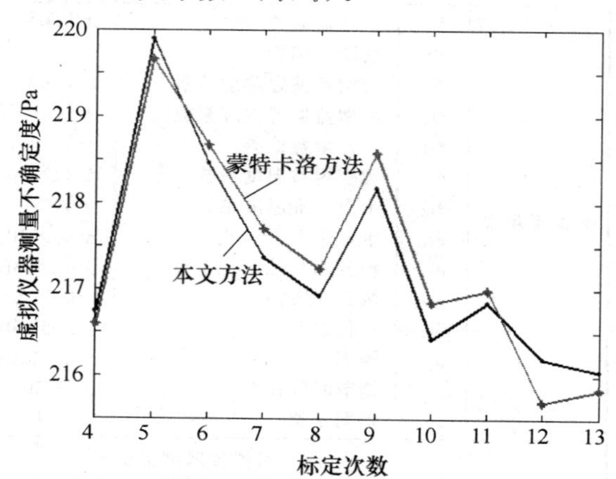

图 8-20 两种方法评定虚拟仪器的测量不确定度比较

由此可见，应用 RBF 神经网络构建虚拟仪器测量不确定度数学模型，并用差商公式计算不确定度传播系数，可有效地避免传统的测量不确定度评定方法中对测量方程的显式、解

析、线性的限制;应用灰色系统理论解决了虚拟仪器测量中不适于用统计方法计算各误差源相关系数的问题。

8.3.5　不确定度的蒙特卡洛评定

1. 评定原理

虚拟仪器测量不确定度的蒙特卡洛评定原理如图 8-21 所示。被测量通过集成传感器模块整形去噪,转换成数据采集卡需要的信号,再进入数据采集卡实现模/数转换,通过测量软件模块输出测量结果,这是虚拟仪器常规实现测量的通道。为了给出测量结果不确定度,分别考虑数据采集卡和集成传感器的误差源,应用蒙特卡洛方法产生在特定区间服从特定分布的随机数来模拟数据采集卡上误差 Δx_{Di} 和传感器的误差 Δx_{Ti},附加到采样值 x_i 上,经过测量软件模块得到伪测量结果 y_j, $j=1,2,\cdots,M$,对伪结果进行计算,得到测量结果的合成不确定度 $u_c(y)$。

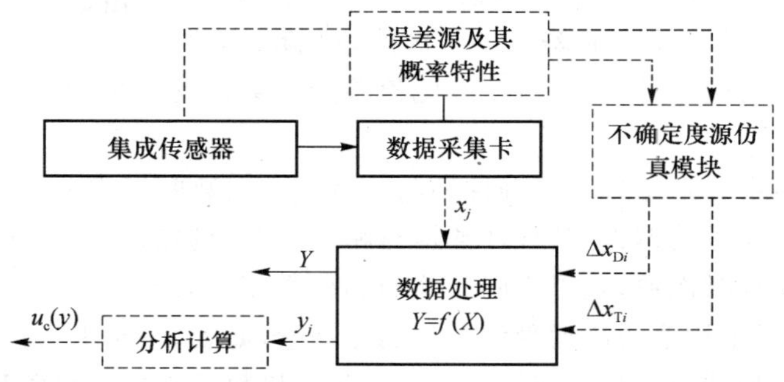

图 8-21　虚拟仪器测量不确定度蒙特卡洛评定原理

虚拟仪器有别于传统仪器的关键在于:以软件的形式实现测量信号的分析和处理,应用蒙特卡洛方法评定虚拟仪器测量不确定度的核心是将伪随机抽样产生的误差仿真数据融入测量数据处理模块,获得多个伪测量结果 y_j,通过对伪测量结果的处理,估计出虚拟仪器的测量不确定度。

应用蒙特卡洛方法评定虚拟仪器测量不确定度涉及几个关键问题:首先是对传感器模块和数据采集模块误差源及其统计特性的分析和估计,主要依据的是传感器和数据采集卡技术手册;其次是如何针对特定的误差源以及统计特性采用何种随机抽样策略获得可以表征特定误差源统计规律的伪随机误差,主要涉及伪随机数的产生及其随机性检验和特定分布随机数的统计检验,是蒙特卡洛方法的核心;最后是如何在特定虚拟仪器开发平台上实现测量不确定度评定的功能扩展,基本要求是虚拟仪器的开发平台具有可扩展性和兼容性。

2. 测量误差源仿真

利用 Labview 的扩展机制,建立一个专门用于模拟传感器和数据采集卡上误差源的仿真模块,实现虚拟仪器测量不确定度的蒙特卡洛评定。

测量误差源的仿真原理如图 8-22 所示,产生均匀分布随机数,并对它们进行随机性检验，如果未通过则重新产生均匀分布随机数；在均匀分布中抽样，产生所需要的其他概率分布的随机数，如三角分布和正态分布；进行误差源仿真随机数累加，获得传感器和数据采集卡误差的总和，并附加到实际采集的测量数据上。

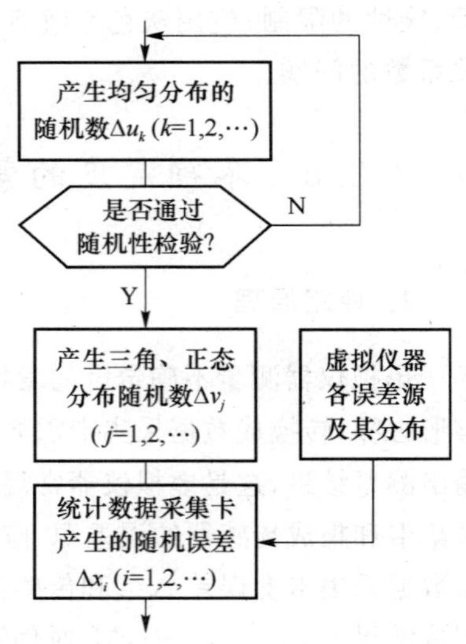

图 8-22 误差源仿真原理

从不确定度评定原理看，随机数的质量关系到不确定度评定结果的正确性，根据蒙特卡洛方法，需要对均匀分布的随机数进行随机性检验。对随机数的检验分为理论检验和经验检验，理论检验是常用的检验方式。

理论检验不是统计意义上的检验，它根据产生随机数的算法公式及其参数值，在实际产生随机数之前预测该随机数的性能，理论检验只适用于同余法随机数的产生；采用其他方法生成随机数则需要经过随机性检验，一般有矩检验、均匀性检验和独立性检验三类。

矩检验是统计所产生的随机数的零阶、一阶和二阶矩；均匀性检验通常将[0,1]区间分成若干个子区间，检验每组观测频数与理论频数之间相差的显著性，以此检验随机数的均匀性；独立性检验是检验[0,1]区间随机数的相关性。

虚拟仪器不确定度评定结果的正确性还与伪测量的次数密切相关，显然次数越多，所获得的抽样随机数集合的尺寸就越大，其统计数据与相应分布数据的不一致性就减小。例如，对于正态分布采用不同的抽样次数，获得不同尺寸的随机数集合，统计其平均值和方差，经过大量这样的抽样统计，获得平均值的变动量和方差的变动量，如表 8-8 所列。显然抽样次数越多，平均值和方差的变动量越小，越接近理论值，抽样的随机数子集的平均值和方差与理论的平均值和方差之间的差距越小，因此，虚拟仪器不确定度评定结果的可靠性越好。为此一般要求伪测量的次数 $M \geqslant 1000$。

表 8-8 抽样次数与统计参数

抽样次数	平均值的期望 $E(\bar{u})$	平均值的变动量 $E((\bar{u}-E(\bar{u}))^2)$	方差的期望 $E(\sigma^2)$	方差的变动量 $E((\sigma^2-E(\sigma^2))^2)$
10	−0.0036	0.3412	0.9748	0.2315
100	0.0207	0.1052	1.0047	0.0662
1000	−0.0034	0.0327	0.9986	0.0228
10000	−0.0007	0.0109	0.9996	0.0068
100000	0.0000	0.0030	0.9998	0.0022

3. 软件实现

在 Labview 软件平台下进行编程，可进行虚拟仪器测量不确定度的蒙特卡洛评定，如图 8-23所示。

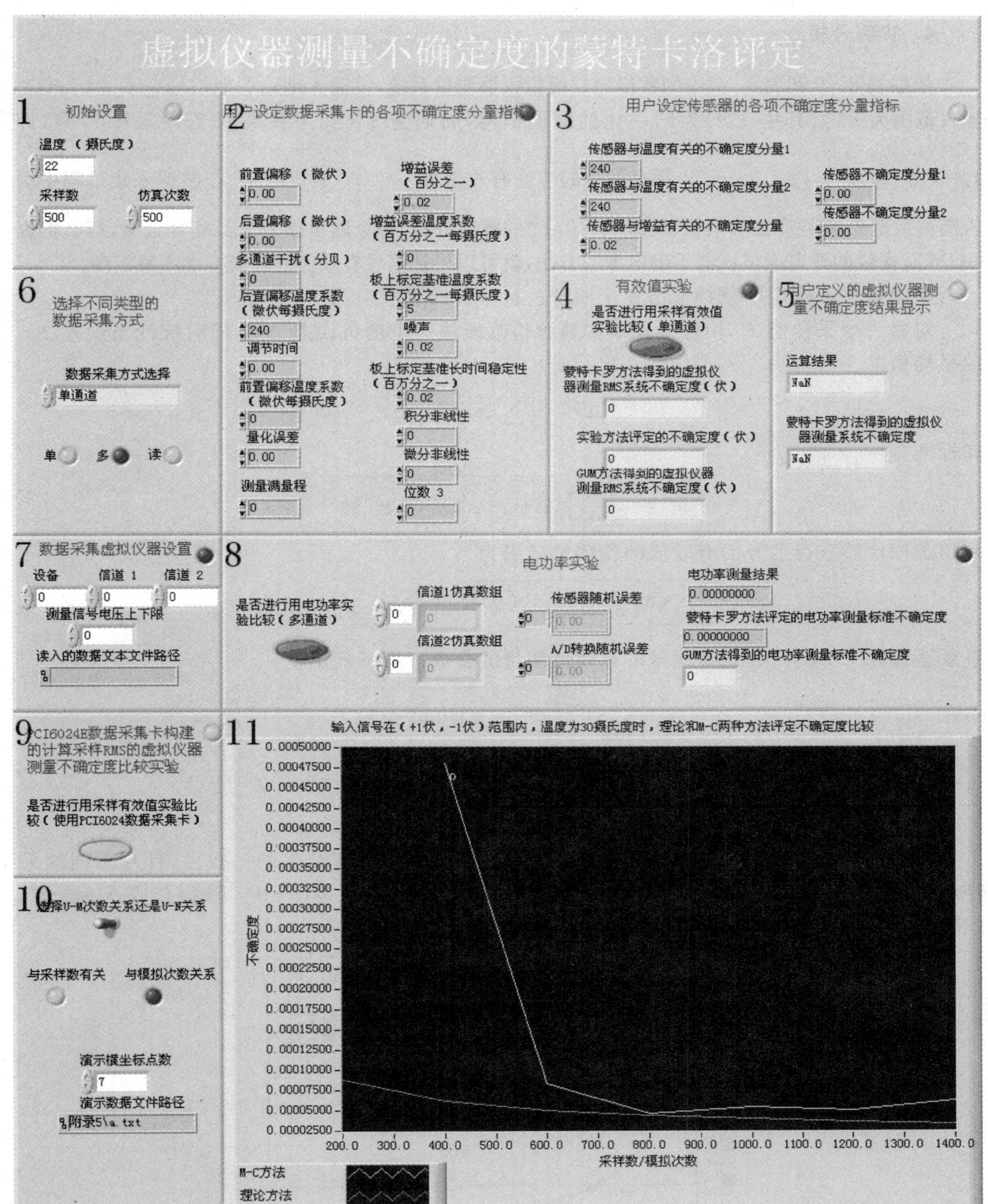

图 8－23　虚拟仪器测量不确定度蒙特卡洛评定软件的前面板

4. 实例分析

依据表 8-6 和表 8-7 中的数据建立虚拟仪器测量系统，设输入理论周期信号 $x(t)=V_0 f(t)$，输入范围为 $\pm V_0$，其中 $f(t)$ 为归一化的周期信号，周期为 T。如果在周期 T 内采样 N 点，即 $x_i=V_0 f(iT/N)$，$i=1,2,\cdots,N$，那么信号的理论有效值为 $y=\sqrt{\left(\sum_{i=1}^{N} x_i^2\right)\Big/N}$。在数据采集过程中引入随机数据采集误差 Δx_i，假设其服从 $N(0,\sigma_x^2)$ 的概率分布，每个随机误差 Δx_i 相互独立，那么根据 GUM 所提供的评定虚拟仪器不确定度的方法，就可以得到信号有效值的合成标准不确定度。

下面按照不确定度蒙特卡洛评定原理进行分析计算。

对每一个采样值 x_i，用虚拟仪器误差源仿真模块产生随机误差 Δx_i，同时统计出误差 Δx_i 的平均值

$$\Delta\bar{x}=\left(\sum_{i=1}^{N}\Delta x_i\right)N^{-1}$$

和标准差

$$u_x=\sqrt{\left[\sum_{i=1}^{N}(\Delta x_i-\Delta\bar{x})^2\right](N-1)^{-1}}$$

利用虚拟仪器获得信号的有效值的伪测量结果为

$$y_j=\sqrt{\left[\sum_{i=1}^{N}(x_i+\Delta x_i)^2\right]N^{-1}}\qquad (j=1,2,\cdots,M)$$

重复运行 $M=1\,000$ 次，获得信号的有效值测量的合成标准不确定度

$$u_y=\sqrt{\left[\sum_{j=1}^{M}(y_j-\bar{y})^2\right](M-1)^{-1}}$$

其中

$$\bar{x}=\left(\sum_{j=1}^{M}y_j\right)M^{-1}$$

为了比较依据 GUM 的不确定度评定结果与蒙特卡洛评定结果的一致性，针对不同的采样点数分别获得合成不确定度，如图 8-24 所示；改变信号输入范围 $\pm V_0$，获得合成不确定度，如图 8-25 所示。

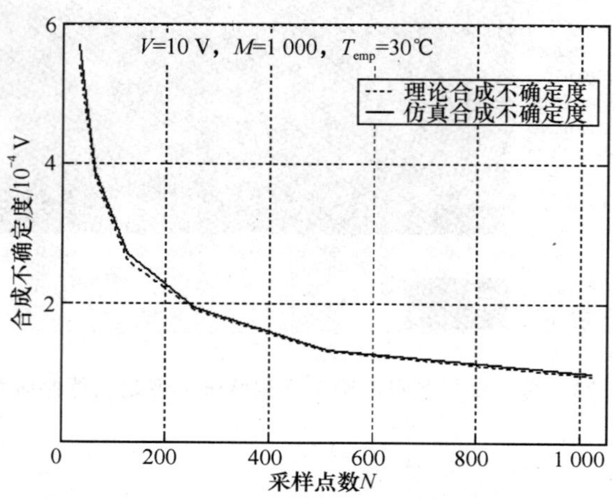

图 8-24 采样数变化时合成不确定度比较

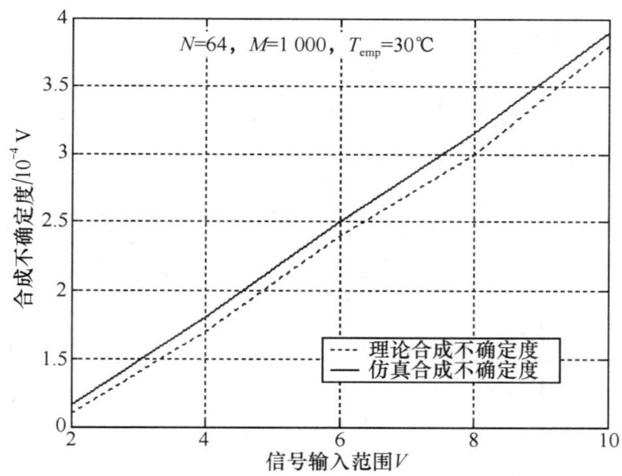

图 8-25　输入范围变化时的合成不确定度比较

显见蒙特卡洛评定结果与依据 GUM 理论评定结果有很好的一致性。

8.4　布氏硬度计误差分析与不确定度评定

材料局部抵抗硬物压入其表面的能力称之为硬度。硬度是衡量材料软硬程度的一项重要技术指标，它既可以理解为材料抵抗弹性变形、塑性变形或破坏的能力，也可以看作是材料抵抗残余变形和反破坏的能力。硬度不是一个简单的物理概念，而是材料弹性、塑性、强度和韧性等力学性能的综合指标。生产中常用布氏硬度法测定经退火、正火和调质后的钢件，以及铸铁、有色金属、低合金结构钢等毛坯或半成品材料的硬度。

8.4.1　布氏硬度的测量原理

采用布氏硬度计测量硬度，就是在一定的实验条件下，在某一级别的试验力作用下，经过规定的试验力保持时间后卸载，以试样压痕球形表面积的平均压力来表示金属的硬度值，其测量原理如图 8-26 所示。图中，ϕ 为压入角，(°)。

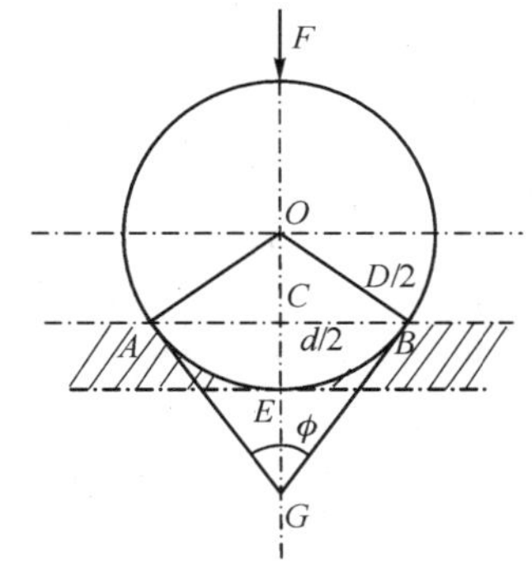

图 8-26　布氏硬度的测量原理

如果以 HB 表示布氏硬度，则布氏硬度值的计算公式为

$$HB=\frac{0.102\times 2F}{\pi D\left(D-\sqrt{D^2-d^2}\right)} \tag{8-72}$$

式中，F 为试验力，N；d 为压痕直径，mm；D 为钢球直径，mm。

如果以 HB_0 表示布氏硬度的真值，那么布氏硬度的测量误差 ΔHB 为

$$\Delta HB=HB-HB_0 \tag{8-73}$$

8.4.2 硬度测量的一些问题

1. 材料应力-应变特性与材料硬度的关系

在标准条件下，使用万能材料实验机对试样施加压力，测量材料的抗压强度。将实验机施加的压力除以试件横截面面积作为纵坐标，将试件的压缩量除以试件原长作为横坐标，得到应力-应变曲线，如图 8-27 所示。

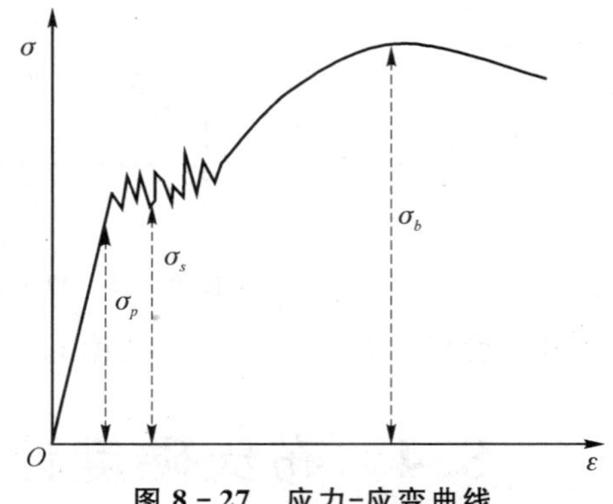

图 8-27 应力-应变曲线

在弹性阶段，应力和应变成正比，弹性极限 σ_p 为满足胡克定理的最高限。超过弹性极限后，应力 σ 有幅度不大的波动，应变 ε 急剧增加，这一阶段应力最低点为屈服极限 σ_s。经过屈服阶段后，继续施加压力，试件产生塑性变形，这一阶段应力最大值为强度极限 σ_b。在应力-应变曲线中，低于屈服点的叫做弹性部分，超过屈服点的叫做塑性部分，也叫做应变强化部分，塑性分析中应考虑塑性区域的材料特性。

材料强度为

$$\left.\begin{aligned} \sigma &= f(F, d_0) = \frac{F}{S} = \frac{4F}{\pi d_0^2} \\ F &= \pi d_0^2 \sigma / 4 \end{aligned}\right\} \tag{8-74}$$

式中，σ 为抗压强度，MPa；F 为试验力值，N；S 为试样的横截面面积，mm^2；d_0 为受力试样上表面直径，mm。

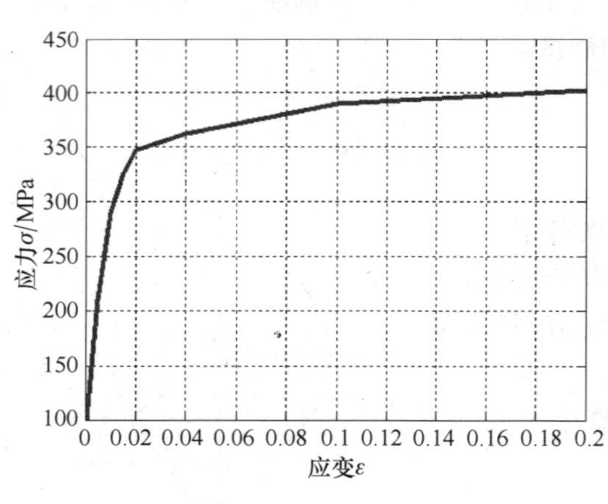

图 8-28 铜的应力-应变曲线

例如，铜的应力-应变曲线如图 8-28 所示。

将式(8-74)代入式(8-72)得到材料的应力-应变特性与材料硬度之间的关系式如下：

$$\mathrm{HB} = \frac{0.102 \times d_0^2 \sigma}{2D\left(D - \sqrt{D^2 - d^2}\right)} \tag{8-75}$$

式中，d_0 为受力试样的上表面直径，mm；d 为压痕直径，mm，可由下式求得

$$d = 2\sqrt{\left(\frac{D}{2}\right)^2 - \left(\frac{D}{2} - h\right)^2} \tag{8-76}$$

式中，h 为压痕深度，mm。

2. 力加载特性

布氏硬度试验最常用的实验条件是采用 10 mm 直径的球压头和 3 000 kgf(即 29 421 N)的试验力。这一条件最能体现布氏硬度的特点。但是由于试样的大小、材质、薄厚不同，一种试验力或一种压头很难满足要求。例如采用 HB-3000C 硬度计测量布氏硬度可以采用 5 种不

同级别的试验力：1838.8、2451.8、7355.3、9807 和 29421N。

以 HB－3000C 的 29421N 力值级别进行加载为例，考察布氏硬度测量的力加载特性。

首先布氏硬度测量实验需要从 9.8N 开始逐渐加载，加到 29421N 时保载 15s 后再卸载，见表 8－9。

表 8－9　布氏硬度计的压力控制表

时间/s	0～3	3～18	18～25
力值/N	9.8	29421	0

3. 误差源分析

在布氏硬度测量中，压痕直径测量由于各种原因不可能绝对精确，试验力、钢球以及试样等因素与标准条件也不可能完全一致，因此给布氏硬度测量结果带来误差。

布氏硬度测量的误差源如表 8－10 所列。

表 8－10　布氏硬度测量中的误差源

序　号	误差源	决定因素			
		大　小	灵敏系数	概率分布区间	概率分布类型
1	e_1	Δd	α_1	$(\Delta d_{\min}, \Delta d_{\max})$	均匀分布
2	e_2	ΔF	α_2	$(\Delta F_{\min}, \Delta F_{\max})$	正态分布
3	e_3	ΔD	α_3	$(\Delta D_{\min}, \Delta D_{\max})$	正态分布
4	e_4	ΔT	α_4	$(\Delta T_{\min}, \Delta T_{\max})$	均匀分布

对表 8－10 中的布氏硬度测量的误差源分析如下：

(1) 压痕直径测量误差引起的硬度测量误差 e_1

令 F、D 等参数为常量，对布氏硬度计算公式(8－72)中的 d 进行微分，可得

$$\Delta HB_d \approx -\frac{1+\sin\dfrac{\phi}{2}}{d\sin\dfrac{\phi}{2}} \cdot HB \cdot \Delta d \tag{8-77}$$

式中，Δd 为压痕直径的测量误差；ΔHB_d 为压痕直径测量误差引起的硬度测量误差。

压痕直径测量误差的灵敏系数可表示为

$$\alpha_1 = -\frac{1+\sin\dfrac{\phi}{2}}{d\sin\dfrac{\phi}{2}} \cdot HB \tag{8-78}$$

压痕直径的测量误差主要由直径测量的重复性误差、测量显微镜示值误差和测量人员等因素引起。

(2)试验力偏离标准值引起的测量误差 e_2

令 d、D 等参数为常量，对布氏硬度计算公式(8－72)中的 F 进行微分，可得

$$\Delta HB_F \approx -\frac{1}{n} \cdot \frac{1+\sin\frac{\phi}{2}}{F\sin\frac{\phi}{2}} \cdot HB \cdot \Delta F \tag{8-79}$$

式中，ΔHB_F 为试验力偏离标准值引起的硬度测量误差；n 为梅涅耳指数；ΔF 为压痕直径测量误差，它的灵敏系数可表示为

$$\alpha_2 = -\frac{1}{n} \cdot \frac{1+\sin\frac{\phi}{2}}{F\sin\frac{\phi}{2}} \cdot HB \tag{8-80}$$

(3) 钢球直径偏离标准值引起的硬度测量误差 e_3

令 d、F 等参数为常量，对布氏硬度计算公式(8-72)中的 D 进行微分，可得

$$\Delta HB_D \approx -\left(1-\frac{2}{n}\right) \cdot \frac{1+\sin\frac{\phi}{2}}{D\sin\frac{\phi}{2}} \cdot HB \cdot \Delta D \tag{8-81}$$

式中，ΔHB_D 为钢球直径偏离标准值引起的硬度测量误差；ΔD 为钢球直径测量相对误差，此项误差的灵敏系数可表示为

$$\alpha_3 = -\left(1-\frac{2}{n}\right) \cdot \frac{1+\sin\frac{\phi}{2}}{D\sin\frac{\phi}{2}} \cdot HB \tag{8-82}$$

(4) 试样温度偏离标准值引起的硬度测量误差 e_4

随着试样温度的升高，布氏硬度值降低；反之升高。

根据公式

$$HB = HB_0 + K_T \cdot HB_0 (T-20) \tag{8-83}$$

式中，HB_0 为试样温度标准值 20 ℃时的布氏硬度值；HB 为试样实际温度 T 时的布氏硬度值；ΔT 为试样温度的偏差，温度系数 $K_T \approx -0.052\%/1$ ℃。则

$$\Delta HB_T = -0.052\% \cdot HB_0 \cdot \Delta T \tag{8-84}$$

式中，ΔHB_T 为试样温度偏离标准值引起的硬度测量误差，此项误差的灵敏系数可表示为

$$\alpha_4 = -0.052\% \cdot HB_0 \tag{8-85}$$

8.4.3 测量过程的力学分析

1. 分析原理

对整个布氏硬度计的测量过程进行力学分析，在已知被测材料的应力-应变后，通过对整个测量过程进行有限元分析，计算出压痕深度和直径等数据，考虑全部布氏硬度测量的误差源以及测量条件等因素，采用小样本非统计原理对所有误差源的影响进行数字化模拟，进而得到材料的布氏硬度测量结果及其不确定度。

如图 8-29 所示，力学分析方法分为 5 个步骤：

① 使用材料的性能资料或直接在万能材料实验机上进行实验，获得被测材料的应力-应

变关系数据。

② 研究布氏硬度测量的实际环境，对一些影响测量结果的环境因素如温度、力保载时间和力载荷大小等进行定量分析。

③ 综合上述分析结果，依据布氏硬度测量原理，利用计算机进行有限元分析，并模拟整个布氏硬度测量的全过程，计算出材料布氏硬度测量过程中的最大应力、最小应力、压痕直径和压痕深度等数据。

④ 分析布氏硬度测量的全部误差源，这些误差源的种类和大小可能会因布氏硬度测量方式和被测材料的变化而不同。

⑤ 依据非统计分析方法，数字化模拟布氏硬度测量的所有误差源，设定实际测量环境变量，进行大样本的材料布氏硬度测量仿真计算，经统计分析后得到该材料布氏硬度的估计值以及测量不确定度。

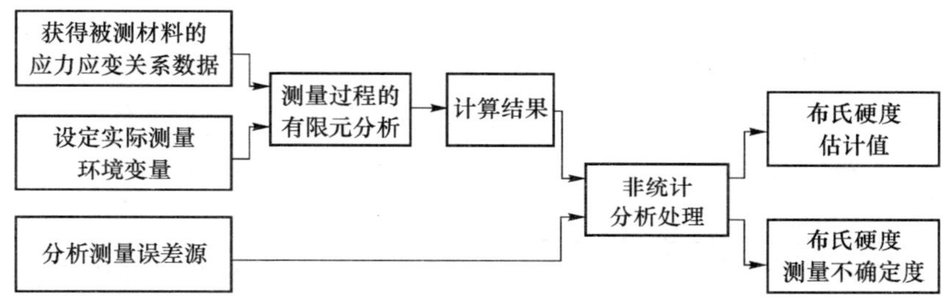

图 8－29　材料硬度测量力学分析

2. 实例分析

在 HB－3000C 高精度布氏硬度计上，采用不同直径的压头、不同的试验力以及不同保载时间进行布氏硬度测量。

被测材料为多晶体纯铝圆柱体，它的直径为 10 cm，高为 5 cm。

应用万能材料实验机测得该实验块的应力-应变曲线如图 8－30 所示，布氏硬度测量的力加载控制流程如图 8－31 所示。

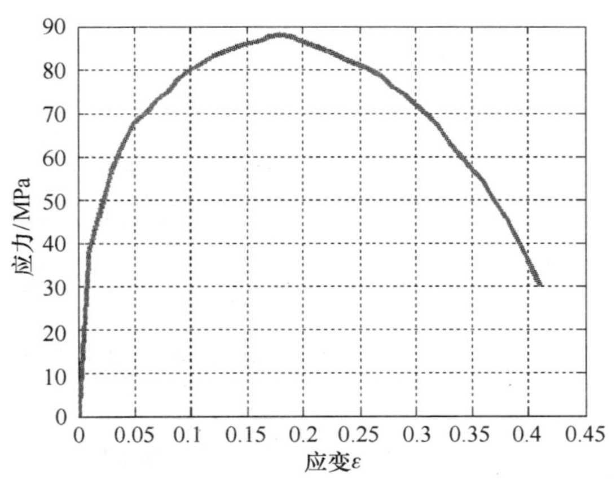

图 8－30　多晶体纯铝的应力-应变曲线

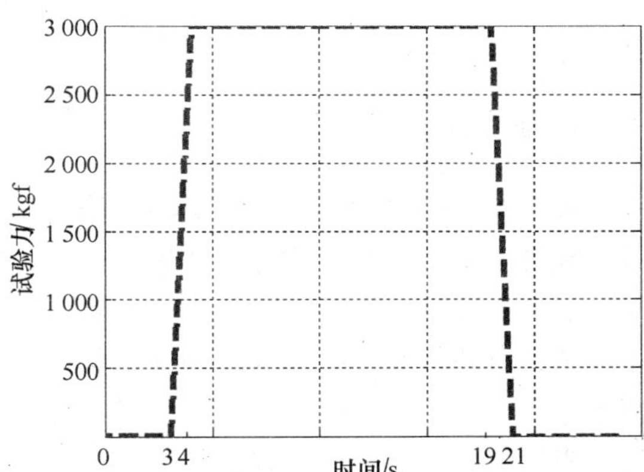

图 8－31　硬度测量的力加载控制

首先标定出布氏硬度计的力载荷29421N在保载时间15s、温度20℃时测量不确定度的来源与特性,如表8-11所列。

表8-11 HB-3000C测量不确定度的来源与特性

不确定度源	硬度范围0～250HB		硬度范围250～450HB		硬度范围450～600HB	
	分布区间	服从分布	分布区间	服从分布	分布区间	服从分布
u_1/HB	(−0.017,0.018)	均匀	(−0.021,0.021)	均匀	(−0.023,0.023)	均匀
u_2/HB	(−0.004,0.003)	均匀	(−0.007,0.007)	均匀	(−0.009,0.008)	均匀
u_3/HB	(−0.015,0.015)	均匀	(−0.010,0.010)	均匀	(−0.024,0.023)	均匀
u_4/HB	(−0.001,0.001)	均匀	(−0.003,0.003)	均匀	(−0.004,0.002)	均匀
u_5/(%)	(−0.135,0.033)	正态	(−0.152,0.073)	正态	(−0.114,0.013)	正态

布氏硬度值及测量不确定度的计算结果如图8-32和图8-33所示。

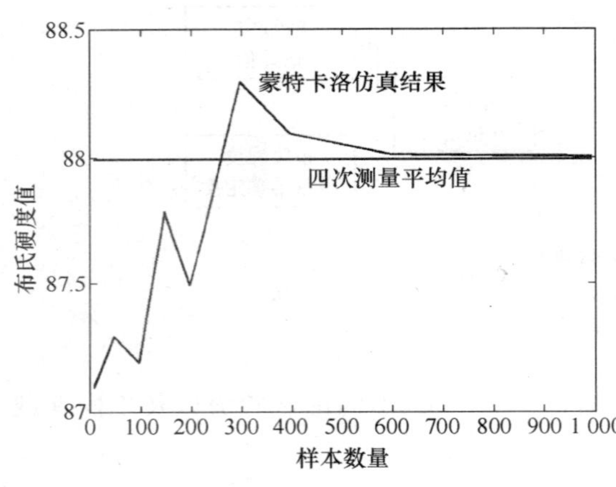

图8-32 布氏硬度值的比较

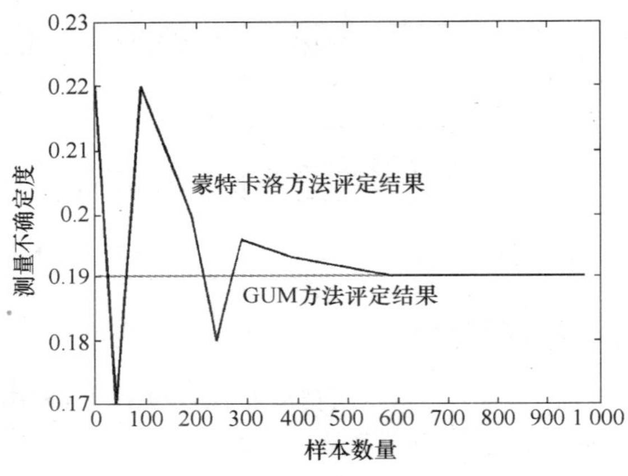

图8-33 测量不确定度的比较

8.4.4 测量不确定度的评定

1. 评定原理

按照布氏硬度测量数据来源的两种途径,可以采用蒙特卡洛方法进行不确定度的评定,通过对硬度测量标定数据或测量结果进行数据处理,得到布氏硬度的测量不确定度。

(1) 依据误差源标定数据进行评定

依据误差源标定数据,进行基于蒙特卡洛方法的材料硬度测量不确定度评定原理如图8-34所示。

根据蒙特卡洛方法,由随机数发生器产生区间[0,1]上服从均匀分布且通过检验的伪随机数;根据材料布氏硬度测量过程中各误差源决定因素的概率分布信息(分布区间、分布类型),分别对所有决定因素在各自的概率分布区间里进行随机变量抽样,产生一系列伪随机数Δx_{di},

$\Delta x_{Fi}, \Delta x_{Di}, \Delta x_{Ti}, i = 1, \cdots, m$；仿真所有的误差源，即将这一系列伪随机数分别乘以它们的灵敏系数 $\alpha_d, \alpha_F, \alpha_D, \alpha_T$；将全部误差源的仿真数据进行累加，得到单次硬度测量的总误差 y_i；执行 m 次模拟实验后获得输出累加数据，即 m 个硬度测量总误差；进行分析计算，这一系列总误差的标准差则代表了材料布氏硬度测量标准不确定度。基于蒙特卡洛仿真方法的材料布氏硬度测量不确定度评定的精度依赖于性能良好的随机数发生器。

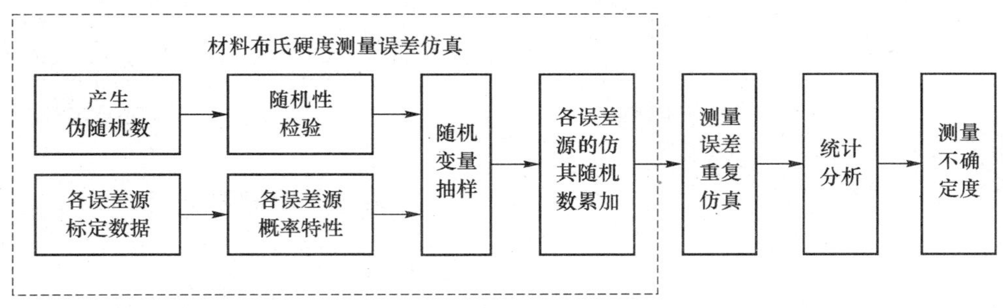

图 8-34　基于蒙特卡洛方法材料布氏硬度测量不确定度原理(依据误差源标定数据)

(2) 依据测量结果进行评定

如图 8-35 所示，根据蒙特卡洛方法，由随机数发生器产生在区间[0,1]上服从均匀分布且通过随机性检验的伪随机数；根据小样本量材料布氏硬度的测量结果，确定它们的概率分布信息如分布区间和分布类型等；在该区间内进行随机变量抽样，产生随机数仿真材料硬度测量结果，执行 m 次的蒙特卡洛仿真，获得了 m 个测量结果仿真数据；进行分析计算，所得标准差则代表了材料硬度测量标准不确定度。

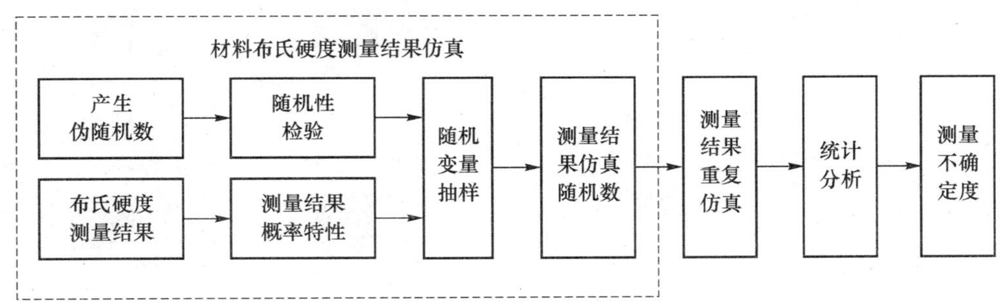

图 8-35　基于蒙特卡洛方法材料布氏硬度测量不确定原理(依据测量结果)

2. 软件实现

在 Labview 软件平台下进行编程，可以实现上述两种途径的不确定度评定，如图 8-36 所示。

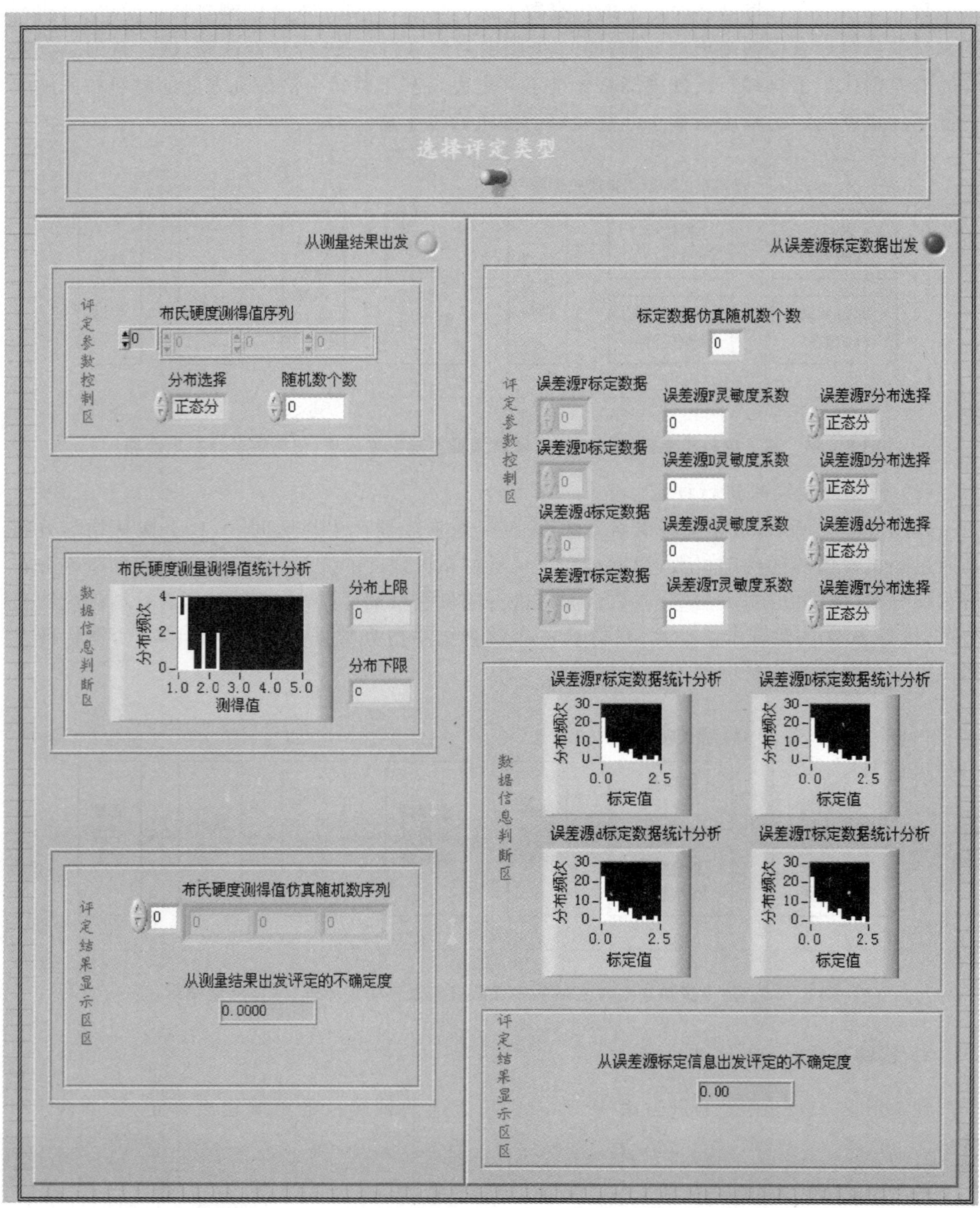

图 8-36　材料布氏硬度测量不确定度的蒙特卡洛评定软件的前面板

3. 实例分析

用布氏硬度计对某型航空发动机的某部件进行硬度测量，试验力为 $F=29\,421\,\text{N}$，压头材料为 0Cr18Ni9，钢球压头直径为10 mm，用最小刻度值为 0.01 mm 的读数显微镜进行压痕直径测量，压入角 $\phi=136°$，取梅涅耳指数$n=2.1$。

压痕直径误差标定数据和钢球直径误差标定数据如图 8-37 所示；小样本布氏硬度测得值、试验力误差 ΔF 标定数据和试样温度测量误差 ΔT 标定数据诸误差源如表 8-12 所列。

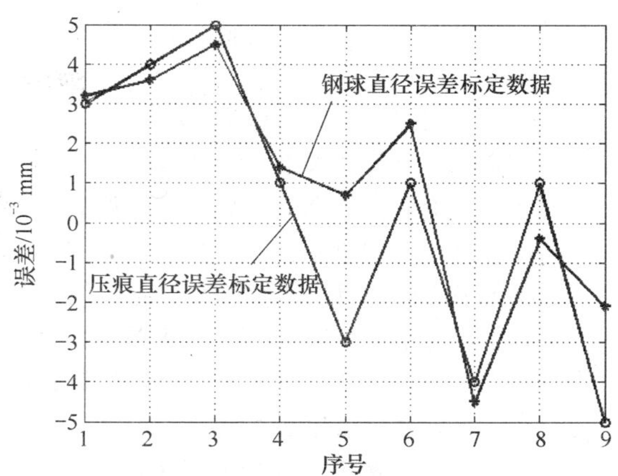

图 8-37　压痕直径和钢球直径误差标定数据

表 8-12　布氏硬度测量误差源

序　号		1	2	3	4	5	6	7	8	9	区间分析
HB 的测得值 (5 mm/750 kgf)		200	201	202	199	199	200	198	200	199	[198,202]
误差源	ΔF/N	21.324	29.421	18.534	2.568	−29.421	4.695	−12.368	−6.359	7.562	[−29.421,29.421]
	ΔT/℃	20.05	21.54	19.98	19.96	20.13	21.56	20.68	22.03	22.01	[19.96,22.13]

下面分别依据误差源标定数据和测量结果分别进行评定。

(1) 依据误差源标定数据进行评定

1) 压痕直径测量误差仿真

根据图 8-37 所示的压痕直径误差标定数据，$\Delta d_{\min}=-0.004\,5\,\text{mm}$，$\Delta d_{\max}=0.004\,5\,\text{mm}$，灵敏系数 $\alpha_1=-\dfrac{1+\sin\dfrac{\phi}{2}}{d\sin\dfrac{\phi}{2}}\cdot\overline{\text{HB}}=-\dfrac{1+\sin 68°}{0.375\,5\sin 68°}\cdot\overline{\text{HB}}$，这里使用小样本试样布氏硬度测量结果的平均值$\overline{\text{HB}}$进行计算。

根据蒙特卡洛方法，首先按乘同余法产生(−1,1)区间内的均匀分布伪随机数 $\xi_i(i=1,\cdots,m)$，并进行随机性检验。对 ξ_i 进行随机变量抽样，产生在区间(−0.0045,0.0045)范围内均匀分布的随机数，乘以灵敏系数 α_1，用以仿真压痕直径测量引起的布氏硬度误差。

2) 试验力偏离引起的误差仿真

由表 8-12 可知，$\Delta F_{\min}=-29.421\,\text{N}$，$\Delta F_{\max}=29.421\,\text{N}$。由此求得灵敏系数为

$$\alpha_2\approx-\frac{1}{29\,421}\cdot\overline{\text{HB}}$$

同理产生伪随机数，并乘以灵敏系数 α_2，用于仿真试验力偏离标称值引起的布氏硬度误差。

3) 钢球直径偏离引起的误差仿真

由图 8-37 可知，$\Delta D_{\min}=-0.004\,\text{mm}$，$\Delta D_{\max}=0.004\,\text{mm}$。由此求得灵敏系数为

$$\alpha_3\approx-\frac{1}{100}\cdot\overline{\text{HB}}$$

同理产生伪随机数，并乘以灵敏系数 α_3，用于仿真钢球直径偏离标称值引起的布氏硬度误差。

4）试样温度偏离引起的误差仿真

根据试样温度重复标定数据，$\Delta T_{\min}=19.96$ ℃，$\Delta T_{\max}=22.13$ ℃。

同理产生伪随机数，并乘以所求得的灵敏系数 $\alpha_4=-0.00052\ \overline{\mathrm{HB}}$，用于仿真温度偏离标称值引起的布氏硬度误差。

5）布氏硬度测量不确定度评定

综合前四步的仿真结果，并且进行累加。以此重复进行大量的蒙特卡洛仿真，获得大样本的布氏硬度测量误差序列，统计分析计算标准差后获得布氏硬度的测量不确定度。

（2）依据测量结果进行评定

根据蒙特卡洛方法，首先按乘同余法产生（−1,1）区间内的均匀分布伪随机数 $\xi_i(i=1,\cdots,m)$，并对它们进行随机性检验。进行随机变量抽样，产生在区间（198,202）范围内大样本量的随机数，用于仿真布氏硬度测量结果，计算标准差后获得布氏硬度测量的标准不确定度。

使用前面板如图 8-36 所示的计算软件，可获得不确定度的评定结果；另外，还采用了其他有效的方法如灰色系统方法、极差法、最大残差法进行小样本测量数据不确定度的评定，如表 8-13 所列。由此可知，按两种途径进行的评定方法都能很好地进行材料布氏硬度测量不确定度的评定，并且本文方法在一定程度上优于极差法和最大残差法。

表 8-13　布氏硬度测量不确定度评定结果的比较

评定方法		HB 不确定度
灰色系统方法		1.202
极差法		1.347
最大残差法		1.310
本文方法	依据误差源标定数据	1.225
	依据测量结果数据	1.287

8.4.5　布氏硬度计的设计

新型布氏硬度计可以直接测量布氏硬度值，要求一次动作即可自动完成保护套接触，夹紧并竖直调整工作，测头预压载，打压痕，采样循环测试；测量阶段自动检查测试周期，自动诊断并给出信号，通过 RS-232 接口连接打印机和计算机传输数据；它的每一次测量都是有效测量，并且可以在各种极端条件下进行硬度测量。

新型布氏硬度计的设计指标如下：

- 测量范围：4～450 HBS，4～650 HBW；
- 试验力：612.9，980.7，1225.9，1838.8，2451.8，4903.5，7355.3，9807，14710.5，29421 N；
- 试验力值允差：±0.1%；
- 试件允许最大高度：240 mm；
- 测量不确定度：0.7%。

针对不同的试验力值范围，设计出两种新型高精度布氏硬度计，分别采用（125，3000）kgf 范围内大力值的力加载方案和（0，125）kgf 范围内小力值的力加载方案。

1. 大力值高精度布氏硬度计设计

大力值高精度布氏硬度计由测量平台、压头、压力传感器、传动丝杠、步进电机、驱动器、外壳及人机交流界面组成，采用由旋转电机、联轴节、丝杠、丝杠轴承、丝杠螺母及运动部件（如工作台、主轴箱、立柱等）诸部分组成的直线运动控制系统。

大力值高精度布氏硬度计的整体机械结构如图 8-38 所示。

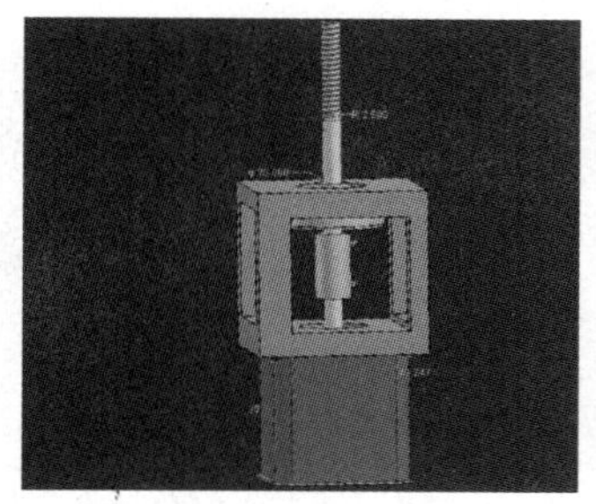

(a) 电机与丝杠

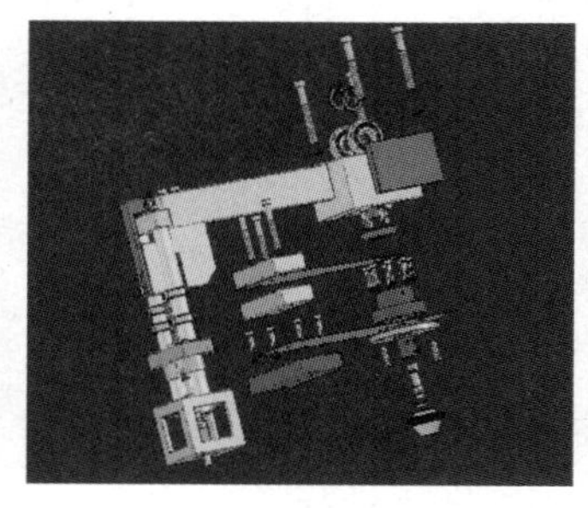
(b) 爆炸式分解图

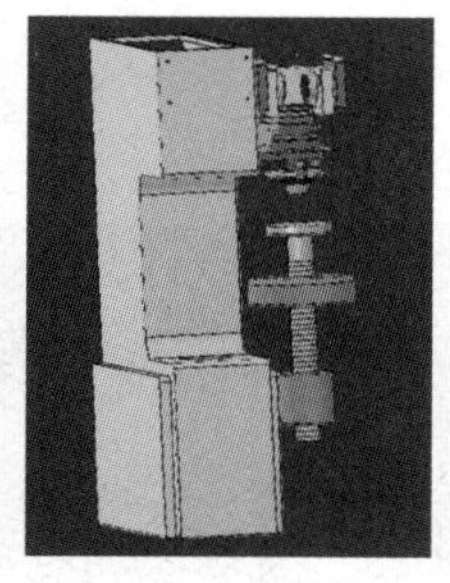
(c) 外形图

图 8-38　大力值高精度布氏硬度计的三维机械设计实体图

大力值布氏硬度计的主要结构如图 8-39 所示。

(a) 滚珠丝杠

(b) 压　头

(c) 内部结构图

图 8-39　大力值高精度布氏硬度计的主要结构

2. 小力值高精度布氏硬度计设计

小力值高精度布氏硬度计采用的是具有运动惯量小、系统刚度大、高速度、高精度等特点的基于直线电机的直线运动控制系统。设计出小力值高精度布氏硬度计的机械实体图、二维外形示意图和自动转向装置如图 8-40 所示。

小力值高精度布氏硬度计的具体工作方式是：将待测试件安放于测量机的工作台上，调整工作台上的两个旋钮，使工作台的中心对准直线电机动子的中轴线；根据硬度指标的要求，在计算机上选择硬度测量的不同方式：布氏硬度、维氏硬度和洛氏硬度测量；计算机发出指令控制步进电机通过联轴器构件和小齿轮带动大齿轮底盘进行旋转，使得对应压头位置与直线电机中轴线重合；在计算机上选择期望级别的载荷，计算机发出控制指令，直线电机带动大梁和导柱向下运动；在压头接触到试件过程中，传感器检测出力值反馈到计算机，并在计算机上显示出力载荷数据，进而通过计算机控制直线电机的运行，使得施加的力载荷满足给定的力值和保载时间要求。计算机通过指令控制直线电机带动大梁和大齿轮底盘向上运动，完成卸载过程；计算机发出指令控制步进电机通过联轴器构件和小齿轮带动大齿轮底盘进行对应角度的旋转，使得压痕测量装置的位置与直线电机的中轴线重合，进行压痕深度和直径的测量，将压痕数据传送到计算机，并在计算机上显示出压痕数据；计算机处理传感器传送的载荷数据和压痕测量装置传送的压痕数据，显示出材料硬度指标的测得值，实现恒定压力载荷控制下不同材料硬度指标的自动测量和显示。

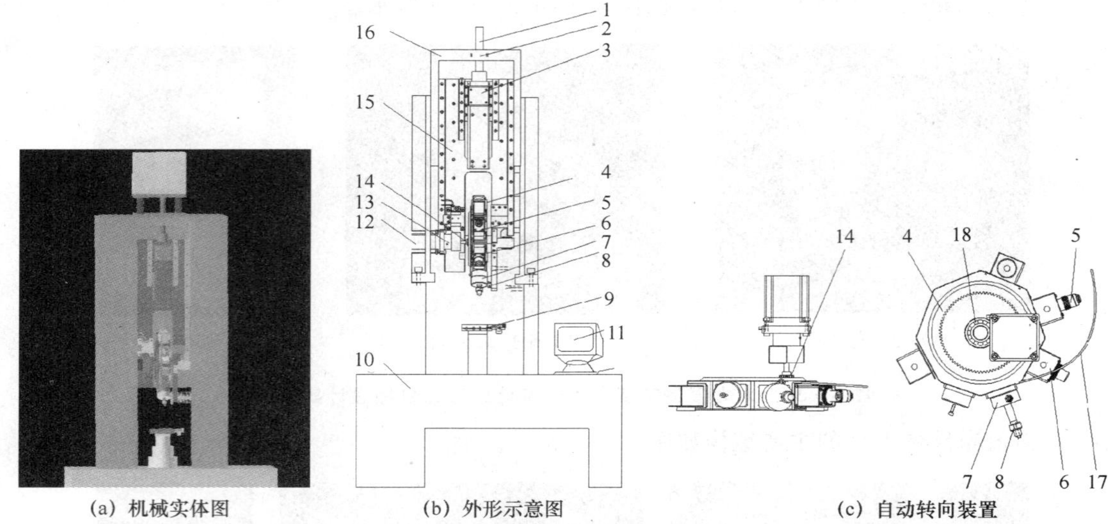

(a) 机械实体图　(b) 外形示意图　(c) 自动转向装置

1—导柱；2—导柱套；3—直线电机；4—大齿轮底座；5—压痕测量装置；6—压头固定器；7—传感器；8—压头；9—工作台；10—底座；11—计算机；12—直线电机；13—联轴器构件；14—小齿轮；15—大梁；16—外壳；17—弹簧片；18—轴承

图 8-40 小力值布氏硬度计的机械设计

研制出的小力值高精度布氏硬度计外形与换头机构如图 8-41 所示。

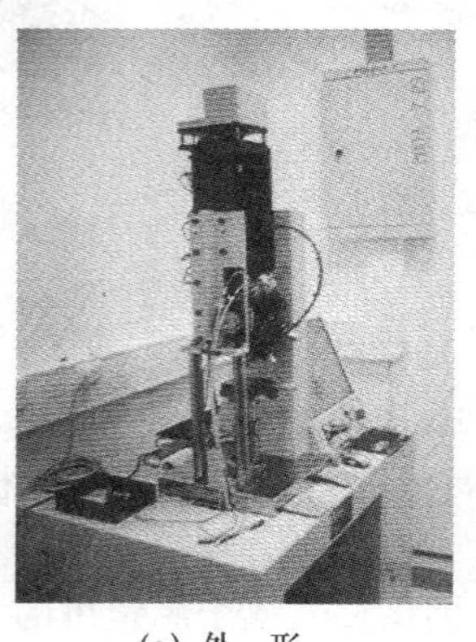

(a) 外 形

(b) 换头机构

图 8-41 小力值高精度布氏硬度计的外形与换头机构

3. 主要机械结构的有限元分析

下面分别对大、小力值新型高精度布氏硬度计的主要机械结构进行有限元分析。

(1) 大力值新型高精度布氏硬度计的杠杆大梁有限元建模和计算

由于有限元分析软件 ANSYS 本身的功能有限，几何实体建模实现起来不方便，但可通过

CAXA 建模之后通过 SAT 格式导入。

用 CAXA 生成的实体图如图 8-42 所示。

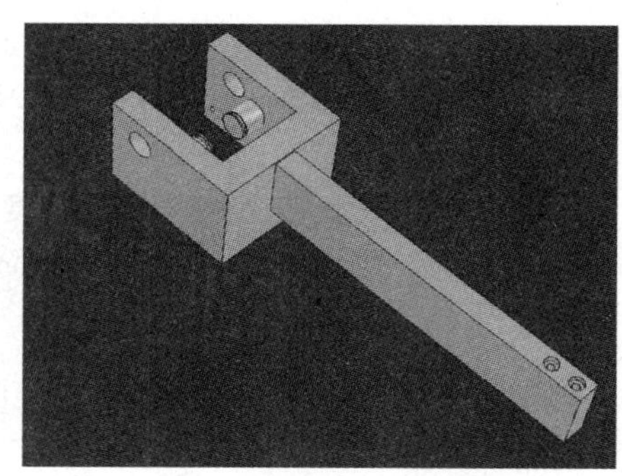

图 8-42　CAXA 生成的实体图

由于有限元模型中的任一单元都具有特定的属性，对于单元属性的设置必须在网格划分之前进行。

大力值新型高精度布氏硬度计采用的杠杆大梁材料为 A36 钢，由于杠杆主要受转动力矩的作用，因此要选择有节点转动的实体单元。单元 Solid95 是三维单元，有 8 个节点，每个节点有 6 个自由度，可以较好地描述杠杆大梁的变形和受力情况。

在机械结构的有限元分析中还必须确定材料的属性，输入材料的杨氏模量、密度和泊松比。这里密度为7 850 kg/m^3，弹性模量数值为 2.0×10^{11}，泊松比为 0.32。

采用智能网格划分，杠杆大梁取划分精度为 5，划分网格后的杠杆大梁如图 8-43 所示。

在施加约束和载荷后，得到有限元计算结果，杠杆的受力变形图如图 8-44 所示，虚线为未受力时的状态；杠杆的等效应力图如图 8-45 所示；杠杆的节点在 Y 方向的应力图如图 8-46 所示。

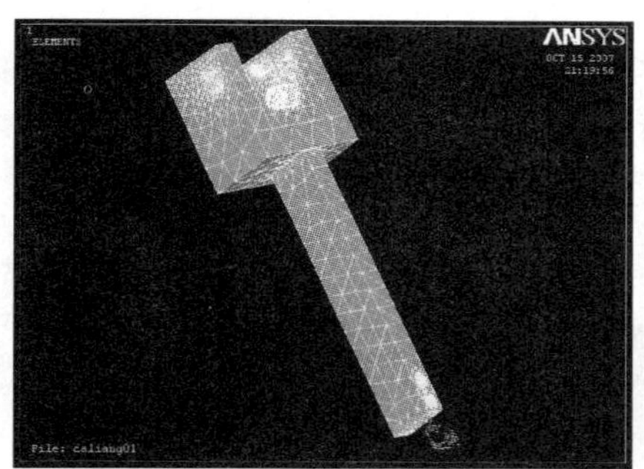

图 8-43　ANSYS 网格划分图

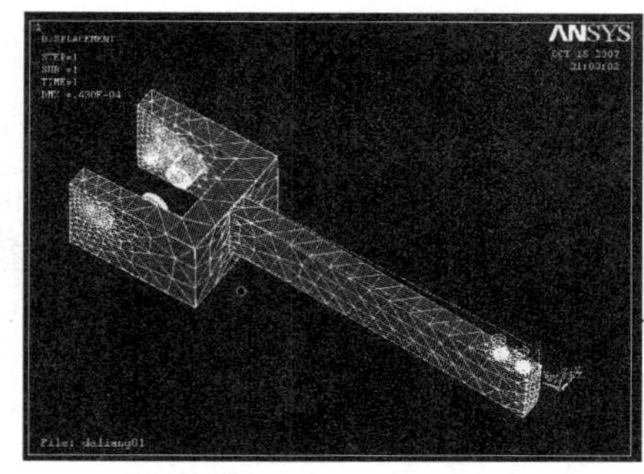

图 8-44　受力变形图

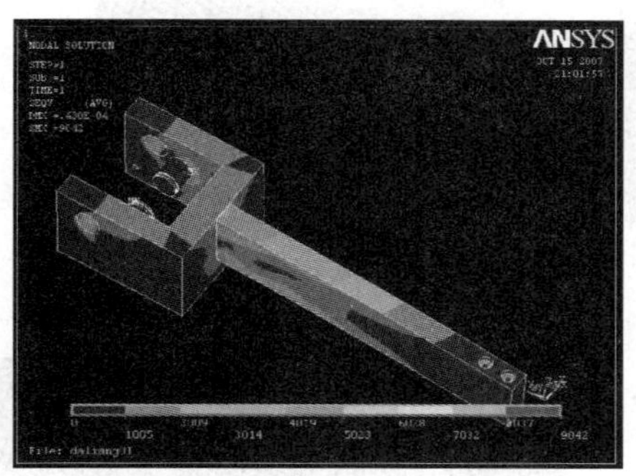

图 8-45　等效应力图

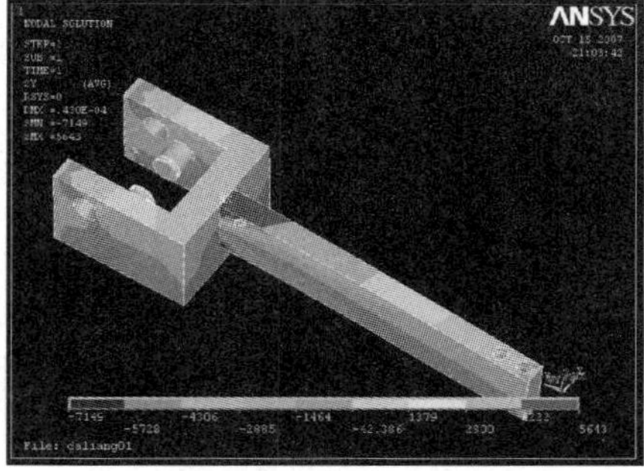

图 8-46　节点 Y 方向应力图

图 8-45 和图 8-46 中零件颜色越深的地方说明此处的应力越大。在等效应力图 8-45 中，杠杆与键联结处的应力最大。

在受力变形图 8-44 中，杠杆在底部边缘处变形最大。

杠杆的静力学校核条件为$[\sigma]\geqslant\sigma_{max}$，其中 σ_{max} 为最大应力；$[\sigma]$为考虑了材料安全系数和形状系数的许用应力。

材料 A36 的屈服极限为 400 N/mm²，取安全系数为 10，故许用应力为

$$[\sigma]=\sigma_{0.2}/s=400/10=40\ \text{N/mm}^2$$

杠杆的最大应力 $\sigma_{\max}$ 为 13.892 N/mm²，满足 $[\sigma]\geqslant\sigma_{\max}$，因此杠杆有足够的稳定性和强度余量。

(2) 小力值新型高精度布氏硬度计横梁有限元建模和计算

横梁的二维零件图和受力分析简图分别如图 8-47 和图 8-48 所示。

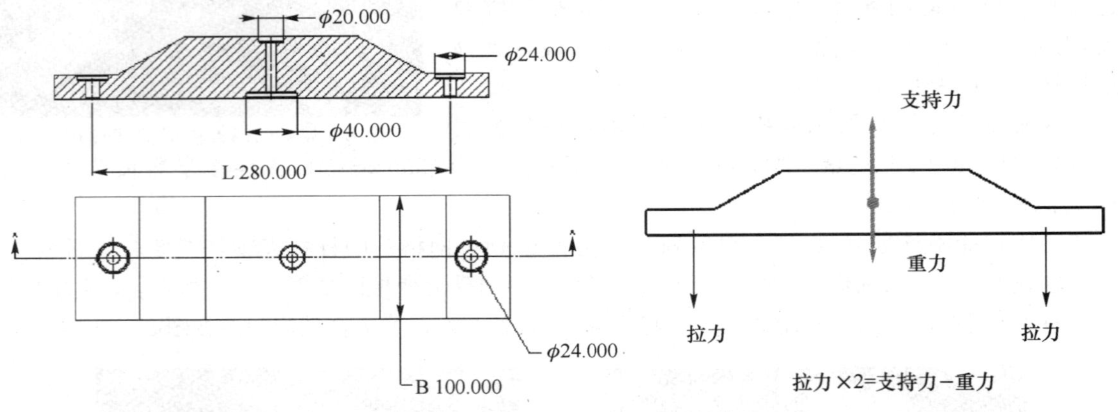

图 8-47　横梁的二维零件图　　　图 8-48　受力分析简图

用 CAXA 设计的三维实体图如图 8-49 所示。

在 ANSYS 软件环境下定义材料的属性、实常数、单元类型后进行网格划分，如图 8-50 所示。

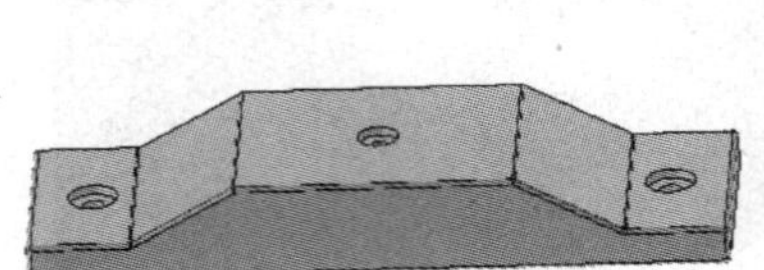

图 8-49　三维实体图

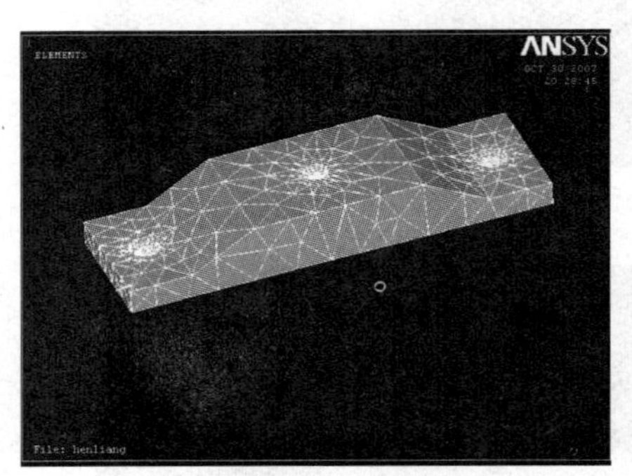

图 8-50　网格划分图

施加约束和载荷后，结构变形图如图 8-51 所示。

节点最大应力为 285 892 N，节点最小应力为 416.967 N，节点最大位移为 0.777×10^{-4} cm。

通过以上的有限元计算可知，在大力值新型高精度布氏硬度计的工作过程中，大梁最可能出现破坏的地方是传递压力的中间联结处和两端的支点处，设计新型布氏硬度计时可通过改善中间联结处和支点处的材料来加强结构强度。

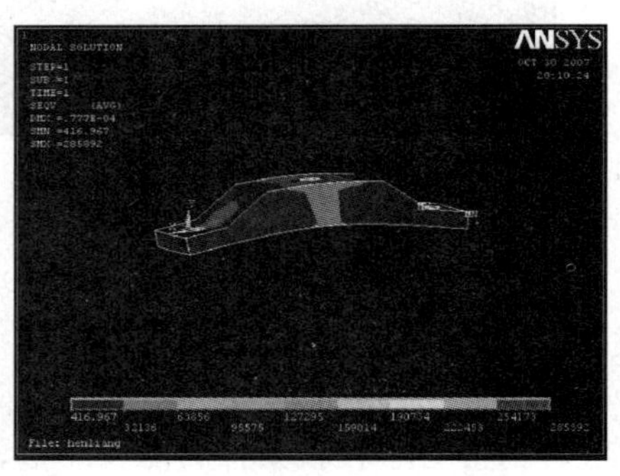

图 8-51　结构变形图

8.5　本章小结

本章采用范数理论、灰色系统理论、神经网络理论和蒙特卡洛理论等，对谐波与圆度测量中的误差分析、表面形貌误差的评定基准分析、虚拟仪器的误差分析与不确定度评定、布氏硬度计的误差分析与不确定度评定等多个应用实例的具体研究表明，采用精密仪器小样本非统计分析的基本原理，可以对测量系统的精度进行分析与评定，在科学研究与生产实践中具有重要的推广价值与应用前景。

参考文献

[1] 刘智敏.评定精度的最大残差法[J].中国科学,1979,35(4):337-344.

[2] 房祥忠,陈家鼎.EM算法在假设检验中的应用[J].中国科学A辑,2003,33(2):180-184.

[3] 倪宝汉,刘春龙,丁金学.相关数据的总体平均状态差异的统计检验[J].松辽学刊,2002,19(4):42-43.

[4] Toft C A, Shea P J. Detecting Community Wide Patterns: Estimating Power Strengthens Statistical Inference[J]. Am Nat,1983,122(2):618-625.

[5] 胡国宏,王兆军,柴俊海.统计检验功效在水产研究中的意义和方法[J].水产科学,2000,19(4):22-26.

[6] 张忠典,尹孝辉,王群.焊点质量稳定性的高功效统计检验[J].焊接,2001,15(4):18-20.

[7] 郑祖康.假设检验的稳定性[J].中国科学A辑,1997,27(9):782-792.

[8] 林路,张润楚.假设检验的相对稳定性[J].应用数学学报,2001,24(4):616-622.

[9] Watansbe N. Imsizumi T. A Fuzzy Statistical Test of Fuzzy Hypotheses[J]. Fuzzy Sets and Systems,1993,53(2):167-178.

[10] 魏立力,张文修.两参数指数分布模型多重模糊假设检验的贝叶斯方法[J].系统工程,2002,20(2):1-5.

[11] 赵敏荣,杨增选,张善文.假设检验在模型验证中的应用[J].航空计算机,2003,33(1):1-3.

[12] Paparoditis E, Dimitris N. Politis. Bootstrap Hypothesis Testing in Regression Models[J]. Statistics and Probability Letters,2005,74(3):356-365.

[13] 王中宇,夏新涛,朱坚民.非统计原理及其工程应用[M].北京:科学出版社,2005:6-10.

[14] 解志坚,薄玉成.武器系统效能评定的灰靶理论应用[J].兵工学报,2006,27(1):162-165.

[15] 诺维茨基,佐格拉夫.测量结果误差估计[M].北京:中国计量出版社,1990:206-210.

[16] Nuccio S, Spataro C. Approaches to Evaluate the Virtual Instrumentation Measurement Uncertainties[C]. Hungary:IEEE IMTC,2001:84-89.

[17] Ghiani E, Locci N. Evaluation of Uncertainty in Measurements Based on Digitized Data[J]. Measurement,2002,32(4):265-272.

[18] Locci N, Muscas C, Peretto L, Sasdelli R. A Numerical Approach to the Evaluation of Uncertainty in Nonconventional Measurements on Power Systems[C]. Hungary:IEEE IMTC,2001:698-703.

[19] Hunter A, Liu Weiru. Fusion Rules for Merging Uncertain Information[J]. Information Fusion,2006,7(2):97-134.

[20] Robert S Lynch Jr, Peter K Willett. Use of Bayesian Data Reduction for the Fusion of Legacy Classifiers[J]. Information Fusion,2003,4(1):23-34.

[21] Carpenter G A, Martens S, Ogas O J. Self-organizing Information Fusion and Hi-

erarchical Knowledge Discovery: a New Framework Using ARTMAP Neural Networks[J]. Neural Networks, 2005, 18(3): 287-295.

[22] Deng Zili, Gao Yuan, Mao Lin, Li Yun, Hao Gang. New approach to Information Fusion Steady-state Kalman Filtering[J]. Automatica, 2005, 41(2): 1695-1707.

[23] Wu Shengli, McClean S. Performance Prediction of Data Fusion for Information Retrieval[J]. Information Processing and Management, 2006, 42(1): 899-915.

[24] 彭继兵，许强，郭科. 应用多传感器多模型融合技术提取滑坡综合信息[J]. 中国地质灾害与防治学报，2005，16(4)：109-112.

[25] 郭科，彭继兵，许强. 滑坡多点数据融合中的多传感器目标跟踪技术应用[J]. 岩土力学，2006，27(3)：479-481.

[26] 胡振涛，刘先省. 一种改进的一致性数据融合算法[J]. 传感器技术，2005，24(8)：65-67.

[27] 邓勇，施文康. 基于幂均融合算子的模糊传感器数据融合[J]. 上海交通大学学报，2003，37(8)：1279-1281.

[28] 董广军，张永生，戴晨光. 基于粗糙集的多源信息融合处理技术[J]. 仪器仪表学报，2005，26(增刊)：570-571.

[29] 唐珺，张闻捷，高琰. 不同精度冗余数据的融合[J]. 自动化学报，2005，31(6)：935-942.

[30] 夏新涛，陈晓阳，张永振. 多传感器滑坡时间序列的自助融合及其灰假设检验[J]. 岩石力学与工程学报，2007，26(9)：1904-1912.

[31] 陶剑锋，陈伏虎，李方菊. 基于灰色关联度的图像自适应加权均值滤波[J]. 声学与电子工程，2006，82(2)：15-17.

[32] 何斌，马天予，王运坚. Visual C++数字图像处理[M]. 北京：人民邮电出版社，2001：463-471.

[33] Deng T, Lu Y, Xiao X. Performance Evaluation of Free Space Optical Communication System[C]. Beijing: 2005 International Conference on Wireless Communications, Networking and Mobile Computing, 2005, 1: 587-590.

[34] Al Ababneh N. Optimization of Signal-to-noise Ratio in Integrated Planar Optical Interconnects Packages[J]. Optics Communications, 2006, 26(6): 473-481.

[35] Sankaran S, Zabaras N. A Maximum Entropy Approach for Property Prediction of Random Microstructures[J]. Acta Materialia, 2006, 54(2): 2265-2276.

[36] 李萌. 无衍射激光新型通信系统研究及其性能分析[D]. 北京：北京航空航天大学，2009：42-50.

[37] 林路. 假设检验的相对稳定性[J]. 应用数学学报. 2001. 24(4)：616-622.

[38] 张永，夏新涛，王中宇. 滚动轴承摩擦力矩的预测方法研究[J]. 轴承，2006(10)：22-24.

[39] 王中宇，张海滨. 测量不确定度最大残差系数的一种新算法[J]. 计量学报，2006，27(3)：201-205.

[40] 许桢英. 位移传感器动态测量系统的误差建模研究[J]. 工具技术，2006，31(2)：39-44.

[41] 刘涛，曾祥利. 实用小波分析入门[M]. 北京：国防工业出版社，2006：40-53.

[42] 孟浩. 基于贝塞尔光三角法的表面形貌测量及其非统计评定方法[D]. 北京：北京航空航天大学，2009：58-68.

[43] 刘芳芳.动态测试系统精度损失的均匀一致性设计理论模型[J].农业机械学报,2008,39(3):134-136.

[44] Otero J. Reduced Dimensions Autonomous AFM System for Working in Microbiorobotics[C]. England:IEEE RAS EMBS,2006:1200-1205.

[45] 夏新涛,陈晓阳,张永振.机械系统属性的灰假设检验[J].机械工程学报,2006,42(12):218-223.

[46] 夏新涛,陈晓阳,张永振.航天轴承摩擦力矩不确定度的灰自助动态评估[J].哈尔滨工业大学学报,2006,38(增刊):294-297.

[47] 王中宇.测量误差分析与数据处理[M].台湾:五南图书出版社,2008:110-131.

[48] 夏新涛,王中宇.非统计假设检验原理及其应用[J].计量学报,2006,27(7):190-195.

[49] Xia Xintao,Chen Xiaoyang,Wang Zhongyu,Zhang Yongzhen. Parameter Estimation and Its Application Using Non-statistical Theory[C]. Beijing:The 6th International Symposium on Instrumentation and Control Technology,2006,6357:2L-1.

[50] 葛乐矣,刘文文.正交多项式在精密测量中的应用[J].上海计量测试,2006,23(6):54-57.

[51] 费业泰.误差理论与数据处理[M].北京:机械工业出版社,2006:1-5.

[52] 王中宇等.测量误差与不确定度评定[M].北京:科学出版社,2008:245-255.

[53] 夏新涛,颉潭成,孙立明.滚动轴承噪声理论与实践[M].北京:机械工业出版社,2005:70-75.

[54] 金泰义.精度理论与应用[M].合肥:中国科学技术大学出版社,2005:56-63.

[55] Herrmanzinn K. New Guidelines to the Determination of the Uncertainty of Hardness Measurements[J]. Tm-Tech. Mess. ,2005,72(5):325-333.

[56] Wang Zhongyu. Novel Method of Evaluating Dynamic Repeated Measurement Uncertainty[J]. J. Test. & Eval. ,2008,36(5):453-459.

[57] 吴湘晖.基于爆破信号的小波分析[J].采矿技术,2005,5(1):43-46.

[58] 夏新涛,王中宇,常洪.滚动轴承加工质量与振动的灰关联度[J].航空动力学报,2005,20(2):250-254.

[59] Ge Leyi. Novel Uncertainty-evaluation Method of Virtual Instrument Small Sample Size[J]. J. Test. & Eval. ,2008,36(3):273-279.

[60] Rarnan R, Grillo P. Minimizing Uncertainty in Vapour Cloud Explosion Modeling [J]. Process Safety and Environmental Protection,2005,83(4B):298-306.

[61] 夏新涛,陈晓阳,张永振.两个数据序列的灰关系及其工程应用的两个例子[J].兵工学报,2008,29(1):72-77.

[62] Xia Xintao,Wang Zhongyu. Variation of Rolling Element Bearing Friction Torque [C]. Proceedings of SPIE-The International Society for Optical Engineering:Seventh International Symposium on Instrumentation and Control Technology. 2008,7128:20-25.

[63] 夏新涛,贾晨辉,王中宇.滚动轴承摩擦力矩的非线性特征[J].农业机械学报.2009,40(4):202-205.

[64] Xia,Xintao. Analysis for Systematic Stability Using Fuzzy-set Theory[C]. The 7th International Symposium on Instrumentation and Control Technology. 2008,7128:1-7.

[65] 程德福. 智能仪器[M]. 北京:机械工业出版社,2005:22-29.

[66] Mazucheli J, Barros E A C, Achcar J A. Bootstrap Confidence Intervals for the Mode of the Hazard Function[J]. Computer Methods and Programs in Biomedicine,2005,79(2):39-47.

[67] Reeves J J. Bootstrap Prediction Intervals for ARCH Models[J]. International Journal of Forecasting,2005,21(3):237-248.

[68] Wilson M D. Bootstrap Hypothesis Testing and Power Analysis at Low Dose Levels[J]. Science of the Total Environment,2005,346(2):38-47.

[69] 邓海军,亚兵. 自助法中若干问题研究及其在命中精度评估中的应用[J]. 飞行器测控学报,2005,24(1):59-63.

[70] Xia Xintao,Chen Xiaoyang. Grey Bootstrap Method of Evaluation of Uncertainty in Dynamic Measurement[J]. Measurement,2008,41:687-696.

[71] Xia Xintao,Chen Long,Wang Zhongyu. Automatic Control Over Roundness Error of Bearing Ring Grinding Surface Based on Quasi-dynamical Harmonic Generating Theory[C]. Beijing:20th Chinese Control and Decision Conference,2008:3512-3514.

[72] 刘新爱,陈勇男,王如根. 基于自助法的导弹命中精度评定[J]. 战术导弹技术,2004,16(6):32-34.

[73] 杨斌. 现代光学仪器发展的新趋势[J]. 机电工程技术,2004,33(7):7-8.

[74] 樊尚春. 传感器技术及应用[M]. 北京:北京航空航天大学出版社,2004:14-21.

[75] 代大山. 电子仪器发展趋势[J]. 电子质量,2004,27(10):9-10.

[76] 郁有文. 传感器原理及工程应用[M]. 西安:西安电子科技大学出版社,2005:30-39.

[77] Morales D, Pardo L, Santamaria L. Bootstrap Confidence Regions in Multinomial Sampling[J]. Applied Mathematics and Computation,2004,155(2):295-315.

[78] Hutson A D. A Semiparametric Bootstrap Approach to Correlated Data Analysis Problems[J]. Computer Methods and Programs in Biomedicine,2004,73(2):129-134.

[79] 郑子华,陈家祯,陈利永. 基于灰色绝对关联度的边缘检测算法[J]. 福建师范大学学报,2004,20(4):20-23.

[80] Xia Xintao,Wang Zhongyu,Sun Limin,Zhao Lianchun. Relationship between Vibration and Noise of Rolling Bearings via GRA[J]. The Journal of Grey System,2004,16(3):243-250.

[81] Xia Xintao,Wang Zhongyu. Grey Relational Analysis of Optimized Solution[J]. The Journal of Grey System,2004,16(2):141-146.

[82] 夏新涛,王中宇,孙立明. 滚动轴承噪声的扩展不确定度评价[J]. 声学学报,2004,29(1):84-88

[83] Xia Xintao,Wang ZhongYu,Evaluation for Optimum Technical Plan of Rolling Baring Vibration Using Grey System Theory[J],Journal of Grey System,2006,9(1):9-14.

[84] Xia Xintao,Wang Zhongyu,Gao Yongsheng. Gross Error Detection Using Fuzzy-

set Theory[C]. Harbin: 3rd International Symposium on Instrumentation Science and Technology, 2004: 120-127.

[85] H U T. Soft-tissue Material Properties Under Large Deformation: Strain Rate Effect[C]. Beijing: The 26th AIC EMBS, 2004: 2758-2761.

[86] 刘春山. 基于现代信号分析方法的动态测量误差分解与溯源研究[J]. 合肥工业大学学报, 2004, 33(10): 35-41.

[87] Siebert, B. R. L., Sommer. New Developments of the GUM and Monte Carlo Techniques[J]. Technisches Messen tm, 2004, 71(2): 67-80.

[88] 沙定国. 误差分析与测量不确定度评定[M]. 北京: 中国计量出版社, 2003: 126-144.

[89] 夏新涛, 李航, 郝刚. 无心磨削的理论与实践[M]. 北京: 国防工业出版社, 2002: 63-69.

[90] 付继华. 微小尺寸精密测量中的非统计方法及其关键技术研究[D]. 北京: 北京航空航天大学, 2008: 57-64.

[91] 徐国平, 叶素萍. 一种传感器数据的融合算法[J]. 传感器技术, 2003, 22(3): 30-32.

[92] Finkelstein L. Fundamental Concepts of Measurement[J]. Measurement, 2003, 34(1): 1202-1211.

[93] 许桢英. 基于小波神经网络的动态测试误差溯源研究[J]. 农业机械学报, 2003, 34(4): 117-119.

[94] 许桢英. 用多分辨分析方法进行动态测试误差溯源研究[J]. 上海交通大学学报, 2003, 37(1): 9-12.

[95] 金捷. 美国推进系统数值仿真(NPSS)计划综述[J]. 燃气涡轮试验与研究, 2003, 16(1): 57-62.

[96] Tien T L. The Indirect Measurement of Tensile Strength for a Higher Temperature by the New Model IGDMC (1, n)[J]. Measurement, 2008, 41(6): 662-675.

[97] Fazil O S. Analytical Relations Between Hardness and Strain for Cold Formed Parts[J]. J. Mater. Proc. Tech., 2007, 186(3): 163-173.

[98] Albrecht. Interface Reactions in Microelectronic Solder jJoints and Associated Intermetallic Compounds: an Investigation of Their Mechanical Properties Using Nanoindentation[C]. Beijing: IEEE EPT, 2003: 726-731.

[99] 张亚飞. 测试仪器发展概述[J]. 仪器仪表学报, 2003, 14(5): 480-489.

[100] 孙运泰. 网络化-测量技术与仪器发展的新趋势[J]. 黑龙江科技信息, 2003, 12(2): 84-85.

[101] 林月芳. 智能仪器及其发展趋势[J]. 仪表技术, 2003, 36(1): 37-39.

[102] Wang Zhongyu. Research Development of the Grey Error Theory and the Applications in the Dynamic Measurement[J]. Beijing: Fifth International Symposium on Instrumentation and Control Technology, 2003: 447-451.

[103] Gao Y, Wang Z. Estimation of Non-statistical Uncertainty in Precision Measurement Using Grey System Theory[J]. The International Journal of Advanced Manufacturing Technology, 2003, 22(3-4): 271-277.

[104] Farrelly F A, Brambilla G. Determination of Uncertainty in Environmental Noise

Measurements by Bootstrap Method[J]. Journal of Sound and Vibration,2003,268(1):167-175.

[105] Ukoumunne O C, Davison A C, Gulliford1 M C, Chinn S. Non-parametric Bootstrap Confidence Intervals for the Intraclass Correlation Coefficient[J]. Statistics in Medicine,2003,22(1):3805-3821.

[106] Pinsky M A. 傅里叶分析与小波分析导论(英文版)[M]. 北京:机械工业出版社,2003:13-23.

[107] Rosenberger M R. Modeling the Micro-indentation of Metal Matrix Composites [J]. Mater. Sci. Engin. ,2007,463(2):275-283.

[108] 夏新涛. 滚动轴承乏信息试验评估及其应用技术研究[D]. 上海:上海大学,2007:61-75.

[109] 张恒喜. 小样本多元数据分析方法及应用[M]. 西安:西北工业大学出版社,2002:87-96.

[110] 张传林,林立东. 伪随机数发生器及其应用[J]. 数值计算与计算机应用,2002,9(3):189-207.

[111] 夏新涛,王中宇,朱坚民. 用范数理论估计滚动轴承表面谐波分布参数[J]. 精密制造与自动化,2002,(4):25-26.

[112] 夏新涛,陈晓阳. 滚动轴承乏信息试验分析与评估[M]. 北京:科学出版社,2007:84-89.

[113] Xia Xintao. Diagnosis for Systematic Errors Using Grey System Theory[C]. Beijing:Proceedings of the 26th Chinese Control Conference,2007:130-134.

[114] 罗中良,高潮,王方连. 不确定信息的数字滤波器设计及应用[J]. 传感器技术,2002,21(5):24-26.

[115] Yatracos Y. Assessing the Quality of Bootstrap Samples and of the Bootstrap Estimates Obtained with Finite Resampling[J]. Statistics & Probability Letters,2002,59(2):281-292.

[116] Zhao Lingling,Wang Zhongyu. Improved Grey Evaluation of Measurement Uncertainty[J]. The Journal of Grey System,2002,14(3):273-278.

[117] 扶碧波,樊锐. 虚拟仪器软件开发方法的研究[J]. 化工自动化及仪表,2002,29(3):40-43.

[118] Xia Xintao,Wang Zhongyu,Xue Yujun. Grey Bootstrap Prediction of Time Series Based on Poor Information[C]. Beijing:2nd International Conference on Intelligent Information Management Systems and Technology, General System and Control System,2007:64-67.

[119] Xia Xintao,Chen Long,Xue Yujun. Parameter Evaluation and Prediction in Information Poor System Using Fuzzy-set Theory[C]. Beijing:Proceedings of the IEEE International Conference on Automation and Logistics,2007:990-994.

[120] 席大钊. 我国电子测量仪器发展探析[J]. 黑龙江科技信息,2007,13(1):36-37.

[121] 夏新涛,王中宇,孙立明,赵联春. 滚动轴承振动与噪声关系的灰色研究[J]. 航空动

力学报. 2004,19(3):424-428.

[122] 夏新涛,陈晓阳. 基于乏信息的滚动轴承振动与噪声的模糊预报[J]. 吉林大学学报,2007,37(6):1341-1345.

[123] 强锡福. 传感器[M]. 北京:机械工业出版社,2003:18-30.

[124] 国家质量技术监督局计量司. 通用计量术语及定义解释[M]. 北京:中国计量出版社,2001:55-63.

[125] 费业泰. 动态测量误差修正原理与技术[M]. 北京:中国计量出版社,2001:10-23.

[126] 孙振球. 医学统计学[M]. 北京:人民卫生出版社,2002:182-194.

[127] 陈晓怀,黄强先,费业泰. 广义动态测量不确定度模型及不确定度研究[J]. 中国科技大学学报,2001,31(6):738-743.

[128] Xia Xintao, Wang Zhongyu, Gao Yongsheng. Estimation of Non-statistical Uncertainty Using Fuzzy-set Theory[J]. Measurement Science and Technology, 2000, 11(4):430-435.

[129] 夏新涛,陈晓阳,张永振. 滚动轴承振动的灰自助动态评估与诊断[J]. 航空动力学报,2007,22(1):156-162.

[130] 蒋庄德. 纳米测量技术与微型智能仪器[J]. 中国机械工程,2000,11(3):248-252.

[131] 王中宇,夏新涛,朱坚民. 测量不确定度的非统计理论[M]. 北京:国防工业出版社,2000:120-134.

[132] 刘智敏. 不确定度及其实践[M]. 北京:中国标准出版社,2000:160-182.

[133] 陈本永. 纳米测量技术研究现状与发展趋势[J]. 激光杂志,2000,19(2):2-7.

[134] 费业泰. 精度理论若干问题研究进展与未来[J]. 中国机械工程,2000,11(3):255-256.

[135] 费业泰. 论全系统动态测试精度理论的研究[J]. 合肥工业大学学报,2000,23(1):6-9.

[136] 朱坚民,宾鸿赞,王中宇. 测量数据粗大误差的非统计判别[J]. 华中理工大学学报,2000,28(4):17-19.

[137] 朱坚民,宾鸿赞,王中宇. 测量结果标准不确定度的灰色评定方法[J]. 华中理工大学学报,2000,28(9):84-86.

[138] 朱坚民,王中宇. 基于神经网络的测量模型的建立及检验[J]. 光学精密工程,2000,8(4):389-393.

[139] 朱坚民,王中宇. 测量不确定度的研究进展与展望[J]. 洛阳工学院学报,2000,21(2):21-24.

[140] 王中宇,夏新涛,朱坚民. 动态测量中非统计不确定度的评定[J]. 中国学术期刊文摘,2000,6(6):757-759.

[141] Zhu Jianmin, Wang Zhongyu. A Grey Evaluation Model of Measurement Uncertainty[J]. The Journal of Grey System, 2000, 12(3):207-214.

[142] 夏新涛,王连生. 轴承磨削表面圆度误差的诊断与控制. 磨床与磨削[J],2000(3):31-34.

[143] Chrzanowski K, Matyszkiel R. Calculations of Uncertainty in Measurements[C]. Paris: XVI IMEKO World Congress, 2000:312-316.

[144] GB/T 3505. 产品几何技术规范-表面结构; 轮廓法-表面结构的术语、定义及参

数[S]. 北京:中国国家标准化管理委员会,2000:9-17.

[145] Chen Q H, Yang S, Li Z. Surface Roughness Evaluation by Using Wavelets Analysis[J]. Precision Engineering, 1999, 23(2):209-212.

[146] 李成贵,董申,强锡富. 三维表面粗糙度的均方根斜率评定[J]. 仪器仪表学报, 1999,20(6):644-647.

[147] 沈兰荪. 仪器仪表智能化的进展[J]. 测控技术,1999,18(1):10-12.

[148] Qin Ping, Wang Zhongyu. On the Non-Statistic Uncertainty in a Dynamic Measurement[C]. Luoyang: Proc 1st International Symposium on Instrumentation Science and Technology, 1999:228-232.

[149] GB/T 1172. Black Steel Hardness and Tensile Strength[S]. 北京:中国国家标准化出版社,1999:34-43.

[150] 裴鹿成,王仲奇. 蒙特卡洛方法及其应用[M]. 北京:海洋出版社,1998:3-9.

[151] Zahouani H. Spectral and 3D Motifs Identification of Anisotropic Topographical Components. Analysis and Filtering of Anisotropic Patterns by Morphological Rose Approach[J]. Inte. J. Mach. Tool. Manuf., 1998, 38(56):615-623.

[152] ISO 11562-1998. Geometrical Product Specifications (GPS)-Surface texture: Profile Method-Metrological Vharacteristics of Phase Correct Filters[S]. Switzerland: ISO, 1998:2-11.

[153] 夏新涛. 滚动轴承振动的谐波控制方法研究[J]. 中国机械工程,1998,9(7):4-7.

[154] Karlsson B. Fuzzy Handing of Uncertainty in Industrial Recycling. Minnesota: IEEE Instrumentation and Measurement Technology Conference, 1998:832-836.

[155] 王立吉. 测量误差与不确定度表述中的若干问题[J]. 计量学报,1998,19(2):157-160.

[156] Phillips S D, Eberhardt K R. Guidelines for Expressing the Uncertainty of Measurement Results Containing Uncorrected Bias[J]. Journal of Research of the National Institute of Standards an Technology, 1997, 102(5):577-585.

[157] 王中宇. 深孔表面综合形貌的测量研究[D]. 武汉:华中理工大学,1997:26-37.

[158] GB/T 16747-1997. 表面波纹度词汇[S]. 北京:中国国家标准化出版社,1997:32-37.

[159] 宋朝辉. 空间光学仪器研制开发的虚拟工程技术[J]. 光学精密工程,1997,7(6): 18-23.

[160] 夏新涛,陈晓阳,张永振. 滚动轴承噪声的灰自助动态评估[J]. 中国机械工程, 2007,18(21):2588-2591.

[161] 严普强,毛乐山. 动态测量和测量不确定度[J]. 宇航计测技术,1997,29(增刊):6-12.

[162] 林洪桦. 动态测量不确定度 A 类评定[J]. 宇航计测技术,1996,16(4,5):109-116.

[163] 费业泰. 精密测试及仪器的误差修正技术[J]. 宇航计测技术,1996,16(4):66-70.

[164] 许陇云. 动态测量不确定度初探[J]. 宇航计测技术,1996,16(4):117-122.

[165] 夏新涛. 无心磨削系统准动力学谐波控制方法[J]. 中国机械工程,1996,7(4):82-83.

[166] 谭久彬. 精密测量中的误差补偿技术[M]. 哈尔滨:哈尔滨工业大学出版社,1995: 16-23.

[167] 夏新涛. 谐波分析与圆度评价的误区及其最新研究对策[J]. 数学的实践与认识,

1995,23(1):20-24.

[168] Fatikow S,Remblod U. Microsystem and Microrobtic[M]. Berlin:Springer Press, 1995:4-17.

[169] Xia Xintao. The Principle of the Frequency Spectrum Control Over Work-surface Harmonic and Its Computer-aided Lmitation and Diagnosis in Centreless Grinding [C]. Beijing:Proceedings of the International Symposium on Intelligence,Knowledge and Intergration for Manufacturing,1995:324-329.

[170] 夏新涛.轴承磨削表面谐波的计算机辅助工艺诊断系统[J].轴承,1995(4):12-17.

[171] 汤兵勇.模糊模型的辨识及应用[M].北京:中国环境科学出版社,1994:63-68.

[172] Weise K,Woger W. Comparison of Two Measurement Results Using the Bayesian Theory of Measurement Uncertainty[J]. Meas. Sci. Tech. ,1994,26(2):879-882.

[173] 徐秉铮.神经网络理论与应用[M].广州:华南理工大学出版社,1994:309-311.

[174] 夏新涛.最大模范数最小法在圆度误差评价中的应用[J].数理统计与管理,1993,35(1):19-23.

[175] 夏新涛.用向量范数 $\|\Delta r\|_\infty$ 最小法评定形状误差[J].计量技术,1993,31(2):1-2.

[176] 夏新涛,陈晓阳,张永振.制造误差的灰自助动态预报[J].四川大学学报,2007,39(3):160-165.

[177] ISO TAG4 WG3. Guide to the Expression of Uncertainty in Measurement[S]. Switzerland:ISO,1993:1-8.

[178] Steele W G,Taylor P R,Burrell R E. Use of Previous Experience to Estimate Precision Uncertainty of small sample Experiments[J]. AIAA Jorunal,1993,31(10):1891-1896.

[179] 刘智敏.不确定度原理[M].北京:中国计量出版社,1993:41-48.

[180] Jang R J S. ANFIS:Adaptive-Network-based Fuzzy Inference Systems[J]. IEEE Trans:Systems,Man and Cybernetics,1993,23(3):665-685.

[181] 邓聚龙.灰色控制系统[M].武汉:华中理工大学出版社,1993:156-168.

[182] 孙焕根.电子测量与智能仪器[M].杭州:浙江大学出版社,1992:137-140.

[183] zh坤.实用模糊数学(修订版)[M].北京:科学技术文献出版社,1989:95-105.

[184] 张尧庭,陈汉峰.贝叶斯统计推断[M].北京:科学出版社,1991:43-49.

[185] 吴乃龙,袁素云.最大熵方法[M].长沙:湖南科学技术出版社,1991:79-85.

[186] 黄振华.模式识别原理[M].浙江:浙江大学出版社,1991:80-86.

[187] Daubechies I. The Wavelet Transform, Time-frequent Localization and Signal Analysis[J]. IEEE Trans:Information Theory,1990,36(9):961-1005.

[188] 陈林才.精密仪器设计[M].北京:机械工业出版社,1990:29-38.

[189] 费业泰,刘小君.精密仪器随机误差分离与修正技术的研究[J].仪器仪表学报,1990,11(2):172-177.

[190] 夏新涛,贾晨辉,王中宇,滚动轴承摩擦力矩的乏信息模糊预报[J].航空动力学报,2009,24(4):945-950.

[191] 王碧泉,陈祖荫.模式识别:理论、方法和应用[M].北京:地震出版社,1989:215-221.

[192] Deng Julong. Introduction to Grey System Theory[J]. The Journal of Grey System,1989,1(1):1-24.

[193] ISO/TR 10108. Steel-Conversion of Hardness Values to Tensile Strength Values [S]. Switzerland:ISO,1989:2-31.

[194] Mortensen R E. Random Signals and Systems[M]. Newyork:John Wiley & Sons, 1987:33-57.

[195] 邓聚龙. 灰色系统基本方法[M]. 武汉:华中理工大学出版社,1987:120-128.

[196] 夏新涛,陈晓阳,张永振. 航天轴承摩擦力矩的最大熵概率分布与 bootstrap 推断[J]. 宇航学报,2007,28(5):1395-1399.

[197] 史习敏. 精密机械设计[M]. 上海:上海科学技术出版社,1987:59-63.

[198] Martz H F, Waller A A. Bayessian Zero-failure Reliability Demonstration Test Procedure[J]. Journal of Quality Technology,1979,11(3):128-137.

[199] 盛骤. 概率论与数理统计[M]. 北京:高等教育出版社,1979:195-202.

[200] 蒋敏兰. 测量系统精度损失溯源与预测模型研究[D]. 合肥:合肥工业大学,2007:64-69.

[201] 涂汉生. 数理统计[M]. 北京:中国铁道出版社,1979:19-35 .

[202] Jaynes E T. Information Theory and Statistical Mechanics[J]. Physical Review, 1957,106(1):620-621.

后　记

测量是科学实验的重要方法，精密仪器是保证测量结果真实性的基本物质条件。在科学观测和实验的过程中，通常需要关注对测量仪器性能和对测量结果特征的分析两个内容。前者是为了确保测量结果的客观性，后者则是为了更加真实地描述被测对象的内在规律。对于精密仪器性能的分析，目前主要是按照统计学的思想研究其静态指标和动态指标；而对测量结果的特征分析与数据处理，主要是在已知概率分布的情况下，综合考虑均值、标准差和置信概率等常用统计指标。

无论是研究测量仪器的性能还是测量结果的特征，由于各种原因可能难以获得很多的观测数据。在对测量结果进行分析并且通过所获得的有限个数据来推断总体的特征时，经常会遇到小样本分析这一基本问题。在对测量仪器的性能和对测量结果的特征进行分析与评定时，如何利用少量的数据进行统计推断，是经典统计学的一个根本困难，因此小样本问题是现代科学技术研究的热点问题之一。在数据很少时即使概率分布已知，经典统计学的推断结果也会产生比较大的误差；倘若概率分布未知，通常的做法是假设为典型的分布（如正态分布或均匀分布等），那么经典统计学的推断结果将产生难以估计的误差。对于小样本数据分析，目前常用的方法有贝叶斯理论、模糊集合理论、灰色系统理论以及自助法等。写作该书之主要目的是以精密仪器为研究对象，在概率分布未知的情况下，综合运用上述方法来分析、研究精密仪器小样本分析中的一些具体问题。

作者研究的小样本非统计问题，内容涉及精密仪器、动态测量、计量测试、航空航天、机械工程和医疗卫生等领域，在概率分布未知的条件下，采用非统计原理与方法探索小样本动态测量系统的某些运行机制和演化规律。本书的主要内容是作者近年来在精密仪器和动态测量方面部分研究成果的归纳和总结。相比较于其他有关仪器仪表、测量与数据处理的论著而言，该书关于精密仪器研究方面的主要特点是涉及再现性、稳定性和寿命等技术指标的小样本分析与评估，最后还给出了仪表轴承摩擦力矩、谐波与圆度测量、微小尺寸宽度测量仪、多传感器动态测量系统、高精度布氏硬度计、虚拟仪器精密测量系统、表面形貌误差评定基准以及激光通信系统等典型应用实例。

本书仅是精密仪器系统小样本非统计研究内容中的一部分，还有大量的基本理论和应用问题有待解决，例如精密仪器的动态寿命、无失效数据的可靠性估计以及多传感器信息融合等。这些问题的解决不仅有赖于基础理论的某些突破，而且取决于仪器科学与技术学科本身的不断发展。因此作者相信，在大家的共同努力下，小样本非统计分析的基础与应用研究将不断深入，从而逐步完善。